石油教材出版基金资助项目

高等院校特色规划教材

金属材料及热处理

主　编　黄本生
副主编　陈孝文　付春艳
王　杰　谢芋江

石油工业出版社

内 容 提 要

本书以金属材料为基体，以通过热处理改变材料性能为目的，系统介绍了金属材料及其热处理的原理、工艺、组织与性能变化。全书注重基本理论和基本概念的阐述，力求理论正确、概念清晰，同时又注重可读性和实用性。

本书可作为高等院校本科材料类、机械类及近机械类专业的教材，也可作为相关专业科技人员的参考用书。

图书在版编目(CIP)数据

金属材料及热处理/黄本生主编. —北京：石油工业出版社，2020.2
(2022.7 重印)

高等院校特色规划教材

ISBN 978-7-5183-3815-3

Ⅰ.①金…　Ⅱ.①黄…　Ⅲ.①金属材料—高等学校—教材②热处理—高等学校—教材　Ⅳ.①TG14②TG15

中国版本图书馆 CIP 数据核字(2019)第 289673 号

出版发行：石油工业出版社
(北京市朝阳区安华里 2 区 1 号楼　100011)
网　址：www. petropub. com
编辑部：(010)64250991
图书营销中心：(010)64523633

经　销：全国新华书店
排　版：北京市密东文创科技有限公司
印　刷：北京中石油彩色印刷有限责任公司

2020 年 2 月第 1 版　2022 年 7 月第 2 次印刷
787 毫米×1092 毫米　开本：1/16　印张：16.75
字数：400 千字

定价：36.00 元
(如发现印装质量问题，我社图书营销中心负责调换)

版权所有，翻印必究

前　言

本书是为适应21世纪人才培养需求及高校专业设置调整与合并而提出的教学内容和课程体系改革的要求，在总结近些年来的教学探索、改革和实践的基础上编写而成的。在编写中力求将金属材料及热处理的相关理论与工程实际应用相结合，用工程应用实例和科学研究结果来阐述问题，特别介绍了油气田常用金属材料及其热处理。本教材获得西南石油大学材料科学与工程学院“双一流建设”教材专项出版资助。

本书系统介绍了金属材料及热处理的原理与工艺，共分为17章。第1章绪论；第2章阐述了金属材料基础知识（材料类专业的学生选讲）；第3～8章介绍了钢的热处理原理，包括钢中奥氏体形成、珠光体转变、马氏体转变、贝氏体转变、钢的过冷奥氏体转变和钢的回火转变；第9～10章介绍了钢的热处理方法与工艺，包括钢的常规热处理方法和钢的化学热处理；第11～14章讲述了常用金属材料的性能、成分、热处理及用途，包括结构钢、工具钢、不锈钢与耐热钢、铸铁和有色金属及合金；第15章介绍了新型金属材料，包括形状记忆合金、非晶态合金、贮氢合金、纳米金属材料、金属间化合物及高熵合金；第16章介绍了高分子材料、陶瓷材料、复合材料等常用其他工程材料；第17章介绍了油气田常用金属材料及其热处理，包括钻井用钢及热处理、管线用钢及热处理和井下工具用钢及热处理。

本书由西南石油大学黄本生、陈孝文、付春艳、王杰和谢芋江共同编写而成，黄本生任主编。具体编写分工如下：第1、2、14和17章由黄本生编写；第7、9、10章由陈孝文编写；第3～6、8章由付春艳编写；第11～13章由王杰编写；第15、16章由谢芋江编写；全书由黄本生统稿，研究生赵星、高钰枭、陈权等做了部分编排工作。

本书在编写过程中，参阅并引用了部分国内外相关教材、科技著作和论文中的内容，在此特向有关作者表示衷心的感谢！由于水平所限，教材中难免出现疏漏甚至错误，请广大师生和读者批评指正。

编　者

2020年1月

目　　录

第1章 绪　　论

1.1 金属材料概述

材料的发展见证了人类社会的发展史，人类社会经历了石器、陶器、青铜器、铁器时代，现在我们正处在多元材料的时代，金属材料广泛应用在陆、海、空、运输、桥梁、建筑、机械、国防重工业等领域。一般金属材料是指金属元素或以金属元素为主构成的具有金属特性的材料的统称，包括纯金属、合金、金属间化合物和特种金属材料等（其中，金属氧化物不属于金属材料，如 Al_2O_3）。

金属材料发展主要经历了四个阶段。第一阶段：公元前4300年至公元1802年，自然金、铜及锻打工艺的出现，到公元前2800年，铁的熔炼的出现，再到公元前200年，青铜器、编钟及武器的制造运用；第二阶段：从1803年到19世纪末，金属材料科学基础的兴起，金属学、金相学、相变和合金钢等学科兴起以及相应的金属学本质不断被发现、研究；第三阶段：从1912年到1990年，合金相图、X射线发明及应用和位错理论的建立；第四阶段：1991年至今，运用现代新型的检测手段，不断对金属材料微观理论深入研究。

现在金属材料的发展主要集中在先进结构材料的研究与开发、高性能钢的研究与开发，以及先进制备工艺的研究及应用。未来金属材料的发展趋势在于：(1)合成与加工技术的发展；(2)结构材料高性能化；(3)功能材料精细化、微型化和高功能化；(4)向高效、低耗、少污染方向发展；(5)高新技术在合成与加工中相互渗透；(6)材料设计与建模。

目前金属材料的分类方法不一，大致可划分为以下三种：

(1)黑色金属，又称钢铁材料，包括杂质总含量小于0.2%及含碳量不超过0.0218%的工业纯铁，含碳0.0218%～2.11%的钢，含碳大于2.11%的铸铁。广义的黑色金属还包括铬、锰及其合金。

(2)有色金属，是指除铁、铬、锰以外的所有金属及其合金，通常分为轻金属、重金属、贵金属、稀有金属和稀土金属等，有色合金的强度和硬度一般比纯金属高，并且电阻大、电阻温度系数小。

(3)特种金属，包括不同用途的结构金属材料和功能金属材料。其中有通过快速冷凝工艺获得的非晶态金属材料，以及准晶、微晶、纳米晶金属材料等；还有隐身、抗氢、超导、形状记忆、耐磨、减振阻尼等特殊功能合金以及金属基复合材料等。

金属材料的性能主要分为四个方面，即力学性能、物理性能、化学性能以及工艺性能，这将在第2章详细介绍。

1.2 热处理方法概述

为使金属工件具有所需要的力学性能、物理性能、化学性能以及工艺性能，除合理选用材料和各种成形工艺外,热处理工艺往往是必不可少的。钢铁是机械工业中应用最广的材料,钢铁材料显微组织复杂,可以通过热处理予以控制,所以钢铁材料的热处理是金属热处理的主要内容。另外,铝、铜、镁、钛等及其合金也都可以通过热处理改变其力学、物理和化学性能,以获得不同的使用性能。与其他加工工艺相比,热处理一般不改变工件的形状和整体的化学成分,而是通过改变工件内部的显微组织,或改变工件表面的化学成分,赋予或改善工件的使用性能。其特点是改善工件的内在质量,而这一般不是肉眼所能看到的。所以,它是机械制造中的特殊工艺过程,也是质量管理的重要环节。

热处理是指材料在固态下,通过加热、保温、冷却手段,而获得预期组织和性能的一种金属加工工艺。热处理工艺发展比较久远,从石器时代到青铜器和铁器时代,热处理就已逐渐为人们所认识。在公元前770年至公元前222年,人们就已发现钢铁随温度和加压变形的作用而发生变化,其制造的农具就采用了白口铸铁的柔化处理工艺。公元前6世纪,钢铁兵器的出现,淬火工艺得到较大的发展,兵器的性能也得到较大的提升。1863—1890年,金属材料的不断开发研究,相应的热处理技术也得到了较大的发展,不同温度下的金相组织以及相应热处理技术专利的诞生,标志着热处理进一步发展。20世纪,金属物理的发展和其他新技术的移植应用,使热处理工艺得到更大的发展,特别在工业上,相应的气体渗碳、离子渗氮等工艺相继应用。目前我国热处理技术虽然得到了大力的发展,然而热处理生产工艺及设备方面与国外还存在较大差距,特别是能耗大、污染严重、成本高等问题,而且多集中在常规的热处理工艺。鉴于此,根据国家大力发展工业智能化和无害化,今后热处理技术更多朝节能、无污染、与电子技术相结合的应用方向发展,特别是新型设备的发展,例如,可控气氛热处理、离子热处理、激光热处理、真空热处理等。

目前,金属材料主要的热处理工艺有退火、正火、淬火、回火、固溶、时效、表面热处理、化学热处理及特殊热处理等,这将在后续的章节详细介绍。

1.3 课程目的

"金属材料"是材料学中的重要部分,作为材料科学中的系列课程之一,是高等院校材料类及机械类专业必修的基础课。本书以金属材料为基体,以热处理为主线,详细介绍了金属材料及其热处理原理、工艺、组织与性能变化,旨在提高学生的知识素养。学习本课程的目的是:获得金属材料的基础知识和必要的热处理知识,培养工艺分析的初步能力,理解和应用金属材料的性能、结构、工艺、使用之间的关系,合理选择热处理工艺及调整参数。

思考题

1. 简述金属材料的发展史及发展趋势。
2. 简述金属材料热处理的发展史及发展趋势。

第 2 章　金属材料基础知识

金属材料是由金属元素或以金属元素为主的材料构成，并具有金属特性的工程材料。金属材料种类繁多且划分标准不一，按照化学组成可将其分为黑色金属和有色金属两大类。黑色金属主要是指铁、锰、铬及其合金的金属材料，即常见的钢铁材料，如钢、生铁和铸铁。有色金属是指除黑色金属以外的金属，主要有金、银、铜、铝、镁、钛、锌、铅等。

2.1　金属材料的性能

金属材料的性能一般分为力学性能、物理性能、化学性能以及工艺性能四大类。力学性能是指金属在一定温度条件下承受外力作用时，抵抗变形和断裂的能力。物理性能是指金属材料密度、熔点、热膨胀系数等基础参数。化学性能是指金属与其他物质引起化学反应的特性。工艺性能是指金属材料对各种加工工艺方法所表现出来的适应性。

2.1.1　金属材料的力学性能

金属材料在加工与服役过程中，总是要受到载荷的作用。金属材料抵抗外力作用、保持整体完整性的能力称为力学性能，主要包括强度、塑性、硬度、冲击韧性以及疲劳强度极限等，下面将对这几种指标进行介绍。

1. 强度

强度是指在外力作用下材料抵抗变形和破坏的能力。当材料受外力作用时，其内部产生应力，外力增加，应力相应增大，直至材料内部质点间结合力不足以抵抗所作用的外力时，材料即发生破坏。材料破坏时应力达到的极限值称为材料的极限强度，常用 σ 表示，材料强度的单位为兆帕（MPa）。强度的分类标准较多，按照外力的作用方式可将其分为屈服强度、抗拉强度、抗压强度、抗弯强度以及抗剪切强度等。

材料强度是通过制备标准试样，采用静力试验来进行确定。在试验中，试样通常被制备成光滑的圆柱体，其两端被试验机的夹头夹紧，然后缓慢而均匀地加载轴向载荷。待试样断裂，静力试验结束，同时试验机会自动生成负荷—伸缩过程中的曲线图。如图 2.1 为材料在拉伸试验中的应力—应变曲线。

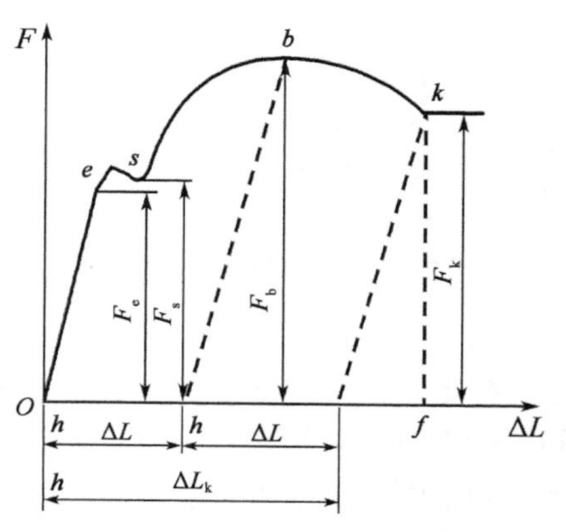

图 2.1　材料在拉伸试验中的应力—应变曲线

在应力—应变曲线上。Oe 为弹性变形阶段，期间产生的变形为弹性变形。当应力超过 e 点时，试样除了弹性变形还会产生塑性变形，即 e 点对应的应力值为弹性极限。超过 e 点，材料随即产生塑性变形，es 为材料的屈服阶段，s 点对应的应力值为材料的屈服极限。当应力继续增加并超过 s 点时，即使材料所受到的载荷不增加,材料也继续变形或产生 0.2% 应变时(非塑性材料)的应力值。b 点对应的应力值为材料的强度极限,是材料在断裂前承受的最大应力值。

2. 塑性

塑性,是指金属材料在外加载荷作用下发生永久变形而不断裂的能力,常用伸长率和断面收缩率来对材料的塑性进行评定。伸长率是材料被拉断后拉断标距长度的延长值与原始标距长度的比值,即:

$$\delta = \frac{L - L_0}{L_0} \tag{2.1}$$

式中:δ 为材料的伸长率;L_0为材料原始标距长度;L 为材料被拉断后的标距长度。

断面收缩率是指材料被拉断后的断面收缩值,即原始横截面积与被拉断后缩颈处的横截面积的差值,再相比于原始横截面积:

$$\psi = \frac{A_0 - A}{A_0} \tag{2.2}$$

式中:ψ 为材料的断面收缩率;A_0为材料原始横截面积;A 为材料被拉断后缩颈处的横截面积。

当伸长率和收缩率越大时,材料的塑性变形能力越大。良好的塑性是材料进行变形加工的必要条件,也是保证机械零部件安全服役,不发生脆断的必要条件。

3. 硬度

硬度是衡量材料软硬程度的指标。它是材料表面在较小的体积范围内抵抗弹性变形、塑性变形或破坏的能力,是与材料强度、塑性、弹性和韧性等力学性能相关的综合指标。在实际的工程应用中,最常用的测定硬度的方法是压入法,这就用一定几何形状的压头在一定载荷下压入被测试的材料表面,再根据被压入的程度(压痕大小或压入深度)和外界载荷来对硬度值进行测定。根据测试方法的不同,可将硬度试验分为静载压入法和动载压入法。静载压入法又分为布氏硬度、洛氏硬度、维氏硬度以及显微硬度。

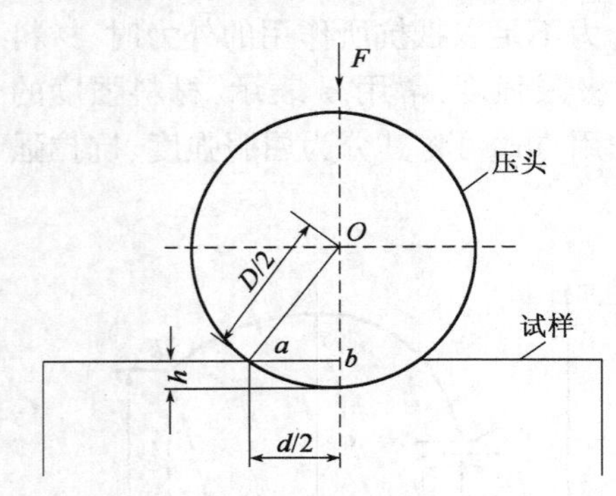

图 2.2　布氏硬度测试原理图

(1)布氏硬度,以 HBW 表示。其测试原理为用一定直径的硬质合金球以相应的试验力压入待测试材料的表面,保持规定时间并达到稳定状态后卸除试验力,然后测量材料表面的球面压痕直径,用球面压痕单位面积上所受到的平均压力,即压入载荷与压痕面积的比值来计算布氏硬度,如图 2.2 所示。

$$\text{HBW} = \frac{2F}{\pi D(D - \sqrt{D^2 - d^2})} \tag{2.3}$$

式中:F 为载荷(kgf 或 N);D 为压头的直径(mm);d 为压痕直径(mm)。

(2)洛氏硬度,当硬度大于 450HBW 时,此时不能采用布氏硬度测试而改用洛氏硬度方法进行测定。洛氏硬度是以压痕塑性变形的深度来确定材料的硬度值。根据待测材料硬度的不同,分为四种不同的标度,即 HRA、HRB、HRC、HRD,国内应用前三种较多。HRA 是采用 60kgf 载荷和金刚石圆锥压头求得的硬度,用于硬度极高的材料,如硬质合金。HRB 是采用 100kgf 载荷和直径为 1.58mm 的脆硬钢球为压头,适用于硬度较低的材料,如铸铁。HRC 是采用 150kgf 载荷和金刚石圆锥压头,用于硬度较高的材料,如淬火钢。

(3)维氏硬度,以 HV 表示,其基本原理与测试方法与洛氏硬度相同。此方法特别适合于表面硬化层和薄片状材料的硬度测量。测量原理为将夹角为 136°的金刚石四棱锥压头使用很小的试验力 F(49.03～980.07N)压入试样表面,保持一定时间,然后测出压痕对角线的长度 d。则维氏硬度值为:

$$HV = 0.1891 \times \frac{F}{d^2} \tag{2.4}$$

在选择载荷时,应使材料测试层厚度大于 1.5 倍的压痕直径。当待测试材料层的厚度较大时,应采用较大的载荷,以提高测量准确性。

(4)显微硬度,测量载荷小于 200kgf 的硬度试验。其原理与测试方法同上,它可以测量极小范围内实验材料的硬度,如区别显微组织中各相的硬度。此方法特别适合研究材料表层硬度以及薄件的硬度,此外还可用于对陶瓷等脆性材料的硬度测试。

4. 冲击韧性

前面所说的强度、塑性等都是金属材料在静载荷实验条件下获得的材料力学性能指标,机械零件在服役过程中,还会受到以较大速度作用于其上的冲击载荷,如冲床、锻锤等机械零部件。金属材料在冲击载荷作用下吸收塑性变形功和断裂功的能力称为冲击韧性。由于冲击载荷加载速率大,变形条件复杂,使塑性变形不充分,所以冲击试验更能反映材料的真实韧性。通常采用一定尺寸和形状的金属试样在规定类型的冲击试验机上承受冲击载荷而折断时,断口处单位横截面积上的冲击吸收功来表征材料的韧性,即:

$$a_K = \frac{A_K}{S} = \frac{G(h_1 - h_2)}{S} \tag{2.5}$$

式中:a_K 为金属材料的冲击韧度;S 为断口的原始横截面积;A_K 为冲击吸收功。

5. 疲劳强度极限

实际上,许多机械零件还受到循环载荷的作用。在这样的载荷环境下零件受到的外界应力即使低于其屈服强度,也会因疲劳损伤而被破坏。这种损伤是指金属材料在长期循环变动载荷作用下,材料内部的微观缺陷会逐渐发展,在几乎没有发生塑性变形的情况下就突然发生断裂现象。金属材料的疲劳破坏过程首先是在其薄弱位置,如缺陷处产生微观裂纹,微观裂纹就是疲劳源,之后在外界载荷循环作用下形成疲劳裂纹扩展区,在此区达到某一临界尺寸后,零件材料就在甚至低于弹性极限的应力下突然脆断,形成最后的脆断区。

一般把试样在重复或交变应力(拉应力、压应力)作用下,在规定的次数内(一般规定钢为 10^6～10^7次,有色金属为 10^8次)不发生断裂所能承受的最大应力称为疲劳强度极限,用 σ_{-1} 表示。

2.1.2 金属材料的物理性能

在实际的工程应用中,金属材料的物理性能在保证材料功能的过程中起到了举足轻重的作用,比如材料的线膨胀系数、热导率、密度等,具体如下:

(1)熔点。熔点是指金属由固态向液态转变的温度,该参数对金属的熔炼、热加工以及高温性能有重要的影响。

(2)密度。$\rho = m/V$,单位为 g/cm^{3}或 t/m^3,式中 m 为质量,V 为体积。在实际应用中,除了根据密度计算金属零件的质量外,很重要的一点是考虑金属的比强度(强度 σ_b与密度 ρ 之比)

来帮助选材,以及与无损检测相关的声学检测中的声阻抗(密度 ρ 与声速 C 的乘积)和射线检测中密度不同的物质对射线能量有不同的吸收能力等。密度在工程中除了可以根据金属材料密度计算零件的质量外,还可利用金属的比强度来选材。

(3)线膨胀系数。随着温度的变化,金属材料的体积也会随之发生改变,这就是平常所说的热胀冷缩现象,一般情况下用线膨胀系数来衡量。固体材料的温度改变1℃,其长度的变化量与初始长度的比值,称为线膨胀系数,用 α_1 表示,单位为 K^{-1}。在工程中,很多地方都对金属材料的热膨胀系数有一定的要求,如精密仪器、仪表等器件要求热膨胀系数较低,而热敏元件则要求线膨胀系数较高。

(4)导电性。表征金属材料传导电流的能力,主要参数为该材料的电导率,用 γ 表示。该性能对电磁无损检测中的电阻率和涡流损耗等都有较大的影响,并且该性能与材料的微观结构密切相关。工程中,为了减少电输送过程中电能的损耗,要采用导电性较好的材料,如 Al、Cu 等,而加热元件则常采用导热性差的材料。

(5)导热性。表征材料的导热性能,主要参数是热导率,它常用来表征材料传导热量的能力,常用 λ 表示。热导率越高,导热性越好,常用导热性差的金属材料作为隔热材料。

(6)磁性。磁性是指物质受外磁场吸引或排斥的性质,它反映在磁导率、磁滞损耗、剩余磁感应强度、矫顽磁力等参数上,从而可以把金属材料分成顺磁与逆磁、软磁与硬磁材料。

2.1.3 金属材料的化学性能

金属材料的化学性能主要是指在常温或高温状态下,金属材料抵抗各种介质侵蚀,而能保证其正常服役的能力,主要包括了抗氧化性能、耐腐蚀性能以及热稳定性。

抗氧化性是指金属材料抵抗自然环境下空气的氧化作用。通常工厂热力设备中的高温部件,如电站锅炉中的加热元件、过热管等长期在高温环境下运作,容易被氧化。这是由于许多金属都能与空气中的氧进行化合生成氧化产物,并在其表面形成一层氧化膜,这种现象称为金属材料的氧化。如果形成的氧化膜较为致密且稳定,并牢固地附着在金属的表面,就形成了一层保护膜,阻止氧化现象的进一步发生。

金属材料抵抗各种介质(如大气、酸、碱、盐)侵蚀的能力称为耐腐蚀性能,它主要由材料的成分、化学性能、组织形态等决定。金属材料的腐蚀可以分为全面腐蚀和局部腐蚀。从工程上来看,局部腐蚀的危害比全面腐蚀的更大,因为往往在没有预兆的情况下,金属材料就会因为局部腐蚀而突然断裂。局部腐蚀的类型很多,有点蚀、缝隙腐蚀、选择腐蚀、应力腐蚀、腐蚀疲劳等。

热稳定性是指金属材料在高温环境下保持材料组织结构和性能不变的性质和能力。

2.1.4 金属材料的工艺性能

金属材料的工艺性能是指其能够承受各种加工、处理而不发生损坏的能力。由于材料要经过一定的加工过程才能制成符合要求的零部件,方能在工程中应用,工艺性能一般包括可锻性、铸造性、焊接性、热处理性以及可加工性等。

(1)可锻性是指金属材料在压力加工时能改变形状而不产生裂纹的能力,包括在热态或冷态下能够进行锤锻、轧制、拉伸、挤压等。可锻性的好坏主要与金属材料的化学成分有关,通常碳钢具有较好的可锻性,低碳钢的可锻性最好,中碳钢次之,高碳钢最差。铸铁、硬质合金一般不能进行锻压加工。

(2)铸造性是指金属材料是否适合铸造加工的工艺性能,主要包括液态金属的流动性、收缩性、偏析等。流动性是指液态金属充分流动而充满铸型的能力;收缩性是指金属材料在凝固后发生体积收缩的程度;偏析是指铸件凝固后,其内部化学成分或者金属组织不均匀的现象。液态金属的流动性越好,凝固后收缩和偏析程度越小,则其铸造性能越好。

(3)焊接性是指通过焊接的手段将两种或两种以上的金属材料连接到一起并且能满足一定的性能指标。焊接过程中,在焊缝处易产生裂纹、气孔、夹渣等缺陷,这对焊接接头的力学性能危害很大。金属材料的焊接性好坏主要取决于材料的化学成分和焊接工艺。一般来说,含碳量低的钢焊接性较好。

(4)可加工性是指金属材料被切削加工成要求制件的难易程度,它与金属材料的化学成分、力学性能、导热性等密切相关。在生产和实验研究中,可用刀具寿命的长短、加工制件表面质量的好坏、切削功率的大小和切削的难易程度等作为判断金属材料可加工性的好坏。通常,灰铸铁具有良好的可加工性。

(5)热处理性是指金属材料能否通过热处理手段达到需要满足的力学性能,例如材料可否进行热处理强化、能否适合某种热处理方式等。热处理工艺主要包括退火、正火、淬火、回火、表面热处理、特殊热处理等,需要根据材料的成分和所需使用性能而进行不同的热处理。

2.2 金属材料的结构

金属材料是由原子组成的,原子之间的结合方式决定了物质的性质。金属材料的结构从宏观到微观可分为不同的层次,即宏观组织结构、显微组织结构和微观组织结构。宏观组织结构是指用肉眼或者放大镜能够观察到的结构,如晶粒、相的集合状态等。显微组织结构是指借助光学显微镜或者电子显微镜能观察到的结构。微观组织结构是指组成原子或分子间的结合方式或是指组成原子或分子在空间的排列方式。因此,材料的性能取决于其本身的结构。

2.2.1 原子的结合方式

金属材料通常是由各种元素通过原子、离子或分子结合而形成的固态物质。原子、离子或分子之间的结合力称为结合键。由于组成不同,材料的原子或分子的结构各不相同,原子之间的结合键性质和状态存在很大的差别。结合键通常可分为离子键、共价键、金属键及分子键。

1. 离子键

当正电性元素原子与负电性元素原子相互接近时,前者会失去最外层电子变成正离子,后者获得电子变成负离子,两种离子由于静电吸引而相互结合成化合物,这样的相互作用称为离子键。图2.3(a)为离子键的示意图。离子键的结合力较大,因此离子键结合的材料强度、硬度、熔点高,脆性大,热膨胀系数很小。由于离子难以移动运输电荷,所以这类材料都是良好的绝缘体,大部分盐类、碱类和金属氧化物多是以离子键的形式进行结合。

2. 共价键

当两个相同或两种不同的原子相互作用时,原子间以形成共用价电子对的形式进行结合,这种结合方式称为共价键。图2.3(b)为共价键的示意图。共价键极为牢固,共价晶体具有高熔点、硬度和强度。强共价键的金刚石为绝缘体,硅、锗是半导体,弱共价键的锡是导体。

3. 金属键

金属原子的外层电子数目较少,很容易失去外层价电子而成为正离子。当金属原子相互接近时,金属原子的外层价电子便从原子中脱离出来,为所有金属原子所共用,它们可在整个金属内部自由运动而形成电子云或电子气。金属通过正离子和自由电子之间的引力而相互结合,这种结合方式称为金属键,如图 2.3(c)所示。自由电子的存在使金属具有良好的导电性和导热性,使金属不透明并呈特有的金属光泽。金属键无方向性,当金属原子间发生相对位移时,金属键不会被破坏,因而金属的塑性较好。除铋、锑、锗等亚金属为共价键结合外,绝大多数金属均为金属键方式结合。

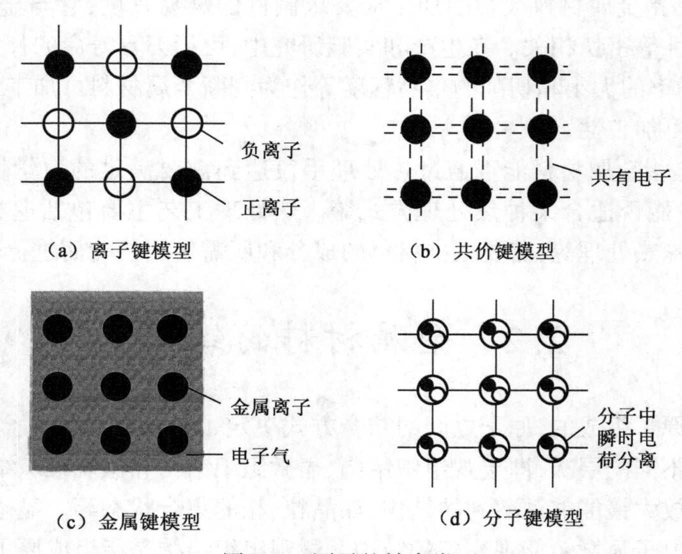

图 2.3　原子的结合类型

4. 分子键

某些分子共价键电子的分布并不对称,使得分子的某一部分比其他部分更偏于带正电或负电,也称作极化,因而在分子中可能存在偶极矩。一个分子带正电部分会吸引另一个分子的带负电的部分,这种结合力称作范德华力或分子键,如图 2.3(d)所示。由于分子键很弱,故而结合成的晶体具有低熔点、低沸点、低硬度、易压缩等性质。例如,石墨的各原子层之间的结合方式为分子键,从而易于分层剥离,强度、塑性以及韧性极低,是良好的润滑剂。塑料、橡胶等高分子材料中的键与键间的结合力为分子键,因此它的强度、硬度比金属低,耐热性差,是良好的绝缘体。

2.2.2　金属的晶体结构

金属材料在固态下通常都是晶体。金属表现出来的种种性能,同金属原子的结构、原子间结合以及金属的晶体结构密切相关。要知道金属材料内部的组织结构,需了解晶体中原子的相互作用和结合方式,掌握晶体学的基础知识、典型金属理想晶体的结构以及实际晶体中的各种晶体缺陷。

1. 晶体与非晶体

自然界中的物质,按其内部粒子(原子、离子、分子、原子集团)排列情况可分为两大类,晶体与非晶体。所谓晶体就是指内部粒子呈规则排列的物质，如水晶、食盐、金属等。晶体具有以下特点：

（1）一般具有规则的外形，但晶体的外形不一定都是规则的，这与晶体的形成条件有关，如果条件不具备，其外形也会变得不规则。所以不能仅从外观来判断，应该从内部粒子排列顺序来确定是不是晶体；

（2）有固定的熔点。例如，Fe 的熔点为 1538℃，Cu 的熔点为 1084℃，Al 的熔点为 660℃；

（3）具有各向异性。在同一晶体的不同方向上，具有不同的性能。

非晶体内部粒子呈无规则的堆积，没有晶体的上述特点。玻璃是一种典型的非晶体，因此往往将非晶体的固态物质称为玻璃体。

晶体纯物质与非晶体纯物质在性质上的区别主要有以下两点：

（1）前者熔化时有固定的熔点，而后者却存在一个软化温度区间，没有较为固定的熔点；

（2）前者具有各向异性，而后者却为各向同性。

2. 金属晶体的特性

金属一般均属于晶体，但是人们对某些金属采用特殊的工艺措施，也可使固态金属呈现出非晶态。金属的晶体结构是指构成金属晶体中的原子具体结合与排列的情况。金属原子的特点在于它的最外层电子数较少，金属原子易于失去电子，以便达到与其相邻的前一周期的惰性元素相似的电子结构。

根据近代物理和化学的观点，处于集聚状态的金属原子，全部或大部分都将它们的价电子贡献出来，作为整个原子集体所公有。这些公有化的电子也称作自由电子，它们组成的所谓电子云或电子气，在点阵的周期场中按量子力学规律运动。而贡献出电子的原子，则变成正离子，并沉浸在电子云中，它们依靠运动于其间的公有化自由电子的静电作用而结合起来。这种结合称为金属键，它具有无饱和性和方向性。通常金属晶体中的原子（离子）之间是靠金属键结合的。

金属晶体中原子（离子）排列的规律性，可由 X 射线结构分析方法测定，结果表明，原子（离子）排列均有其周期性。金属晶体中原子排列的周期性可用其基本几何单元体“晶胞”来描述。

3. 晶体结构与空间点阵

晶体结构是指晶体中原子（或离子、分子、原子集团）的具体排列情况，也就是晶体中的这些质点在三维空间有规律的周期性的重复排列方式。组成晶体的物质质点不同，排列的规则不同，或者周期性不同，就可以形成各种各样的晶体结构，即实际存在的晶体结构可以有很多种。假定晶体中的物质质点都是固定的刚球，那么晶体就是由这些刚球堆垛而成，图 2.4（a）就是这种原子堆垛模型。从图中可以看出，原子各个方向的排列都是很规则的。这种模型的优点就是立体感强，但缺点则是很难看清内部原子排列规律和特点。为了更加清晰地表明物质质点在空间排列的规律性，常常将构成晶体的实际质点忽略掉，而将它们抽象为纯粹的集合点，称为阵点或结点。这些阵点或结点可以是原子或分子的中心，也可以是彼此等同的原子群或分子群的中心，各个阵点间的周围环境都相同。这种由阵点在三维空间规则的周期性重复排列所形成的阵列，称为空间点阵，为了方便起见，常人为地将阵点用直线连接起来形成空间格子，也称为晶格，如图 2.4（b）所示。

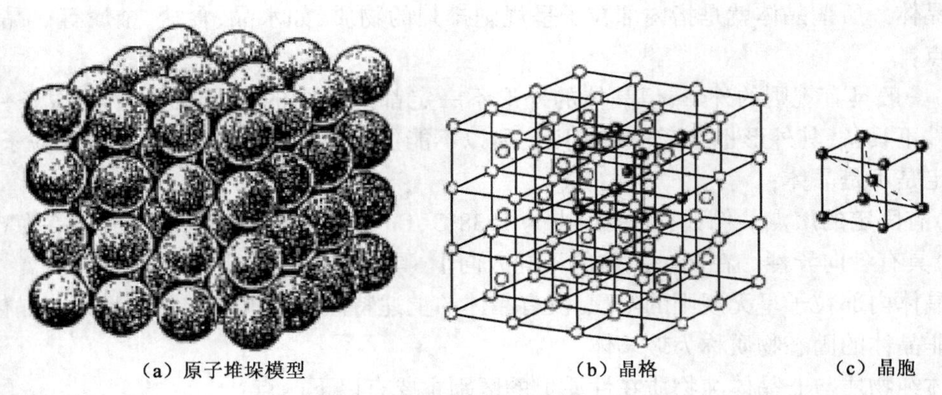

（a）原子堆垛模型　　（b）晶格　　（c）晶胞

图 2.4　晶体中原子排列示意图

由于晶格中阵点排列具有周期性的特点，因此，为了简便起见，可以从晶格中选取一个能够完整反映晶格特点的最小几何单位来分析阵点排列的规律性，这个最小的几何单元称为晶胞，如图 2.4(c)所示。晶胞的大小和形状通常以晶胞的棱边长度 a、b、c 和棱边夹角 α、β、γ 表示，如图 2.5 所示。图中沿晶胞三条相交于一点的棱边设置了三个坐标轴 x、y、z，习惯上以原点前、后、上方为轴的正方向，反之为负方向。晶胞的棱长长度一般称为晶格常数或点阵常数，在 x、y、z 轴上分别以 a、b、c 表示。晶胞的棱间夹角又称为夹角，通常 $y-z$ 轴、$z-x$ 轴和 $z-y$ 轴的夹角分别用 α、β、γ 表示。

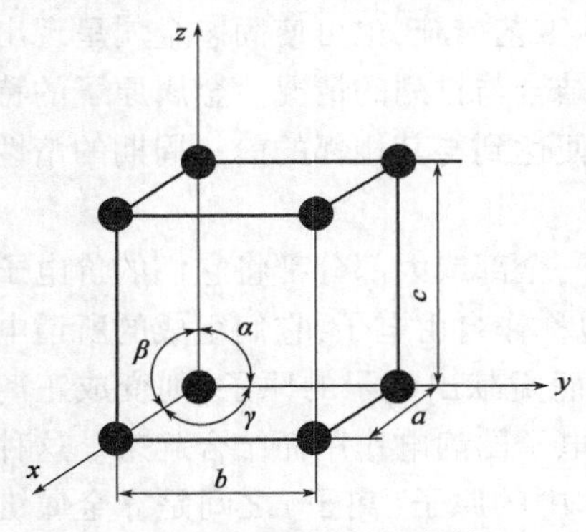

图 2.5　晶胞的晶格参数和轴间夹角

4. 三种典型的金属晶体结构

自然界中的晶体成千上万种，它们的晶体结构各不相同，但若是根据晶胞的三个晶格常数和三个轴间夹角的相互关系对所有的晶体进行分析，则发现空间点阵只有 14 种类型，进一步根据晶体的对称程度高低和对称特点，又可将 14 种中间点阵归属 7 个晶系，如表 2.1 所示。

表 2.1　7 个晶系和 14 种点阵结构

晶系和实例	点阵类型			
	初基(不带心)	底心	体心	面心
三斜晶系 $a\neq b\neq c$ $\alpha\neq\beta\neq\gamma\neq 90°$ K_2CrO_2	c β α γ b a			
单斜晶系 $a\neq b\neq c$ $\alpha=\gamma=90°\neq\beta$ β-S	c β b a	c β b a		

续表

晶系和实例	点阵类型			
	初基(不带心)	底心	体心	面心
正交晶系 $a \neq b \neq c$ $\alpha = \beta = \gamma = 90°$ α-S、Fe_3C	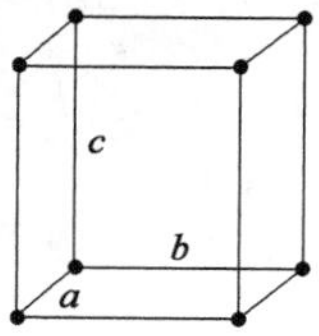	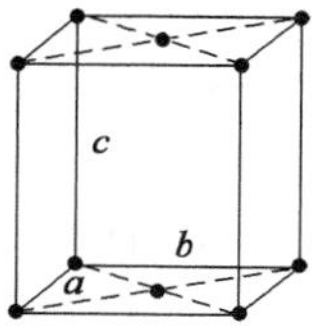	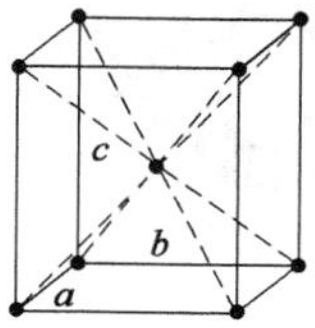	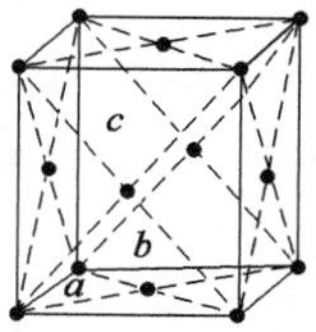
六方晶系 $a_1 = a_2 = a_3 \neq c$ $\alpha = \beta = 90°, \gamma = 120°$ Zn、Cd、Mg	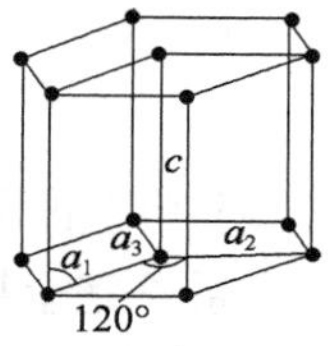			
菱方晶系 $a = b = c$ $\alpha = \beta = \gamma \neq 90°$ Ac、Sb、Bi	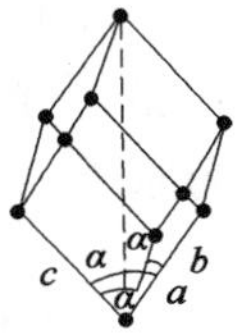			
四方晶系 $a = b \neq c$ $\alpha = \beta = \gamma = 90°$ β-Sn、TiO_2	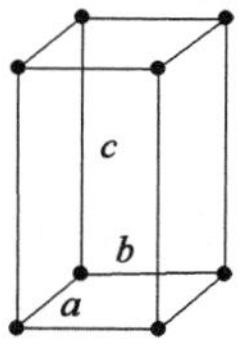		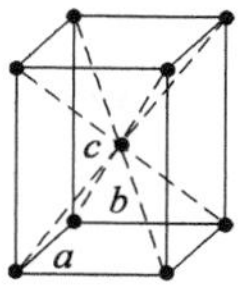	
立方晶系 $a = b = c$ $\alpha = \beta = \gamma = 90°$ Fe、Cr、Cu、Ag	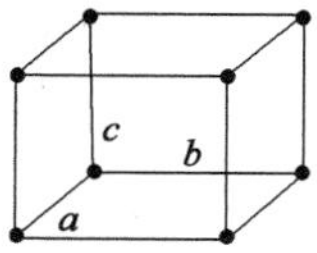	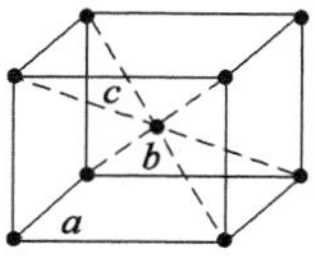	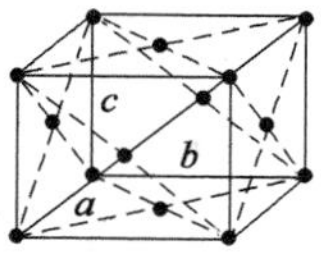	

由于金属原子趋向于紧密排列，所以在工业上使用的金属元素中，除了少数具有复杂的晶体结构外，绝大多数都具有比较简单的金属晶体结构，其中最典型的晶体结构有三种类型，即体心立方晶格、面心立方晶格和密排六方晶格，前两种属于立方晶系，后一种属于六方晶系。

1）体心立方晶格

体心立方晶格的晶胞模型见图2.6。晶胞的三个棱边长度相等，三个轴间夹角均为90°，构成立方体。除了在晶胞的八个角上各有一个原子外，在立方体的中心还有一个原子，具有体心立方结构的金属有α-Fe、Cr、V、Nb等30多种。

（1）原子半径。在体心立方晶胞中，原子沿立方体对角线紧密地接触着，如图2.6(b)所示。设晶胞的点阵常数为a。则立方体对角线的长度为$\sqrt{3}a$，等于4个原子半径，所以体心立

（a）刚球模型

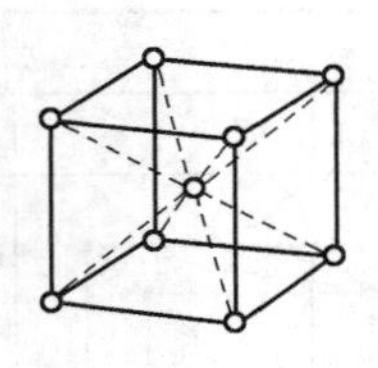

（b）质点模型

（c）晶胞原子数

图 2.6　体心立方晶胞

方晶胞中的原子半径 $r = \frac{\sqrt{3}}{4}a$。

(2)原子数。由于晶格是由大量晶胞堆垛而成,因而晶胞每个角上的原子为与其相邻的 8 个晶胞所共有,故而只有 1/8 个原子属于这个晶胞,晶胞中心的原子完全属于这个晶胞,所以体心立方晶胞中的原子数为 $8 \times 1/8 + 1 = 2$,如图 2.6(c)所示。

(3)配位数和致密度是衡量晶胞中原子排列紧密程度的指标。配位数是指晶体结构中与任意原子最近邻、等距离的原子数目。显然,配位数越大,晶体中的原子排列便越紧密。在体心立方晶格中,以立方体中心的原子来看,与其最近邻、等距离的原子数有 8 个,所以体心立方晶格的配位数为 8。

若把原子看成刚性圆球,那么原子之间必然有空隙存在,原子排列的紧密程度可用晶胞中原子所占体积与晶胞体积之比来表示,称为致密度或者密集系数,可用下式表示:

$$K = \frac{nV_1}{V} \tag{2.6}$$

式中:K 为晶体的致密度;n 为一个晶胞实际包含的原子数;V_1 为一个原子的体积;V 为晶胞的体积。

体心立方晶格的晶胞包含有两个原子,晶胞的棱边常数为 a,原子半径为 $r = \frac{\sqrt{3}}{4}a$,因此致密度为:

$$K = \frac{nV_1}{V} = \frac{2 \times \frac{4}{3}\pi r^3}{a^3} \approx 0.68 \tag{2.7}$$

0.68 表明在体心立方晶格中,有 68% 的体积为原子所占据,其余 32% 为间隙体积。

(2)面心立方晶格。

面心立方晶格的晶胞如图 2.7 所示。在晶胞的 8 个角上各有 1 个原子,构成立方体,在立方体 6 个面的中心各有 1 个原子。γ－Fe、Cu、Ni、Al 等约 20 种金属具有这种晶体结构。在晶胞中,每个角上的原子为与其相邻的 8 个晶胞所共有,故而只有 1/8 个原子属于这个晶胞每个面上的原子同时为相邻的两个晶胞所共有,每个晶胞只分到面心原子的 1/2,因此面心立方晶胞中的原子数为 $8 \times 1/8 + 1/2 \times 6 = 4$。

在面心立方晶胞中,只有沿着晶胞 6 个面的对角线方向的原子才是相互接触的,面对角线的长度为 $\sqrt{2}a$,它与 4 个原子半径的长度相等,所以面心立方晶胞的原子半径 $r = \frac{\sqrt{2}}{4}a$。

(a) 刚球模型

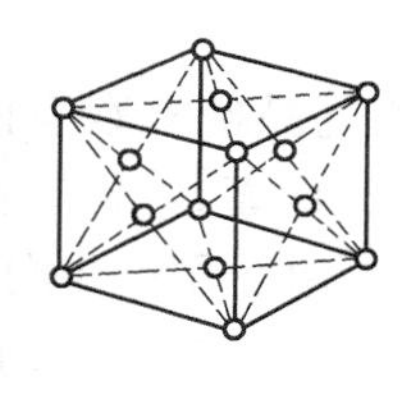
(b) 质点模型

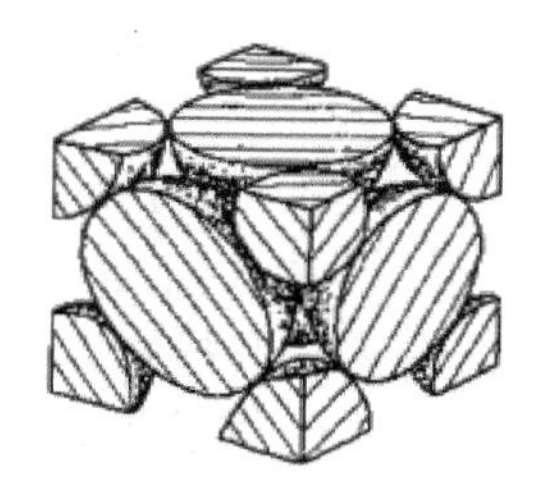
(c) 晶胞原子数

图 2.7　面心立方晶胞

从图 2.8 可以看出,以面中心那个原子为例,与之最近邻的是它周围顶角上的 4 个原子,这 5 个原子构成了一个平面,这样的平面共有 3 个,3 个面彼此相互垂直,结构形式相同,所以与该原子最近邻、等距离的原子共有 12 个,因此面心立方晶格的配位数为 12。

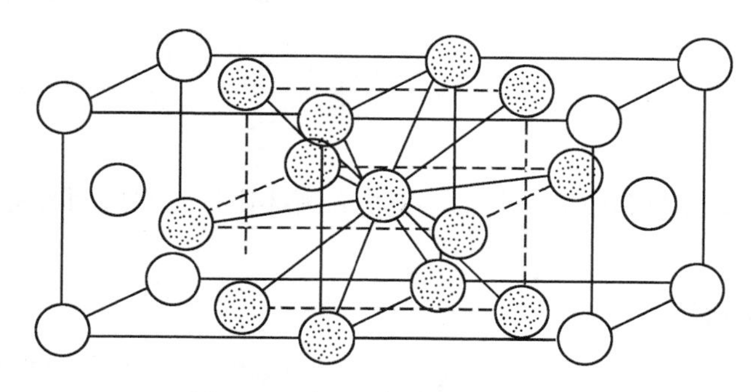

图 2.8　面心立方晶格的配位数

由于面心立方晶胞中的原子数和原子半径是已知的,因此可以计算出它的致密度:

$$K = \frac{nV_1}{V} = \frac{4 \times \frac{4}{3}\pi r^3}{a^3} \approx 0.74 \tag{2.8}$$

此值表明,在面心立方晶格中,有 74% 的体积为原子所占据,其余 26% 为间隙体积。

(3) 密排六方晶格。

密排六方晶格的晶胞如图 2.9 所示。在晶胞的 12 个角上各有 1 个原子,构成六方柱体,上底面和下底面的中心各有 1 个原子,晶胞内还有 3 个原子。具有密排六方晶格的金属有 Zn、Mg、Be、Cd 等。

(a) 刚球模型

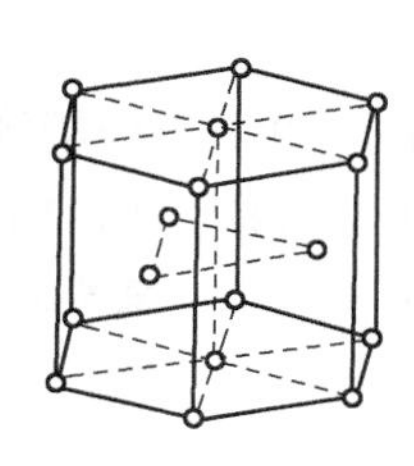
(b) 质点模型

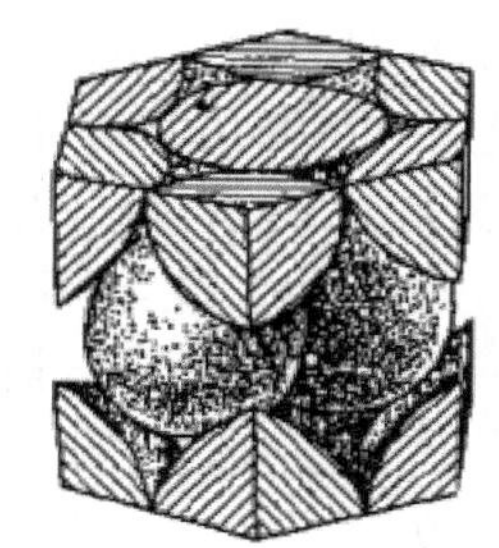
(c) 晶胞原子数

图 2.9　密排六方晶胞

晶胞中的原子数如图 2.9 所示。六方柱每个角上的原子均同时属于 6 个晶胞,上、下底面中心的原子同时为两个晶胞所共有,再加上晶胞内的3个原子,故晶胞中的原子数为$1/6\times12+1/2\times2+3=6$。

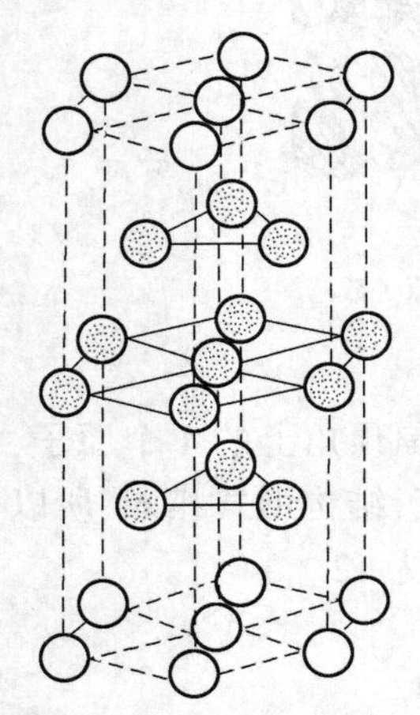

图2.10　密排六方晶格的配位数

密排六方晶格的晶格常数有两个:一是正六边形的边长a,另一个是上、下底面之间的距离c。c与a之间的比值c/a称为轴比。在典型的密排六方晶格中,原子刚球十分紧密地堆垛排列,如晶胞上底面中心的原子,它不仅与周围6个角上的原子相接触,而且与其下面的3个位于晶胞之内的原子以及与其上相邻晶胞内的3个原子相接触(图2.10),故配位数为12,此时的轴比$c/a=\sqrt{\frac{8}{3}}\approx1.633$。但是实际的密排六方晶格金属,轴比或多或少地偏离这个数值,一般在1.57~1.64之间波动。

对于典型的密排六方晶格金属,其原子半径为$a/2$,致密度为:

$$K=\frac{nV_1}{V}=\frac{6\times\frac{4}{3}\pi r^3}{\frac{3\sqrt{3}}{2}a^2\sqrt{\frac{8}{3}}a}\approx0.74 \tag{2.9}$$

密排六方晶格的配位数和致密度与面心立方晶格相同,说明这两种晶格晶胞中原子的紧密排列程度相同。

5. 晶面和晶向的表示方法

在晶体中,由一系列原子所组成的平面叫晶面,任意(两个原子之间连线)一列原子所指的方向称为晶向。为了分析的方便,通常用一些晶体学指数来表示晶面和晶向,分别称为晶面指数和晶向指数,其确定方法如下:

(1)晶面指数。

晶面指数的确定步骤如下:

①选取三个晶轴为坐标系的轴,各轴分别以相应的点阵常数为量度单位,其正负关系同一般常例;

②从欲确定的晶面组中,选取一个不通过原点的晶面,找出它在三个坐标轴上的截距;

③取各截距的倒数,按比例化为简单整数h、k、l,而后用括号括起来呈(hkl),即为所求晶面的指数。

当某晶面与晶轴平行时,它在这个轴上的截距可看成是∞,则相应的指数为0。

当截距为负值时,在相应的指数上边加以符号。

图2.11是立方系的几个晶面和它们的指数。

由于对称关系,晶体中等同的晶面,即原子或分子排列相同的晶面,往往不止一组,例如立方系中和$(\bar{1}11)$面等同的还有三组$(1\bar{1}1)$、$(11\bar{1})$、(111)等。这四组合成为一个晶面族或晶面系,取其中之一的指数,用大括号括上而成$\{111\}$来表示这个晶面族。因此,可用$\{hkl\}$来泛指各晶面族。

(2)晶向指数。

晶向指数的确定步骤如下:

①以晶胞的三个棱边为坐标轴x、y、z,以棱边长度(即晶格常数)作为坐标轴的长度单位;

②通过坐标原点做与所求晶向平行的另一晶向;

③求出这个晶向上任意质点的矢量在三个坐标轴上的分量(即求出任意指点的坐标数);

④将此数按比例化为简单整数 u、v、w,而后用方括号括起来呈成[uvw],即得所求的晶向指数。如坐标数为负值,即在相应指数上边加上负号。

图 2.12 为立方晶胞中的主要晶向。

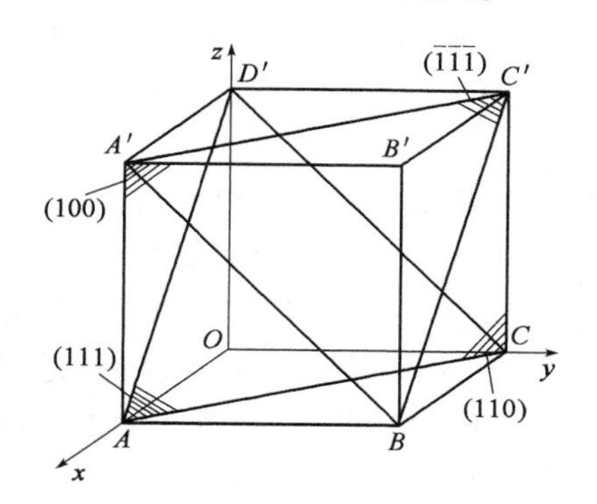

图 2.11　立方系的几个晶面和它们的指数

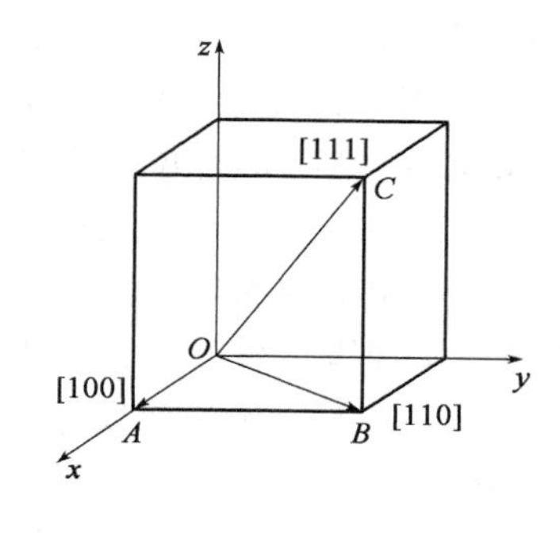

图 2.12　立方晶胞中的主要晶向

与晶面相似,晶体中的相似晶向,即线周期等同的晶向,也是成族出现的,称为晶向族,用 $<uvw>$ 来表示。

晶体中一系列晶面可相交于一条直线或几条相平行的线,这些晶面合称为一个晶带,这些直线所代表的晶向称为晶带轴。晶带轴[uvw]与其所属晶面{hkl}之间各指数满足:

$$hu + kv + lw = 0 \tag{2.10}$$

在立方晶系中,晶面指数与晶向指数在数值上完全相同或呈比例时,它们互相垂直,如图 2.13 所示。

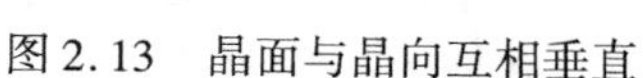

图 2.13　晶面与晶向互相垂直

6. 晶体中的缺陷

在实际应用的金属材料中,原子的排列不可能像理想晶体那样规则和完整,总是不可避免地存在一些原子偏离规则排列的不完整性区域,金属学中将这种原子组合的不规则形,统称为结构缺陷,或者是晶体缺陷。根据缺陷相对于晶体的尺寸,或其影响范围的大小,可将它分为点缺陷、线缺陷、面缺陷和体缺陷。

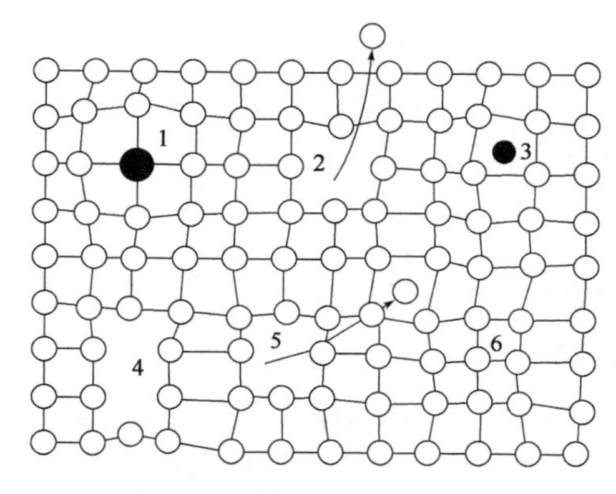

图 2.14　晶体中的各种点缺陷

1—大的转换原子;2—肖脱基空位;3—异类间隙原子;4—复合空位;5—弗兰克空位;6—小的置换原子

(1)点缺陷。

点缺陷的特征是缺陷在三个方向的尺寸都很小,不超过几个原子间距,晶体中的点缺陷主要指空位、间隙原子和置换原子,如图 2.14 所示。这里所说的间隙原子是指应占据正常阵点的原子跑到了点阵间隙中。

在任何温度下,金属晶体中的原子都是以其平衡位置为中心不间断地进行着热振动。原子的振幅大小与温度有关,温度越高,振幅越大。在一定的温度下,每个原子的振动能量并不完全相同,在某一瞬间,某些原子的能量可能高些,其振动就要大些;而另一些原子的能量可能低些,振动就要小些。对一个原子来说,某一瞬间能量可能高些,另一瞬间能量反而可能低些,这种现象称为能量起伏。根据统计规律,在某一温度下的某一瞬间,总有一些原子具有足够高的能量,以克服周围原子对它的约束,脱离开原来的平衡位置迁移到别处,这样的结果就是在原来的位置上出现了空结点,这就是空位。显然,这种脱离的原子越多,空位也就越多。脱位原子的去处大致有三:一是跑到晶体表面去,这样所产生的空位称为肖脱基(Schottky)空位;二是跑到点阵间隙中,所产生的空位称为弗兰克空位;三是跑到其他空位,这不会增加新空位,但空位会变换位置。

产生空位后,其邻近原子由于失去了平衡,都会向着空位作一定程度的松弛,从而在其周围出现一个波及一定范围的畸变区或弹性应变区。所以每个空位周围都会产生一个应力场,它与小的代位原子周围出现的应力场相似,只是程度要大些。同样,间隙原子周围也会存在一个与间隙溶质原子或大的代位溶质原子相似的应力场,但程度要大得多,特别是在密集结构中。总之,无论哪一种点缺陷的出现都会引起晶体能量的升高,这当然会增加晶体的不稳定性。另外,它们的出现会引起熵值的显著增大,而熵值越大,晶体应该越稳定。这两个相互矛盾的因素使得晶体中的空位或间隙原子在每一温度下都有一个相应的平衡浓度。温度越高其平衡浓度也将越大。通过由高温激冷、冷加工、高能粒子轰击以及氧化等方法,可使它们的浓度显著高于平衡浓度,即达到过饱和程度。过饱和的空位,当温度允许时,或凝聚成空位对或空位群,或与其他缺陷相互作用而消失,或组成较稳定的复合体。

(2)线缺陷。

线缺陷的特征是缺陷在两个方向上的尺寸很小(与点缺陷相似),而第三个方向上的尺寸却很大,甚至可以贯穿整个晶体,属于这一类的主要是位错。位错可以分为刃型位错和螺型位错。

刃型位错的模型如图 2.15 所示,设定有一简单立方晶体,某一原子面在晶体内部中断,这个原子平面中断处的边缘就是一个刃型位错,犹如用一把锋利的钢刀将晶体上半部分切开,沿切口硬插入一额外半原子面一样,将刃口处的原子列称为刃型位错线。刃型位错有正负之分,若额外半原子面位于晶体的上部分,则此处的位错线称为正刃型位错,以符号“⊥”表示。反之,若额外半原子面位于晶体的下半部,则称为负刃型位错,以符号“⊤”表示。

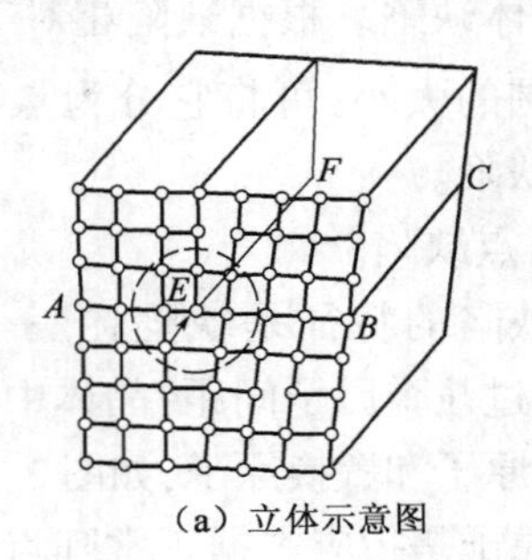

(a) 立体示意图

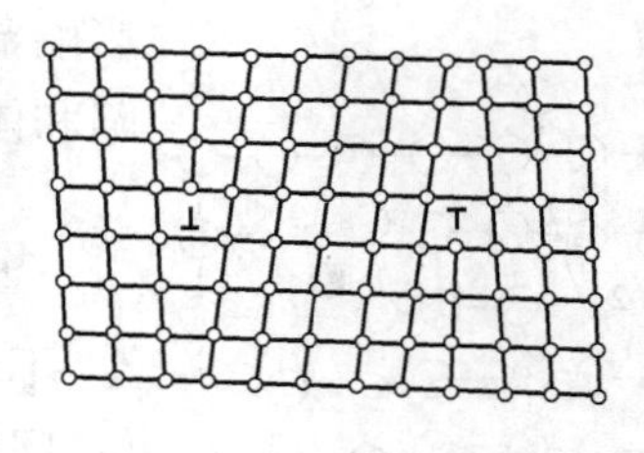

(b) 垂直于位错线的原子平面

图 2.15　刃型位错模型

螺型位错模型如图 2.16 所示。仍然举简单立方晶体为例,设将晶体的前半部用刀劈开,然后沿劈开面,并以刃端为界使劈开部分的左右两半沿上下方向发生一个原子间距的相对切变。这样,虽然在晶体切变部分的上下表面各出现一个台阶 *AB* 和 *DC*,但在晶体内部大部分原子仍相吻合,就像未切变时一样,只是沿 *BC* 附近,出现了一个约等于几个原子宽的切变和未切变之间的过渡区。在这个过渡区域内,原子正常位置都发生了错动,它表示切变面左右两边相邻的两层晶面中的原子的相对位置。可以看出,沿 BC 线左边有三列原子是左右错开的,在这个错开区域,若环绕其中心线,由 B 按顺时针方向沿各原子逐一走去,最后将达到 C,这就像是沿着一个右螺旋纹旋转前进一样,所以这样的一个宽仅为几个原子间距,长则穿透晶体上下表面的线性缺陷,称为右螺型位错。在图 2.16 中,若晶体左右两半沿劈开面上下切变的方向相反,或者劈开面在晶体的后半部,其结果完全相似,只是交界区中原子按左螺旋排列,这样的位错称为左螺型位错。

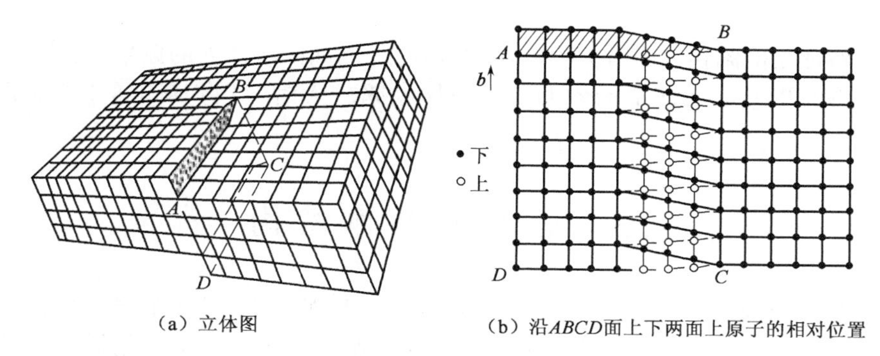

(a) 立体图　　(b) 沿ABCD面上下两面上原子的相对位置

图 2.16　螺型位错模型

(3) 面缺陷。

面缺陷的特征是缺陷在一个方向上的尺寸很小(如同点缺陷),而其余两个方向上的尺寸则很大,晶体的外表面及各种内界面——一般晶界、孪晶界、亚晶界、相界及层错等属于这一类。

①晶体表面。

金属或合金的晶体表面是指与其真空或各种外部介质,如空气、氢气、氮气等相接触的界面。处于这种界面上的原子受内部自身原子的作用力和受外部介质分子(或原子)的作用力显然是不相平衡的,若外部为真空,则更不平衡。这样,表面原子就会偏离正常的水平位置,并牵连到临近的基层原子,这样就会造成表层的畸变,它们的能量比内部原子高,将它们高出的能量合起来,平均在单位表面积上的超额能量称为比表面能,或简称表面能,它与表面张力同数值、同量纲、表面能既随接触介质的不同而变,也随裸露出的晶面不同而异。此外,表面能还和表面曲率有关,曲率越大,表面能也越大。

②同种晶粒间的界面——晶界。

纯金属或单相合金的组织是由同成分、同结构的许多晶粒组成的。各晶粒之间由于相对取向不同而出现了接触界面,一般称为晶界。相邻晶粒的位向差小于 10°的晶界称为小角度晶界;相邻晶粒的位向差大于 10°的晶界称为大角度晶界。晶粒的位向差不同,则其晶界的结构和性质也不同。现已查明,小角度晶界基本上由位错构成,大角度晶界的结构却十分复杂,目前还不十分清楚,而多晶体金属材料中的晶界大部分属于大角度晶界。

③异种晶粒间的界面——相界面。

不同晶体结构的两相之间的分界面称为相界面。相界面的结构有三种,即共格界面、半共格界面和非共格界面。所谓共格界面,是指界面上的原子同时位于两相晶格的结点上,为两种晶格所共有。界面上原子的排列规律既符合这个相晶粒内原子排列的规律,又符合另一个相晶粒内原子排列的规律。

④其他界面。

共格孪晶界,是指在纯金属或合金中,同成分同结构的两个晶粒之间的异种特殊界面,其特点是完全共格的，并且两晶粒内部的原子都是以界面为对称面而处于界面对称位置，这样一对晶粒称为孪晶。

晶粒内部的界面，在一个晶粒内部并不完全一致，而是由一些位向略有差异的小块所组成的亚晶角镶嵌块，称为亚晶，一般尺寸为 10^{-5} ~ 10^{-3} cm，特殊情况下为 10^{-6} ~ 10^{-2} cm，有时为 10^{-6} ~ 10^{-4} cm。它们之间的界面为亚晶界，其结构相当于小角度晶界。

层错界，与孪晶界很相似，但无对称关系，它是由于晶面的堆砌序列发生差错而产生的。

(4)体缺陷。

体缺陷的特征是缺陷在三个方向上的尺寸都较大，例如固溶体内的偏聚区、分布很弥散的第二相超显微微粒以及一些超显微空洞等。但体缺陷较大时，可将其归属于面缺陷来进行讨论。

2.3 合金的晶体结构

上述关于晶体结构的描述，主要是针对纯金属。由于纯金属性能上的局限性，实际使用的金属材料绝大多数是合金。由两种或两种以上的金属或金属与非金属，经熔炼、烧结等方式制备而成并具有金属特性的物质称为合金。组成合金最基本的、独立的物质称为组元。一般来说，组元就是组成合金的元素，也可以是稳定的化合物。当不同的组元经熔炼或烧结形成合金时，这些组元间由于物理、化学的相互作用形成具有一定晶体结构和一定成分的相。相是指合金中结构相同、成分和性能均一并以界面相互分开的组成部分。由一种固相组成的合金称为单相合金，由几种不同相组成的合金称为多相合金。

不同的相具有不同的晶体结构，虽然相的种类繁多，但根据相的晶体结构特点可将其分为固溶体和金属化合物两大类。如果在合金相中，组成合金的一类原子能够以不同比例均匀混合，相互作用，其晶体结构与组成合金的某一组元相同，这种合金相称为固溶体。如果在合金相中，组成合金的异类原子有固定的比例，而且晶体结构与组成组元均不相同，则这种合金相称为化合物或中间相。

2.3.1 固溶体

所谓固溶体，是指合金的组元之间以不同的比例相互混合，混合后形成的固相的晶体结构与组成合金的某一组元的相同，这种相就称为固溶体，这种组元称为溶剂，其他的组元称为溶质。固溶体成分可以在一定范围内变化，在相图上表现为一个区域。固溶体在结构上的特点是必须保持溶剂组元的点阵类型。

1. 固溶体的分类

1)按溶剂分类

(1)一次固溶体：以纯金属组元作为溶剂的固溶体称为一次固溶体，也称为边际固溶体。若不加以说明，通常所说的固溶体均为这类。这类固溶体的结构类型必须与其纯金属组元之一的结构相同。

(2)二次固溶体：以化合物为溶剂的固溶体称为二次固溶体，也称为中间固溶体。许多金属化合物虽然可用分子式来表示，但它们的化学成分仍然可以在一定范围内变化，特别是金属性较强的化合物，如电子化合物、间隙相等，它们的成分变化范围很大，甚至按分子式的成分都不能独立表示,如 $CuAl_2$。所有这些情况,都是由于化合物能够溶解它自己的组元而组成固溶体的缘故。这在许多合金系中是普遍存在的现象,另外,有的化合物与化合物之间,也可以相互溶解而组成固溶体,如 Fe_3C、Mn_3C、TiC 等。

2)按固溶度分类

(1)有限固溶体:在一定条件下,溶质组元在固溶体内的浓度只能在一个有限的范围内变化,超过这个限度后便不能再溶解了,这个限度称为固溶极限,也称为固溶度或溶解度,超过这个限度,就会有其他合金相形成,它在相图中的位置靠近两端的纯组元,这种具有固溶极限的固溶体称为有限固溶体,也称为端际固溶体。大部分固溶体都属于这一类。

(2)无限固溶体:当固溶体的固溶度达到 100% 时,即溶质能以任何比例溶入溶剂时,就称为无限固溶体或连续固溶体。晶格类型相同是组元间形成无限固溶体的必要条件,因为只有晶格类型相同,溶质原子才有可能连续不断地置换溶剂晶格中的原子,直到溶剂晶格中的原子几乎完全被溶质原子所置换为止,如图 2.17 所示。事实上,此时很难区分溶剂与溶质,两者可以互换,但通常以浓度大于 50% 的组元为溶剂。Cu – Ni 系、Ag – Au 系、Cu – Au 系、Ti – Zr 系等可作为一次无限固溶体的例子;TiC – ZrC、TiC – NbC、VC – NbC 等可作为二次无限固溶体的例子。

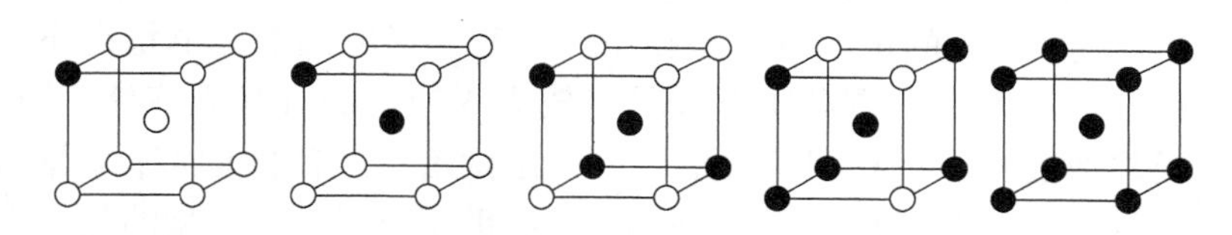

图 2.17　形成无限固溶体时两组元原子连续置换示意图

3)按溶质原子在晶体点阵中所占的位置分类

(1)置换固溶体:溶质原子在晶体中占据着与溶剂原子等同的点阵位置,犹如前者原子置换了后者的一些位置,所以称为置换固溶体,如图 2.18(a)所示。

(2)间隙固溶体:溶质原子在晶体中不是占据正常的点阵位置,而是填入溶剂原子间的一些间隙位置,所以称为间隙固溶体。间隙固溶体平均在每个晶胞上的原子数要比溶剂多,如图 2.18(b)所示。

(3)缺位固溶体:在一些二次固溶体中发现,当化合物的一个组元融入化合物时,另一组元的一些原子位置却形成了空位,例如,O 溶入 FeO 后,Fe 原子会出现空位,这类固溶体称为缺位固溶体。

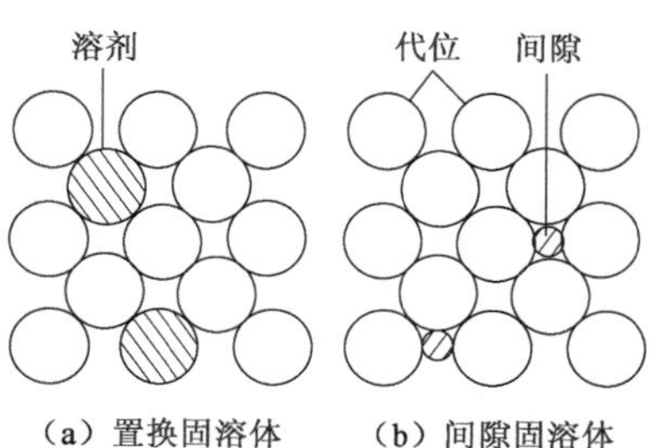

图 2.18　面心立方的结构模型

4)按溶质原子与溶剂原子的相对分布进行分类

(1)无序固溶体:溶质原子统计式地或随机地分布在溶剂晶体点阵中,它或占据着与溶剂等同的一些位置,或占据着溶剂原子间的间隙,看不出有什么顺序性或规律性,这类固溶体称为无序固溶体。

(2)有序固溶体:当溶质原子按适当比例并按一定顺序和一定方向,围绕着溶剂原子分布时,这种固溶体就称为有序固溶体,既可以是置换式的有序,也可以是间隙式的有序。但需要指出,有的固溶体由于有序化的结果,会引起结构类型的变化,所以有的书中将有序固溶体列入中间相。

2. 影响固溶度的因素

无论是纯金属之间或是金属化合物之间,相互间绝对不固溶的情况实际上是不存在的,只有固溶度大小之分。大量实践表明,随着溶质原子的溶入,往往引起合金的性能发生显著的变化,微量溶质元素的溶入有时会引起性能上很大的变化,因而研究影响固溶度的因素很有实际意义。很多学者都做了大量的研究工作,发现不同元素间的原子尺寸、电负性、电子浓度和晶体结构等因素对固溶度均有明显规律性的影响。

1)原子尺寸因素

由半径大小不同的异类原子组成的合金相,不仅通过配位数的变化而影响点阵结构的类型,也因点阵规律性的改变与结构能量的增加而受到尺寸因素的控制。原子尺寸因素通常由各组元原子半径相对差(Δr)表示。其计算公式如下:

$$\Delta r = \frac{|r_B - r_A|}{r_A} \tag{2.11}$$

式中:r_A 为主组元 A 的原子半径;r_B 为副组元 B 的原子半径。

实验表明,在合金两组元的负电性相差较小而有利于形成固溶体的情况下,当 $\Delta r < 15\%$(两组元原子半径差别不大)时,有利于形成具有较大固溶度的置换固溶体。而当 $\Delta r > 41\%$(两组元原子半径差别较大)时,有利于形成具有一定固溶度的间隙固溶体。相反,当两组元负电性相差较大,即使它们的原子半径差别较大,也有助于形成不同类型的化合物。

不同尺寸的异类原子组合在一起,会引起点阵的畸变,即原子会偏离开其正常的点阵位置,如图 2.19 所示,即大原子周围受到压缩,原子间距缩小;小原子周围受到拉伸,原子间距增大。形成这样的状态必然会引起能量的升高,这种能量称为点阵畸变能。由此可见,在固溶体中,每个溶质原子周围,都会出现一个以其为中心并扩展到相当范围的应力场。显然,原子尺寸相差越大,畸变能也就越大,应力也越大,点阵也就不稳定,这样直到溶剂点阵不能再进一步维持时,便达到了极限固溶度。在通常情况下,溶质原子的尺寸大多比溶剂点阵的空隙尺寸要大,因此间隙溶质原子周围的应力场多为压应力。

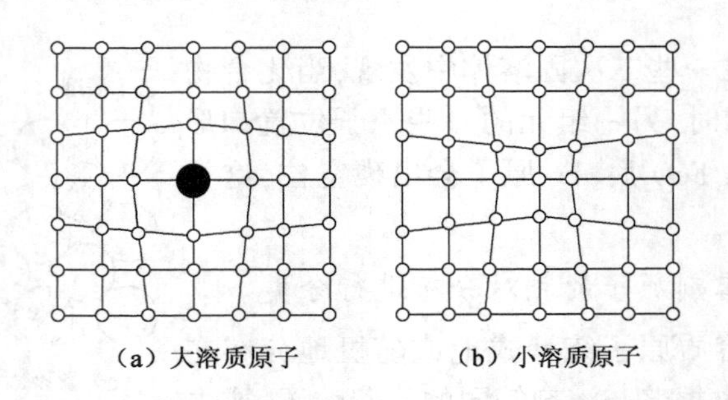

图 2.19　固溶体中溶质原子所引起的点阵畸变示意图

2)电负性因素

电负性是表示元素的原子在异类原子的集合体中或分子中能够吸引电子作为自身所有的一种能力,即吸收外来电子形成负离子的倾向性。当两种组元结合时,其电负性差异可以反映出它们之间的化学亲和力以及形成化合物倾向的大小。显然,元素之间的电负性相差越大,越有利于形成化合物,或所形成的化合物稳定性越高。不难理解,当进行合金化时,如果组元之间电负性相差较大,那么就有利于形成化合物,而不利于形成固溶体,而所形成的化合物越稳定,则固溶体的固溶度势必越小;相反,则越有利于形成固溶体。

3)电子浓度因素

在合金中,两个组元的价电子总数(e)和两组元的原子总数(a)之比称为电子浓度(c),即:

$$c_{电子} = \frac{e}{a} = \frac{vx + u(100 - x)}{100} \tag{2.12}$$

式中:x 为副组元的原子百分比;v 为每个副组元原子的价电子数;u 为每个主组元原子的价电子数。

根据金属能带理论,对应一定点阵结构的合金相,其中自有电子数或电子浓度是有限度的。当超过极限电子浓度时,由于电子分布能态的剧增,将引起该合金相结构的改变。研究表明,当异类原子的价电子数之差较大时,有利于形成中间相,且其相结构多与电子浓度有一定对应关系;相反,有利于形成固溶体,但其溶解度仍受到电子浓度的控制。

2.3.2 金属化合物

构成合金的各组元间除了相互溶解而形成固溶体外,当超过固溶体的最大溶解度时,还可能形成新的合金相,又称为中间相。这种合金相包括化合物和以化合物为溶剂而以其中某一组元为溶质的固溶体,它的成分可在一定范围内变化。在该化合物中,除了离子键、共价键外,金属键也参加作用,因而它具有一定的金属性质,有时也称为金属化合物。

结合键与晶格类型的多样化,使金属化合物具有许多特殊的物化性能,其中已有不少正在开发应用中,作为新的功能材料和耐热材料。中间相一般具有以下几种特点:(1)它们在二元相图中所处的位置总是在两个端际固溶体之间的中间部位;(2)中间相具有完全不同于各组元元素的晶体结构,各组元原子按一定规则在晶格中呈有序排列,这是与固溶体最重要的区别;(3)中间相的结合键取决于组元之间的电负性差,电负性相近的元素,形成的中间相多以金属键为主,而电负性相差较大时,倾向于以离子键或共价价结合,但一般都是具有一定程度的金属性;(4)中间相的原子通常按一定或大致一定比例组成,可以用化学分子式进行表示,但是除正常价化合物以外,大多数中间相的分子式不遵循化学价规则,许多中间相的成分可以在一定范围内变化,在相图上表现为一个区域。

金属化合物的类型很多,下面主要介绍两种,即服从原子价规律的正常价化合物和决定于电子浓度的电子化合物。

1.正常价化合物

正常价化合物的组元之间的结合服从原子价规律,它们的成分可以用分子式进行表示,通常有 AB、AB_2(或 A_2B)、A_3B_2 等类型。通常是由金属元素与周期表中非金属性较强的元素组成,包括从离子键、共价键过渡到金属键为主的一系列化合物,组元之间的电负性差决定了化合物的结合键类型和稳定性。电负性差越大,化合物就越稳定,趋于离子键结合;电负性差较小,化合物越不稳定,越趋于金属键结合。如 Mg_2Si、Mg_2Sn、Mg_2Pb、MnS 等,其中 Mg_2Si 是铝合金中常见的强化相,MnS 则是钢铁材料中常见的夹杂物。

正常价化合物通常具有较高的硬度和脆性,其中以共价键为主的化合物由于其半导体性质,引起了较大关注。

2. 电子化合物

电子化合物是由第Ⅰ族或过渡族金属元素与第Ⅱ至第Ⅴ族金属元素形成的金属化合物，它们不遵守原子价规律，但满足一定的电子浓度。电子化合物的晶体结构取决于合金的电子浓度，一定的电子浓度对应一定的晶体结构。例如，电子浓度为3/2(21/14)时，为体心立方晶格；电子浓度为21/13时，为复杂立方晶格；电子浓度为7/4(21/12)时，为密排六方晶格。

电子化合物可以用化学式表示，但其成分可以在一定的范围内变化，因此可以将它看成是以化合物为基础的固溶体。由于这种相从化学意义上来说并非化合物，所以也有人将其称为电子相。电子化合物中原子之间多以金属键结合，故此化合物的所有性质中金属性最强。它的硬度和熔点都很高，脆性很大，但塑性很低，这与其他金属化合物一样，不适于作为合金的基体相。在有色金属材料中，电子化合物是重要的强化相。

2.4 金属的结晶与塑性变形

2.4.1 金属的结晶

液态金属冷却至凝固温度时，金属原子由无规则运动状态转变为按一定几何形状作有序排列的状态，这种由液态金属转变为晶体的过程称为金属的结晶。金属及其合金的生产、制备一般都要经过由液态转变为固态的结晶过程。金属及合金的结晶组织对其性能以及随后的加工有很大的影响，因此了解有关金属和合金的结晶理论和结晶过程，对于控制铸态组织，提高金属制品的性能具有重要的指导作用。

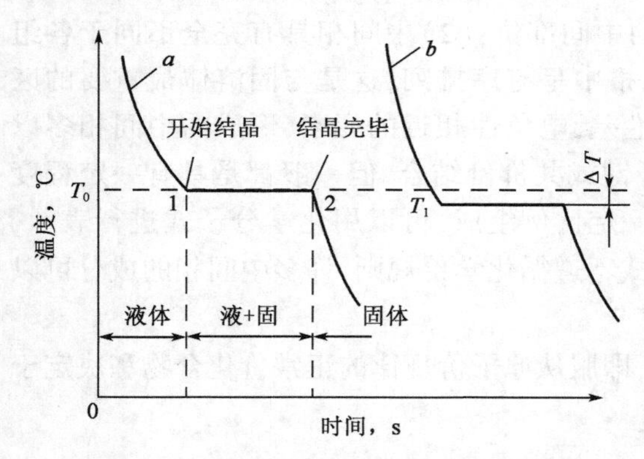

图2.20 金属结晶的冷却曲线示意图

a—理论结晶温度曲线；*b*—实际结晶温度曲线

1. 冷却曲线和过冷度

晶体的结晶过程可用热分析法测定，将金属材料加热到熔化状态，然后缓慢冷却，记录液体金属的冷却温度随时间的变化规律，作出金属材料的冷却曲线，如图2.20所示。由于结晶时放出结晶潜热，曲线上出现了水平线段。水平线段的温度就是实际结晶温度 T_1。实际结晶温度低于该金属的熔点。熔点是它的平衡结晶温度，或称理论结晶温度 T_0。在这个温度，液体的结晶速度和晶体的熔化速度相等，处于动平衡状态，结晶不能进行，只有低于这个温度才能进行结晶。

理论结晶温度和实际结晶温度之差称为过冷度，如图2.20所示。过冷度可用下式表示：

$$\Delta T = T_0 - T_1 \tag{2.13}$$

过冷度的大小与冷却速度、金属性质和纯度有关。冷却速度越大，过冷度也越大，实际金属结晶温度就越低；反之，若冷却速度无限小(即散热无限慢)时，则实际结晶温度与平衡结晶温度趋于一致。然而，实践证明晶体总是在过冷情况下结晶，过冷是金属结晶的必要条件。

2. 金属结晶过程的一般规律

观察任何一种液体金属的结晶过程，都会发现结晶是一个晶核不断形成和长大的过程，这是结晶的普遍规律。

液体金属冷却到 T_0 以下时，首先在液体中某些局部微小的体积内出现原子规则排列的细微小集团，这些细微小集团是不稳定的，时聚时散，有些稳定下来成为结晶的核心称为晶核。随温度降低，晶核因不断吸收周围液体中的金属原子而逐渐长大，同时又有许多新的晶核不断从液体中产生与长大，液态金属不断减少，新的晶核逐渐增多且长大，直到全部液体转变为固态晶体为止，一个晶核长大成为一个晶粒。最后形成的是由许多外形不规则的晶粒所组成的晶体，如图 2. 21 所示。

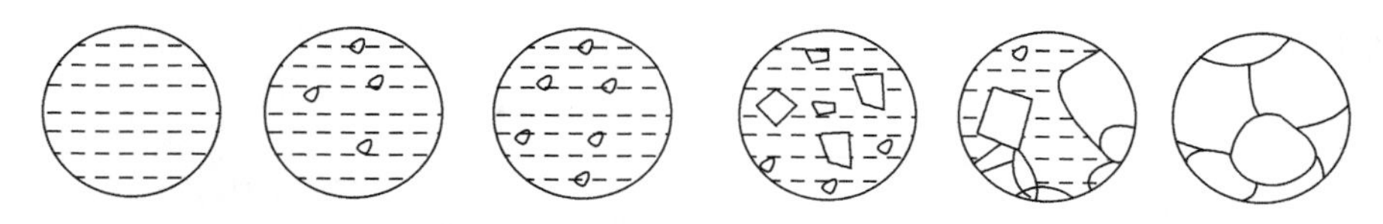

图 2. 21　纯金属结晶过程示意图

1）金属晶核形成的方式

按照金属结晶条件的不同，可将金属晶核形成的方式（形核方式）分为自发形核与非自发形核两种。

（1）自发形核。

对于很纯净的液体金属，加快其冷却速度，使其在具有足够大的过冷度下（纯铁的过冷度可达 259℃），不断产生许多类似晶体中原子排列的小集团，形成结晶核心，这种方式称为自发形核。实际结晶温度越低，即过冷度越大时，由金属液态向晶体转变的驱动力越大，能稳定存在的短程有序的原子集团的尺寸越小，则生成的晶核越多。但过冷度过大或温度过低时，原子的扩散能力降低，自发形核的速率反而减小。

（2）非自发形核。

实际金属中往往存在异类固相质点，这些已有的固体颗粒或表面优先被依附，从而形成晶核，这种方式称为非自发形核，也称为异质形核。按照形核时能量有利的条件分析，能起非自发形核作用的杂质必须符合“结构相似、尺寸相当”的原则。只有当杂质的晶体结构和晶格参数与凝固合金相似和相当时，它才能成为非自发形核的核心。有一些难熔的杂质，虽然其晶体结构与凝固金属的相差甚远，但由于表面的微细凹孔和裂缝中残留的未熔金属的作用，也能强烈地促进非自发形核。

在金属和合金的实际结晶时，自发形核和非自发形核是同时存在的，但非自发形核往往起优先和主导作用。

2）金属晶核长大的方式

当晶核形成以后，液相中的原子或原子团通过扩散不断地依附于晶核表面上，使固液界面向液相中移动，晶核半径增大，这个过程称为晶体长大。

晶体长大的形态与界面结构有关，也与界面前沿的温度分布有密切的关系。晶体长大的方式有平面推进和树枝状生长两种。金属晶体主要以树枝状生长方式长大。

液态金属在铸模中凝固时，通常是由于模壁散热而得到冷却。即在液态金属中，距液固相界面越远处温度越高，则凝固时释放的热量只能通过已凝固的固体传导散出。此时若液固相界面上偶尔有凸起部分并伸入液相中，由于液相实际温度高、过冷度小，其长大速率立即减小。因此，使液固相界面保持近似平面，缓慢地向前推进，称为平面生长。

当铸模内金属均被迅速过冷时，靠近模壁的液体首先形核结晶，并释放结晶潜热。此时，在液固界面附近有一定范围内液固界面温度最高，即处于距液固界面越远，液体温度越低，同时结晶潜热通过模壁和周围过冷的液体而消失。开始时，晶核可长大成很小的、形状规则的晶体。随后，在晶体继续长大的过程中，优先沿一定方向生长出空间骨架。这种骨架形同树干，称为一次晶轴；在一次晶轴增长和变粗的同时，在其侧面生长出新的枝芽，枝芽发展成枝干，此为二次晶轴；随着时间的推移，二次晶轴成长的同时，又可长出三次晶轴；三次晶轴上再长出四次晶轴……，如此不断成长和分枝下去，直至液体全部消失。结果得到具有树枝状的树枝晶，如图 2.22 所示。

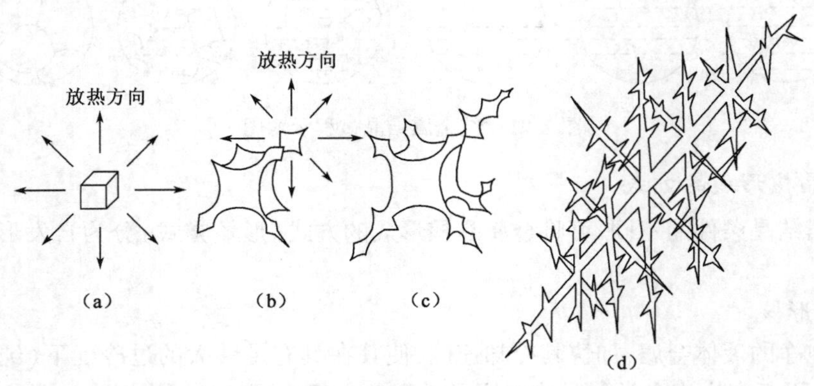

图 2.22　树枝晶生长示意图

3. 金属晶粒细化的方法

1) 晶粒度

晶粒度是晶粒大小的量度，用单位体积中晶粒的数目 Z_V 或单位面积上晶粒的数目 Z_S 表示，也可以用晶粒的平均线长度(直径)表示。影响晶粒度的主要因素是形核率 N 和长大速率 G。形核率越大，则结晶后的晶粒数越多，晶粒就越细小。若形核率不变，晶核的长大速度越小，则结晶所需的时间越长，能生成的核心越多，晶粒就越细。可见，结晶时，形核率 N 越大，晶体长大速率 G 越小，结晶后单位体积内的晶粒数目 Z 越大，晶粒就越细小。

2) 晶粒度大小对金属性能的影响

晶粒大小对性能影响很大。晶粒越细，则晶界越多且晶格畸变越大，从而使得常温下的力学性能越好，纯铁的晶粒度与力学性能的关系见表 2.2。

表 2.2　纯铁的晶粒度与力学性能的关系

晶粒度 (每平方毫米中的晶粒数)	σ_b,MPa	σ_s,MPa	δ,%
6.3	237	46	35.3
51	274	70	44.8
194	294	108	47.5

3）晶粒细化方法

细化晶粒是提高金属性能的主要途径之一。控制结晶后的晶粒大小，就必须控制形核率 N 和长大速率 G 这两个因素，主要方法有提高过冷度、变质处理、振动与搅拌三种。

（1）提高过冷度。

过冷度对形核率和长大速度的影响如图 2.23 所示。由于晶粒大小取决于形核率和长大速度的比值，而形核率和长大速度以及它们的比值又取决于过冷度，因此晶粒大小实际上可通过过冷度来控制。

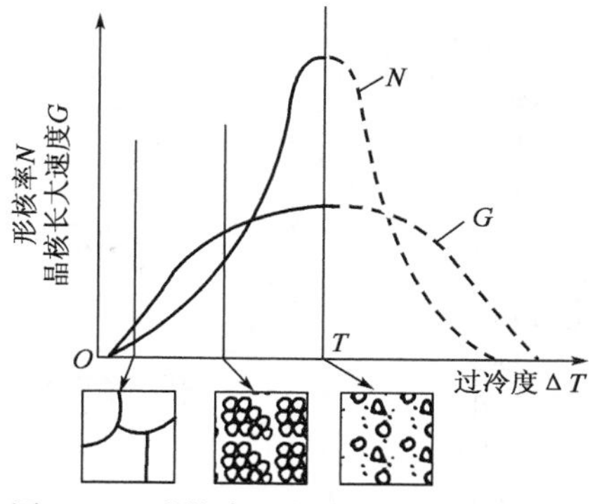

图 2.23　形核率和长大速度与 ΔT 关系

过冷度越大（达到一定值以上），形核率和长大速度越大，但形核率的增加速度会更大，因而增加过冷度会提高比值 N/G。生产中常采用降低浇铸温度，增大冷却速度的方法，来增加过冷度，细化晶粒。

虽然增大冷却速度能细化晶粒，但冷却速度增加有一定极限，特别对于大的铸件，冷却速度的增加不容易实现。另外，冷却速度过大也会引起铸造应力的增大，给金属铸件带来各种缺陷。增加过冷度的方法一般只用于小型和薄壁零件。

近些年来，随着超高速（达 $10^5 \sim 10^{11}$ K/s）急冷技术的发展，已成功研制出超细晶金属、非晶态金属等具有一系列优良力学性能和特殊物理、化学性能的新材料。

（2）变质处理。

变质处理又称为孕育处理，就是在液态金属中加入能成为外生核的物质，促进非自发形核，提高形核率，抑制晶核成长速度，从而达到获得细小晶粒的目的。加入的物质称为变质剂。

变质剂的作用如下：

（1）加入液态金属中的变质剂能直接增加形核核心，如向铝液中加入钛、硼；向钢液中加入钛、锆、钒；向铸铁液中加入 Si－Ca 合金等都可使晶粒细化。

（2）虽然变质剂不能提供结晶核心，但能附着在晶体前缘从而改变晶核的生长条件，强烈地阻碍晶核的长大或改善组织形态。如在铝硅合金中加入钠盐，钠能在硅表面富集，从而降低硅的长大速度，阻碍粗大片状硅晶体的形成，细化合金组织。

需要注意的是，并不是加入任何物质都能起变质作用的，不同的金属液要加入不同的物质。

（3）振动与搅拌。

在浇注和结晶过程中实施振动或搅拌也可以起到细化晶粒的作用。搅拌和振动能向液体中输入额外能量以提供形核功，促进形核。另一方面能打碎正在长大的树枝晶，破碎的树枝晶块尖端又可成为新的晶核，增加晶核数量，从而细化晶粒。

进行振动和搅拌的方法有机械振动、电磁振动和超声波振动等。

4. 同素异构转变

有些物质的晶格结构随温度变化而改变的现象，称为同素异构转变。

1）铁的同素异构转变

铁的冷却曲线如图 2.24 所示。该图表明纯铁在结晶后继续冷却至室温的过程中，还会发

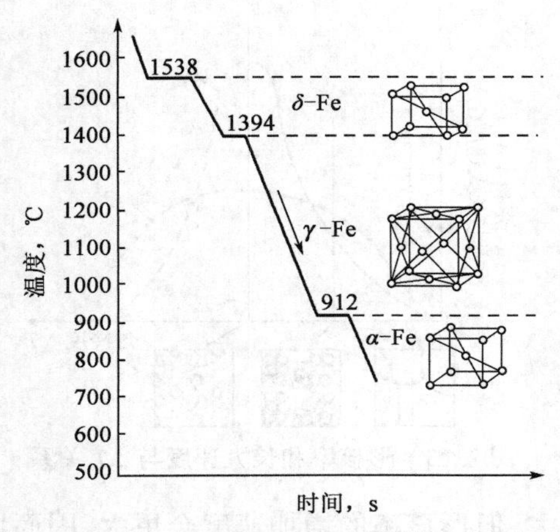

图 2.24　纯铁的冷却曲线及晶体结构

生两次晶格结构转变，其转变过程如下：

$$\underset{\text{bcc}}{\delta-\text{Fe}} \xrightleftharpoons{1394℃} \underset{\text{fcc}}{\gamma-\text{Fe}} \xrightleftharpoons{912℃} \underset{\text{bcc}}{\alpha-\text{Fe}}$$

铁由液态结晶（1538℃）后是体心立方晶格结构称为 $\delta-\text{Fe}$；当冷却至1394℃时转变为面心立方晶格结构称为 $\gamma-\text{Fe}$；继续冷至912℃时又转变为体心立方晶格结构称为 $\alpha-\text{Fe}$，以后一直冷至室温晶格类型不再发生变化。

当 $\gamma-\text{Fe}$ 向 $\alpha-\text{Fe}$ 转变开始时，$\alpha-\text{Fe}$ 的晶核产生在 $\gamma-\text{Fe}$ 的晶界处，然后晶核长大，直到全部 $\gamma-\text{Fe}$ 的晶粒被 $\alpha-\text{Fe}$ 晶粒所取代，转变过程结束。纯铁的同素异构转变也正是钢能通过热处理方法改变其性能的基础。但因晶格重组产生的体积变化，会在热处理时产生较大的内应力，导致金属变形或开裂，须采取适当的工艺措施予以防止。

2）石英的同素异构转变

石英（SiO_2）是陶瓷材料中重要的组元，它在不同温度条件下生成七种不同的晶型，而且还能够生成非晶态的石英玻璃，如图 2.25 所示。要进行 α－石英⟶α－鳞石英⟶α－方石英的横向转变，须断开原晶型的 Si－O－Si 键进行重新组合。这三种晶型以 α－石英温度最低，自然界中存在的石英大部分是这种类型，这三种石英又有各自的变体，就是纵向转变，纵向转变晶型的结构差别不大，转变较为容易。

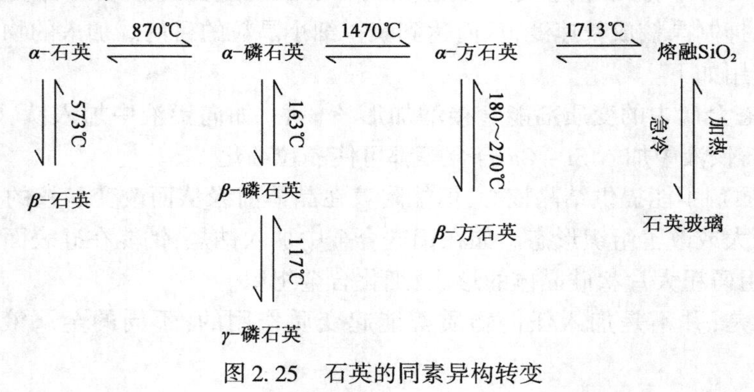

图 2.25　石英的同素异构转变

2.4.2　金属的塑性变形

金属中的应力超过弹性极限时，就会产生塑性变形。实际使用的金属大多都是多晶体，多晶体的塑性变形过程比较复杂。为了研究多晶体的塑性变形，首先应研究单晶体的塑性变形。

1. 单晶体的塑性变形

单晶体的塑性变形的基本方式有两种：滑移和孪生。其中滑移是最基本、最重要的塑性变形方式。

1）滑移

滑移是晶体在切应力的作用下，晶体的一部分沿一定的晶面（滑移面）上的一定方向（滑移方向)相对于另一部分发生滑动。经多年研究证明,滑移实质上是位错在切应力作用下沿滑移面运动的结果,如图 2. 26 所示。

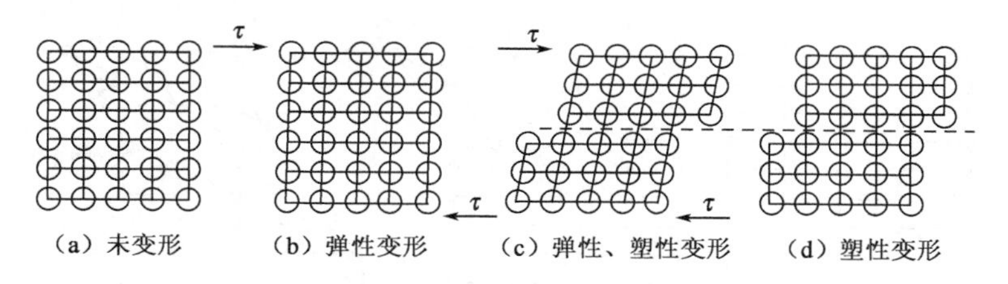

图 2. 26　晶体在切应力作用力的变形

在切应力的作用下,晶体中形成一个正刃位错,这个多出的半原子面会由左向右逐步移动;当这个位错移动到晶体的右边缘时,移出晶体的上半部就相对于下半部移动了一个原子间距的滑移量,并在晶体表面上形成一个原子间距的滑移台阶,同一滑移面上若有大量的位错不断地移出晶体表面,滑移台阶就不断增大,直至在晶体表面形成显微观察到的滑移线和滑移面。

产生滑移的晶面和晶向,分别称为滑移面和滑移方向。滑移的结果会在晶体的表面上造成阶梯状不均匀的滑移带,如图 2. 27 所示。滑移线是滑移面和晶体表面相交形成的,许多滑移线在一起组成滑移带。

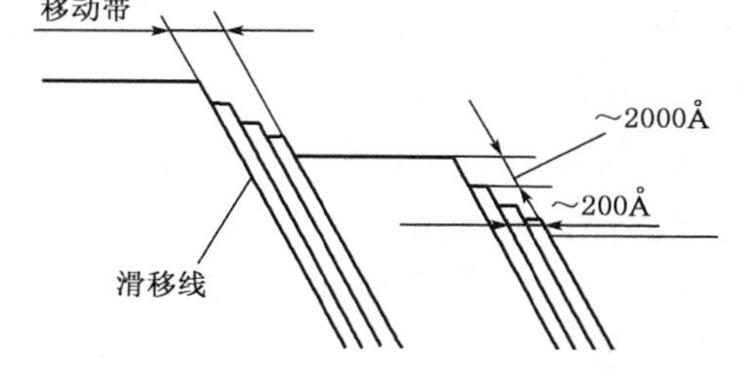

图 2. 27　滑移带形成示意图

晶体的滑移一般具有如下特征:

(1)滑移在切应力的作用下发生;

(2)滑移距离是滑移方向原子间距的整数倍,滑移后并不破坏晶体排列的完整性;

(3)滑移总是沿着一定的晶面和晶向进行的。

一般来说,滑移并非沿任意晶面和晶向发生,而总是沿着该晶体中原子排列最紧密的晶面和晶向发生的。因为密排面的面间距较大,面与面之间的结合力最弱,晶体沿密排面方向滑动时阻力最小。

2) 孪生

在晶体变形过程中,当滑移由于某种原因难以进行时,晶体常常会以孪生的方式进行变形,特别是滑移系较少的密排六方晶格金属,容易以孪生方式进行变形。

在切应力作用下,晶体的一部分相对于另一部分沿一定晶面(孪生面)和晶向(孪生方向)发生切变。单晶体的孪生如图 2. 28 所示。

金属晶体中变形部分与未变形部分在孪生面两侧形成镜面对称关系。发生孪生的部分(切变部分)称为孪生带或孪晶。

孪生与滑移各有特点,主要为:

(1)孪生使一部分晶体发生均匀移动;而滑移是不均匀的,只集中在滑移面上。

(2)孪生后晶体变形部分与未变形部分成镜面对称关系,位向发生变化;而滑移后晶体各部分的位向并未改变。

(3)孪生需要大的切应力,但能够改变晶体位向,使滑移带转动到有利的位置,可以使受阻的滑移通过孪生调整取向而继续变形。

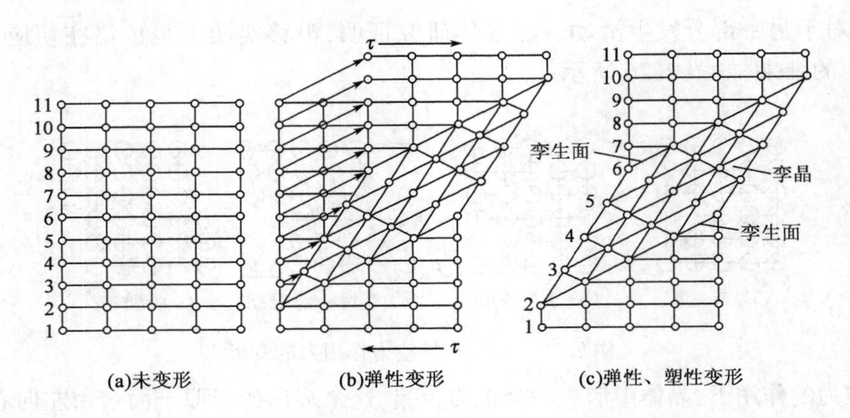

图 2.28　单晶体孪生示意图

2. 多晶体的塑性变形

实际使用的金属材料绝大多数是多晶体,它是由晶界和许多不同位向的晶粒组成。多晶体的塑性变形与单晶体无本质差别,当然晶界和晶粒位向对多晶体的塑性变形有影响,而且它的变形比单晶体的要复杂得多。

1)影响多晶体塑性变形的因素

(1)晶界的作用。

由于晶界上原子排列不很规则,阻碍位错的运动,使变形抗力增大。金属晶粒越细,晶界越多,变形抗力越大,金属的强度就越大。

(2)晶粒位向的作用。

多晶体中的每个晶粒都是单晶体,但各晶粒间的原子排列位向各不相同。不同位向在受外力作用时,有些晶粒的滑移面适合于外力作用方向,有些晶粒的滑移面与外力方向相抵触,其中任一晶粒的滑移都必然会受到它周围不同晶格位向晶粒的约束和阻碍。所以多晶体金属的塑性变形抗力总是高于单晶体。

(3)晶粒尺寸作用。

晶粒大小对滑移的影响实际上是晶界和晶粒间位向差共同作用的结果。晶粒细小时,其内部的变形量和晶界附近的变形量相差很小,晶粒的变形比较均匀,减小了应力集中。而且,晶粒越小,晶粒数目越多,金属的总变形量可以分布在更多的晶粒中,从而使金属能够承受较大量的塑性变形而不被破坏。

2)细晶强化

通常金属是由许多晶粒组成的多晶体,晶粒的大小可以用单位体积内晶粒的数目来表示,数目越多,晶粒越细。实验表明,在常温下的细晶粒金属比粗晶粒金属有更高的强度、硬度、塑性和韧性。这是因为细晶粒受到外力发生塑性变形可分散在更多的晶粒内进行,塑性变形较均匀,应力集中较小;此外,晶粒越细,晶界面积越大,晶界越曲折,越不利于裂纹的扩展。故工业上将通过细化晶粒以提高材料强度的方法称为细晶强化。细晶强化的方法有增加过冷度、变质处理、振动与搅拌。

3. 合金的塑性变形

实际使用的材料很多都是合金,根据合金元素存在的情况,合金的种类一般有固溶体和多相合金，不同种类的合金其塑性变形存在一些不同之处。

1）固溶体的塑性变形

单相固溶体塑性变形过程与多晶体纯金属相似。但随着溶质含量的增加，固溶体的强度、硬度提高，塑性、韧性下降，称为固溶强化。

固溶强化的实质是溶质原子与位错相互作用的结果，溶质原子不仅使晶格发生畸变，而且易被吸附在位错附近，使位错被钉扎，要使位错脱钉，则必须增加外力，因此固溶体合金的塑性变形抗力要比纯金属大。

2）多相合金的塑性变形

当合金由多相混合物组成时，其塑性变形不仅取决于基体相的性质，还取决于二相的性质、形状、大小、数量和分布等状况。后者在塑性变形中往往起着决定性的作用。

若合金内两相的含量相差不大，且两相的变形性能（塑性、加工硬化率）相近，则合金的变形性能为两相的平均值。若合金中两相变形性能相差很大，例如其中一相硬而脆，难以变形，另一基体相的塑性较好，则变形先在塑性较好的相内进行，而第二相在室温下无显著变形，它主要是对基体的变形起阻碍作用。第二相阻碍变形的作用，根据其形状和分布不同而有很大差别。

（1）如果硬而脆的第二相呈连续的网状分布在塑性相的晶界上，因塑性相的晶粒被脆性相所包围分割，使其变形能力无从发挥，晶界区域的应力集中也难于松弛，从而合金的塑性将大大下降，于是经很小变形后，在脆性相网络处易产生断裂，而且脆性相数量越多，网越连续，合金的塑性就越差，甚至强度也随之下降。例如，过共析钢中网状二次 Fe_3C 及高速钢中的骨骼状一次碳化物皆使钢的脆性增加，强度、韧性降低。生产上通过热加工和热处理相互配合来破坏或消除其网状分布。

（2）如果脆性的第二相呈片状或层状分布在晶体内，如铁碳合金中的珠光体组织，这种分布不致使钢脆化，并且由于铁素体变形受到阻碍，位错的移动被限制在碳化物片层之间的很短距离之内，从而增加了继续变形的阻力，提高了合金的强度。珠光体越细，片层间距越小，其强度也越高。

（3）如果脆性的第二相呈颗粒状均匀分布在晶体内，如共析钢及过共析钢经球化退火后获得的球状珠光体。由于 Fe_3C 呈球状，对铁素体的变形阻碍作用大大减弱，故强度降低，塑性、韧性均获得显著提高。

合金中的第二相以细小弥散的微粒均匀分布在基体上，则可显著提高合金的强度，称为弥散强化。如果这种微粒是通过过饱和固溶体的时效处理而沉淀析出来，则称为沉淀强化或时效强化。这种强化的主要原因是：细小弥散的微粒与位错的相互作用阻碍了位错的运动，从而提高了塑性变形的抗力。

4. 塑性变形对金属组织和性能的影响

金属材料经塑性变形后，不但改变了其形状和尺寸，而且其内部组织结构和性能随之发生了一系列的变化。

1）塑性变形对金属组织结构的影响

（1）显微组织的变化。

经塑性变形后，金属材料的显微组织发生了明显的改变，各晶粒中除了出现大量的滑移带、孪晶带以外，其晶粒形状也会发生变化，即各个晶粒将沿着变形的方向被拉长或压扁，如图2.29所示。随变形方式和变形量的不同，晶粒形状的变化也不一样。变形量越大，晶粒变形越显著。例如轧制时，各晶粒沿着变形的方向逐渐伸长，变形量越大，晶粒伸长的程度也越显著，当变形量很大时，各晶粒已不能分辨开，而将沿着变形方向被拉长成纤维状，甚至金属中的夹杂物也沿着变形的方向被拉长，形成纤维组织。

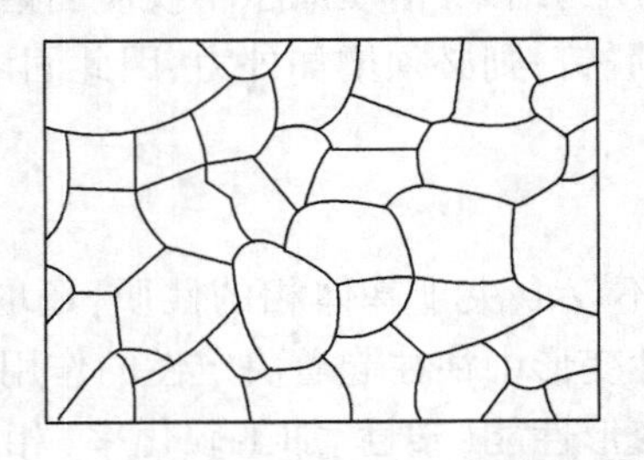

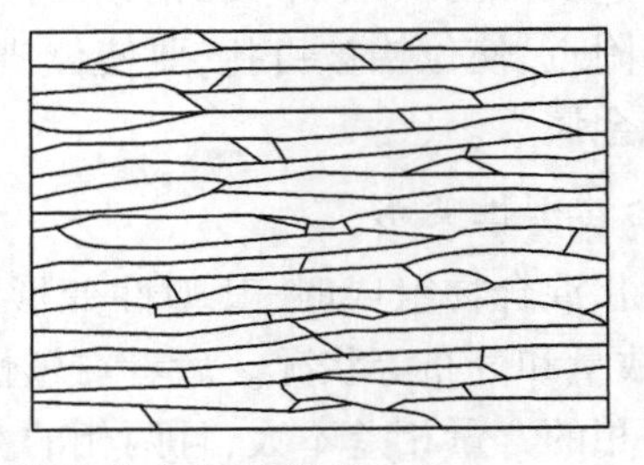

图2.29　变形前后晶粒形状变化示意图

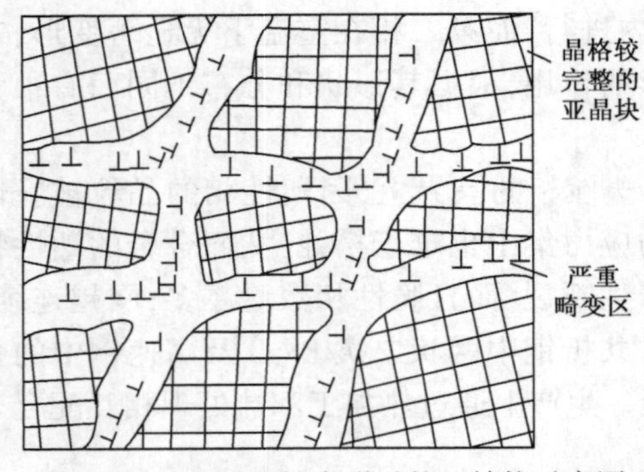

图2.30　金属塑性变形后的亚结构示意图

(2)亚结构的形成。

在未变形的晶粒内经常存在大量的位错，构成位错壁(亚晶界)。金属经较大的塑性变形后，由于位错密度的增大并发生交互作用，大量位错堆积在局部地区，并相互缠结，形成不均匀分布，使晶粒再次分化成许多位向略有不同的小晶块，晶粒内由原来的亚晶粒分化为更细的亚晶粒，即形成亚结构，如图2.30所示。亚结构的出现阻止了滑移面的进一步滑移，提高了金属的强度及硬度。

(3)形变织构。

在多晶体金属中，由于各晶粒位向的无规则排列，宏观上的性能表现出"伪无向性"。当金属经过大量变形后，晶粒的位向，例如，滑移方向力图与外力方向一致，它是由于晶粒内滑移面和滑移方向的转动和旋转引起，结果造成了晶粒位向的一致性。金属经形变后形成晶粒位向的这种有序结构称为织构。由于它是由形变而造成，因此，也称为形变织构，如图2.31所示。形变织构的形成，在许多情况下是不利的，用形变织构的板材冲制筒形零件时，由于不同方向上的塑性差别很大，深冲之后，零件的边缘不齐，出现"制耳"现象，如图2.32所示。另外，由于板材在不同方向上变形不同，会造成零件的硬度和壁厚不均匀。但织构并不是全无好处，如制造变压器铁心的硅钢片，具有织构时可提高磁导率。

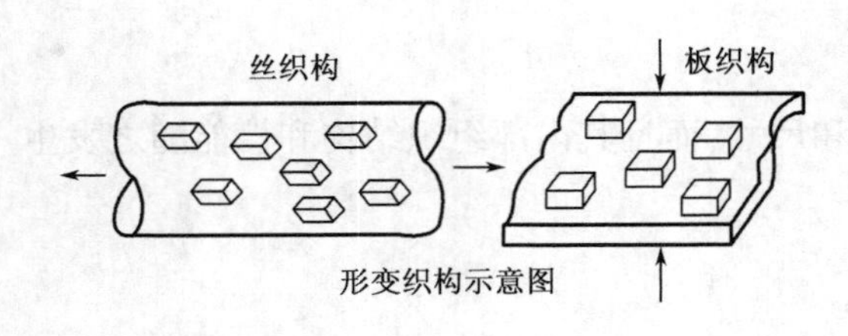

图2.31　形变织构示意图

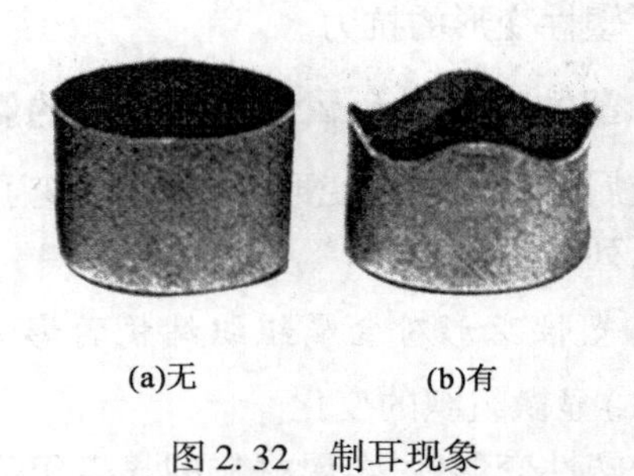

图2.32　制耳现象

2）塑性变形对金属性能的影响

由于塑性变形改变了金属内部的组织结构，因此必然导致其性能的变化。

（1）加工硬化。

加工硬化是指金属材料在再结晶温度以下塑性变形时强度和硬度升高，而塑性和韧度降低的现象。产生原因是金属在塑性变形时，晶粒发生滑移，出现位错的缠结，使晶粒拉长、破碎和纤维化，金属内部产生了残余应力等因素。加工硬化的程度通常用加工后与加工前表面层显微硬度的比值和硬化层深度来表示。

加工硬化给金属件的进一步加工带来困难。例如，在冷轧钢板的过程中会越轧越硬，以致轧不动，因而需在加工过程中安排中间退火，通过加热消除其加工硬化。又如在切削加工中使工件表层脆而硬，从而加速刀具磨损、增大切削力等。有利的一面是，它可提高金属的强度、硬度和耐磨性，特别是对于那些不能以热处理方法提高强度的纯金属和合金尤为重要。如冷拉高强度钢丝和冷卷弹簧等就是利用冷加工变形来提高其强度和弹性极限。再比如坦克和拖拉机的履带、破碎机的颚板、铁路的道岔等也是利用加工硬化来增高其硬度和耐磨性的。

（2）力学性能的变化。

塑性变形时，随着变形量的逐步增加，原来的等轴晶粒及金属内的夹杂物逐渐沿变形方向被拉长，当变形量很大时，形成纤维组织。形成纤维组织后，金属的性能会出现明显的各向异性，如其纵向（沿纤维方向）的强度和塑性远大于其横向（垂直纤维的方向）的。

（3）物理化学性能的变化。

经冷变形后的金属，由于晶格畸变，位错与空位等晶体缺陷的增加，使其物理性能和化学性能发生一定的变化。如电阻率增高，电阻温度系数降低，磁滞与矫顽力略有增加而磁导率下降。此外，原子活动能力增大又使扩散加速，耐蚀性减弱。

（4）残余内应力。

塑性变形中外力所做的功除大部分转化成热能之外，还有一小部分以畸变能的形式储存在形变材料内部，这部分能量称为储存能。储存能的具体表现方式为宏观残余应力、微观残余应力及点阵畸变。按照残余应力平衡范围的不同，通常可将其分为三种：

①第一类内应力，又称宏观残余应力，它是由工件不同部分的宏观变形不均匀性引起的，故其应力平衡范围包括整个工件。例如，将金属棒施以弯曲载荷，则上边受拉而伸长，下边受到压缩；变形超过弹性极限产生塑性变形时，则外力去除后被伸长的一边就存在压应力，短边为拉应力。这类残余应力所对应的畸变能不大，仅占总储存能的0.1%左右。

②第二类内应力，又称微观残余应力，它是由晶粒或亚晶粒之间的变形不均匀性产生的。其作用范围与晶粒尺寸相当，即在晶粒或亚晶粒之间保持平衡。这种内应力有时可达到很大的数值，甚至可能造成显微裂纹并导致工件破坏。

③第三类内应力，又称点阵畸变。其作用范围是几十至几百纳米，它是由于工件在塑性变形中形成的大量点阵缺陷（如空位、间隙原子、位错等）引起的。变形金属中储存能的绝大部分（80%～90%）用于形成点阵畸变。这部分能量提高了变形晶体的能量，使之处于热力学不稳定状态，故它有一种使变形金属重新恢复到自由焓最低的稳定结构状态的自发趋势，并导致塑性变形金属在加热时产生回复及再结晶。

其中第一、二类残余应力中所占比例不大，第三类占90%以上。残余应力对零件的加工质量影响较大。残余内应力的存在可能会引起金属的变形与开裂，如冷轧钢板的翘曲、零件切削加工后的变形等。一般情况下,不希望工件中存在内应力。内应力往往通过去应力退火消除,但有时可以利用残余内应力来提高工件的某些性能,如采用表面滚压或喷丸处理使工件表面产生一压应力层,可有效地提高承受交变载荷零件(如钢板、弹簧、齿轮等)的疲劳寿命。

5. 变形金属在加热时组织与性能的变化

金属经塑性变形后,组织结构和性能发生很大的变化,位错等晶体缺陷和残余应力大量增加,产生加工硬化,阻碍塑性变形加工的进一步进行。为消除残余应力和加工硬化,工业上往往采用加热的方法。在变形金属中,由于缺陷的增加,使其内能升高,处于不稳定状态,存在向低能稳定状态转变的趋势。在常温下,这种转变一般不易进行。加热时原子具有相当的扩散能力,形变后的金属和合金就会自发地向着自由能降低的方向进行转变。随着加热温度的升高,变形金属大体上相继发生回复、再结晶和晶粒长大3个阶段,如图2.33所示。

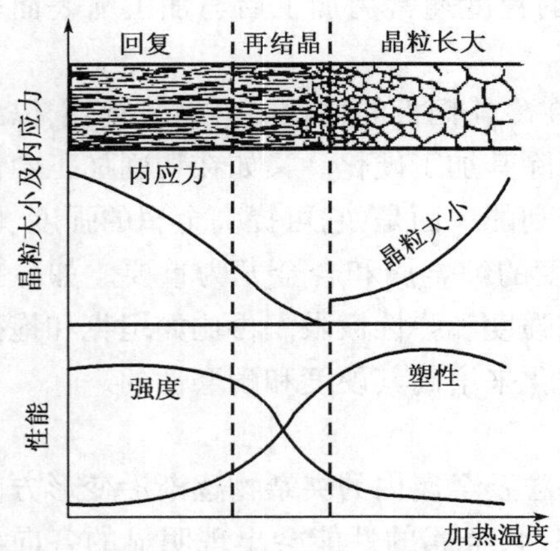

图2.33　变形金属加热时组织和性能的变化

1)回复

当变形金属的加热温度较低时,在(0.1~0.3)$T_{熔}$的温度范围内,原子的活动能力较低,只能作短距离扩散,主要发生晶格缺陷的运动。晶格缺陷运动中空位与间隙原子相结合,使点缺陷数目明显减少。位错运动使得原来在变形晶粒中杂乱分布的位错逐渐集中并重新排列,从而晶格畸变得到减弱。但此时的显微组织尚无变化。把经过变形的金属加热时,在显微组织发生变化前所发生的一些亚结构的改变过程称为回复。在回复阶段,金属的晶粒大小和形状不会发生明显变化,只是强度、硬度稍有降低,塑性略有提高,但残余内应力和电阻显著下降,应力腐蚀现象也基本消除。

工业上的去应力退火就是利用回复现象稳定变形后的组织,而保留冷变形强化状态。例如为了消除冷冲压黄铜工件在室温放置一段时间后会自动发生晶间开裂的现象,对其加工后于250~300℃之间进行去应力退火。又如一些铸件、焊接件等的去应力退火,也是通过回复作用来实现的。

2)再结晶

变形金属加热到较高温度时,由于原子的活动能力增加,在晶格畸变较严重处重新形核和长大,使晶粒中位错密度降低,产生一些位向与变形晶粒不同,内部缺陷较少的等轴小晶粒。这些小晶粒不断向外扩展长大,使原先破碎、被拉长的晶粒全部被新的无畸变的等轴小晶粒所取代。这一过程称为金属的再结晶。

应当指出,再结晶与变形密切相关。如果没有变形,再结晶就无从谈起。虽然再结晶也是一个形核和长大的过程,但新、旧晶粒的晶格类型并未改变,只是晶粒外形发生变化,故再结晶不是相变过程。

再结晶完全消除了加工硬化所引起的后果,使金属的组织和性能恢复到未加工之前的状态,即金属的强度、硬度显著下降,塑性、韧度大大提高。在实际生产中,把消除加工硬化所进行的热处理过程称为再结晶退火,目的是使金属再次获得良好的塑性,以便继续加工。

在一定时间内完成再结晶时所对应的最低温度称为再结晶温度。工业上通常把经过大变形量（>70%）后的金属在1h的保温时间内全部完成再结晶所需要的最低温度称为再结晶温度。再结晶温度并非是一个恒定值，会因加工变形程度等因素的影响在很宽的温度范围内变化。它与金属的冷变形量、纯度、成分以及保温时间等因素有关。

根据工业上的统计，一般来说 $T_{再}$(K)与其熔点 $T_{熔}$(K)之间存在以下关系：

$$T_{再} \approx (0.35 \sim 0.4) T_{熔} \tag{2.14}$$

3）晶粒长大

再结晶完成后的晶粒是细小均匀的等轴晶粒，随着加热温度的升高或保温时间的延长，这些等轴晶粒将通过互相“吞并”而继续长大。晶粒长大是个自发过程，它通过晶界的迁移来实现，通过一个晶粒的边界向另一晶粒迁移，把另一晶粒中的晶格位向逐步地改变成与这个晶粒相同的晶格位向，于是另一晶粒便逐步地被这一晶粒“吞并”，合并成一个大晶粒，使晶界减少，能量降低，组织变得更为稳定。晶粒的这种长大称为正常长大，由此将得到均匀粗大的晶粒组织，使材料的力学性能下降。

晶粒的另一种长大类型称为异常长大（二次结晶），即在晶粒长大过程中，少数晶粒长大速度很快，从而使晶粒之间的尺寸差异显著增大，致使粗大晶粒逐步“吞噬”掉周围的小晶粒，形成异常粗大的晶粒。这种异常粗大的晶粒将使材料的强度、塑性及韧性显著降低。在零件使用中，往往会导致零件的破坏。因此，在再结晶退火时，必须严格控制加热温度和保温时间，以防止晶粒过分粗大而降低材料的力学性能。

2.4.3 金属的热加工

1. 热加工与冷加工区别

以上所讨论的是冷加工变形。考虑到冷加工变形时的变形抗力，因此对尺寸大或难于进行冷变形的金属材料，生产上往往采用热加工变形。

金属的冷、热加工是根据再结晶温度来划分的。金属在再结晶温度以下的塑性变形称为冷加工；金属在再结晶温度以上的塑性变形称为热加工。例如铁的最低再结晶温度为450℃，所以铁在400℃以下的加工变形属于冷加工。铅、锡的再结晶温度低于室温，所以即使它们在室温下进行压力加工，仍属于热加工。

这两种变形加工各有所长。冷加工会引起金属的加工硬化，变形抗力增大，对于那些变形量大的，特别是截面尺寸较大的工件，冷加工变形十分困难；另外，对于某些较硬的或低塑性的金属（如W、Mo、Cr等）来说，甚至不可能进行冷加工，而必须进行热加工。故冷变形加工适于截面尺寸较小、塑性较好，要求较高精度和较低的表面粗糙度的金属制品。而热加工在变形时同时进行着动态再结晶，金属的变形抗力小、塑性高，而且不会产生加工硬化现象，可以有效地进行加工变形。

金属在高温下强度降低而塑性提高，所以热加工的主要优点是材料变形阻力小，加工耗能少。这是因为在热加工过程中，金属的内部同时进行着加工硬化和再结晶软化两个相反的过程而将加工硬化消除。金属在热加工过程中表面发生氧化，使得工件表面比较粗糙，尺寸精度比较低，所以热加工一般用来制造一些截面比较大、加工变形量大的半成品。而冷加工则能保证工件有较高的尺寸精度和较小的表面粗糙度，在冷加工过程中材料同时也得到强化处理。

有时经冷加工后可以直接获得成品。

2. 热加工对金属组织与性能的影响

1)改善金属的铸锭的组织和性能

通过热加工可以消除铸态金属的某些缺陷,如气孔、疏松、微裂纹,提高金属的致密度。对于铸锭内部的晶内偏析、粗大柱状晶或大块碳化物,可以在压力的作用下使枝晶、柱状晶和粗大晶粒破碎,消除成分偏析,改善夹杂物、第二相的分布等,提高金属的力学性能。如 Q235 钢分别在铸态和锻态时的力学性能见表 2.3。

表 2.3 Q235 钢铸态和锻态时力学性能的比较

材料	状态	σ_b,MPa	σ_s,MPa	δ,%	α_k,J/cm^2
Q235	铸态	490	245	15	0.34
	锻态	519	304	20	0.69

2)细化晶粒

在热加工过程中,变形的晶粒内部不断发生回复再结晶,已经发生再结晶的区域又不断发生变形,周而复始,最终使晶核数目不断增加,晶粒得到细化。但热加工后金属的晶粒大小与加工温度和变形量有很大的关系。变形量小,终止加工温度过高,加工后得到的组织粗大;反之则得到细小晶粒。

3)形成纤维组织

热加工以后钢锭中的各种夹杂物、粗大枝晶、气孔、疏松,在高温下都具有一定塑性,沿着金属加工流动方向伸长,形成彼此平行的宏观条纹组织,即所谓锻造流线,使金属的力学性能产生明显的各向异性,通常沿流线方向(纵向)性能高于垂直流线方向(横向)性能,如表 2.4 为 45 钢的力学性能与纤维方向的关系。因此,在热加工时应尽量使工件流线分布合理。

表 2.4 45 钢的力学性能与纤维方向力的关系

材料	纤维方向	σ_b,MPa	σ_s,MPa	δ,%	α_k,J/cm^2
45 钢	纵向	900	460	17.5	0.61
	横向	700	430	10	0.29

4)形成带状组织

当低碳钢中非金属杂质比较多时,在热加工后的缓慢冷却过程中,先共析铁素体可能依附于被拉长的夹杂物而析出铁素体带,并将碳排挤到附近的奥氏体中,使奥氏体中的碳含量逐渐增加,最后转变为珠光体。结果沿着杂质富集区析出的铁素体首先形成条状,珠光体分布在条状铁素体之间。这种铁素体和珠光体沿加工变形方向成层状平行交替的条带状组织称为带状组织。

带状组织使材料材料产生各向异性,特别是横向塑性和冲击韧性明显下降,严重时材料只能报废。在热加工生产中常采用交替改变变形方向的办法来消除这种带状组织。采用热处理,如高温加热、长时间保温以及提高热加工后的冷却速度,有时多次正火或高温扩散退火加正火,也可以减轻或消除带状组织。

2.5 二元合金相图及其应用

纯金属在工业上有一定的应用,但通常强度不高,难以满足许多机器零件和工程结构件对力学性能提出的各种要求,尤其是在特殊环境中服役的零件,有许多特殊的性能要求,例如要求耐热、耐蚀、导磁、低膨胀等,因此工业生产中广泛应用的金属材料是合金。合金的组织要比纯金属复杂,为了研究合金组织与性能之间的关系,就必须了解合金中各种组织的形成及其变化规律。合金相图正是研究这些规律的有效工具。

一种金属元素同另一种或几种其他元素,通过熔化或其他方法结合在一起所形成的具有金属特性的物质称为合金。其中组成合金的独立的、最基本的单元称为组元。组元可以是金属、非金属元素或稳定化合物。由两个组元组成的合金称为二元合金,如工程上常用的铁碳合金、铜镍合金、铝铜合金等。二元以上的合金称多元合金。合金的强度、硬度、耐磨性等力学性能比纯金属高许多,这正是合金的应用比纯金属广泛的原因。

在合金系中,相是指金属或合金中具有相同化学成分及结构并以界面相互分开的各个均匀的组成部分。因此,凡是化学成分相同、晶体结构与性质相同的物质,不管其形状是否相同,不论其分布是否一样,统称为一个相。组织是指用金相观察方法,在金属及合金内部看到的涉及晶体或晶粒的大小、方向、形状、排列状况等组成关系的构造情况。组织能够反映合金相的组成情况,包括相的数量、形状、大小、分布及各相之间的结合状态特征。相是组成组织的基本部分,但同样的相可以形成不同的组织。

合金相图是用图解的方法表示合金系中合金状态、温度和成分之间的关系。利用相图可以知道各种成分的合金在不同温度下有哪些相,各相的相对含量、成分以及温度变化时可能发生的变化。掌握相图的分析和使用方法,有助于了解合金的组织状态和预测合金的性能,也可按要求来研究配制新的合金。在生产中,合金相图可作为制订铸造、锻造、焊接及热处理工艺的重要依据。

2.5.1 相图的建立

不同成分的合金,晶体结构不同,物理化学性能也不同,所以当合金发生相变时,必然伴随有物理、化学性能的变化,因此测定各种成分合金相变的温度,可以确定不同相存在的温度和成分界限,从而建立相图。由于状态图是在极其缓慢的冷却条件下测定的,一般可认为是平衡结晶过程,故又称为平衡图。

现有的合金相图大都是通过实验建立的,常用的方法有热分析法、膨胀法、射线分析法等。下面以铜镍合金为例,简单介绍用热分析法建立相图的过程。

(1)配制不同成分的铜镍合金。

合金Ⅰ:100% Cu;

合金Ⅱ:75% Cu + 25% Ni;

合金Ⅲ:50% Cu + 50% Ni;

合金Ⅳ:25% Cu + 75% Ni;

合金Ⅴ:100% Ni。

(2)合金熔化后缓慢冷却,测出每种合金的冷却曲线,找出各冷却曲线上的临界点(转折点或平台)的温度,如图 2.34 所示。

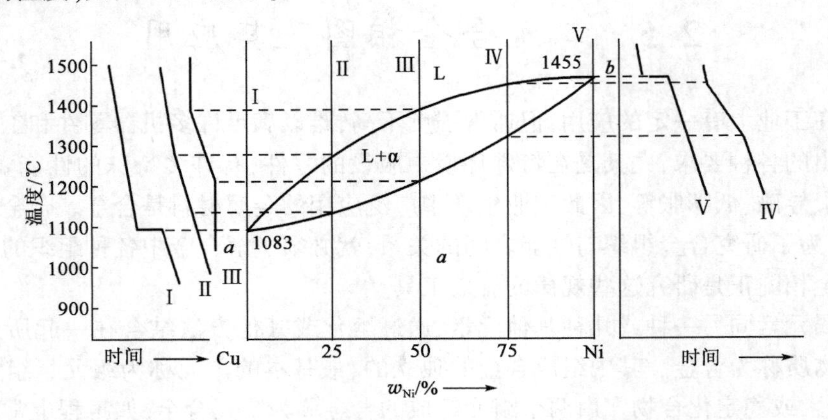

图 2.34 Cu - Ni 合金冷却曲线及相图的建立

(3)画出温度—成分坐标系,在各合金成分垂直线上标出临界点温度。

(4)将具有相同意义的点连接成线,表明各区域内所存在的相,即得到 Cu - Ni 合金相图。

2.5.2 二元合金相图的基本类型

1. 匀晶相图

二元合金中,两组元在液态无限互溶,在固态也无限互溶,冷却时发生匀晶反应,这样形成单相固溶体的一类相图称为匀晶相图。具有这类相图的合金系有 Cu - Ni、Cu - Au、Au - Ag、Fe - Cr、Fe - Ni、W - Mo 等。这类合金在结晶时都是从液相结晶出固溶体,固态下呈单相固溶体,所以这种结晶过程称为匀晶转变。几乎所有的二元相图都包含有匀晶转变部分,因此掌握这一类相图是学习二元相图的基础。现以 Cu - Ni 合金相图为例进行分析。

1)相图分析

Cu - Ni 相图为典型的匀晶相图,如图 2.35(a)所示。图 2.35(a)中上面一条线为液相线,该线以上合金处于液相;下面一条线为固相线,该线以下合金处于固相。液相线和固相线表示合金系在平衡状态下冷却时结晶的始点和终点以及加热时熔化的终点和始点。L 为液相,是 Cu 和 Ni 形成的液溶体;α 为固相,是 Cu 和 Ni 组成的无限固溶体。

图中有两个单相区:液相线以上的 L 液相区和固相线以下的 α 固相区。还有一个两相区:液相线和固相线之间的 L + α 两相区。

2)合金的结晶过程

以 *b* 点的成分 CuNi 合金(Ni 含量为 *b*%)为例来分析合金结晶过程。该合金的冷却曲线和结晶过程如 2.35(b)所示。首先利用相图画出该成分合金的冷却曲线,在 1 点温度以上,合金为液相 L。缓慢冷却至 1 - 2 点温度之间时,合金发生匀晶反应,从液相中逐渐结晶出 α 固溶体。2 点温度以下,合金全部结晶为 α 固溶体。其他成分合金的结晶过程也完全类似。

从匀晶相图中可以看出:

(1)与纯金属一样,固溶体从液相中结晶出来的过程中,也包括有形核与长大两个过程,且固溶体更趋于呈树枝状长大。

(2)固溶体结晶在一个温度区间内进行,即为一个变温结晶过程。

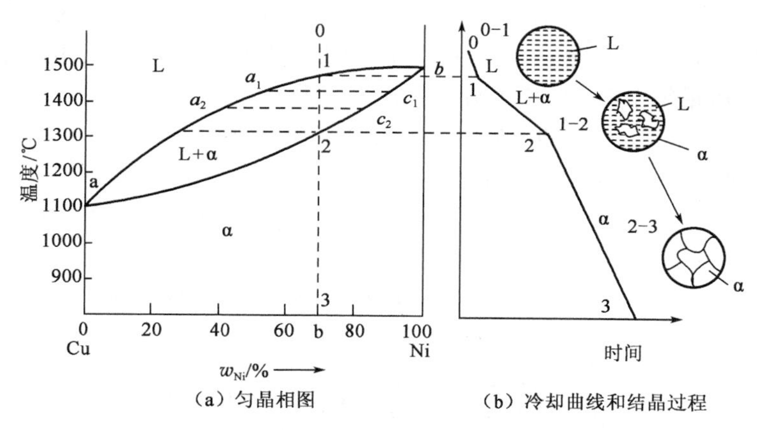

图 2.35　Cu－Ni 合金相图及结晶过程

(3)在两相区内,温度一定时,两相的成分(即 Ni 含量)与相对质量是确定的。

(4)固溶体结晶时成分是变化的(L 相沿 $a_1 \to a_2$ 变化,α 相沿 $c_1 \to c_2$ 变化),缓慢冷却时由于原子的扩散充分进行,形成的是成分均匀的固溶体。如果冷却较快,原子扩散不能充分进行,则形成成分不均匀的固溶体。

3)枝晶偏析

在实际生产条件下,由于冷却速度较快,先结晶的树枝晶轴含高熔点组元(Ni)较多,后结晶的树枝晶枝干含低熔点组元(Cu)较多。结果造成在一个晶粒之内化学成分的分布不均。这种现象称为枝晶偏析。枝晶偏析对材料的力学性能、抗腐蚀性能、工艺性能都不利。生产上为了消除其影响,常把合金加热到某一高温(低于固相线 100℃左右),并进行长时间保温,使原子充分扩散,以获得成分均匀的固溶体。这种处理称为扩散退火。

4)杠杆定律

在两相区结晶过程中,两相的成分和相对量都在不断变化,杠杆定律就是确定相图中两相区内两平衡相的成分和相对量的重要工具。

仍以 CuNi 合金相图为例,建立过程如下:

(1)过该温度时的合金表象点作水平线,分别与相区两侧分界线相交,两个交点的成分坐标即为相应的两平衡相成分。例如图 2.36(a)中,过 b 点的水平线与相区分界线交于 a、c 点,a、c 点的成分坐标值即为含 Ni b% 的合金在 T_1 温度时液、固相的平衡成分。含 Ni b% 的合金在 T_1 温度处于两相平衡共存状态时,两平衡相的相对质量也是确定的。

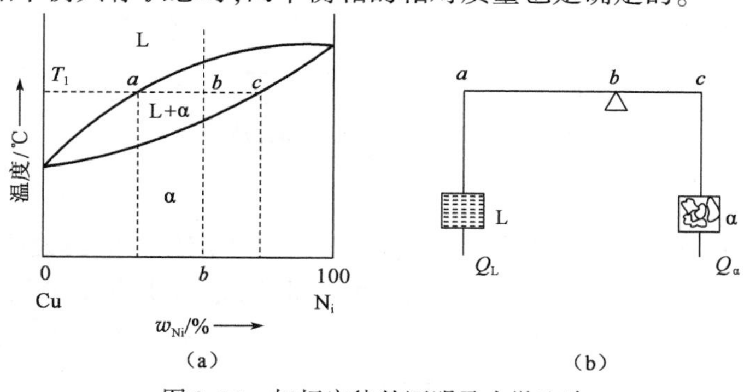

图 2.36　杠杆定律的证明及力学比喻

(2)图2.36(a)中,表象点 b 所示合金含 $b\%$ Ni, T_1 时液相 L(含 $a\%$ Ni)和固相 α(含 $c\%$ Ni)两相平衡共存。设该合金质量为 Q,液相、固相质量为 Q_L、Q_α。显然,由质量平衡可得。

合金中 Ni 的质量等于液、固相中 Ni 质量之和,即:

$$Q \cdot b\% = Q_L \cdot a\% + Q_\alpha \cdot c\% \tag{2.15}$$

合金总质量等于液、固相质量之和,即:

$$Q = Q_L + Q_\alpha$$

二式联立得:

$$(Q_L + Q_\alpha) \cdot b\% = Q_L \cdot a\% + Q_\alpha \cdot c\% \tag{2.16}$$

化简整理后得:

$$\frac{Q_L}{Q_\alpha} = \frac{b\% - c\%}{a\% - b\%} = \frac{bc}{ab} \text{或} Q_L \cdot ab = Q_\alpha \cdot bc \tag{2.17}$$

因为该式与力学中的杠杆定律表达式相同,如图2.36(b)所示,所以称为杠杆定律。杠杆两端为两相的成分点 $a\%$、$c\%$,支点为该合金成分点 $b\%$。从上面的计算可以看出:

$$Q_L = bc/(ac), Q_\alpha = ab/(ac) \tag{2.18}$$

必须指出,杠杆定律只适用于相图中的两相区,即只能在两相平衡状态下使用。

2. 共晶相图

两组元在液态无限互溶,在固态有限互溶,并在结晶时发生共晶转变的相图,称为共晶相图。由一种液相在恒温下同时结晶出两种固相的反应称为共晶反应。所生成的两相混合物(层片相间)称为共晶体。具有这类相图的合金系有 Pb-Sn、Pb-Sb、Pb-Bi、Al-Si、Ag-Cu 等。

现以 Pb-Sn 合金相图为例,对共晶相图进行分析。

Pb-Sn 合金相图,如图2.37所示,相图主要由以下部分构成。

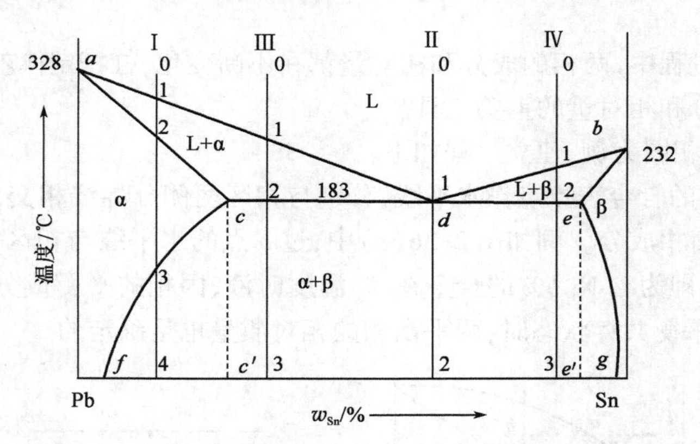

图2.37 Pb-Sn 合金相图及成分线

1)点

a 点是 Pb 的熔点;b 点是 Sn 的熔点;c 点是 Sn 在 α 固溶体中的最大溶解度点;e 点是 Pb 在 β 固溶体中的最大溶解度点;d 点为共晶点,表示此点成分(共晶成分)的合金冷却到此点所对应的温度(共晶温度)时,同时结晶出 c 点成分的 α 相和 e 点成分的 β 相:

$$L_d \Longleftrightarrow \alpha_c + \beta_e \tag{2.19}$$

2）线

adb 为液相线；*acdeb* 为固相线；*cf* 线是 α 固溶体中 Sn 的溶解度极限曲线；*eg* 线是 β 固溶体中 Pb 的溶解度极限曲线；*cde* 线是共晶反应线，是这个相图中最重要的线，只要成分在 *ce* 之间的合金溶液冷却到 *cde* 温度都会发生共晶反应。

3）相与相区

合金系有三种单相：Pb 与 Sn 形成的液体 L 相，Sn 溶于 Pb 中的有限固溶体 α 相，Pb 溶于 Sn 中的有限固溶体 β 相。

相图中有三个单相区（L、α、β 相区）；三个两相区（L＋α、L＋β、α＋β 相区）；一条 L＋α＋β 的三相并存线（水平线 *cde*）。

3. 包晶相图

包晶相图是因发生包晶转变而命名。所谓包晶转变，是指在一定温度下，由一定成分的液相与一定成分的固相相互作用生成另一个一定成分的新固相的过程。在该过程中新固相依附与原固相生核，将原固相包围起来，通过消耗液相和原固相而长大，故称为包晶转变。具有这种相图的合金系主要有 Pt－Ag、Ag－Sn、Sn－Sb 等。现以 Pt－Ag 合金相图为例，对包晶相图及其合金的结晶过程进行简要分析。

Pt－Ag 相图如图 2.38 所示，主要由以下几个部分构成。

1）点

a 点为 Pt 的熔点；*b* 点为 Ag 的熔点；*e* 点为包晶点。

2）线

adb 为液相线；*aceb* 为固相线；*cf* 及 *eg* 分别为 Ag 溶于 Pt 和 Pt 溶于 Ag 的溶解度曲线；*ced* 线为包晶线。

3）相区

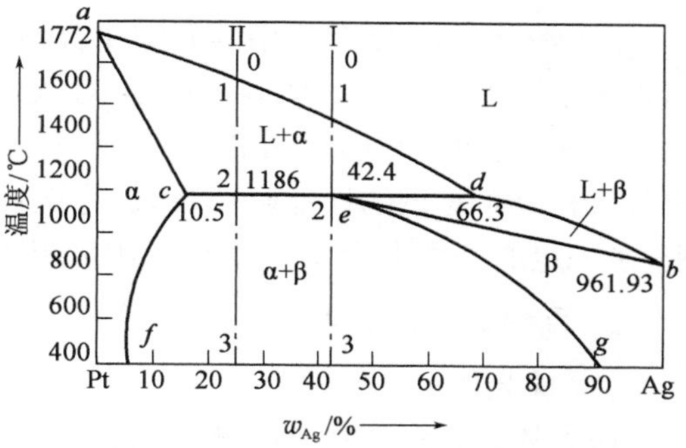

相图中有三个单相：液相 L、固相 α 及 β，其中 α 为 Ag 溶于 Pt 的固溶体，β 为 Pt 溶于 Ag 的固溶体。

图 2.38　Pt－Ag 合金相图

相图中有三个单相区：L、α、β；三个两相区：L＋α、L＋β、α＋β；还有一个 L、α 及 β 三相共存的水平线，即 *ced* 线。

e 点成分的合金冷却到 *e* 点所对应的温度（包晶温度）时发生以下反应：

$$\alpha_e + L_d \xrightleftharpoons{1186℃} \beta_e \tag{2.20}$$

这种由一种液相与一种固相在恒温下相互作用而转变为另一种固相的反应称为包晶反应。

2.5.3　铁碳合金相图

在二元合金中，铁碳合金是现代工业使用最为广泛的合金，同时也是国民经济的重要物质基础。根据含碳量多少，可以分为碳钢和铸铁两类。含碳量在 0.0218%～2.11% 的铁碳合金称为碳钢。含碳量大于 2.11% 的铁碳合金称为铸铁。

铁碳合金相图是研究在平衡状态下铁碳合金成分、组织和性能之间的关系及其变化规律的重要工具,也是制定各种热加工工艺的依据。

铁碳合金相图是用实验方法做出的温度—成分坐标图。当铁碳合金的含碳量超过6.69%时,合金太脆无法应用,所以人们研究铁碳合金相图时,主要研究简化后的 $Fe - Fe_3C$ 相图。

1. 铁碳合金相图中的相

1)基本相

(1)铁素体。

碳溶于 α - Fe 中形成的间隙固溶体,称为铁素体,用 F 或 α 表示;铁素体的晶格结构仍能保持 α - Fe 体心立方晶格,碳原子位于晶格间隙处。虽然体心立方晶格原子排列不如面心立方紧密,但因晶格间隙分散,原子难以溶入。碳在 α - Fe 中的溶解度很低,727℃最大,为0.0218%,室温时为0.0008%;其强度和硬度很低,具有良好的塑性和韧性。

(2)奥氏体。

碳在 γ - Fe 中形成的间隙固溶体称为奥氏体,用 A 或 γ 表示。由于 γ - Fe 为面心立方结构,碳原子半径较小,溶碳能力较大,在1148℃时可达2.11%。随着温度的下降溶碳能力逐渐减小。在727℃时溶碳量为0.77%。奥氏体的力学性能与其溶碳量及晶粒大小有关。一般来说,奥氏体的硬度较低,而塑性较高,易于塑性成型,其硬度为170~220HBS,延伸率 δ 为40%~50%。

(3)渗碳体。

渗碳体是具有复杂晶格的间隙化合物,每个晶胞中有一个碳原子和三个铁原子,所以渗碳体的含碳量为6.69%。渗碳体以 Fe_3C 表示。渗碳体的熔点约为1227℃,脆性极大,硬度很高(>800HV),塑性和韧度几乎为零。渗碳体在钢和铸铁中,一般呈片状、网状或球状存在。它的形状和分布对钢的性能影响很大,是铁碳合金的重要强化相。同时渗碳体又是一种亚稳定相,在一定的条件下会发生分解,形成石墨状的自由碳,即:$Fe_3C \longrightarrow 3Fe + C$(石墨)。

2)两相机械混合物

(1)珠光体。

珠光体是铁素体和渗碳体的机械混合物,是交替排列的片层状组织,如同指纹。用 P 表示。其强度和硬度高,有一定的塑性。

(2)莱氏体。

莱氏体是奥氏体和渗碳体的机械混合物,称为莱氏体,常用符号 Ld 表示。其硬度很高,脆性很大。由于奥氏体在727℃转变为珠光体,所以,室温时的莱氏体是由珠光体和渗碳体组成,为区分起见,将727℃以上的莱氏体称为高温莱氏体,用符号 Ld 表示;将727℃以下的莱氏体称为低温莱氏体,用符号 Ld′表示。低温莱氏体的白色基体为渗碳体,黑色麻点和黑色条状物为珠光体。低温莱氏体的硬度很高,脆性很大,耐磨性能好,常用来制造犁铧、冷轧辊等耐磨性要求高、工作时不受冲击的工件。

2. 铁碳合金相图分析

1)相图中的点、线、区

(1)点。

图2.39是 $Fe - Fe_3C$ 相图。相图中各点温度、含碳量及含义见表2.5。字母符号属通用,一般不能随意改变。

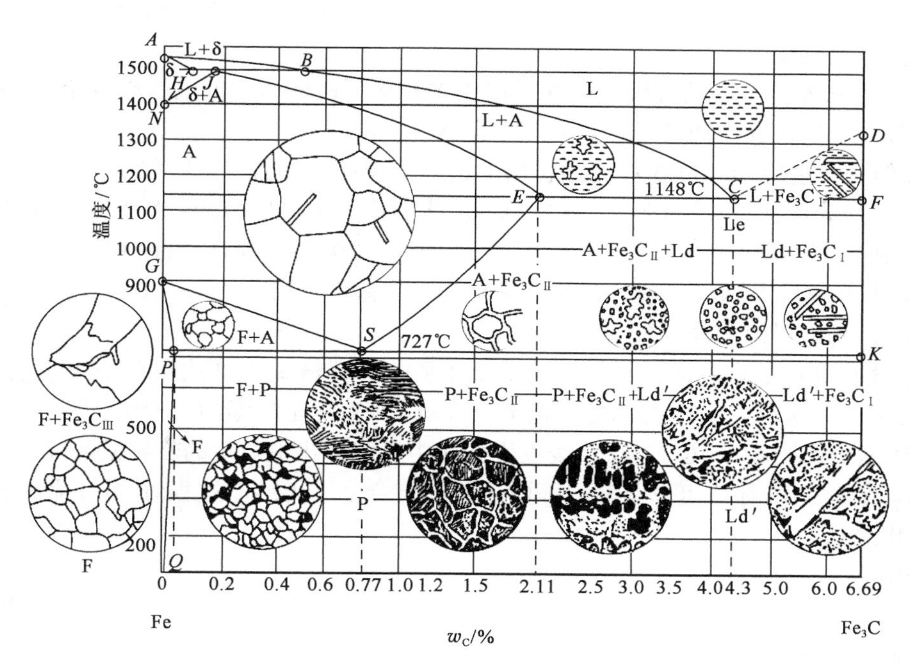

图 2.39 Fe－Fe_3C 相图

表 2.5 相图中各点的解释

符号	温度/℃	w_C/%	说明
A	1538	0	纯铁的熔点
B	1495	0.53	包晶转变时液态合金的成分
C	1148	4.30	共晶点
D	1227	6.69	Fe_3C 的熔点
E	1148	2.11	碳在 γ－Fe 中的最大溶解度
F	1148	6.69	Fe_3C 的成分
G	912	0	α－Fe ⇌ γ－Fe 同素异构转变点
H	1495	0.09	碳在 δ－Fe 中的最大溶解度
J	1495	0.17	包晶点
K	727	6.69	Fe_3C 的成分
N	1394	0	γ－Fe ⇌ δ－Fe 同素异构转变点
P	727	0.0218	碳在 α－Fe 中的最大溶解度
S	727	0.77	共析点
Q	室温	0.0008	室温时碳在 α－Fe 中的最大溶解度

(2)线。

①相图中的 *ABCD* 为液相线;*AHJECF* 为固相线。

②水平线 *HJB* 为包晶反应线。碳含量在 0.09% ~0.53% 之间的铁碳含金,在平衡结晶过程中均发生包晶反应。

③水平线 *ECF* 为共晶反应线。碳含量在2.11% ~6.69%之间的铁碳合金，在平衡结晶过程中均发生共晶反应。

④水平线 *PSK* 为共析反应线。碳含量在0.0218% ~6.69%之间的铁碳合金，在平衡结晶过程中均发生共析反应。*PSK* 线在热处理中也称 A_1 线。

⑤*GS* 线是合金冷却时自 A 中开始析出 F 的临界温度线，通常称 A_3 线。

⑥*ES* 线是碳在 A 中的固溶线，通常称 A_{cm} 线。由于在 1148℃时 A 中溶碳量最大可达2.11%，而在727℃时仅为0.77%，因此碳含量大于0.77%的铁碳合金自1148℃冷至727℃的过程中，将从 A 中析出 Fe_3C。析出的渗碳体称为二次渗碳体（$Fe_3C_{Ⅱ}$）。Acm 线也是从 A 中开始析出 $Fe_3C_{Ⅱ}$ 的临界温度线。

⑦*PQ* 线是碳在 F 中的固溶线。在 727℃时 F 中溶碳量最大可达0.0218%，室温时仅为0.0008%，因此碳含量大于0.0008%的铁碳合金自727℃冷至室温的过程中，将从 F 中析出渗碳体，称为三次渗碳体（$Fe_3C_{Ⅲ}$）。*PQ* 线也为从 F 中开始析出 $Fe_3C_{Ⅲ}$ 的临界温度线。

$Fe_3C_{Ⅲ}$ 数量极少，往往可以忽略。下面分析铁碳合金平衡结晶过程时，除工业纯铁外均忽略这一析出过程。

(3)相区。

相图中有五个基本相，相应有五个单相区，即液相区（L）、δ 固溶体区（δ）、奥氏体区（A 或 γ）、铁素体区（F 或 α）、渗碳体区（Fe_3C）。

图中还有 7 个两相区，分别为：L + δ、L + A、L + Fe_3C、δ + A、F + A、A + Fe_3C 及 F + Fe_3C，它们分别位于两相邻的单相区之间。

图中有三个三相共存点和线：*J* 点和 *HJB* 线（L + δ + A）、*C* 点和 *ECF* 线（L + A + Fe_3C）、*S* 点和 *PSK* 线（A + F + Fe_3C）。

2)相图中的恒温转变——包晶转变、共晶转变、共析转变

(1)包晶转变(*HJB* 线)。

HJB 线为包晶转变线，它所对应的温度（1495℃）称为包晶温度，*J* 点为包晶点。碳含量在0.09% ~0.53%之间的铁碳含金在平衡结晶过程中均发生包晶反应，反应式为：

$$L_{0.53} + \delta_{0.09} \xrightarrow{1495℃} A_{0.17} \tag{2.21}$$

(2)共晶转变(*ECF* 线)。

共晶转变发生在 1148℃，这个温度称为共晶温度，*C* 点为共晶点，其反应式为：

$$L_{4.3} \xrightarrow{1148℃} A_{2.11} + Fe_3C \tag{2.22}$$

共晶转变同样是在恒温下进行的，共晶反应的产物是奥氏体和渗碳体的机械混合物，称为莱氏体，用 Ld 表示。Ld 中的渗碳体称为共晶渗碳体。凡是含碳量在2.11% ~6.69%内的铁碳合金冷却至1148℃时，将会发生共晶转变，形成 Ld 组织。在显微镜下观察，Ld 组织是块状或颗粒状的奥氏体 A 分布在连续的渗碳体基体上。

(3)共析转变(*PSK* 线)。

PSK 线为共析转变线，它所对应的温度为 727℃称为共析转变温度，用 A_1 表示，*S* 点称为共析点，其反应式为：

$$A_{0.77} \xrightarrow{727℃} F_{0.0218} + Fe_3C \tag{2.23}$$

共析转变也是在恒温条件下进行，其反应产物是铁素体与渗碳体的混合物，称为珠光体，

用 P 表示。P 中的渗碳体称为共析渗碳体。在显微镜下观察 P 的形态呈层片状。在放大倍数很高时,可清晰看到相间分布的渗碳体片(窄条)与铁素体(宽条)。P 的强度较高,塑性、韧性和硬度介于渗碳体和铁素体之间。

3. 典型铁碳合金结晶过程

铁碳合金相图上的各种合金,按其含碳量及组织的不同,常分为 3 类。

(1)工业纯铁(含碳量 <0.0218%),其显微组织为铁素体。

(2)钢(含碳量为 0.0218% ~2.11%),其特点是高温固态组织为具有良好塑性的奥氏体,因而宜于锻造。根据室温组织的不同,分为三种:

①亚共析钢(含碳量 <0.77%),组织是铁素体和珠光体。

②共析钢(含碳量为 0.77%),组织为珠光体。

③过共析钢(含碳量 >0.77%),组织是珠光体和二次渗碳体。

(3)白口铸铁(含碳量为 2.11% ~6.69%),其特点是液态结晶时都有共晶转变,因而有较好的铸造性能。它们的断口有白亮光泽,故称白口铸铁。根据室温组织的不同,白口铸铁又可分为 3 种:

①亚共晶白口铸铁(含碳量 <4.3%),组织是珠光体、二次渗碳体和低温莱氏体。

②共晶白口铸铁(含碳量为 4.3%),组织是低温莱氏体。

③过共晶白口铸铁(含碳量为 4.3% ~6.69%),组织是低温莱氏体和一次渗碳体。

现以上述七种典型铁碳合金为例(图 2.40)分析其结晶过程和在室温下的显微组织。

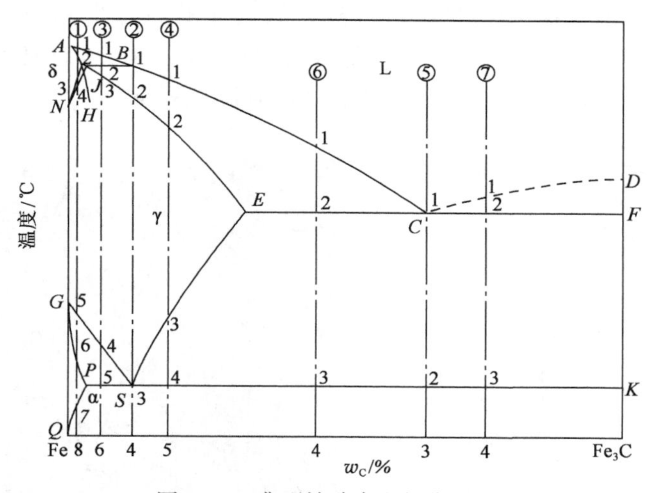

图 2.40　典型铁碳合金的化学成分

1)工业纯铁

以含碳量为 0.01% 的铁碳合金为例,在铁碳相图上的位置如图 2.40 中①所示,其冷却曲线和平衡结晶过程如图 2.41 所示。合金在 1 点以上为液相 L。冷却至稍低于 1 点时,发生匀晶转变,开始从相 L 中结晶出 δ,至 2 点合金全部结晶为 δ。从 3 点起,δ 开始向奥氏体(A)转变,这一转变至 4 点结束。4 -5 点间 A 冷却不变。冷却至 5 点时,从 A 中开始析出铁素体(F)。F 在 A 晶界处生核并长大,至 6 点时 A 全部转变为 F。在 6 -7 点间 F 不变。铁素体冷却到 7 点时,碳在铁素体中的溶解量呈饱和状态,继续降温时,将析出少量沿 F 晶界或晶内分布的 Fe_3C_{III}。因此合金的室温平衡组织为 F + Fe_3C_{III},显微组织如图 2.42 所示。

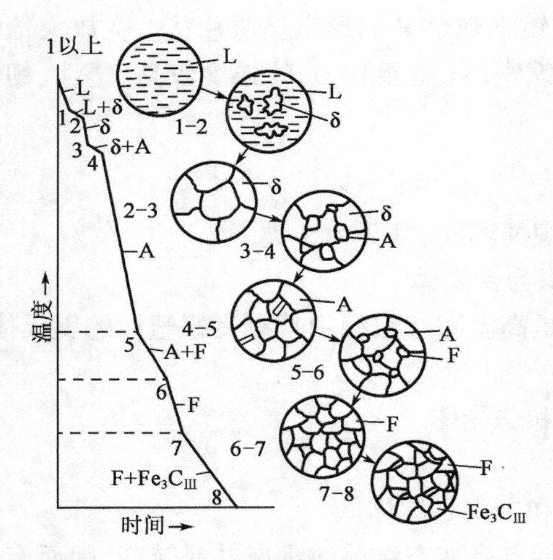

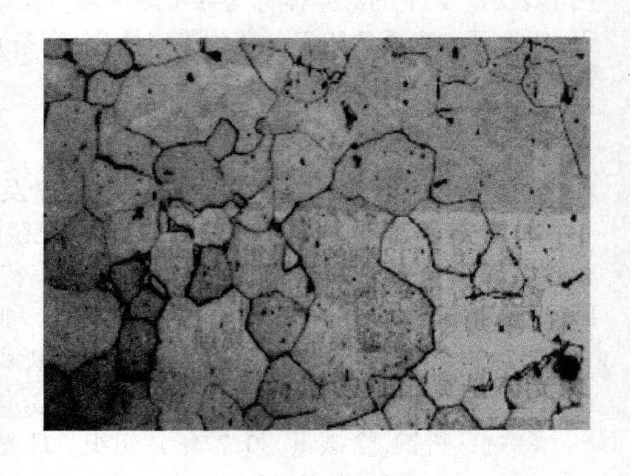

图 2.41　工业纯铁结晶过程示意图　　　　图 2.42　工业纯铁显微组织图

2）共析钢

共析钢在铁碳相图上的位置如图 2.40 中②所示，共析钢冷却曲线和平衡结晶过程如图 2.43所示。

合金冷却时，从 1 点起发生匀晶转变从相 L 中结晶出 A，至 2 点结晶结束，全部转变为 A。2 至 3 点为 A 的冷却过程，冷却至 3 点即 727℃时，A 发生共析反应生成 P。珠光体中的渗碳体称为共析渗碳体。当温度由 727℃继续下降时，铁素体沿固溶线 *PQ* 改变成分，析出少量 $Fe_3C_{Ⅲ}$。$Fe_3C_{Ⅲ}$ 常与共析渗碳体连在一起，不易分辨，且数量极少，可忽略不计。图 2.44是共析钢的显微组织，该组织为珠光体，是呈片层状的两相机械混合物。

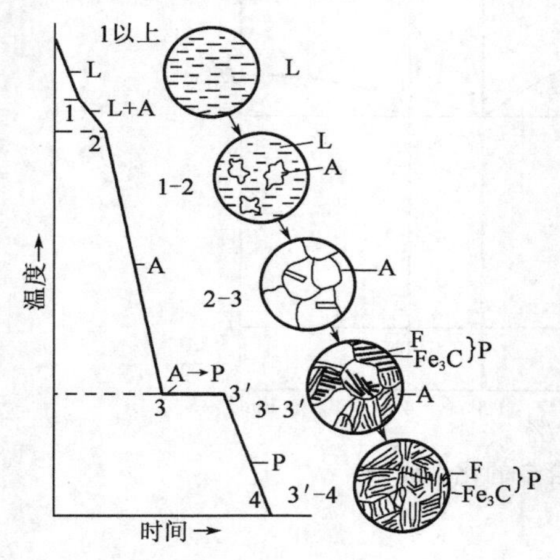

图 2.43　共析钢结晶过程示意图　　　　图 2.44　共析钢的显微组织图

因此共析钢的室温组织为 *P*，而组成相为 F 和 Fe_3C，它们的相对质量为：

$$w_F = \frac{6.69 - 0.77}{6.69} \times 100\% \approx 88.5\%;\quad w_F \approx 1 - w_F = 11.5\% \tag{2.24}$$

3）亚共析钢

以含碳量为 0.4% 的铁碳合金为例，在铁碳相图上的位置如图 2.40 中③所示，其冷却曲线和平衡结晶过程如图 2.45 所示。

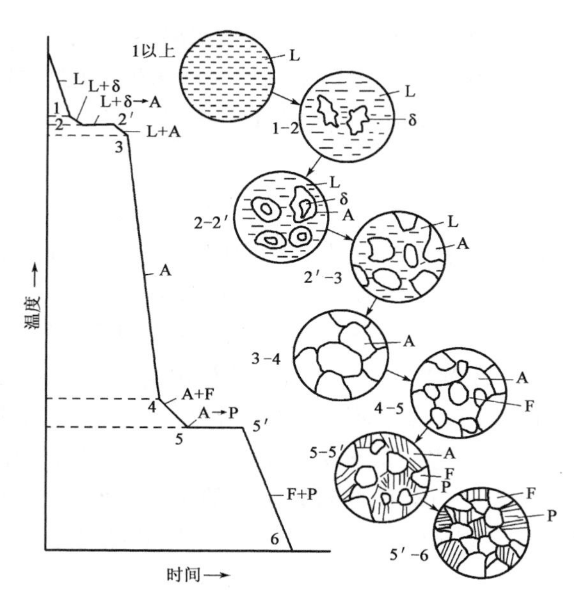

图 2.45　亚共析钢结晶过程示意图

合金冷却时,从 1 点起发生匀晶转变从 L 中结晶出 δ,至 2 点即 1495℃时,L 成分的含碳量变为 0.53%,δ 铁素体的含碳量为 0.09%,此时在恒温下发生包晶反应生成 $A_{0.17}$,反应结束后尚有多余的 L;2 点以下,自 L 中不断结晶出 A,A 的浓度沿着 *JE* 线变化,至 3 点合金全部凝固成 A。温度由 3 点降至 4 点,是奥氏体单相冷却过程,没有相和组织的变化。继续降至 4 点时,由 A 中开始析出 F,F 在 A 晶界处优先生核并长大,而 A 和 F 的成分分别沿 *GS* 和 *GP* 线变化。至 5 点时,A 成分含碳量变为 0.77%,F 成分含碳量为 0.0218%。此时未转变的 A 发生共析反应,转变为 P,而 F 不变化。从 5 继续冷却至 6 点,合金组织不发生变化,因此室温平衡组织为 F + P。F 呈白色块状;P 呈层片状,放大倍数不高时呈黑色块状。含碳量大于 0.6% 的亚共析钢,室温平衡组织中的 F 常呈白色网状,包围在 P 周围,如图 2.46 所示。

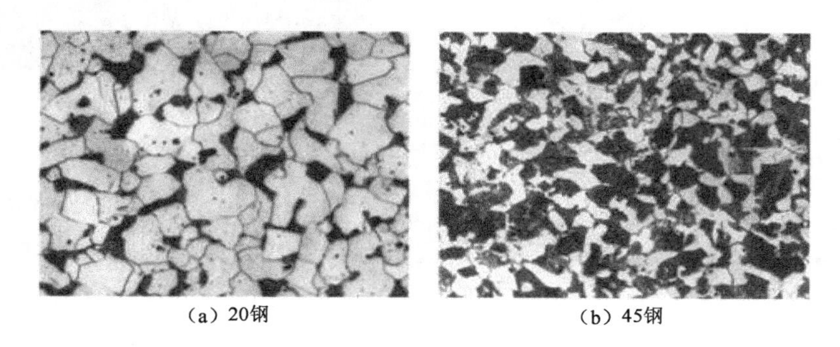

(a) 20钢　　(b) 45钢

图 2.46　亚共析钢的显微组织

室温下,含碳量为 0.4% 的亚共析钢的组织组成物(F 和 P)的相对质量为:

$$w_P = \frac{0.4 - 0.0218}{0.77 - 0.0218} \times 100\% \approx 51\%;\quad w_F = 1 - 51\% = 49\% \tag{2.25}$$

组成相(F 和 Fe_3C)的相对质量为:

$$w_F = \frac{6.69 - 0.4}{6.69} \times 100\% \approx 94\%;\quad w_{Fe_3C} = 1 - 94\% = 6\% \tag{2.26}$$

由于室温下 F 的含碳量极少，若将 F 中的含碳量忽略不计，则钢中的含碳量全部在 P 中，所以亚共析钢的含碳量可由其室温平衡组织来估算。即根据 P 的含量可求出钢的含碳量为：$w_C \approx w_P \times 0.77\%$。由于 P 和 F 的密度相近，钢中 P 和 F 的含量（质量分数）可以近似用对应的面积百分数来估算。

4）过共析钢

以碳含量为 1.2% 的铁碳合金为例，在铁碳相图上的位置如图 2.40 中④所示，其冷却曲线和平衡结晶过程如图 2.39 和图 2.47 所示。合金冷却时，合金在 1－2 点之间按匀晶过程转变为奥氏体，至 2 点结晶结束，合金为单相奥氏体。2－3 点间为单相奥氏体的冷却过程。自 3 点开始，由于奥氏体的溶碳能力降低，奥氏体晶界处析出 Fe_3C_{II}，Fe_3C_{II} 呈网状分布在奥氏体晶界上。温度在 3－4 之间时，随着温度不断降低，析出的 Fe_3C_{II} 也逐渐增多，与此同时，奥氏体的含碳量也逐渐沿 *ES* 线降低，当冷却至 727℃ 即 4 点时奥氏体的成分达到 *S* 点（含碳量为 0.77%），发生共析反应，形成珠光体，而此时先析出的 Fe_3C_{II} 保持不变。在 4－5 点间冷却时组织不发生转变。因此室温平衡组织为 Fe_3C_{II} + P。在显微镜下，Fe_3C_{II} 呈网状分布在层片状的 P 周围，显微组织如图 2.48 所示。

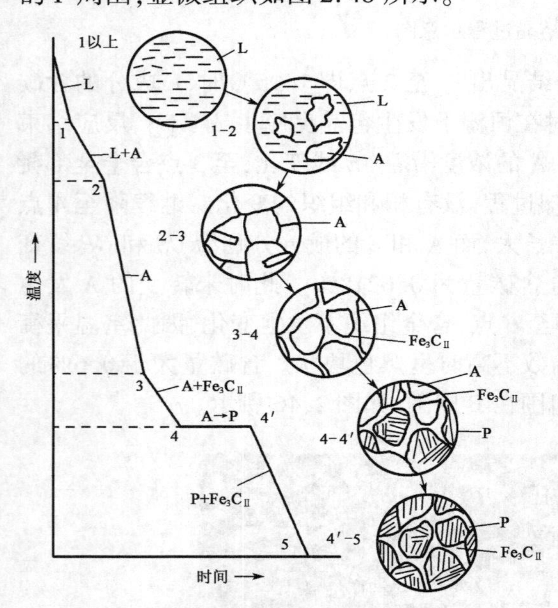

图 2.47　过共析钢结晶过程示意图

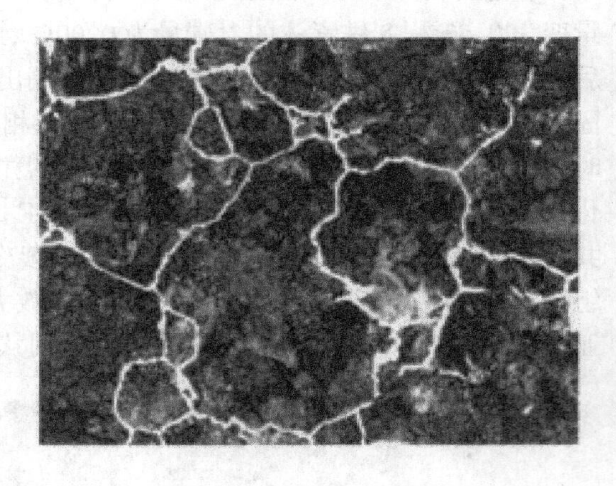

图 2.48　过共析钢的显微组织图

室温下，含碳量为 1.2% 的过共析钢的组成相为 F 和 Fe_3C，组织组成物为 P 和 Fe_3C_{II}，它们的相对质量为：

$$w_P = \frac{6.69 - 1.2}{6.69 - 0.77} \times 100\% \approx 92.7\%;\quad w_{Fe_3C} = 1 - w_P = 7.3\% \tag{2.27}$$

5）共晶白口铸铁

共晶白口铸铁在相图上的位置如图 2.40 中⑤所示，共晶白口铸铁的冷却曲线和平衡结晶过程如图 2.49 所示。

合金冷却到 1 点发生共晶反应，由 L 转变为（高温）莱氏体 Ld，即：

$$L_{4.3} \xrightleftharpoons{1148℃} A_{2.11} + Fe_3C \tag{2.28}$$

转变结束后,合金组织全部为莱氏体 Ld,其中的奥氏体称为共晶奥氏体 $A_{共晶}$,而渗碳体称为共晶渗碳体 $Fe_3C_{共晶}$。它们的相对含量为:

$$w_{A_{共晶}} = \frac{6.69-4.3}{6.69-2.11} \times 100\% \approx 52.2\%; \quad w_{Fe_3C_{共晶}} = 1-52.2\% = 47.8\% \tag{2.29}$$

在 1–2 点间,从共晶奥氏体中不断析出二次渗碳体 $Fe_3C_{Ⅱ}$。$Fe_3C_{Ⅱ}$ 与 $Fe_3C_{共晶}$ 无界面相连,在显微镜下是无法分辨的,但此时的莱氏体由 $A + Fe_3C_{Ⅱ} + Fe_3C$ 组成。由于 $Fe_3C_{Ⅱ}$ 的析出,至2 点时 A 的含碳量为0.77%,将发生共析反应转变为P;高温莱氏体 Ld 转变为低温莱氏体 Ld′(P + Fe_3C)。从点 2 至 3 点组织不发生变化,所以室温平衡组织仍为 Ld′,由黑色条状或粒状 P 和白色 Fe_3C 基体组成,如图 2.50 所示。

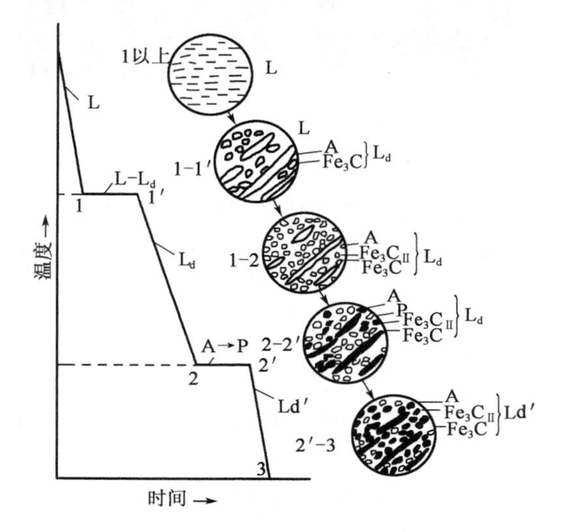

图 2.49　共晶白口铸铁结晶过程示意图

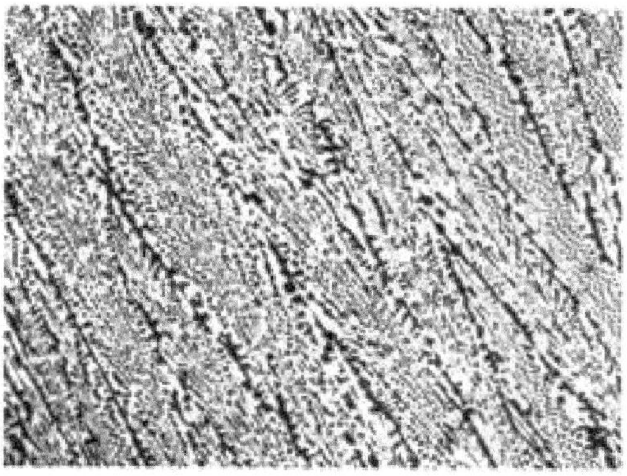

图 2.50　共晶白口铸铁的显微组织

6) 亚共晶白口铸铁

以含碳量为 3% 的铁碳合金为例,在铁碳相图上的位置如图 2.40 中⑥所示。其平衡结晶过程如图 2.51 所示。

在 1–2 点之间,液体发生匀晶转变,结晶出初晶奥氏体,随着温度的下降,生成的奥氏体成分沿 *JE* 线变化,而液相的成分沿 *BC* 线变化,当温度降至 2 点时,初晶奥氏体成分为 *E* 点(含碳量为 2.11%),液相成分为 *C* 点(含碳量为 4.3%),在恒温 1148℃下发生共晶转变,即:

$$L_{4.3} \xrightleftharpoons{1148℃} A_{2.11} + Fe_3C \tag{2.30}$$

L 转变为高温莱氏体,此时初晶奥氏体保持不变,因此共晶转变结束时的组织为初生奥氏体和莱氏体。当温度冷却至在 2–3 区间时,从初晶奥氏体和共晶奥氏体中均都析出二次渗碳体。随着二次渗碳体的析出,奥氏体的成分沿着 *ES* 线不断降低,当温度降至 3 点(727℃)时,所有奥氏体含碳量均变为 0.77%,奥氏体发生共析反应转变为珠光体;高温莱氏体 Ld 也转变为低温莱氏体 Ld′。在 3–4 点,冷却不引起转变。因此室温平衡组织为 $P + Fe_3C_{Ⅱ} + Ld′$。网状 $Fe_3C_{Ⅱ}$ 分布在粗大块状 P 的周围,Ld′则由条状或粒状 P 和 $Fe_3C_{Ⅱ}$ 基体组成,如图 2.52 所示。

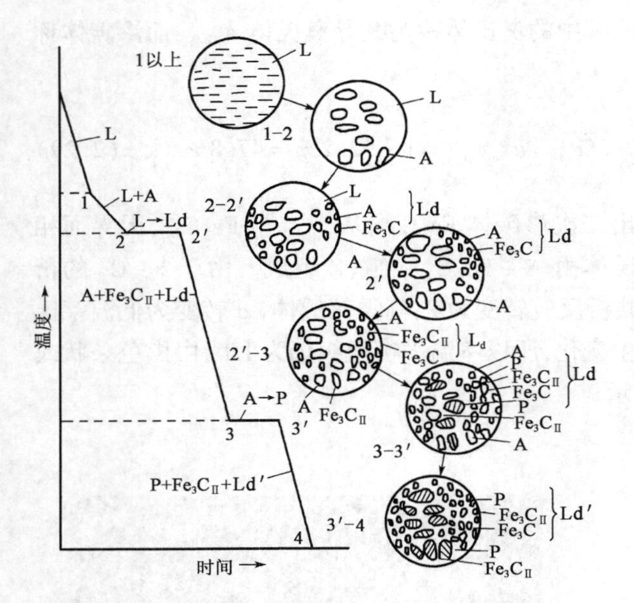

图 2.51　亚共晶白口铸铁结晶过程示意图

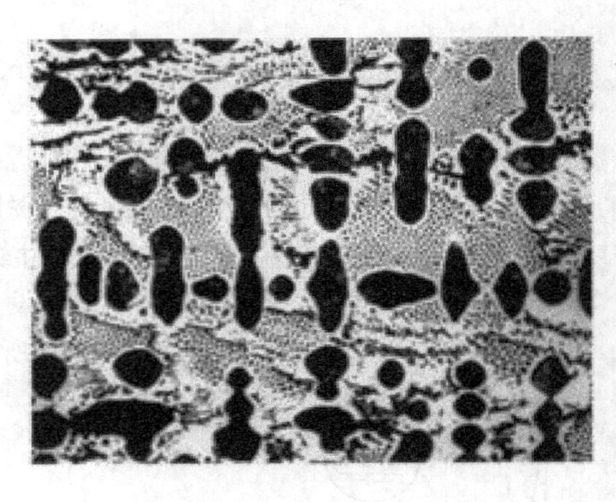

图 2.52　亚共晶白口铸铁的显微组织

室温下,亚共晶白口铸铁的组成相为 F 和 Fe_3C。组织组成物为 P、$Fe_3C_{\text{Ⅱ}}$ 和 Ld′。它们的相对质量可以利用两次杠杆定律求出。

室温下,亚共晶白口铸铁的组成相为 F 和 Fe_3C 的相对质量为:

$$w_F = \frac{6.69-3.0}{6.69} \times 100\% \approx 55.2\%\text{;}\quad w_{Fe_3C} = 1-55.2\% = 45.8\% \tag{2.31}$$

室温下,亚共晶白口铸铁的组织组成物的计算如下,以 w_C 为 3% 的铁碳合金为例。

先求合金钢冷却到 2 点温度时初生 $A_{2.11}$ 和 $L_{4.3}$ 的相对质量:

$$w_{A_{2.11}} = \frac{4.3-3.0}{4.3-2.11} \times 100\% \approx 59.4\%\text{;}\quad w_{L_{4.3}} = 1-59.4\% = 40.6\% \tag{2.32}$$

$L_{4.3}$ 通过共晶反应全部转变为 Ld,并随后转变为低温莱氏体 Ld′,所以:

$$w_{Ld'} = w_{Ld} = w_{L_{4.3}} \approx 40.6\%$$

再求 3 点温度时(共析转变前)由初生 $A_{2.11}$ 析出的 $Fe_3C_{\text{Ⅱ}}$ 及共析成分的 $A_{0.77}$ 的相对质量:

$$w_{Fe_3C} = \frac{2.11-0.77}{6.69-0.77} \times 59\% \approx 13.4\%\text{;}\quad w_{A_{0.77}} = \frac{6.69-2.11}{6.69-0.77} \times 59\% \approx 46\% \tag{2.33}$$

由于 $A_{0.77}$ 发生共析反应转变为 P,所以 P 的相对质量就是 46%。

7)过共晶白口铸铁

过共晶白口铸铁的结晶过程与亚共晶白口铸铁相差不大,唯一的区别是:其先析出相是一次渗碳体而不是 A。而且因为没有先析出 A,进而其室温组织中除了 Ld′中的 P 以外,再没有 P,即室温下的组织为 Ld′ + $Fe_3C_{\text{Ⅰ}}$,组成相也是同样的 F 和 Fe_3C,计算公式仍为杠杆定律,这里就将不逐一列举。

2.6 固态相变理论

2.6.1 固态相变概述

相是指合金中具有同一聚集状态、同一晶体结构和性质并以界面相互隔开的均匀组成部分。从广义上讲,构成物质的原子(或分子)的聚合状态(相状态)发生变化的过程均称为相变。钢或合金等固态材料在外界条件(温度或压强等)发生变化时,内部组织或结构会发生变化,如从液相到固相的凝固过程、从液相到气相的蒸发过程,其内部组织或结构会发生变化,即在固态下发生从一种相状态到另一种相状态的转变,这种转变称为固态相变。相变前的相状态称为旧相或母相,相变后的相状态称为新相。相变发生后,新相与母相之间必然存在某些差别。这些差别或者表现在晶体结构上(如同素异构转变),或者表现在化学成分上(如调幅分解),或者表现在表面能上(如粉末烧结),或者表现在应变能上(如形变再结晶),或者表现在界面能上(如晶粒长大),或者几种差别兼而有之(如过饱和固溶体脱溶沉淀)。

固态相变的种类很多,许多材料在不同条件下会发生几种不同类型的相变过程。掌握材料固态相变的规律,就可以采取特定的工艺措施(如加热和冷却等工艺)控制相变过程,并可以根据性能要求开发出新型材料。

2.6.2 固态相变的分类

目前,常见的固态相变主要分类方法有以下几种。

1. 热力学分类

相变的热力学分类是按温度或压力等对化学势的偏微分商在相变点的数学特性——连续或非连续,将相变分为一级相变、二级相变或 n 级相变。

二级以上的相变为高级相变,一般高级相变很少,大多数相变为低级相变,涉及理想气体无序相到有序相的玻色凝聚相变就是三级相变。

2. 根据材料的平衡状态图分类

按平衡状态图分类,可将固态相变分为平衡相变和非平衡相变。

1)平衡相变

平衡相变是指在缓慢加热或冷却时所发生的能获得符合平衡状态图的平衡组织的相变。固态材料中所发生的平衡相变主要有以下几种:

(1)同素异构转变和多形性转变;

(2)平衡脱溶沉淀;

(3)共析相变;

(4)调幅分解;

(5)有序化转变。

2)非平衡相变

若加热或冷却速度很快,上述平衡相变将被抑制,固态材料可能发生某些平衡状态图上不能反映的转变并获得被称为不平衡或亚稳态的组织,这种转变称为非平衡相变。固态材料中发生的非平衡相变主要有以下几种：

(1)非平衡脱溶沉淀；

(2)伪共析相变；

(3)马氏体相变。

3. 按原子迁移情况分类

按相变过程中原子迁移情况可将固态相变分为扩散型相变和非扩散型相变。

1)扩散型相变

相变时，相界面的移动是通过原子近程或远程扩散而进行的相变称为扩散型相变，也称为“非协同型”转变。只有当温度足够高，原子活动能力足够强时，才能发生扩散型相变。温度越高，原子活动能力越强，扩散距离也就越远。同素异构转变、多形性转变、脱溶型相变、共析型相变、调幅分解和有序化转变等均属于扩散型相变。

扩散型相变的基本特点：(1)相变过程中有原子扩散运动，相变速率受原子扩散速度所控制；(2)新相和母相的成分往往不同；(3)只有因新相和母相比容不同而引起的体积变化，没有宏观形状改变。

2)非扩散型相变

相变过程中原子不发生扩散，参与转变的所有原子的运动是协调一致的相变称为非扩散型相变，也称为“协同型”转变。非扩散型相变时原子仅作有规则的迁移以使点阵发生改组。迁移时，相邻原子相对移动距离不超过一个原子间距，相邻原子的相对位置保持不变。马氏体相变以及某些纯金属(如铅、钛、锂、钴)在低温下进行的同素异构转变即为非扩散型相变，这类相变均在原子已不能(或不易)扩散的低温下发生。

非扩散型相变的一般特征如下：(1)存在由于均匀切变引起的宏观形状改变，可在预先制备的抛光试样表面上出现浮凸现象。(2)相变不需要通过扩散，新相和母相的化学成分相同。(3)新相和母相之间存在一定的晶体学位向关系。(4)某些材料发生非扩散相变时，相界面移动速度极快，可接近声速。

2.6.3 固态相变的主要特点

大多数固态相变(除调幅分解)为经典的形核－长大型相变。因此，液态结晶理论及其基本概念原则上仍适用于固态相变。但是，由于相变是在“固态”这一特定条件下进行的，固态晶体的原子呈有规则排列，并具有许多晶体缺陷，因此，固态相变具有许多不同于液态结晶过程的特点。

1. 相界面

固态相变时，新旧两相都为固相。根据界面上新旧两相原子在晶体学上匹配程度的不同，可分为共格界面、半共格界面和非共格界面三种，如图 2.53 所示。新相与旧相的界面结构对固态相变的形核和长大过程以及相变后的组织形态等都有很大的影响。

1)共格界面

若两相晶体结构相同、点阵常数相等，或者两相晶体结构和点阵常数虽有差异，但存在一组特定的晶体学平面可使两相原子之间产生完全匹配。此时，界面上原子所占位置恰好是两相点阵的共有位置，界面上原子为两相所共有，这种界面称为共格界面[图 2.53(a)]。在理想的共格界面条件下(如孪晶界),其弹性应变能和界面能都接近于零。

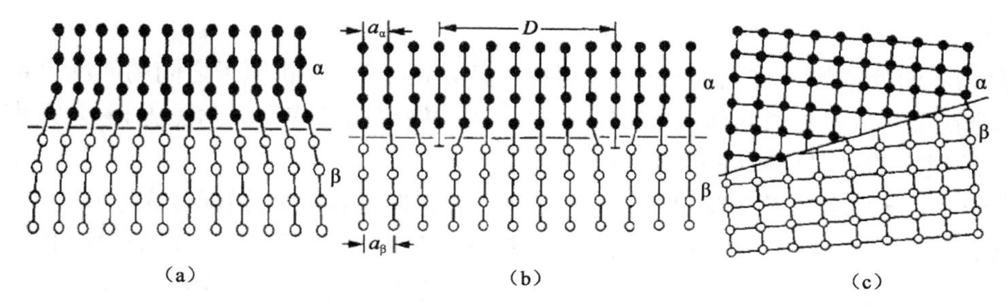

图 2.53　固态相变界面结构示意图

实际上,两相点阵总有一定的差别,或者点阵类型不同,或者点阵参数不同,因此两相界面完全共格时,相界面附近必将产生弹性应变。当两相之间的共格关系依靠正应变来维持时,称为第一类共格;而以切应变来维持时,称为第二类共格,两者的晶界两侧都有一定的晶格畸变,如图 2.54 所示。图 2.54 中,(a)为第一类共格界面,靠近晶界处一侧受压缩,另一侧受拉伸;(b)为第二类共格界面,晶界附近有晶面弯曲。

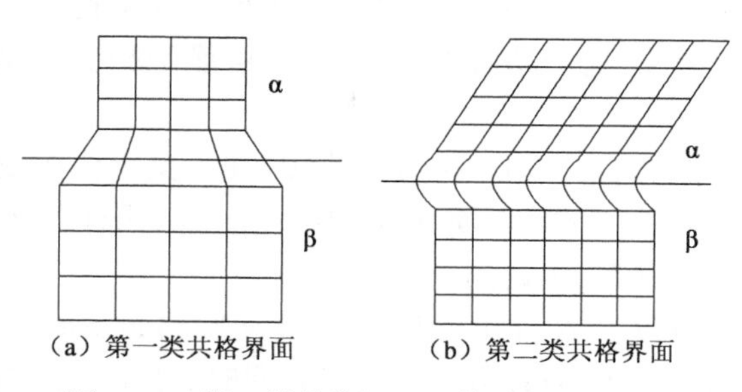

图 2.54　第一类共格界面和第二类共格界面

一般来说,共格界面的特点是界面能较小,但因界面附近有畸变,所以弹性应变能较大。共格界面必须依靠弹性畸变来维持,当新相不断长大而使共格界面的弹性应变能增大到一定程度时,可能超过母相的屈服极限而产生塑性变形,使共格关系遭到破坏。

2)半共格界面

共格界面上弹性应变能的大小取决于相邻两相界面上原子间距的相对差值 δ(称为错配度)。若以 a_α 和 a_β 分别表示两相沿平行于界面的晶向上的原子间距,在此方向上的两相原子间距之差以 $\Delta a = |a_\beta - a_\alpha|$ 表示,则错配度 δ 为:

$$\delta = \frac{|a_\beta - a_\alpha|}{a_\alpha} = \frac{\Delta a}{a} \tag{2.34}$$

显然,错配度 δ 越大,弹性应变能就越大;当 δ 增大到一定程度时,便难以继续维持完全的共格关系,于是在界面上将产生一些刃型位错,以补偿原子间距差别过大的影响,使界面弹性应变能降低。此时,界面上的两相原子变成部分保持匹配[图 2.53(b)],故称为半共格(或部分共格)界面。可以看出,一维点阵的错配可以在不产生长程应变场的情况下用一组刃型位错来补偿。这组位错的间距 D 应为:

$$D = \frac{a_\beta}{\delta} \tag{2.35}$$

在界面上除了位错核心部分以外,其他地方几乎完全匹配。在位错核心部分的结构是严重扭曲,并且点阵面是不连续的。

3)非共格界面

当两相界面处的原子排列差异很大,即错配度 δ 很大时,两相原子之间的匹配关系便不再维持,这种界面称为非共格界面[图2.53(c)]。非共格界面结构与大角晶界相似,系由原子不规则排列的很薄的过渡层所构成。

一般认为,错配度小于0.05时两相可以构成完全的共格界面;错配度大于0.25时易形成非共格界面;错配度介于0.05~0.25之间,则易形成半共格界面。固态相变时两相界面能与界面结构和界面成分变化有关。两相界面上原子排列的不规则性将导致界面能升高,同时界面也有吸附溶质原子的作用。由于溶质原子在晶格中存在时会引起晶格畸变而产生应变能,而当溶质原子在界面处分布时,则会使界面应变能降低。因此,溶质原子总是趋向于在界面处偏聚,而使总的能量降低。

2. 位向关系与惯习面

为了减少界面能,固态相变过程中的新相与母相之间往往存在一定的晶体学关系,它们通常由原子密度大而彼此匹配较好的低指数晶面相互平行来保持这种位向关系,而且新相往往在母相一定的晶面上开始形成,这个晶面称为惯习面,可能是相变中原子移动距离最小(即畸变最小)的晶面。

例如,钢中发生由奥氏体(γ)到马氏体(α′)的转变时,奥氏体的密排面{111}γ与马氏体的密排面{110}α′相平行;奥氏体的密排方向<110>γ与马氏体的密排方向<111>α′相平行,这种位向关系称为 $K-S$ 关系,可记为:

$$\{111\}\gamma /\!/ \{110\}\alpha';\ \langle 110\rangle\gamma /\!/ \langle 111\rangle\alpha'$$

一般来说,当新相与母相之间为共格或半共格界面时必然存在一定的位向关系;若无一定的位向关系,则两相界面必定为非共格界面。但反过来,有时两相之间虽然存在一定的位向关系,但也未必都具有共格或半共格界面,这可能是在新相长大过程中其界面的共格或半共格性已遭破坏所致。

3. 弹性应变能

固态相变时,因新相和母相的比容不同可能发生体积变化。但由于受到周围母相的约束,新相不能自由胀缩,因此新相与其周围母相之间必将产生弹性应变和应力,使系统额外地增加了一项弹性应变能。研究表明,在完整晶体中因相变产生的弹性应变能不仅与新相母相的比容差和弹性模量有关,而且与新相的形状有关。

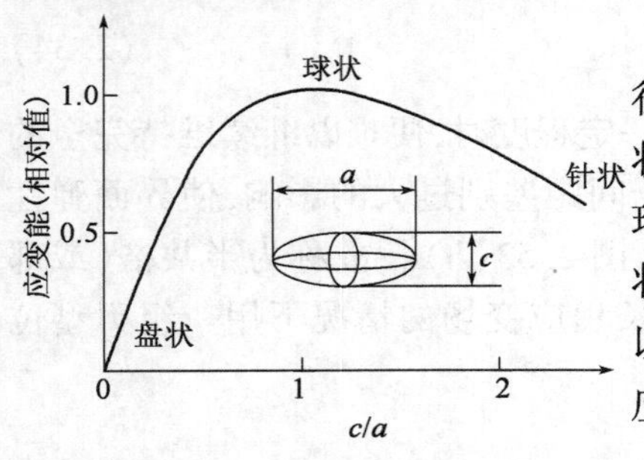

图2.55 新相颗粒几何形状与比容差的关系示意图

若将析出相看作旋转椭球体。设旋转椭球体的赤道直径为 a,旋转轴两极之间的距离为 c,这个旋转体的具体形状取决于 c/a 的比值。$c \ll a$ 时为圆盘(片);$c=a$ 时为圆球;$c \gg a$ 时为圆棒(针)。图2.55表示新相粒子的几何形状(c/a)对因比容差而产生的应变能(相对值)的影响,可以看出,新相呈球状时应变能最大,呈圆盘(片)状时新相应变能最小,呈棒(针)状时新相应变能居中。

除新相与母相的比容差产生体积弹性应变能外,两相界面上的不匹配也产生弹性应变能。这一项弹性应变能以共格界面为最大，半共格界面次之（因形成界面位错而使弹性应变能下降），而非共格界面则为零。

由上述可知，固态相变时的相变阻力应包括界面能和弹性应变能两项。新相和母相的界面类型对界面能和弹性应变能的影响是不同的。当界面共格时，可以降低界面能，但使弹性应变能增大。当界面不共格时，盘（片）状新相的弹性应变能最低，但界面能较高；而球状新相的界面能最低，但弹性应变能却最大。固态相变时究竟是界面能还是弹性应变能起主导作用取决于具体条件。如过冷度很大，临界晶核尺寸很小，单位体积新相的界面面积很大，则较大的界面能增加了形核功而成为主要的相变阻力，此时界面能起主导作用。两相界面易取共格方式以降低界面能，而且界面能的降低可超过共格引起的弹性应变能的增加，从而降低总的形核功，易于形核。在过冷度很小的情况下，临界晶核尺寸较大，界面能不起主导作用，易形成非共格界面。此时，若两相比容差别较大，弹性应变能起主导作用，则形成盘（片）状新相以降低弹性应变能；若两相比容差别较小，弹性应变能作用不大，则形成球状相以降低界面能。

4. 过渡相的形成

根据相变热力学，相变是由于新相和母相存在负的自由能差所引起的，并且力求从自由能较高的不稳定母相转变为自由能最低的稳定新相。但是，当稳定的新相与母相的晶体结构差异较大时，两者之间只能形成高能量的非共格界面。此时新相的临界尺寸很小，单位体积新相有较大的界面面积，界面能对形核的阻碍作用很大，并且非共格界面的界面能和形核功均较大，相变不容易发生。在这种情况下，母相往往不直接转变为自由能最低的稳定新相，而是先形成晶体结构或成分与母相比较接近，自由能比母相稍低些的亚稳定的过渡相。此时，过渡相往往具有界面能较低的共格界面或半共格界面，以降低形核功，使形核容易进行。

过渡相虽然在一定条件下可以存在，但其自由能仍高于平衡相，故有继续转变直至达到平衡相为止的倾向，并且这种倾向随温度升高而增大。若经过适当热处理后获得的过渡相组织在室温下使用，这种趋向于平衡状态的转变往往慢得可以忽略不计。

5. 晶体缺陷的影响

固态晶体中存在着晶界、亚晶界、空位及位错等各种晶体缺陷，在其周围点阵发生畸变，储存有畸变能。一般地说，固态相变时新相晶核总是优先在晶体缺陷处形成。这是因为，晶体缺陷是能量起伏、结构起伏和成分起伏最大的区域，在这些区域形核时原子扩散激活能低，扩散速度快，相变应力容易松弛。例如，晶界就是引起非自发形核的既存位置，具有较低的形核功，因此对相变起催化作用。

位错对相变亦有较明显的催化作用。一般认为，在位错线上形核时，新相出现部位的位错线消失，位错中心的畸变能得到释放，使系统自由能降低。这部分被释放的能量可作为克服形成新相界面和相变应变所需的能量，使相变加速。位错对相变的催化作用还有另一种方式，即新相形成时位错本身不消失，它依附在新相界面上，构成半共格界面中位错的一部分，结果也会使系统自由能降低。

总之，在固态相变中，从能量的观点来看，均匀形核的形核功最大，空位形核次之，位错形核更次之，晶界非均匀形核的形核功最小。

6. 原子的扩散

在很多情况下，由于新相和母相的成分不同，固态相变必须通过某些组元的扩散才能进行,这时扩散便成为相变的控制因素。但是,固态中原子的扩散速度远远低于液态原子,因此,原子扩散速度对固态相变有显著的影响。受扩散控制的固态相变,在冷却时可以产生很大程度的过冷。随着过冷度的增大,相变驱动力增大,相变速度也增大。但是,当过冷度增大到一定程度后,由于原子扩散能力下降,相变速度反而随过冷度增大而减慢。若进一步增大过冷度,也可使扩散型相变被抑制,在低温下发生无扩散型相变,形成亚稳定的过渡相。例如,碳钢从奥氏体状态快速冷却时,可抑制扩散型相变,而在低温下以切变方式发生无扩散的马氏体相变,生成亚稳定的马氏体组织。

2.6.4 固态相变的形核

固态相变的形核过程可以是扩散的或无扩散的。扩散形核过程可以同时完成晶体结构和成分的变化,也可以使成分不变,仅使晶体结构改变(如块形相变),或使结构不变仅使成分改变(如一些脱溶相变)。马氏体相变的形核是无扩散形核,这种核心只改变结构而不改变成分。在各种固态相变类型中,多数是扩散形核。了解扩散形核的基本模型和动力学,对研究相变过程的规律以及利用这些规律解决工业实际问题都是重要的。

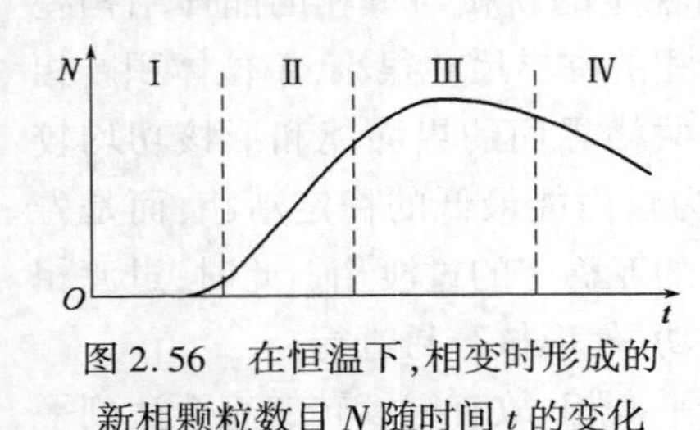

图 2.56　在恒温下,相变时形成的新相颗粒数目 N 随时间 t 的变化

形核—长大型相变的形核一般经历如下几个阶段,如图 2.56 所示。

第Ⅰ阶段:孕育期阶段,母相处于亚稳态,没有形成稳定的新相粒子。但是,有一些原子团簇(几个甚至上千个原子的聚集,具有宏观新相的性质,又称胚)存在,它们是最终稳定相连续形成的前身。随着时间增加,这些团簇尺寸分布发展产生比较大的集团,它们不大可能回复到母体,最终发展成为新相的核心,长久保留在系统中并连续长大。这时,就开始顺利地形核。

第Ⅱ阶段:准稳态形核阶段。此时团簇尺寸分布建成准稳态,稳定的核心以恒速产生。

第Ⅲ阶段:在这阶段形核率减小,到达某点时,系统的稳态小颗粒数目几乎是常数。这通常是因为形核驱动力减小(例如过饱和溶体脱溶时的过饱和度降低引起)。

第Ⅳ阶段:后期阶段,新的形核颗粒可以忽略。早期形成的核心长大,熟化效应使新相颗粒总数减少。

形核理论主要涉及上述的第Ⅰ阶段和第Ⅱ阶段。形核分均匀形核和非均匀形核两类。如果核心不依附任何靠背自发形成,在均匀的母相中各处形成核心的概率相同,这称均匀形核或自发形核;如果核心依附母相中存在的某些“靠背”(例如液相中的杂质,承载液体的模子的模壁,固相中的晶界、位错等缺陷)形成,这称非均匀形核或非自发形核。非均匀形核要克服的势垒比均匀形核的小得多,在相变的形核过程中通常都是非均匀形核优先进行。

非均匀形核的核心不是在母相内部而是在某些现存的界面或缺陷上形成的,这些界面和缺陷是凝固时的模壁、液态中的夹杂物或人为加入的旨在细化晶粒的非均匀形核剂;在固体母相中的晶界、相界、位错、堆垛层错等。在这些地方形核可以去掉部分缺陷,消失的那一部分缺陷的自由能可克服形核位垒,降低形核势垒,所以在这些地方的利于形核。由于在缺陷上形核,形核位置不是完全随机均匀分布的,故称非均匀形核。

另一种特殊的非均匀形核是离子诱导形核,它是晶胚在带电粒子或在分子的离子周围形核,由于静电力增强了核心中心与形核分子间的交互作用,同样降低了形核势垒。

1. 均匀形核

按照经典形核理论，固态相变均匀形核时，系统自由能的总变化 ΔG 为：

$$\Delta G = -V \cdot \Delta G_v + S\sigma + V\varepsilon \tag{2.36}$$

式中：V 为新相体积；ΔG_v 为新相与母相间的单位体积自由能差；S 为新相表面积；σ 为新相与母相间的单位面积界面能（简称比界面能或表面张力）；ε 为新相单位体积弹性应变能。

式(2.36)右侧第一项 $V \cdot G_v$ 为体积自由能差即相变驱动力，而 $S\sigma$ 为界面能，$V\varepsilon$ 为弹性应变能，两者均为形核阻力。可见，只有当 $V \cdot \Delta G_v > S\sigma + V\varepsilon$ 时，式(2.36)右侧才能为负值，即 $\Delta G < 0$，新相形核才有可能。

这只有在一定的过冷度下，当高能微区中形成大于临界尺寸的新相晶核时才能实现。

若假设新相晶核为球形（半径为 r）时，则式(2.36)可写为：

$$\Delta G = -\frac{3}{4}\pi r^2 \Delta G_v + 4\pi r^2 \sigma + \frac{4}{3}\pi \gamma^3 \varepsilon \tag{2.37}$$

令 $\frac{\mathrm{d}\Delta G}{\mathrm{d}r} = 0$，则可得新相的临界晶核半径 r_c 为：

$$r_c = \frac{2}{\Delta G_v - \varepsilon} \tag{2.38}$$

形成临界晶核的形核功 W 为：

$$W = \Delta G_{\max} = \frac{16\pi\sigma^3}{3(\Delta G_v - \varepsilon)^2} \tag{2.39}$$

由式(2.38)和式(2.39)可知，当表面能 σ 和弹性应变能 ε 增大时，临界晶核半径 r_c 增大，形核功 W 增高。因此，具有低界面能和高弹性应变能的共格新相核胚，倾向于呈盘状或片状；而具有高界面能和低弹性应变能的非共格新相核胚，则易成等轴状。但若新相核胚界面能的异向性很大（对母相晶面敏感）时，后者也可呈片状或针状。

临界晶核半径和形核功都是自由能差的函数，因此，它们也将随过冷度（过热度）而变化。随过冷度（过热度）增大，临界晶核半径和形核功都减小，新相形核概率增大，新相晶核数量也增多，即相变更容易发生。因此，只有在一定的温度滞后条件下系统才可能发生相变。与克服相变势垒所需的附加能量一样，形核功所需的能量也来自两个方面：一是依靠母相内存在的能量起伏来提供；二是依靠变形等因素引起的内应力来提供。

与液态结晶相似，固态相变均匀形核时的形核率 N 可用下式表示：

$$N = n\nu \exp\left(-\frac{Q + W}{kT}\right) \tag{2.40}$$

式中：n 为单位体积母相中的原子数；ν 为原子振动频率；Q 为原子扩散激活能；k 为玻耳兹曼(Boltzmann)常数；T 为相变温度。固态原子的扩散激活能 Q 较大，固态相变的弹性应变能又进一步增大形核功 W。所以，与液态结晶相比，固态相变的均匀形核率要低得多。同时，固态材料中存在的大量晶体缺陷可提供能量，促进形核。因此，非均匀形核便成为固态相变的主要形核方式。

2. 非均匀形核

母相中存在的各种晶体缺陷均可作为形核位置，晶体缺陷所储存的能量可使形核功降低，形核容易。当新相核胚在母相晶体缺陷处形成时，系统自由能的总变化为：

$$\Delta G = -V \cdot \Delta G_v + S\sigma + V\varepsilon - \Delta G_d \tag{2.41}$$

与式(2.36)相比,增加了最后一项 ΔG_d,它表示非均匀形核时晶体缺陷消失或减少而降低的能量。晶体缺陷所存储的能量可降低形核功,这些缺陷部位是新相优先形核的部位。下面分别说明晶体缺陷对形核的作用。

1)晶界形核

多晶体中,两个相邻晶粒的边界称为界面;三个晶粒的共同交界是一条线,称为晶棱;四个晶粒交于一点,构成一个界隅。界面、界棱和界隅都不是几何意义上的面、线和点,它们都占有一定的体积。用 δ 代表边界厚度,L 代表晶粒平均直径,可近似地估算界面、界棱和界隅在多晶体中所占的体积分数分别为(δ/L)、$(\delta/L)^2$、$(\delta/L)^3$。

界面、界棱和界隅都可以提供其所储存的畸变能来促进形核。在界面形核时,只有一个界面可供晶核吞食;在界棱形核时,可有三个界面供晶核吞食;在界隅形核时,被晶核吞食的界面有六个。所以,从能量角度来看,界隅提供的能量最大,界棱次之,界面最小。然而,从三种形核位置所占的体积分数来看,界面反而居首位,而界隅最小。

为了减少晶核表面积,降低界面能,非共格形核时各界面均呈球冠形。界面、界棱和界隅上的非共格晶核应分别呈双凸透镜片、两端尖的曲面三棱柱体和球面四面体等形状,如图2.57所示。而共格和半共格界面一般呈平面。前已提及,界面两侧的新相与母相存在一定的晶体学位向关系。大角晶界形核时,因为不能同时与晶界两侧的晶粒都具有一定的晶体学位向关系,所以新相晶核只能与一侧母相晶粒共格或半共格,而与另一侧母相晶粒非共格。结果将使晶核形状发生改变,一侧为球冠形,另一侧则为平面,如图2.58所示。

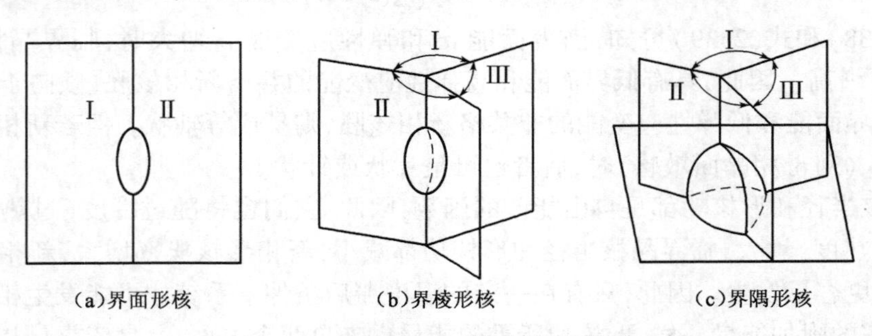

图2.57　界面上非共格晶核的形状

2)位错形核

位错促进形核,有以下三种形式:

第一种形式:新相在位错线上形核,新相形成处的位错线消失,释放出来的畸变能使形核功降低,从而促进形核。

第二种形式:位错线不消失,依附在新相界面上,成为半共格界面中的位错部分,补偿了错配,因而降低了界面能,故使新相形核功降低。

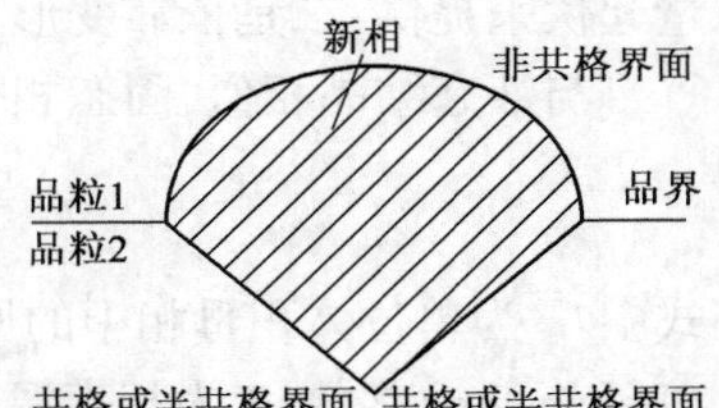

图2.58　一侧共格的界面形核

第三种形式:在新相与基体成分不同的情况下,由于溶质原子在位错线上偏聚(形成气团),有利于沉淀相晶核的形成,因此对相变起催化作用。

根据估算,当相变驱动力甚小而新相和母相之间的界面能约为 $2\times10^{-5}\,J/cm^2$ 时,均匀形核的形核率仅为 $10^{-70}\,(cm^3\cdot s)^{-1}$;如果晶体中位错密度为 $10^8\,cm^{-1}$,则由位错促成的非均匀形核的形核率约高达 $10^8\,(cm^3\cdot s)^{-1}$。可见,当晶体中存在较高密度位错时,固态相变很难以均匀形核方式进行。

3)空位形核

空位通过影响扩散或利用本身能量提供形核驱动力而促进形核。此外空位群可凝聚成位错而促进形核。例如,在过饱和固溶体脱溶分解的情况下,当固溶体从高温快速冷却下来,与溶质原子过饱和地保留在固溶体内的同时,大量过饱和空位也被保留下来。它们一方面促进溶质原子扩散,同时又作为沉淀相的形核位置而促进非均匀形核,使沉淀相弥散分布于整个基体中。而在晶界附近常有无析出带,无析出带中看不到沉淀相,这是因为靠近晶界附近的过饱和空位扩散到晶界而消失,因此这里未发生非均匀形核。而远离晶界处仍保留较多的空位,沉淀相易于在此形核长大。

2.6.5 长大机制

新相晶核的长大,实质上是界面向母相方向的迁移。固态相变类型不同,其晶核长大机制也不同。对于共析相变和脱溶转变等固态相变,由于新相和母相的成分不同,新相晶核的长大必须依赖于溶质原子在母相中作长程扩散,使界面附近成分符合新相要求时新相晶核才能长大。发生这类相变时,必然伴随有传质过程。相反,对于同素异构转变和马氏体相变等固态相变,其新相和母相的成分相同,晶核长大时不需要有传质过程,界面附近的原子只需作短程扩散,甚至完全不需要扩散亦可使新相晶核长大。

若新相晶核与母相之间存在一定的晶体学位向关系,则长大时仍保持这种位向关系。新相的长大机制还与晶核的界面结构(如共格、半共格或非共格界面)有关。事实上,新相晶核完全地与母相匹配,形成完全共格界面的情况极少,通常所见的大多是形成半共格和非共格两种界面。这两种界面有着不同的迁移机制。

1. 半共格界面的迁移

因为半共格界面具有较低的界面能,故在长大过程中界面往往保持为平面。例如马氏体相变,其晶核长大是通过半共格界面上母相一侧原子的切变来完成的,其特点是大量原子有规则地沿某一方向作小于一个原子间距的迁移,并保持原有的相邻关系不变,如图 2.59 所示。这种晶核长大过程也称为协同型长大或位移式长大。由于相变过程中原子迁移都小于一个原子间距,故又称为无扩散型相变。以均匀切变方式进行的协同型长大,其结果导致抛光试样表面产生倾动,如图 2.60 所示。

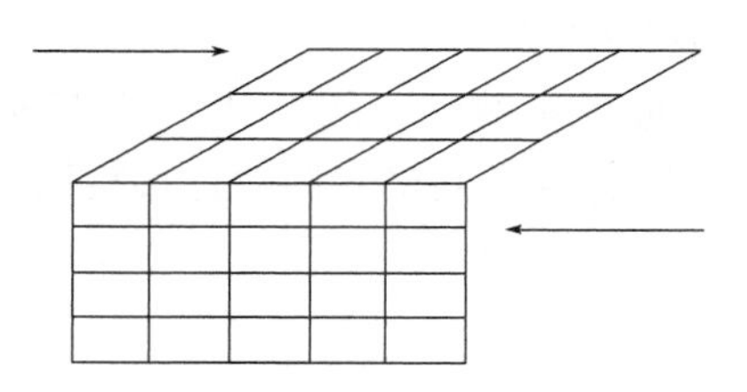

图 2.59　切变造成协调型长大

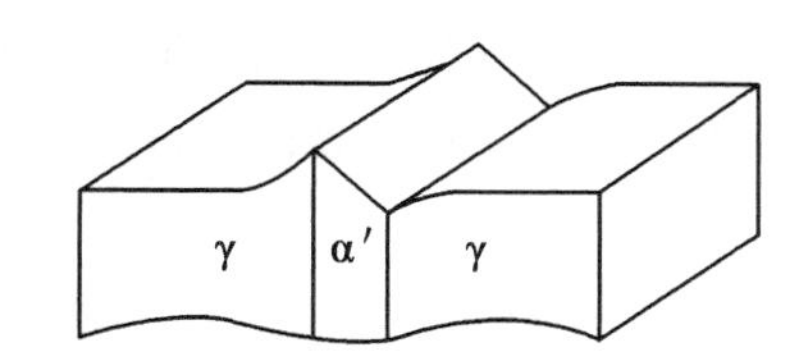

图 2.60　马氏体相变的表面倾动示意图

除上述切变机制外,还可通过半共格界面上的界面位错运动,使界面作法向迁移,从而实现新相晶核的长大。包含界面位错的半共格界面的可能结构如图 2.61 所示。图 2.61(a)为平界面,界面位错处于同一平面上,其刃型位错的柏氏矢量 $\boldsymbol{b}$ 平行于界面。此时,若界面沿法线方向迁移,界面位错必须攀移才能随界面移动,这在无外力作用或温度不是足够高时难以实现,故其牵制界面迁移,阻碍晶核长大。但若如图 2.61(b)所示,界面位错分布于阶梯状界面上，相当于其刃型位错的柏氏矢量 $\boldsymbol{b}$ 与界面成某一角度。这样，位错的滑移运动就可使台阶跨过界面侧向迁移，造成界面沿其法线方向推进，从而使新相长大，如图 2.62 所示。这种晶核长大方式称为台阶式长大。

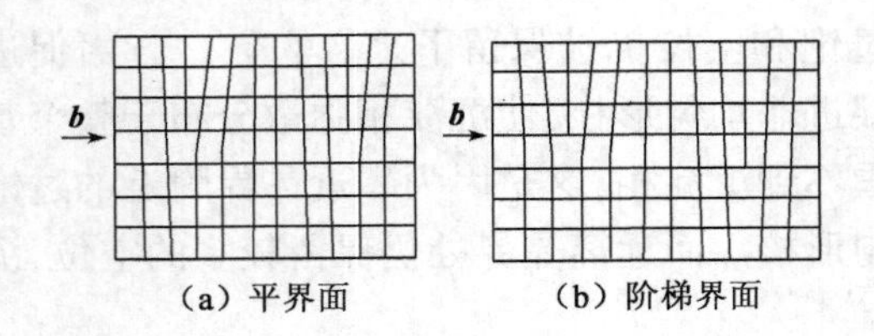

图 2.61　半共格界面的可能结构

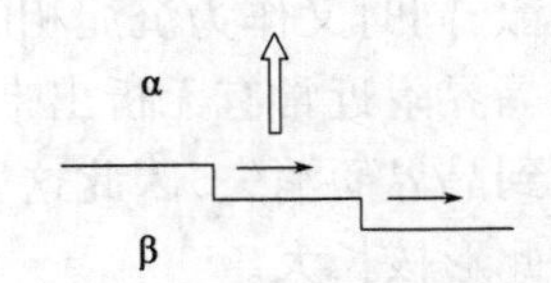

图 2.62　晶核以台阶方式长大示意图

2. 非共格界面的迁移

在许多情况下，新相晶核与母相之间呈非共格界面，界面处原子排列紊乱，形成不规则排列的过渡薄层，其可能结构如图 2.63(a)所示。这种界面上原子的移动不是协同的，即无一定先后顺序，相对位移距离不等，其相邻关系也可能变化。这种界面可在任何位置接受原子或输出原子，随母相原子不断向新相转移，界面本身便沿其法向推进，从而使新相逐渐长大。但也有人认为，在非共格界面的微观区域中也可能呈现台阶状结构[图 2.63(b)]，这种台阶平面是原子排列最密的晶面，台阶高度相当于一个原子层，通过原子从母相台阶端部向新相台阶转移，使新相台阶发生侧向移动，从而引起界面垂直方向上的推移，使新相长大。由于这种非共格界面的迁移是通过界面扩散进行的，因此这种相变又称为扩散型相变。

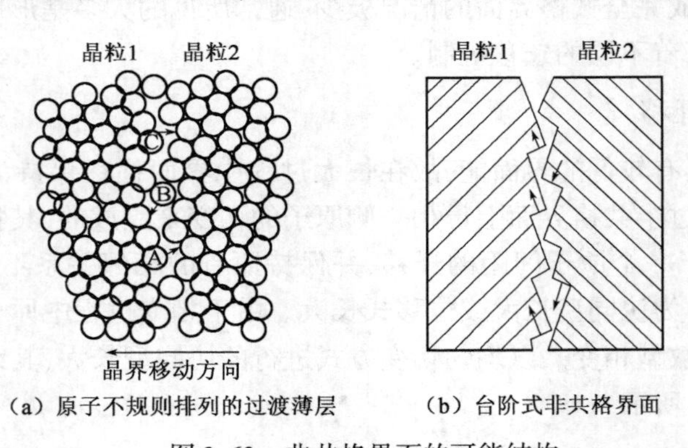

图 2.63　非共格界面的可能结构

应该指出，固态相变不一定都属于单纯的扩散型或无扩散型。例如，钢中贝氏体相变，既有扩散型相变特征，又有无扩散相变特征；也可以说，既符合半共格界面的迁移机制，又有溶质原子的扩散行为。

思 考 题

1. 什么是强度？材料强度设计的两个重要指标是什么？
2. 什么是塑性？材料的塑性有什么实际意义？
3. 简述硬度测试的几种方法、依据及区别。
4. 简述晶体、非晶体及二者之间的区别。

5. 名词解释:金属键、分子键、共价键、离子键。

6. 已知面心立方晶格的晶格常数为 a,试求出(100)、(110)、(111)晶面的晶面间距,并指出间距最大的晶面。

7. 已知体心立方晶格的晶格常数为 a,试求出(100)、(110)、(111)晶面的面间距大小,并指出面间距最大的晶面。

8. 已知铁和铜在室温下的晶格常数分别为0.286nm和0.3633nm,分别求 $1cm^3$ 中铁和铜的原子数。

9. 区别刃型位错和螺型位错,并对位错机理进行解释。

10. 在一个简单立方的二维晶体中,画出一个正刃型位错和负刃型位错,并完成:

(1)用柏氏回路求出正负刃型位错的柏氏矢量;

(2)若将正负刃型位错反向时,其柏氏矢量是否会发生变化;

(3)具体写出该柏氏矢量的方向和大小。

11. 简述金属结晶过程的一般规律。

12. 什么是细晶强化?细晶强化的原因是什么?细晶强化的措施是什么?

13. 什么是固溶强化?固溶强化的实质是什么?

14. 什么是加工硬化?加工硬化的原因是什么?如何消除加工硬化?

15. 变形金属在加热时组织及性能是如何变化的?

16. 什么是组元?什么是相?组成相与组元有什么区别?

17. 什么是 $Fe_3C_{Ⅰ}$、$Fe_3C_{Ⅱ}$、$Fe_3C_{Ⅲ}$、$Fe_3C_{共析}$、$Fe_3C_{共晶}$?其显微组织有什么区别?

18. 画出 $Fe-Fe_3C$ 合金相图(以组织的形式标注相区),并回答以下问题:

(1)*PSK* 线和 *C* 点的含义,并写出在 *C* 点发生的反应式;

(2)*ECF* 线和 *S* 点的含义,并写出在 *S* 点发生的反应式;

(3)现有含碳量为0.45%、1.0%的铁碳合金,请分别计算两种合金在室温时相组成物的相对含量和组织组成物的相对含量,并画出两种合金室温下的组织示意图。

19. 已知某铁碳合金在728℃时相组成有奥氏体75%,渗碳体25%,求此合金的含碳量和室温下的组织组成物和相组成物的相对含量。

20. 简述固态相变的类型、主要特点。

第 3 章　钢中奥氏体形成

由 Fe－Fe_3C 状态图可知，A_1、A_3、A_{cm} 是钢在极缓慢加热和冷却时的临界温度。但在实际的加热和冷却条件下，钢的组织转变总有滞后现象，在加热时要高于、在冷却时要低于状态图上所指出的临界温度。为了便于区别起见，通常把加热时的各临界温度分别用 A_{c1}、A_{c3}、A_{ccm} 来表示，冷却时的各临界温度分别用 A_{r1}、A_{r3}、A_{rcm} 表示，如图 3.1 所示。

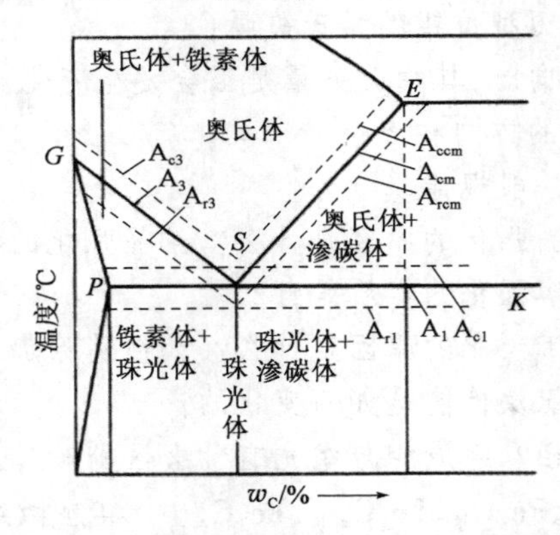

图 3.1　钢的相变点在 Fe－Fe_3C 相图上的位置

在实际热处理的加热过程中，发生的常常是非平衡相变，不能完全用 Fe－Fe_3C 相图来分析。因此，为了掌握奥氏体的形成规律，必须对奥氏体形成的热力学条件、机理、动力学及影响因素进行研究。

3.1　奥氏体形成的热力学条件及形成过程

3.1.1　奥氏体形成的热力学条件

根据 Fe－Fe_3C 相图，温度在 A_1 以下时，共析碳钢的平衡组织为珠光体，亚共析碳钢为珠光体加铁素体，过共析碳钢为珠光体加渗碳体。而珠光体组织是由铁素体与渗碳体构成的机械混合物。所以从相的组成来说，碳钢在 A_1 温度以下的平衡相为铁素体和渗碳体。当温度越过 A_1 后，珠光体将转变为单相奥氏体，随着温度继续升高. 亚共析碳钢中的先共析铁素体将转变为奥氏体，过共析碳钢的先共析渗碳体溶入奥氏体，使奥氏体逐渐增多。

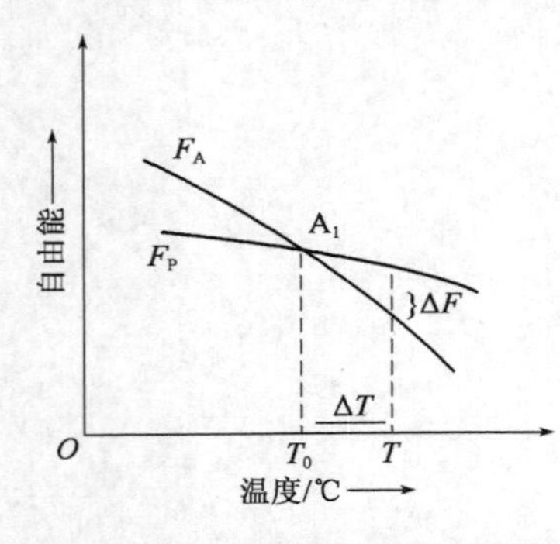

图 3.2　共析钢奥氏体和珠光体的自由能随温度的变化曲线

共析钢奥氏体和珠光体的自由能随温度的变化曲线如图 3.2 所示，交点为 A_1 点（727℃）。当温度等于 727℃时，珠光体与奥氏体自由能相等. 相变尚不会发生。当温度低于 A_1 时，珠光体的自由能低于奥氏体的自由能，珠光体为稳定状态，反之则奥氏体为稳定状态。因此，只有当温度高于 A_1（即一定的过热度）时，奥氏体才能自发形成。

3.1.2 奥氏体的形成过程

下面以共析钢为例，讨论珠光体向奥氏体转变的机制。共析钢在室温下的组织为珠光体（渗碳体和铁素体的混合物），当加热至 A_{c1} 以上温度时，珠光体将转变为单相奥氏体，其中铁素体为体心立方点阵，渗碳体为复杂点阵，奥氏体为面心立方点阵，三者点阵结构相差很大。因此，奥氏体形成过程是由含碳量和点阵结构不同的两个相转变为另一种点阵的均匀相，它包括 C 的扩散重新分布和 $\alpha \to \gamma$ 点阵重构。奥氏体的形成过程可分成四个阶段：奥氏体的形核、奥氏体晶核的长大、渗碳体的溶解和奥氏体的均匀化，如图 3.3 所示。

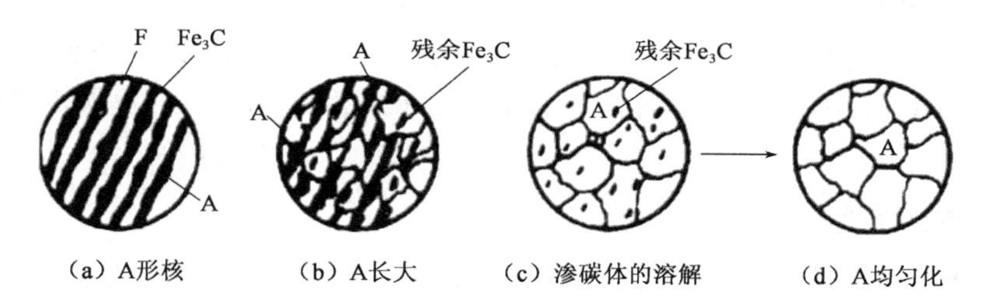

图 3.3 共析钢奥氏体形成过程示意图

1. 奥氏体的形核

珠光体中铁素体和渗碳体的相界面是最有利的形核地点。这是因为在相界面上碳浓度分布不均匀，位错密度较高、原子排列不规则，晶格畸变大，处于能量较高的状态，容易获得奥氏体形核所需要的浓度起伏、结构起伏和能量起伏。

2. 奥氏体晶核的长大

当奥氏体在铁素体和渗碳体的相界面成核之后，便同时形成了 $\gamma \to \alpha$ 和 $\gamma \to Fe_3C$ 两个相界面。奥氏体长大过程即为这两个相界面向原有的铁素体和渗碳体中推移的过程。假设奥氏体在 A_{c1} 以上某一温度 T_1 成核，与渗碳体及铁素体相接触的相界面为平直的，则相界面处各相 C 的浓度由 $Fe-Fe_3C$ 相图确定，如图 3.4 所示。

图中 $C_{\alpha-\gamma}$ 为与奥氏体相接触的铁素体的 C 浓度，$C_{\alpha-C}$ 为与渗碳体相接触的铁素体的 C 浓度，$C_{\gamma-\alpha}$ 为与铁素体相接触的奥氏体的 C 浓度。$C_{\gamma-C}$ 为与渗碳体相接触的奥氏体的 C 浓度，$C_{C-\gamma}$ 为与奥氏体相接触的渗碳体的 C 浓度。由图 3.4 可见，奥氏体两个相界面之间的 C 浓度不等，$C_{\gamma-C} > C_{\gamma-\alpha}$，因此在奥氏体内存在 C 的浓度差，使 C 从高浓度的奥氏体—渗碳体相界面向低浓度的奥氏体—铁素体相界面扩散。结果破坏了在该温度下相界面的平衡浓度，同时奥氏体内 C 浓度梯度趋于减小。为了维持相界面处 C 浓度的平衡，渗碳体将不断溶入奥氏体中，并使渗碳体—奥氏体相界面处奥氏体的 C 浓度恢复至 $C_{\gamma-C}$，同时，在奥氏体—铁素体相界面处，铁素体将转变为奥氏体，

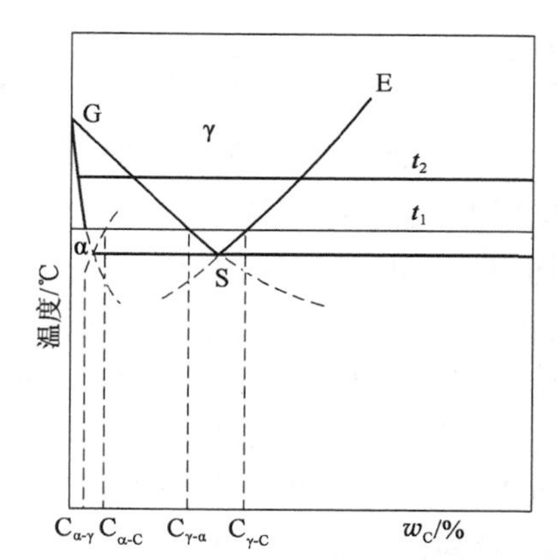

图 3.4 T_1 温度下奥氏体成核时各相的 C 浓度

以使界面处奥氏体的C浓度降低到$C_{\gamma-\alpha}$。这样就使奥氏体的相界同时向渗碳体和铁素体中推移,于是奥氏体晶核不断长大。

在奥氏体中C扩散的同时,铁素体中也存在着C的扩散。扩散的结果,促使铁素体向奥氏体转变,从而促进奥氏体长大。实验研究发现,由于奥氏体的长大速度受碳的扩散控制,并与相界面碳浓度差有关。铁素体与奥氏体相界面碳浓度差($C_{\gamma-\alpha}-C_{\alpha-\gamma}$)远小于渗碳体与奥氏体相界面上的碳浓度差($C_{C-\gamma}-C_{\gamma-C}$)。在平衡条件下,一份渗碳体溶解将促进几份铁素体转变。因此,铁素体向奥氏体的转变速度比渗碳体溶解速度快得多。转变过程中珠光体中总是铁素体首先消失。当铁素体全部转变为奥氏体时,可以认为,奥氏体的长大即完成。但此时仍有部分渗碳体尚未溶解,剩余在奥氏体中。这时奥氏体的平均碳浓度低于共析成分。

3. 剩余渗碳体的溶解

铁素体消失以后,随着保温时间延长或继续升温,剩余在奥氏体中的渗碳体通过碳原子的扩散,不断溶入奥氏体中,使奥氏体的碳浓度逐渐趋于共析成分。一旦渗碳体全部溶解,这一阶段便告结束。

4. 奥氏体成分均匀化

当剩余渗碳体全部溶解时,奥氏体中的碳浓度仍是不均匀的。原来是渗碳体的区域碳浓度较高,继续延长保温时间或继续升温,通过碳原子的扩散,奥氏体碳浓度逐渐趋于均匀化,最后得到均匀的单相奥氏体。至此,奥氏体形成过程全部完成。

亚共析钢和过共析钢的奥氏体形成过程与共析钢基本相同,当加热温度仅超过A_{c1}时,只能使原始组织中的珠光体转变为奥氏体,仍保留一部分先共析铁素体或先共析渗碳体。只有当加热温度超过A_3或A_{cm},并保温足够长的时间,才能获得均匀的单相奥氏体。

3.2 奥氏体形成速度的影响因素

奥氏体的形成是通过形核长大过程进行的,整个过程受原子扩散控制。因此,一切影响扩散、影响形核与长大的因素都影响奥氏体的形成速度,主要有加热温度、加热速度、化学成分和原始组织等因素。研究这些因素,对选择热处理工艺具有重要意义。

3.2.1 加热温度的影响

为了描述珠光体向奥氏体的转变过程,通常将钢试样迅速加热到A_{c1}以上各个不同的温度保温,记录各个温度下珠光体向奥氏体转变开始、铁素体消失、碳体全部溶解和奥氏体成分均匀化所需要的时间,绘制在转变温度和时间坐标图上,便得到钢的奥氏体等温形成图(图3.5)。图中左边第一条曲线表示奥氏体开始形成线;第二条曲线表示奥氏体形成终了线;第三条曲线表示残余渗碳体溶解终了线;第四条曲线表示奥氏体已均匀化。

由图3.5可见,珠光体向奥氏体转变,要在A_1点以上温度才能进行。当共析钢加热到A_1点以上某一温度时,珠光体并不是立即开始向奥氏体转变,而是要经过一段时间才开始转变的,这段时间常称为孕育期。这是由于形成奥氏体晶核需要原子的扩散,而扩散需要一定的时间。加热温度越高,孕育期就越短,转变所需的时间也越短,即奥氏体化的速度越快。这是由两方面原因造成的。一方面,温度越高则奥氏体与珠光体的自由能差越大,转变的推动力越

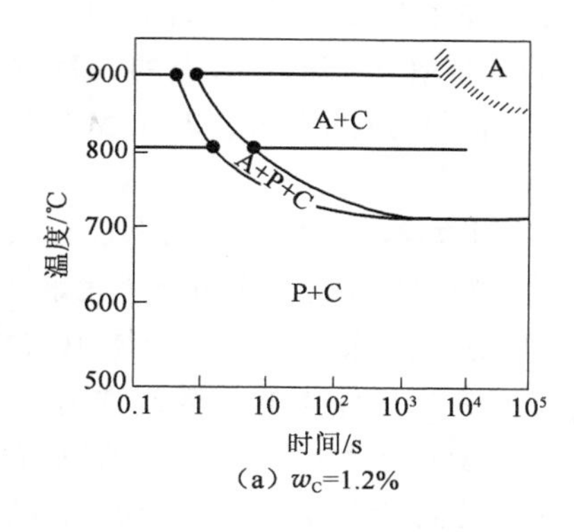

（a）w_C=1.2%

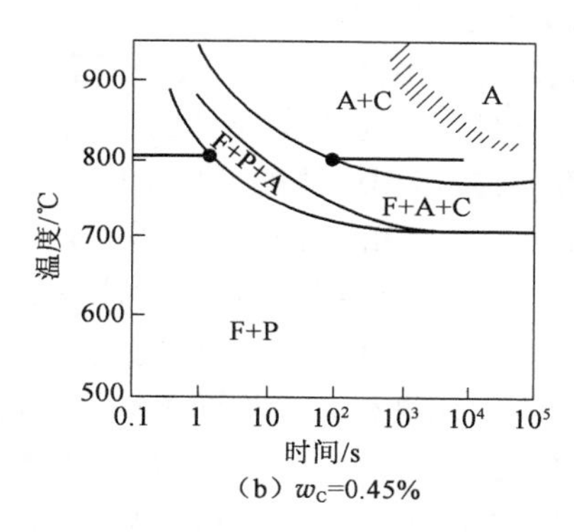

（b）w_C=0.45%

图 3.5　钢的奥氏体等温形成图

大；另一方面，温度越高则原子扩散越快，因而碳的重新分布与铁的晶格改组越快，所以，使奥氏体的形核、长大、残余渗碳体的溶解及奥氏体的均匀化都进行得越快。

3.2.2　加热速度的影响

在连续升温加热时，加热速度对奥氏体化过程有重要影响，加热速度越快，则珠光体的过热度越大，转变的开始温度 A_{c1} 越高，终了温度也越高，但转变的孕育期越短，转变所需的时间也就越短。

3.2.3　化学成分的影响

1. 碳

碳钢中含碳量越高，奥氏体的形成速度越快。这是因为钢中的含碳量越高，原始组织中渗碳体的数量越多，从而增加了铁素体和渗碳体的相界面，使奥氏体的形核率增大。此外，碳的质量分数增加又使碳在奥氏体中的扩散速度增大，从而增大了奥氏体的长大速度。图 3.6表示不同含碳量的钢中珠光体向奥氏体转变到 50% 所需要的时间。从图中看出，转变成 50% 的奥氏体所需的时间随含碳量增加而大大地降低，例如在 740℃ 时，$w_C = 0.46\%$ 时为 7min；在 $w_C = 0.85\%$ 时为 5min，在 $w_C = 1.35\%$ 时则只需 2min 左右。

2. 合金元素

钢中加入合金元素，并不改变奥氏体形成的基本过程，但会显著影响奥氏体的形成速度。合金元素主要从以下几个方面影响奥氏体的形成速度。

(1) 合金元素影响碳在奥氏体中的扩散速度，碳化物形成元素（如 Cr、Mo、W、V、Ti 等）大大减小了碳在奥氏体中的扩散速度，故显著减慢了奥氏体的形成速度。非碳化物形成元素（如 Co、Ni 等）能增大在奥氏体中的扩散速度，因而加快了奥氏体的形成速度。Si、Al、Mn 等元素对碳在奥氏体中的扩散能力影响不大，故对奥氏体的形成速度没有明显影响。

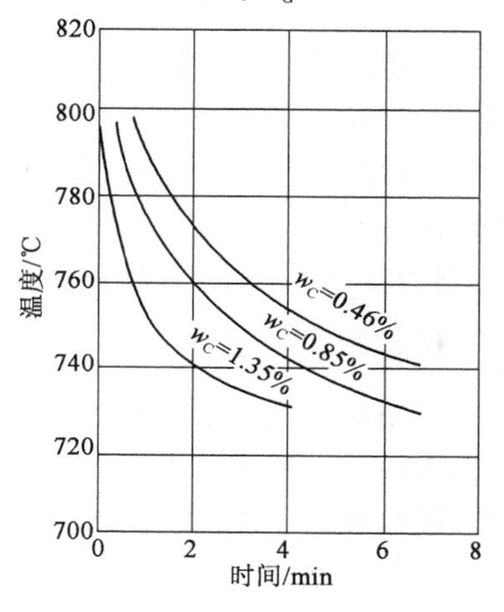

图 3.6　不同含碳量的钢中珠光体向奥氏体转变到 50% 所需要的时间

(2)合金元素会改变钢的平衡临界点,于是就改变了奥氏体转变时的过热度,从而改变了奥氏体与珠光体的自由能差,因此改变了奥氏体的形成速度,降低 A_1 点的元素,如 Ni、Mn、Cu 等,相对增大过热度,将增大奥氏体的形成速度。提高 A_1 点的元素,如 Cr、Mo、W、V、Si 等,相对降低过热度,将减慢奥氏体的形成速度。

(3)合金元素在珠光体中的分布是不均匀的,在平衡组织中,碳化物形成元素集中在碳化物中,而非碳化物形成元素集中在铁素体中。因此,奥氏体形成后碳和合金元素在奥氏体中的分布都是极不均匀的。所以,合金钢的奥氏体均匀化过程,除了碳在奥氏体中的均匀化外,还有合金元素的均匀化过程。在相同条件下,合金元素在奥氏体中的扩散速度远比碳小得多,仅为碳的万分之一到千分之一。因此,合金钢奥氏体化要比碳钢缓慢得多。所以,合金钢热处理时,加热温度要比碳钢高,保温时间也要延长。特别是高合金钢,如 W18Cr4V 高速钢的淬火温度需要提高到 1270~1280℃,约 A_{c1}+(820~840℃)。

3.2.4 原始组织的影响

当钢的化学成分相同时,原始组织越细,相界面的面积越多,形核率越高,加速了奥氏体的形成。原始组织的粗细主要是指珠光体中碳化物的形态、大小和分散程度。例如,成分相同时,细片状珠光体的相界面面积大于粗片状珠光体;片状珠光体的相界面面积大于渗碳体呈颗粒状的粒状珠光体,所以前者的奥氏体形成速度大于后者。

3.3 奥氏体的晶粒度及其影响因素

奥氏体的晶粒大小对钢冷却转变后的组织和性能有着重要的影响,同时也影响工艺性能。例如,细小的奥氏体晶粒淬火所得到的马氏体组织也细小,这不仅可以提高钢的强度与韧性,还可降低淬火变形、开裂倾向。因此,严格控制奥氏体晶粒的大小,是加热过程中的一个重要问题。为了获得所期望的合适的奥氏体晶粒尺寸,必须弄清楚奥氏体晶粒度的概念及影响奥氏体晶粒度的各种因素。

3.3.1 奥氏体的晶粒度

晶粒度是表示晶粒大小的一种尺度。它由单位面积内所包含晶粒个数来度量,也可用直接测量晶粒平均直径大小来表示,单位为毫米或微米。晶粒度级别越高,表明单位面积中包含晶粒个数越多,即晶粒越细。生产上通常根据 GB/T 6394—2017《金属平均晶粒度测定方法》,用比较法来确定奥氏体晶粒的级别(图 3.7)。通常根据奥氏体的形成过程及晶粒长大倾向,奥氏体的晶粒度可以用起始晶粒度、实际晶粒度和本质晶粒度等描述。

1. 起始晶粒度

起始晶粒度是指把钢加热到临界温度以上,奥氏体转变刚刚完成,其边界刚刚相互接触时的奥氏体晶粒大小。奥氏体起始晶粒的大小,取决于奥体的成核速度和长大速度。一般说来,增大成核速度或降低长大速度是获得细小奥氏体晶粒的重要途径。一般情况下,起始晶粒总是十分细小均匀的,若温度提高或保温时延长,晶粒便会长大。

2. 实际晶粒度

实际晶粒度是指钢在某一具体的热处理或热加工条件下实际获得的奥氏体晶粒大小,它

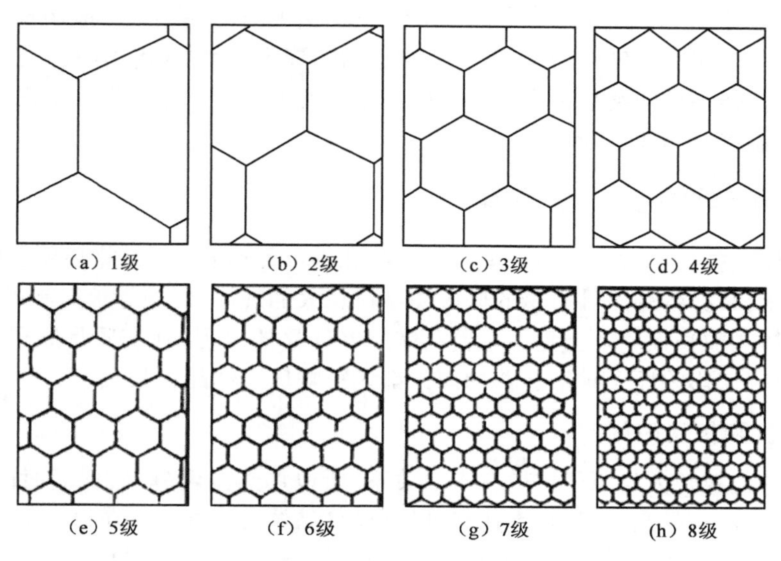

图 3.7　标准晶粒度等级示意图

取决于具体的加热温度和保温时间。实际晶粒度一般总比起始晶粒度大。奥氏体的实际晶粒度的大小直接影响钢件热处理后的性能。细小的奥氏体晶粒可使钢在冷却后获得细小的室温组织,从而具有优良的综合力学性能。必须注意,这种奥氏体实际晶粒度的大小常被相变后的组织所掩盖,只有通过特殊腐蚀剂才能显出来。

3. 本质晶粒度

本质晶粒度是表示在规定的加热条件下奥氏体晶粒长大的倾向。根据标准试验方法(YB 27—1964),把钢加热到(930 ±10)℃,保温 3 ~8h,在室温下放大 100 倍显微镜观察其晶粒大小,1 ~4 级为本质粗晶粒钢,5 ~8 级为本质细晶粒钢。

不同成分的钢,在相同的加热条件下,随温度升高,奥氏体晶粒长大的倾向不同(图 3.8)。有些钢在加热到临界温度以上,在 930℃以下,随温度继续升高奥氏体晶粒便迅速长大,这类钢称为"本质粗晶粒钢"。若钢在 930℃以下加热时,奥氏体晶粒长大很缓慢,一直保持细小晶粒,这种钢称为"本质细晶粒钢"。必须注意,本质细晶粒钢不是在任何温度下始终是细晶粒的。若加热温度超过 930℃,奥氏体晶粒可能会迅速长大,晶粒尺寸甚至超过本质粗晶粒钢。

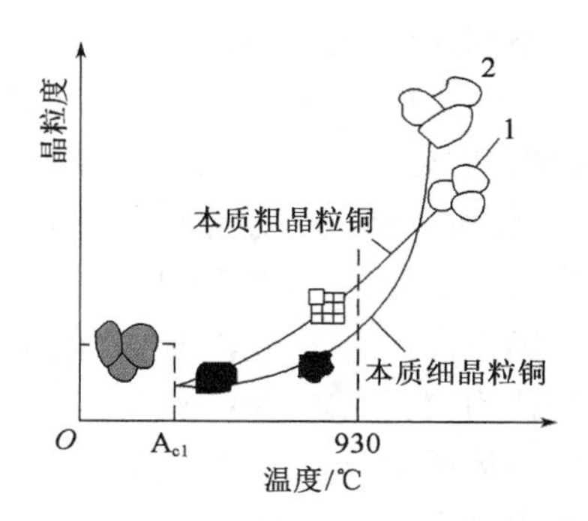

图 3.8　奥氏体长大倾向示意图

本质晶粒度是钢的工艺性能之一,对于确定钢的加热工艺有重要的参考价值。本质细晶粒钢淬火加热温度范围较宽,生产上易于操作。这种钢在 930℃高温下渗碳后直接淬火,而不致引起奥氏体晶粒粗化。而本质粗晶粒钢则必须严格控制加热温度,以免引起奥氏体晶粒粗化。

钢的本质晶粒度取决于成分和冶炼条件。一般来说,用 Al 脱氢的钢是本质细晶粒钢,用 Si、Mn 脱氧的钢则为本质粗晶粒钢。含有 Ti、Zr、V、Nb、Mo、W 等合金元元素的也是本质细晶粒钢。这是因为 Al、Ti、Zr 等元素在钢中会形成分布在晶界上的超细弥散的化合物颗粒,如

AlN、Al_2O_3、TiC、ZrC 等,它们稳定性很高,不容易聚集,也不容易溶解,能阻碍晶粒长大。但是,当温度超过晶粒粗化温度以后,由于这些化合物的聚集长大,或者溶解消失,失去阻碍晶界迁移的作用,奥氏体晶粒便突然长大。在本质粗晶粒钢中不存在这些化合物微粒,晶粒长大不受阻碍,从而随温度升高而逐渐粗化。

3.3.2 影响奥氏体晶粒长大的因素

由于奥氏体晶粒大小对钢件热处理后的组织和性能影响极大,因此必须了解影响奥氏体晶粒长大的因素,掌握各种条件下钢的奥氏体晶粒长大的规律,以便寻求控制奥氏体晶粒大小的方法。奥氏体晶粒长大基本上是一个奥氏体晶界迁移的过程,其实质是原子在晶界附近的扩散过程,所以一切影响原子扩散迁移的因素都能影响奥氏体晶粒长大。

1. 加热温度和保温时间

由于奥氏体晶粒长大与原子扩散有密切关系,所以加热温度越高,保温时间越长,奥氏体晶粒越粗大,加热温度越高,晶粒长大速度越快,最终晶粒尺寸越大。在每一个加热温度下,都有一个加速长大期,当奥氏体晶粒长大到一定尺寸后,再延长时间,晶粒将不再长大而趋于一个稳定尺寸。相比而言,加热温度对奥氏体晶粒长大起主要作用,因此,生产上必须严格控制加热温度,以避免奥氏体晶粒粗化。

2. 加热速度

当加热温度一定时,加热速度越快,奥氏体转变时的过热度越大,奥氏体的实际形成温度越高,形核率的增长速度大于长大速度的增长,奥氏体起始晶粒越细小。在高温下短时保温,奥氏体来不及长大,因此可获得细晶粒组织。但是,如果在高温下长时间保温,晶粒则很容易长大。因此,实际生产中常用快速加热、短时保温的方法获得细小的晶粒。

3. 钢的化学成分

不同含碳量的钢晶粒长大倾向是不一样的。在一定范围内,含碳量越高的钢,晶粒越容易长大。这是由于钢的含碳量增加,奥氏体的形核率也增加,起始晶粒度越细小。由于晶界总面积的增加,能量升高,奥氏体晶粒长大倾向也越大,但当含碳量超过该温度下奥氏体的饱和浓度时,将有未溶的残余渗碳体保存下来,它们分布在奥氏体晶界上,对晶界的迁移起着机械阻碍作用,从而限制了奥氏体晶粒的长大,使奥氏体晶粒长大倾向减小。

钢中加入合金元素,明显地影响扩散速度,因此对奥氏体晶粒长大也会产生很大的影响,一般认为,Ti、V、Zr、Nb、W、Mo 等元素与碳作用将形成高熔点的稳定碳化物,而 Al 则形成不溶于奥氏体的氧化物或氮化物,这些难熔化合物对奥氏体晶界的迁移具有强烈的机械阻碍作用,从而限制了奥氏体晶粒的长大。用 Al 脱氧的本质细晶粒钢之所以晶粒长大倾向较小,其原因就在于此。当加热温度超过(930 ± 10)℃之后,随着温度升高,Al 的化合物逐渐溶解,因此,奥氏体晶粒便急剧长大。Mn、P、C、N 元素进入奥氏体后,削弱了铁原子结合力,加速铁原子扩散,因而促进奥氏体晶粒的长大。

4. 原始组织

当成分一定时,原始组织越细,碳化物弥散度越大,则奥氏体晶粒越细小。与粗珠光体相比,细珠光体总是易于获得细小而均匀的奥氏体晶粒度。这是由于珠光体片间距较小时,相界面积就大,形核率增加,同时,珠光体片间距越小,越有利于碳的扩散,因此,奥氏体的起始晶粒越细小。在相同的加热条件下，和球状珠光体相比，片状珠光体在加热时奥氏体晶粒易于粗化，因为片状碳化物表面积大，溶解快，奥氏体形成速度也快，奥氏体形成后较早地进入晶粒长大阶段。

对于原始组织为非平衡组织的钢，如果采用快速加热、短时保温的工艺方法，或者多次快速加热－冷却的方法，便可获得非常细小的奥氏体晶粒。

思 考 题

1. 什么是奥氏体？简要叙述奥氏体的空间结构和主要性能。
2. 以共析钢为例，简要回答奥氏体的形成过程。
3. 名词解释：起始晶粒度、实际晶粒度、本质晶粒度。
4. 简述影响奥氏体晶粒长大的因素。
5. 相同含碳量的合金钢和碳素钢热处理的加热温度和保温时间有什么不同？为什么？

第4章 珠光体转变

珠光体转变是过冷奥氏体在临界温度 A_1 以下比较高的温度范围内进行的转变,共析碳钢在 A_1 ~550℃之间发生,又称为高温转变。珠光体转变是单相奥氏体分解为铁素体和渗碳体两个新相的机械混合物的相变过程,因此珠光体转变必然发生碳的重新分布和铁的晶格改组,由于相变在较高的温度下进行,铁、碳原子都能进行扩散,所以珠光体转变是典型的扩散型相变。

4.1 珠光体的组织形态

珠光体是过冷奥氏体在 A_1 以下的共析转变产物,是铁素体和渗碳体两相组成的机械混合物,通常根据渗碳体的形态不同,把珠光体分为片状珠光体、粒状珠光体两种。

4.1.1 片状珠光体

片状珠光体中渗碳体呈片状,它是由片层相间的铁素体和渗碳体紧密堆叠而成。若干具有相同位向的铁素体和渗碳体组成的一个晶体群,称为珠光体团(也称珠光体群或珠光体晶粒),在一个原奥氏体晶粒内可以形成若干位向不同的珠光体团。

珠光体组织的粗细程度(分散度或弥散度)是随转变温度而不同,这可以用珠光体的片间距(S_0)来表示。片间距是指相邻两片渗碳体或铁素体中心之间的距离。

S_0的大小主要取决于珠光体形成时的过冷度,也就是说它与珠光体的形成温度有关,可用下面的经验公式表示:

$$S_0 = \frac{C}{\Delta T} \tag{4.1}$$

式中:$C = 8.02 \times 10^4 \text{Å} \cdot \text{K}$;$\Delta T$ 为过冷度,过冷度越大,珠光体的形成温度越低,片间距越小。

除此之外,钢中含碳量及合金元素等对片间距也有一定的影响。在亚共析钢中,碳含量的降低会引起片间距的增大,但在过共析钢中,珠光体的片间距却稍小于共析钢。合金元素对片间距也有不同程度的影响,例如 Co、Cr 等,尤其是 Cr,能显著减小珠光体的片间距,而 Ni、Mn 和 Mo 则使片间距增大。这可能和它们对过冷度以及碳的扩散速度等的不同有关。

实验证明,奥氏体的晶粒度以及均匀化程度,基本上不影响珠光体的片间距。

根据珠光体片间距的大小,通常把珠光体分为普通珠光体(P)、索氏体(S)和屈氏体(T)。普通珠光体是指在光学显微镜下能清晰分辨出铁素体和渗碳体层片状组织形态的珠光体,它的片间距 S_0为 450 ~150nm,形成于 A_1 ~650℃温度范围内。索氏体是在 600℃范围内形成的球光体,其片间距较小,为 150 ~80nm,只有在高倍的光学显微镜下(放大倍数为 800 ~1500 倍时)才能分辨出铁素体和渗碳体的片层形态。屈氏体是在 600 ~550℃范围内形成的珠光体,其片间距极细,为 80 ~30nm,在光学显微镜下根本无法分辨其层片状特征,只有在电子显微镜下才能分辨出铁素体和渗碳体的片层形态。上述三种片状珠光体的组织形态如图 4.1所示。

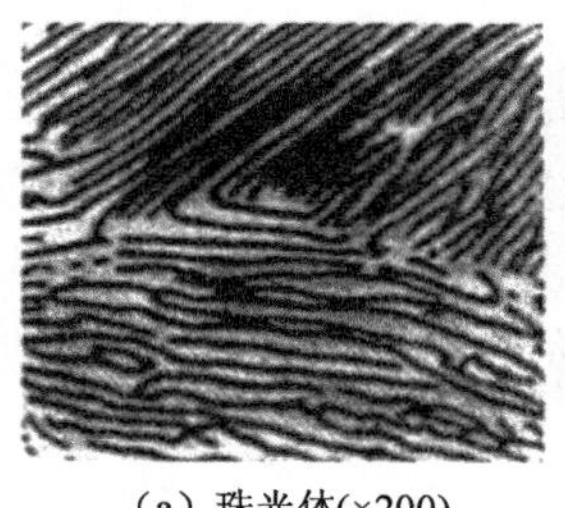
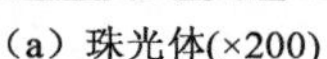
(a) 珠光体(×200)

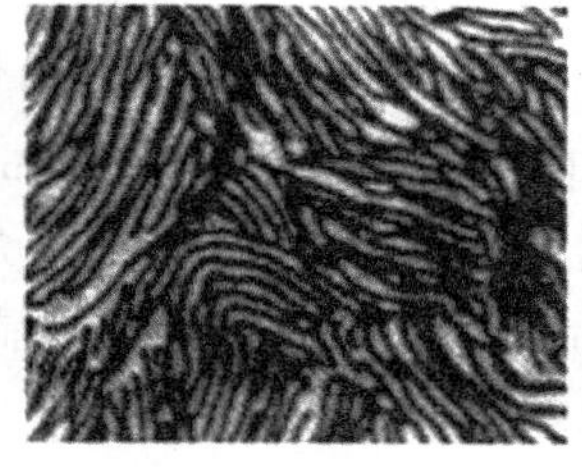
(b) 索氏体(×2500)

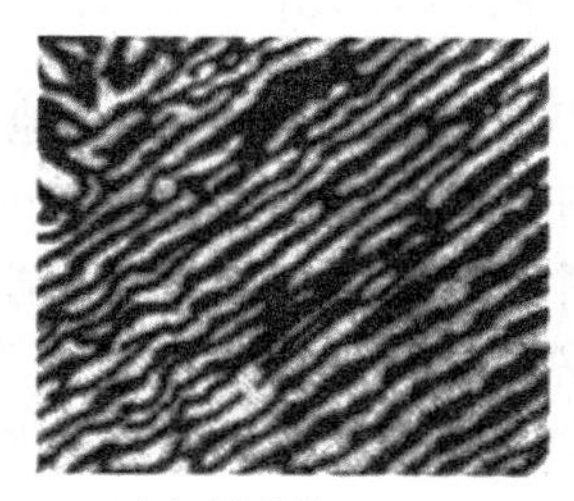
(c) 屈氏体(×15000)

图 4.1　珠光体型组织

无论普通珠光体、索氏体还是屈氏体都属于珠光体类型的组织,它们的本质是相同的,是铁素体和渗碳体组成的片层相间的机械混合物,它们的界限也是相同的,它们之间的差别只是片间距不同而已,只是由于层片的大小不同,也就决定了它们的力学性能各异。

4.1.2　粒状珠光体

粒状珠光体是渗碳体呈粒状、均匀地分布在铁素体基体上。它同样是铁素体与渗碳体的机械混合物,铁素体呈连续分布,如图 4.2 所示。它一般是经过球化退火得到,或淬火后经中、高温回火得到的。

按渗碳体颗粒的大小,粒状珠光体可以分为粗粒状珠光体、粒状珠光体、细粒状珠光体和点状珠光体。

图 4.2　粒状珠光体组织

4.2　珠光体转变的热力学条件及转变机制

4.2.1　珠光体形成的热力学条件

珠光体相变的驱动力同样来自新旧两相的体积自由能之差,相变的热力学条件是“要在一定的过冷度下相变才能进行”。

奥氏体过冷到 A_1 以下,将发生珠光体转变。发生这种转变,需要一定的过冷度,以提供相变时消耗的化学自由能。由于珠光体转变温度较高,Fe 和 C 两种原子都能扩散较大距离,珠光体又是在位错等微观缺陷较多的晶界成核,相变需要的自由能较小,所以在较小的过冷度下就可以发生相变。

4.2.2 片状珠光体的形成过程

片状珠光体的形成,同其他相变一样,也是通过形核和长大两个基本过程进行的。

由于珠光体是由两个相组成,因此成核存在领先相的问题,晶核究竟是铁素体还是渗碳体?这个问题争论很久,现已基本清楚,两个相都有可能成为领先相。如果奥氏体很均匀,渗碳体或铁素体的核心大多在奥氏体晶界上形成。这是由于晶界上的缺陷多,能量高,原子易于扩散,有利于产生成分、能量和结构起伏,易于满足形核条件。

早期片状珠光体形成机制认为,首先在奥氏体晶界上形成渗碳体核心,核刚形成时可能与奥氏体保持共格关系,为减小形核时的应变能而呈片状,渗碳体晶核就造成了其周围奥氏体的碳浓度显著降低,形成贫碳区,为铁素体的形核创造了有利条件。当贫碳区的碳浓度降低到相当于铁素体的平衡浓度时,就在渗碳体片的两侧形成两小片铁素体。铁素体形成以后随渗碳体一起向前长,同时也横向长大。铁素体横向长大时,必然使其外侧形成奥氏体的富碳区,这就促进了另一片渗碳体的形成,出现了新的渗碳体片。如此连续进行下去,就形成了许多铁素体—渗碳体相间的片层,如图 4.3 所示。珠光体的横向长大,主要是靠铁素体和渗碳体片不断增多实现的。这时在晶界的其他部分有可能产生新的晶核(渗碳体小片),当奥氏体中已经形成了片层相间的铁素体与渗碳体的集团,继续长大时,在长大着的珠光体与奥氏体的相界上,也有可能产生新的具有另一长大方向的渗碳体晶核,这时在原始奥氏体中,各种不同取向的珠光体不断长大,而在奥氏体晶界上和珠光体—奥氏体相界上,又不断产生新的晶核,并不断长大,直到长大着的各个珠光体晶群相碰,奥氏体全部转变为珠光体时,珠光体转变结束,得到片状珠光体组织。

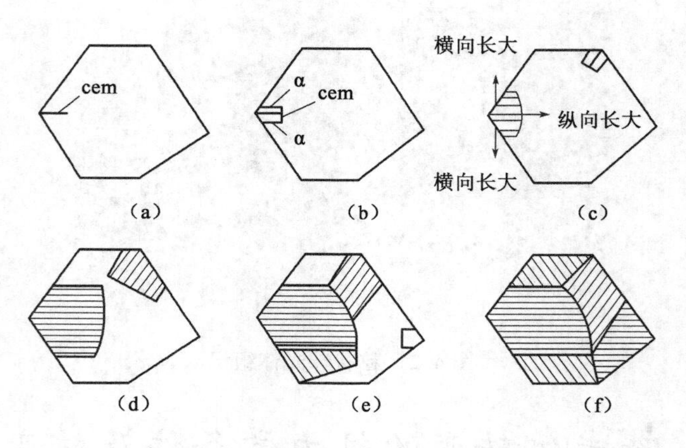

图 4.3 珠光体形成过程示意图

由上述珠光体形成过程可知,珠光体形成时,纵向长大是渗碳体片和铁素体片同时连续向奥氏体中延伸;而横向长大是渗碳体片与铁素体片交替堆叠增多。

实验表明,珠光体形成时,成片形成机制并不是唯一的普遍规律。仔细观察珠光体组织形态后发现,珠光体中的渗碳体,有些以产生树杈的形式长大。渗碳体形核后,在向前长大过程中,不断形成分枝,而铁素体则协调在渗碳体分枝之间不断地形成。这样就形成了渗碳体与铁素体机械混合的片状珠光体。这种珠光体形成的分枝机制可解释珠光体转变中的一些反常现象。

4.2.3 粒状珠光体形成过程

一般情况下奥氏体向珠光体转变总是形成片状,但是在特定的奥氏体化和冷却条件下,也有可能形成粒状珠光体。特定条件是指奥氏体化温度低,保温时间较短,即加热转变未充分进行,此时奥氏体中有许多未溶解的残留碳化物或许多微小的高浓度碳的富集区,其次转变为珠光体的等温温度要高,等温时间要足够长,或冷却速度极慢,这样可能使渗碳体成为颗粒(球)状,即获得粒状珠光体。

粒状珠光体的形成与片状珠光体的形成情况基本相同,也是一个形核及长大的过程,不过这时的晶核主要来源于非自发晶核。在共析钢和过共析钢中,粒状珠光体的形成是以未溶的渗碳体质点作为相变的晶核,它按球状的形式长大,在铁素体基体上均匀分布粒状渗碳体。

粒状球光体中的粒状渗碳体,通常是通过渗碳体球状化获得的。根据胶态平衡理论,第二相颗粒的溶解度与其曲率半径有关。靠近非球状渗碳体的尖角处(曲率半径小的部分)的固溶体具有较高的碳浓度,面靠近平面处(曲率半径大的部分)的固溶体具有较低的碳浓度,这就引起了碳的扩散,因而打破了碳浓度的胶态平衡,结果导致尖角处的渗碳体溶解,而在平面处析出渗碳体(为了保持碳浓度的平衡)。如此不断进行,最终形成各处曲率半径相近的球状渗碳体。

4.3 珠光体的力学性能特点

4.3.1 片状珠光体的力学性能

片状珠光体的力学性能主要取于片间距和珠光体团的直径。珠光体的片间距和珠光体团的直径对强度和塑性的影响如图 4.4 和图 4.5 所示。由图可以看出,珠光体团的直径和片间距越小,钢的强度和硬度越高。珠光体团的直径和片间距越小,相界面越大,对位错运动也就

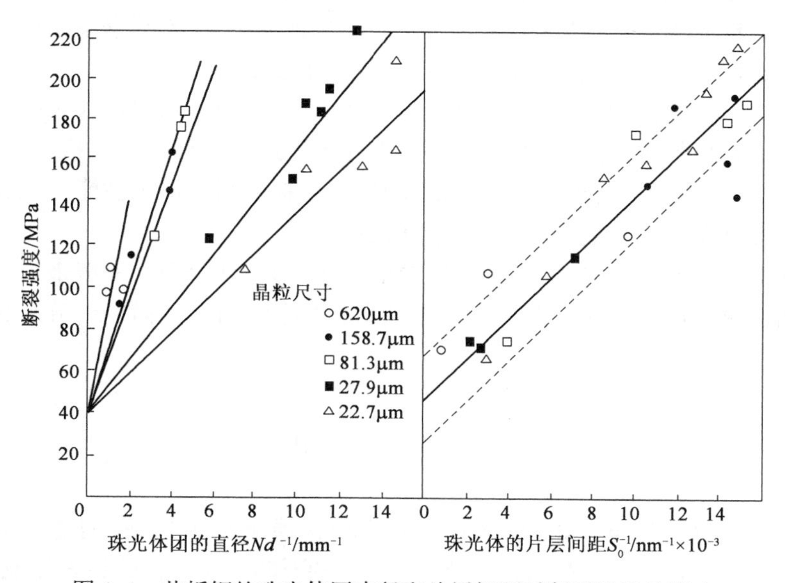

图 4.4 共析钢的珠光体团直径和片层间距对断裂强度的影响

越大(即对塑性变形的抗力越大),因而钢的强度与硬度都增高,当片间距小于150nm时,片间距减小,钢的塑性显著增加,其原因主要是由于渗碳体片很薄时,在外力作用下可以滑移产生塑性变形,也可以产生弯曲,此外,片间距较小时,珠光体中的层片状渗碳体是不连续的,层片状的铁素体并未完全被渗碳体所隔离,因此使塑性提高。

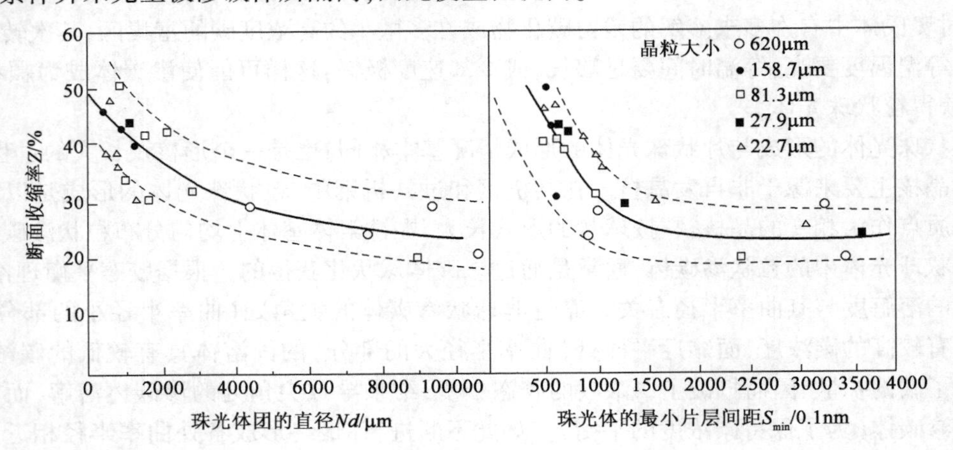

图4.5 共析碳钢珠光体团的直径和片层间距对断面收缩率的影响

值得注意的是,如果钢中的珠光体是在连续冷却过程中形成时,转变产物的片间距大小不等,高温形成的珠光体片间距大,低温形成的珠光体片间距较小,这种片间距不等的珠光体在外力作用下,将引起不均匀的塑性变形,并导致应力集中,从而使钢的强度和塑性都降低。所以,为了获得片间距离均匀一致、强度高的珠光体,应采用等温处理。

4.3.2 粒状珠光体的力学性能

与片状珠光体相比,在成分相同的情况下,粒状珠光体的强度、硬度稍低,但塑性较好。粒状珠光体硬度、强度稍低的原因是,铁素体与渗碳体的相界面较片状珠光体的少,对位错运动的阻力较小,粒状珠光体的塑性较好,是因为铁素体呈连续分布,渗碳体颗粒均匀地分布在铁素体基体上,位错可以在较大范围内移动,因此,塑性变形量较大。

粒状珠光体的可切削性好,对刀具磨损小,冷挤压成型性好,加热淬火时的变形、开裂倾向小。因此,高碳钢在机加工和热处理前,常要求先经球化退火处理得到粒状珠光体。而中低碳钢机械加工前,则需正火处理,得到更多的伪珠光体,以提高切削加工性能。低碳钢,在深冲等冷加工前,为了提高塑性变形能力,常需进行球化退火。

粒状珠光体的性能主要取决于渗碳体颗粒的大小、形态和分布。一般来说,当钢的化学成分一定时,渗碳体颗粒越细小,钢的强度、硬度越高;渗碳体越接近等轴状,分布越均匀,钢的塑韧性越好。

4.4 魏氏组织

在实际生产中,含碳量小于0.6%的亚共析钢和含碳量大于1.2%的过共析钢在铸造、热轧、锻造后的空冷,焊缝或热影区空冷,或者高温较快冷却时,先共析的铁素体或者先共析的渗碳体便沿着奥氏体的一定晶面呈针片状析出,由晶界插入晶粒内部。在金相显微镜下可以观察到从奥氏体晶界生长出来的近于平行的或其他规则排列的针状铁素体或渗碳体以及其间存在的珠光体组织，这种组织称为魏氏组组，如图 4.6 所示。前者称为铁素体魏氏组织[图 4.6(a)]，后者称为渗碳体魏氏组织[图 4.6(b)]。

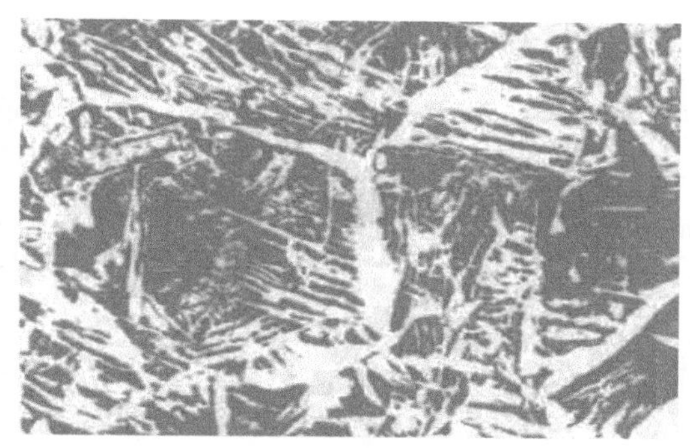

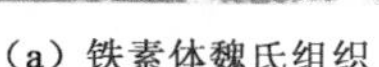
(a) 铁素体魏氏组织

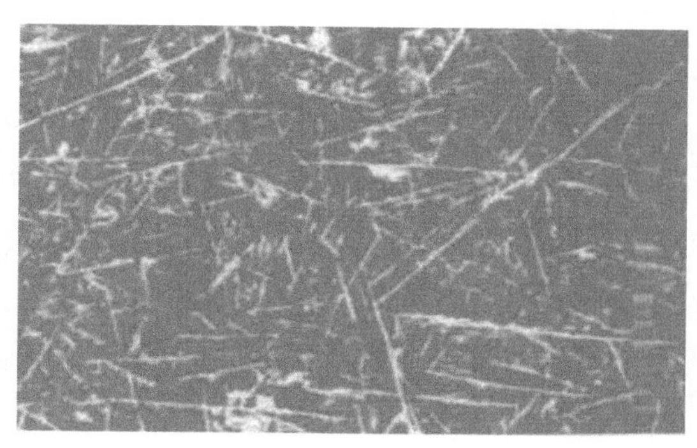

(b) 渗碳体魏氏组织

图 4.6　铁素体魏氏组织和渗碳体魏氏组织

魏氏组织中铁素体是按切变机制形成的，与贝氏体中铁素体形成机制相似，在试样表面上也会出现浮凸现象，由于铁素体是在较快冷却速度下形成的，因此铁素体只能沿奥氏体某一特定晶面(惯习面$\{111\}_A$)析出，并与母相氏体存在晶体学位向关系(KS 关系)。这种针状铁素体可以从奥氏体中直接析出，也可以沿奥氏体晶界首先析出网状铁素体，然后再从网状铁素体平行地向晶内长大，当魏氏组织中的铁素体形成时，铁素体中的碳扩散到两侧母相奥氏体中，从而使铁素体针之间的奥氏体碳含量不断增加，最终转变为珠光体。按贝氏体转变机制形成的魏氏组织，其铁素体实际就是无碳贝氏体。

魏氏组织的形成与钢中含碳量、奥氏体晶粒大小及冷却速度有关，只有在较快的冷速和一定碳含量范围内才能形成魏氏组织。对细晶粒奥氏体来说，只有含 0.15% ~0.35% C 的钢在较快的冷速下(大于 150℃/s)才能形成魏氏铁素体，并随冷速增大，使该形成区向碳含量低的方向移动；对粗晶粒奥氏体来说，在相当小的冷速下就会形成魏氏铁素体，同时该形成区向碳含量高的方向扩展。可见，奥氏体晶粒越粗大，越容易形成魏氏组织，形成魏氏组织的含碳量范围变宽。因此魏氏组织通常伴随奥氏体粗晶组织出现。

魏氏组织是钢的一种过热缺陷组织，它使钢的力学性能，特别是冲击韧度和塑性有显著降低，并提高钢的韧脆转变温度，因而使钢容易发生脆性断裂。所以比较重要的工件都要对魏氏组织进行金相检验和评级。

但是，一些研究指出，只有当奥氏体晶粒粗化，出现粗大的铁素体或渗碳体魏氏组织并严重切割基体时，才使钢的强度和冲击韧度降低。而当奥氏体晶粒比较细小时，即使存在少量针状的铁素体魏氏组织，并不显著影响钢的力学性能。这是由于魏氏组织中的铁素体有较细的亚结构、较高的位错密度所致。因此所说的魏氏组织降低钢的力学性能总是和奥氏体粗化联系在一起的。

当钢或铸钢中出现魏氏组织降低其力学性能时，首先应当考虑是否由于加热温度过高，使奥氏体晶粒粗化造成的。对易出现魏氏组织的钢材可以通过控制轧制、降低终锻温度、控制锻(轧)后的冷却速度或者改变热处理工艺，例如通过细化晶粒的调质、正火、退火、等温淬火等工艺来防止或消除魏氏组织。

思 考 题

1. 名词解释:珠光体、索氏体、屈氏体、魏氏组织。

2. 以共析钢为例,试述片状珠光体的转变机制,并用铁碳相图说明片状珠光体形成时碳的扩散行为。

3. 魏氏组织是如何形成的?其结构与性能特点是什么?

第5章　马氏体转变

钢从奥氏体状态快速冷却，抑制其扩散性分解，在较低温度下（低于M_s点）发生的转变为马氏体转变。马氏体转变属于低温转变，转变产物为马氏体组织。钢中马氏体是碳在α-Fe中的过饱和固溶体，具有很高的强度和硬度，马氏体转变是钢件热处理强化的主要手段。由于马氏体转变发生在较低温度下，此时，铁原子和碳原子都不能进行扩散，马氏体转变过程中的Fe的晶格改组是通过切变方式完成的。因此马氏体转变是典型的非扩散型相变。

5.1　马氏体的组织形态

研究表明，马氏体的组织形态有多种多样，其中板条马氏体和片状马氏体最为常见。

5.1.1　板条马氏体

板条马氏体是低、中碳钢及马氏体时效钢、不锈钢等铁基合金中形成的一种典型马氏体组织。图5.1是低碳钢中的板条马氏体组织，是由许多成群的、相互平行排列的板条所组成。

板条马氏体的空间形态是扁条状的。每个板条为一个单晶体，一个板条的尺寸约为0.5μm×5μm×20μm，它们之间一般以小角晶界相间。相邻的板条之间往往存在厚度均为10～20nm的薄壳状的残余奥氏体，残余奥氏体的含碳量较高，也很稳定，它们的存在对钢的力学性能产生有益的影响。许多相互平行的板条组成一个板条束，一个奥氏体晶粒内可以有几个板条束（通常3～5个）。采用选择性浸蚀时在一个板条束内有时可以观察到若干个黑白相间的板条块，块间呈大角晶界，每个板条块由若干板条组成。图5.2为板条马氏体显微组织结构的示意图。

图5.1　含碳量为0.2%的钢的板条马氏体组织

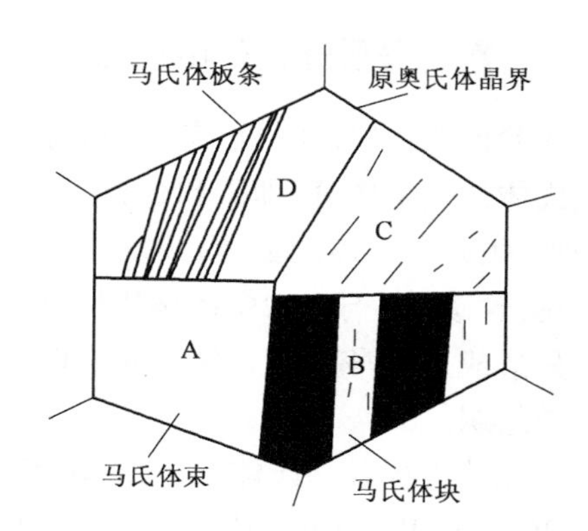

图5.2　板条状马氏体组织构成示意图

板条马氏体的亚结构主要为高密度的位错，位错密度高达$(0.3\sim0.9)\times10^{12}cm^{-2}$，故又称为位错马氏体。这些位错分布不均，相互缠结，形成胞状亚结构，称为位错胞。

5.1.2 片状马氏体

片状马氏体是中、高碳钢及 $w_{Ni}>29\%$ 的 Fe、Ni 合金中形成的一种典型马氏体组织。高碳钢中典型片状马氏体组织如图 5.3 所示。

片状马氏体的空间形态呈双凸透镜状,由于与试样磨面相截,在光学显微镜下则呈针状或竹叶状,故又称为针状马氏体。如果试样磨面恰好与马氏体片平行相切,也可以看到马氏体的片状形态。马氏体片之间互不平行,呈一定角度分布。在原奥氏体晶粒中首先形成的马氏体片贯穿整个晶粒,但一般不穿过晶界,将奥氏体晶粒分割,以后陆续形成的马氏体片由于受到限制而越来越小,如图 5.4 所示。马氏体片的周围往往存在着残余奥氏体。片状马氏体的最大尺寸取决于原始奥氏体晶粒大小,奥氏体晶粒越粗大,则马氏体片越大,当最大尺寸的马氏体片小到光学显微镜无法分辨时,便称为隐晶马氏体,在生产中正常淬火得到的马氏体一般都是隐晶马氏体。

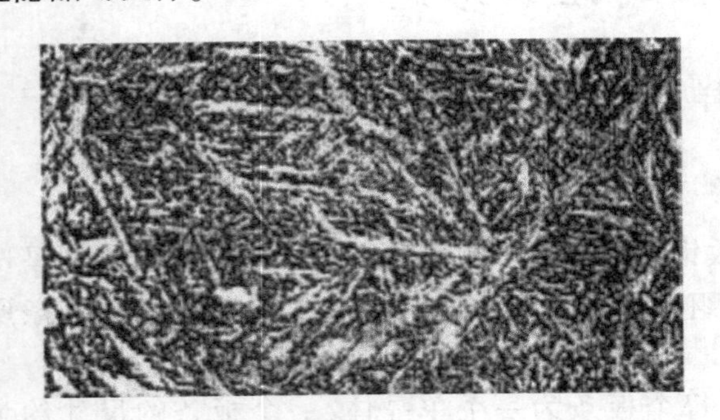

图 5.3 高碳的片状马氏体组织(×500)

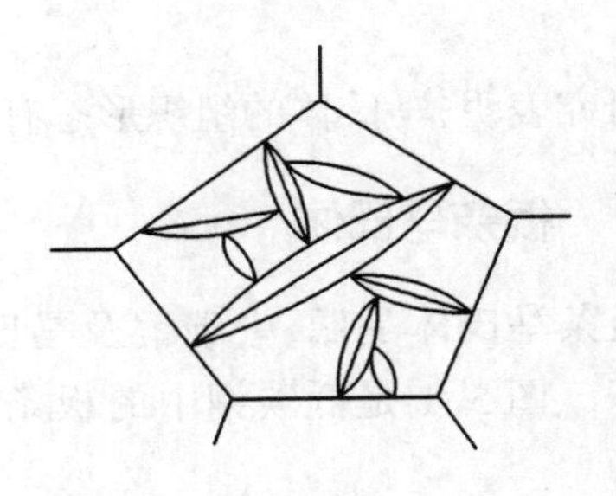

图 5.4 片状马氏体显微组织示意图

片状马氏体内部的亚结构主要是孪晶。孪晶间距约为 5~10nm,因此片状马氏体又称为孪晶马氏体,但孪晶仅存在于马氏体片的中部,在片的边缘则为复杂的位错网络。片状马氏体的另一重大特点,就是存在大量显微裂纹,这些显微裂纹是由于马氏体高速形成时互相撞击,或马氏体与晶界撞击造成的。马氏体片越大,显微裂纹就越多。显微裂纹的存在增加了高碳钢的脆性。

5.1.3 影响马氏体形态的因素

实验证明,马氏体的形态主要取决于马氏体的形成温度,而马氏体的形成温度又主要取决于奥氏体的化学成分,即碳和合金元素的含量,其中碳的影响最大。对碳钢来说,随着含碳量的增加,板条马氏体的数量相对增加,奥氏体的含碳量对马氏体形态的影响如图 5.5 所示。由图可见,含碳量小于 0.2% 的奥氏体几乎全部形成板条马氏体,而含碳量大于 1.0% 的奥氏体几乎只形成片状马氏体。含碳量为 0.2% ~1.0% 的奥氏体则形成板条马氏体和片状马氏体的混合组织。

一般认为板条马氏体大多在 200℃以上形成,片状马氏体主要在 200℃以下形成。含碳量为 0.2% ~1.0% 的奥氏体在马氏体区较高温度先形成板条马氏体,然后在较低温度形成片状马氏体。碳浓度越高,则板条马氏体的数量越少,而片状马氏体的数量越多。

溶入奥氏体中的合金元素除 Co、Al 外,大多数都使 M_s 点下降,因而都促进片状马氏体的形成。Co 虽然提高 M_s 点,但也促进片状马氏体的形成。

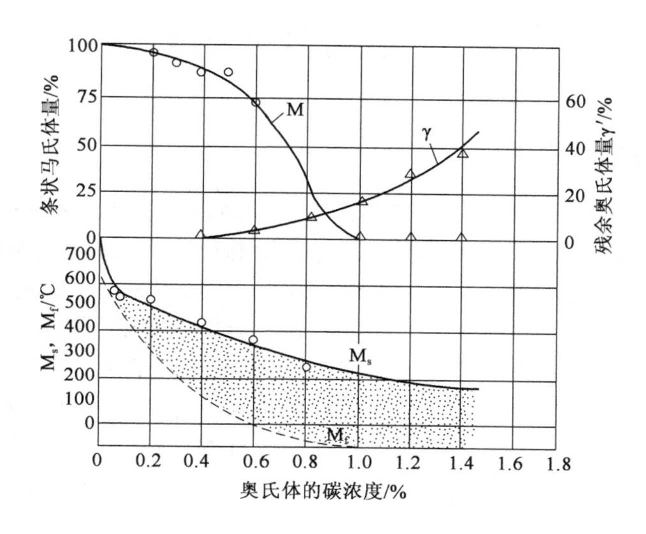

图 5.5 奥氏体的含碳量对马氏体形态的影响

如果在 M_s 点以上不太高的温度下进行塑性变形，将会显著增加板条马氏体的数量。

5.1.4 马氏体的晶体结构

根据 X 射线结构分析，奥氏体转变为马氏体时，只有晶格改组而没有成分变化，在钢的奥氏体中固溶的碳全部被保留到马氏体晶格中，形成了碳在 α－Fe 中的过饱和固溶体。碳分布在 α－Fe 体心立方晶格的 c 轴上，引起 c 轴伸长，a 轴缩短，使 α－Fe 体心立方晶格发生正方畸变。因此，马氏体具有体心正方结构，如图 5.6 所示。轴比 c/a 称为马氏体的正方度。随含碳量增加，晶格常数 c 增加，a 略有减小，马氏体的正方度则不断增大。c、a 和 c/a 与钢中的含碳量呈线性关系，如图 5.7 所示。合金元素对马氏体的正方度影响不大。由于马氏体的正方度取决于马氏体的含碳量，故马氏体的正方度可用来表示马氏体中碳的过饱和程度。

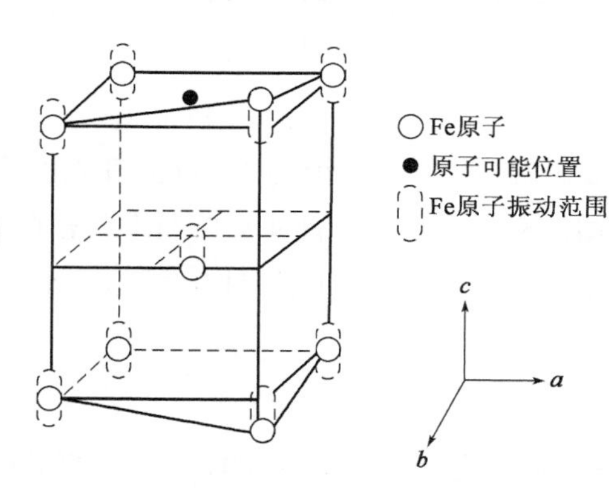

图 5.6 马氏体的体心正方晶格示意图

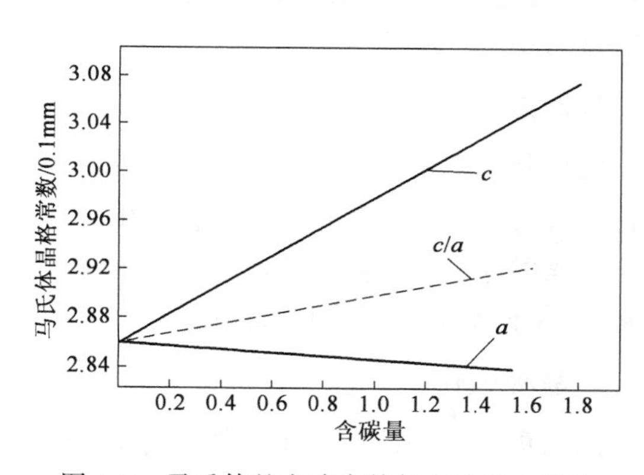

图 5.7 马氏体的点阵常数与含碳量的关系

一般来说，含碳量低于 0.25% 的板条马氏体的正方度很小，$c/a \approx 1$，为体心立方晶格。

5.2 马氏体的性能

5.2.1 马氏体的硬度和强度

钢中马氏体力学性能的显著特点是具有高硬度和高强度。马氏体的硬度主要取决于马氏体的含碳量。如图5.8所示，马氏体的硬度随含碳量的增加而升高，当含碳量达到0.6%时，淬火钢硬度达到最大值，含碳量进一步增加，虽然马氏体的硬度会有所提高，但由于残余奥氏体数量增加，反而使钢的硬度有所下降。合金元素对马氏体的硬度影响不大，但可以提高其强度。

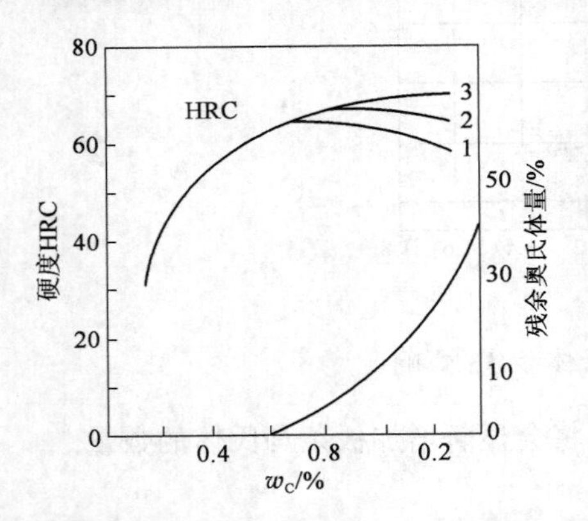

图5.8　含碳量对马氏体和淬火钢硬度的影响

1—高于 A_{c3} 淬火；2—高于 A_{c1} 淬火；3—马氏体硬度

马氏体具有高硬度、高强度的原因是多方面的，其中主要包括固溶强化、相变强化、时效强化及晶界强化等。

1. 固溶强化

过饱和的间隙原子碳在 α 相晶格中造成晶格的正方畸变，形成一个强烈的应力场，该应力场与位错发生强烈的交互作用，阻碍位错运动，从而提高马氏体的硬度和强度。

2. 相变强化

马氏体转变时，在晶体内造成晶格缺陷密度很高的亚结构，如板条马氏体中高密度的位错、片状马氏体中的孪晶等，这些缺陷都将阻碍位错的运动，使得马氏体强化。这就是所谓的相变强化。实验证明，无碳马氏体的屈服强度约284MPa，此值与形变强化铁素体的屈服强度很接近，而退火状态铁素体的屈服强度仅98～137MPa，这就是说相变强化使屈服强度提高了147～186MPa。

3. 时效强化

时效强化也是一个重要的强化因素。马氏体形成以后，由于一般钢的 M_s 点大都处在室温以上，因此淬火过程中及在室温停留时，或在外力作用下，都会发生"自回火"。即碳原子和合金元素的原子向位错及其他晶体缺陷处扩散偏聚或碳化物的弥散析出，钉轧位错，使位错难以运动，从而造成马氏体时效强化。

4. 晶界强化

原始奥氏体晶粒大小及板条马氏体束的尺寸对马氏体的强度也有一定的影响，原始奥氏体晶粒越细小、马氏体板条束越小，则马氏体强度越高。这是由于相界面阻碍位错的运动造成的马氏体强化。

5.2.2 马氏体的塑性和韧性

马氏体的塑性和韧性主要取决于马氏体的亚结构。片状马氏体具有高强度、高硬度，但韧性很差，其特点是硬而脆。在具有相同屈服强度的条件下，板条马氏体比片状马氏体的韧性好得多，即在具有较高强度、硬度的同时，还具有相当高的塑性和韧性。

其原因是在片状马氏体中孪晶亚结构的存在大大减少了有效滑移系，同时在回火时，碳化物沿孪晶面不均匀析出使脆性增大；而且片状马氏体中含碳量高，晶格畸变大，淬火应力大，以及存在大量的显微裂纹也是其韧性差的原因。而板条马氏体中含碳量低，可以发生"自回火"，且碳化物分布均匀；其次是胞状位错亚结构中位错分布不均均匀，存在低密度位错区，为位错提供了活动余地，位错的运动能缓和局部应力集中而对韧性有利；此外，淬火应力小，不存在显微裂纹，裂纹通过马氏体条也不易扩展，因此，板条马氏体具有很高的强度和良好的韧性，同时还具有脆性转折温度低、缺口敏感性和过载敏感性小等优点。

综上所述，马氏体的力学性能主要取决于含碳量、组织形态和内部亚结构。板条马氏体具有优良的强韧性，片状马氏体的硬度高，但塑性、韧性很差。通过热处理可以改变马氏体的形态，增加板条马氏体的相对数量，从而可显著提高钢的强韧性，这是一条充分发挥钢材潜力的有效途径。

5.2.3 马氏体的物理性能

在钢的各种组织中，马氏体的比体积最大，奥氏体的比体积最小。$w_C = 0.2\% \sim 1.44\%$ 的奥氏体的比体积为 $0.12227\text{cm}^3/\text{g}$，而马氏体的比体积为 $0.12708 \sim 0.13061\text{cm}^3/\text{g}$。这是钢淬火时产生淬火应力，导致变形、开裂的主要原因。随着含碳量的增加，珠光体和马氏体的比体积差增大，当含碳量由0.4%增加到0.8%，淬火时钢的体积增加1.13% ~1.2%。

马氏体具有铁磁性和高的矫顽力，磁饱和强度随马氏体中碳及合金元素含量的增加而下降。

由于马氏体是碳在 $\alpha-\text{Fe}$ 中的过饱和固溶体，故其电阻比奥氏体和珠光体的高。

5.3 马氏体转变的特点

马氏体转变，相对珠光体转变来说，是在较低的温度区域进行的，因而具有一系列特点，其中主要特点如下：

(1)马氏体转变属于无扩散型转变，转变进行时，只有点阵作有规则的重构，而新相与母相并无成分的变化。

(2)马氏体形成时在试样表面将出现浮凸现象，如图5.9所示。这表明马氏体的形成是以切变方式实现的，即由产生宏观变形的切变和不产生宏观变形的切变来完成的。同时马氏体和母相奥氏体之间的界面保持切变共格关系，即在界面上的原子是属于新相和母相共有，而且整个相界面是互相牵制的。这种以切变维持的共格关系也称为第二类共格关系（区别于以正应力维持的第一类共格关系）。

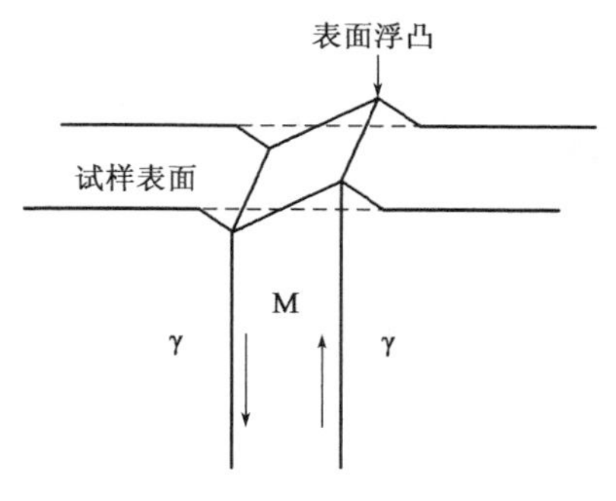

图5.9 表面浮凸示意图

(3)马氏体转变的晶体学特点，是新相与母相之间保持着一定的位向关系，在钢中已观察到的有K-S关系、西山关系与C-T关系。马氏体是在母相奥氏体点阵的某一晶面上成的，马氏体的平面或界面常常和母相的某一晶面接近平行，这个面称为惯习面。钢中马氏体的惯习面近于$\{111\}_A$、$\{225\}_A$和$\{259\}_A$。由于惯习面的不同，常常造成马氏体组织形态的不同。

(4)马氏体转变是在一定温度范围内完成的，马氏体的形成量是温度或时间的函数。在一般合金中，马氏体转变开始后，必须继续降低温度，才能使转变继续进行，如果中断冷却，转变便告停止。但在有些合金中，马氏体转变也可以在等温条件下进行，即转变时间的延长使马氏体转变量增多。在通常冷却条件下马氏体转变开始温度 M_s 与冷却速度无关。当冷却到某一温度以下，马氏体转变不再进行，此即马氏体转变终了温度，也称 M_f点。

(5)在通常情况下，马氏体转变不能进行到底，也就是说当冷却到 M_f点温度后还不能获得100%的马氏体，而在组织中保留有一定数量的未转变的奥氏体，称为残余奥氏体，淬火后钢中残余奥氏体量的多少，和 $M_s \sim M_f$点温度范围与室温的相对位置有直接关系，并且和淬火时的冷却速度以及冷却过程中是否停顿等因素有关。

(6)奥氏体在冷却过程中如在某一温度以下缓冷或中断冷却，常使随后冷却时的马氏体转变量减少，这一现象称为奥氏体的热稳定化。能引起热稳定化的温度上限称为 M_c点，高于此点，缓冷或中断冷却不引起奥氏体的热稳定化。

(7)在某些铁系合金中发现，奥氏体冷却转变为马氏体后，当重新加热时，已形成的马氏体可以逆转变为奥氏体。这种马氏体转变的可逆性也称逆转变。通常用 A_s表示逆转变开始点，A_f表示逆转变终了点。

思 考 题

1. 马氏体的本质是什么？它的硬度为什么很高？它的脆性取决于什么因素？

2. 简要叙述马氏体的晶体结构。

3. 简要回答钢中板条状马氏体和片状马氏体的形貌特征，晶体学特点和亚结构，并说明它们的性能差异。

4. 什么是 M_s 点？影响 M_s 点的因素有哪些？

5. 马氏体的转变有哪些特点。

第6章　贝氏体转变

贝氏体转变是过冷奥氏体在介于珠光体转变和马氏体转变温度区间之间的一种转变，又称为中温转变。贝氏体，尤其是下贝氏体组织具有良好的综合力学性能，故生产中常将钢奥氏体化后过冷至中温转变区等温停留，使之获得贝氏体组织，这种热处理工艺称为贝氏体等温淬火。对于有些钢来说，也可在奥氏体化后以适当的冷却速度（通常是空冷）进行连续冷却来获得贝氏体组织。采用等温淬火或连续冷却淬火获得贝氏体组织后，除了可使钢得到良好的综合力学性能外，还可在较大程度上减少一般淬火（得到马氏体组织）产生的工件变形和开裂倾向。因此，研究贝氏体转变及其在生产实践中的应用，对于改善钢的强韧性，促进热处理理论和工艺的发展均有重要的现实意义。

贝氏体转变兼有珠光体转变和马氏体转变的某些特性。转变产物贝氏体是含碳过饱和的铁素体和碳化物组成的机械混合物。根据形成温度不同，贝氏体主要分为上贝氏体和下贝氏体两类，由于下贝氏体具有优良的综合力学性能，故在生产中得到广泛的应用。

6.1　贝氏体的组织形态

钢中典型的贝氏体组织有上贝氏体和下贝氏体两种。此外，由于化学成分和形成温度不同，还有粒状贝氏体等多种组织形态。

6.1.1　上贝氏体

上贝氏体形成于贝氏体转变区较高温度范围内，中、高碳钢在350～550℃之间形成。钢中的上贝氏体由成束分布、平行排列的铁素体和夹于其间的断续的呈粒状或条状的渗碳体所组成。在中、高碳钢中，当上贝氏体形成量不多时，在光学显微镜下可以观察到成束排列的铁素体条自奥氏体晶界平行伸向晶内，具有羽毛状特征，条间的渗碳体分辨不清，如图6.1(a)所示。在电子显微镜下可以清楚地看到在平行的条状铁素体之间常存在断续的、粗条状的渗碳体，如图6.1(b)所示。上贝氏体中铁素体的亚结构是位错，其分布密度为10^8～$10^9 cm^{-2}$，比板条马氏体低2～3个数量级，随着形成温度降低，位错密度增大。

上贝氏体组织的形态往往因钢的成分和形成温度不同而有所变化，一般情况下，随着含碳量的增加，上贝氏体中的铁素体条增多、变薄，渗碳体数量也增多、变细，并由粒状变到短杆状，甚至不仅分布于铁素体板条之间，而上且还可能分布于铁素体板条内部。随转变温度降低，上贝氏体中铁素体条变薄，且渗碳体变得更为细密。

在上贝氏体中的铁素体条间还可能存在未转变的残余奥氏体。尤其是当钢中含有Si、Al等元素时，由于Si、Al能使奥氏体的稳定性增加，抑制渗碳体析出，故使残余奥氏体的数量增多。

6.1.2　下贝氏体

下贝氏体形成于贝氏体转变区的较低温度范围，中、高碳钢的为350℃～M_s之间。典型的下贝氏体是由含碳过饱和的片状铁素体和其内部沉淀的碳化物组成的机械混合物,下贝氏体的空间形态呈双凸透镜状,与试样磨面相交呈片状或针状。在光学显微镜下,当转变量不多时,下贝氏体呈黑色针状或竹叶状,针与针之间呈一定角度,如图6.2(a)所示。下贝氏体可以在奥氏体晶界上形成,但更多的是在奥氏体晶粒内部形成。在电子显微镜下可以观察到下贝氏体中碳化物的形态,它们细小、弥散,呈粒状或短条状,沿着与铁素体长轴成55°~65°角取向平行排列,如图6.2(b)所示。下贝氏体中铁素体的亚结构为高密度位错,其位错密度比上贝氏体中铁素体的高,没有孪晶亚结构存在。下贝氏体的铁素体内含有过饱和的碳,其固溶量比上贝氏体高,并随形成温度降低而增大。

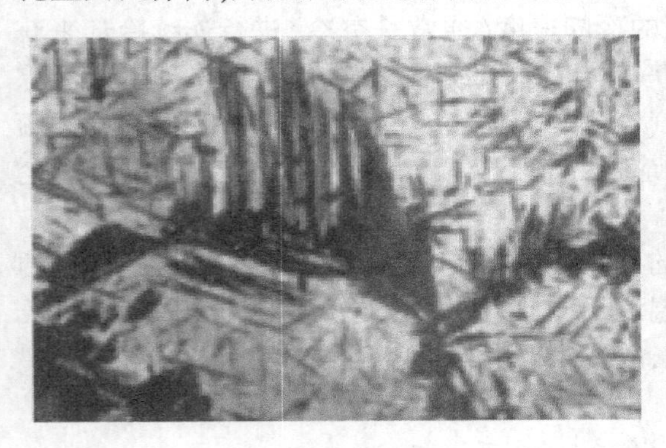

(a) 金相显微组织

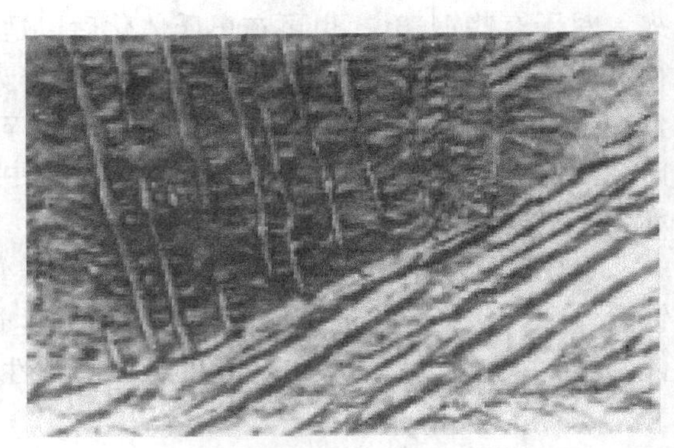

(b) 电子显微组织

图6.1 上贝氏体的显微组织

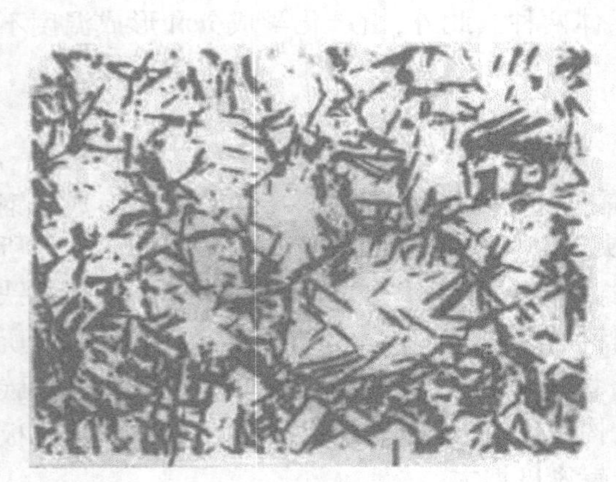

(a) 金相显微组织

(b) 电子显微组织

图6.2 下贝氏体的显微组织

6.1.3 粒状贝氏体

粒状贝氏体是近年来在一些低碳或中碳合金钢中发现的一种贝氏体组织。粒状贝氏体形成于上贝氏体转变区上限温度范围内。粒状贝氏体的组织如图6.3所示。其组织特征是在粗大的块状或针状铁素体内或晶界上分布着一些孤立的小岛,小岛形态呈粒状或长条状等,很不规则。这些小岛在高温下原是富碳的奥氏体区,其后的转变可有三种情况:(1)分解为铁素体和碳化物,形成珠光体;(2)发生马氏体转变;(3)富碳的奥氏体全部保留下来。初步研究认为,粒状贝氏体中铁素体的亚结构为位错,但其密度不大。

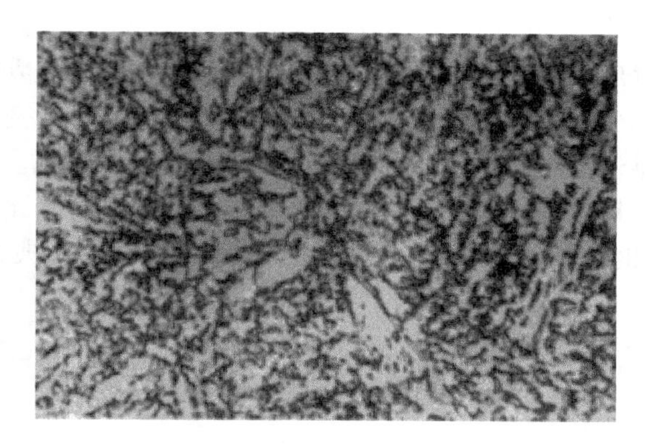

图 6.3　粒状贝氏体的显微组织

大多数结构钢,不管是连续冷却还是等温冷却,只要冷却过程控制在一定温度范围内,都可以形成粒状贝氏体。

6.2　贝氏体转变的特点

由于贝氏体转变发生在珠光体与马氏体转变之间的中温区,铁和合金元素的原子已难以进行扩散,但碳原子还具有一定的扩散能力。这就决定了贝氏体转变兼有珠光体转变和马氏体转变的某些特点。与珠光体转变相似,贝氏体转变过程中发生碳在铁素体中的扩散;与马氏体转变相似,奥氏体向铁素体的晶格改组是通过共格切变方式进行的。因此,贝氏体转变是一个有碳原子扩散的共格切变过程。

贝氏体的转变包括铁素体的成长与碳化物的析出两个基本过程,它们决定了贝氏体中两个基本组成相的形态、分布和尺寸,上贝氏体和下贝氏体的形成过程如图 6.4 所示。

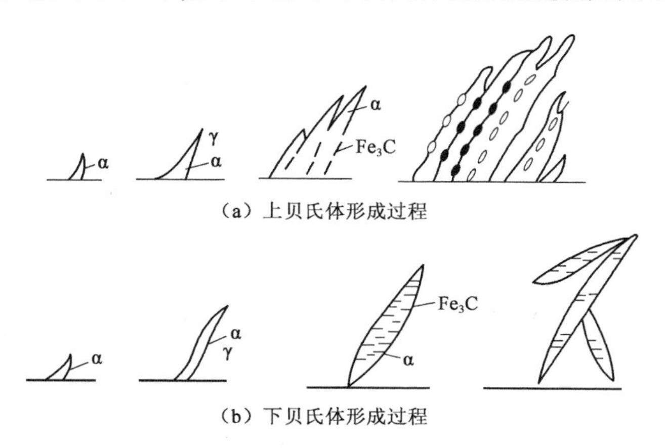

图 6.4　上贝氏体和下贝氏体形成过程示意图

在上贝氏体的形成温度范围内,首先在奥氏体晶界上或晶界附近的贫碳区形成铁素体晶核。并成排地向奥氏体晶粒内长大。与此同时,条状铁素体前沿的碳原子不断向两侧扩散,而且铁素体中多余的碳也将通过扩散向两侧的相界面移动。由于碳在铁素体中的扩散速度大于在奥氏体中的扩散速度,因而在温度较低的情况下,碳在奥氏体的晶界处就发生富集。当碳浓度富集到一定程度时,使在铁素体条间沉淀析出渗碳体,从而得到典型的上贝氏体组织,如

图6.4(a)所示。

在下贝氏体形成温度范围内,由于转变温度低,首先在奥氏体晶界或晶内的某些贫碳区,形成铁素体晶核,并按切变共格方式长大,成片状或透镜状。由于转变温度低,碳原子在奥氏体中的扩散很困难,很难迁移至晶界,而碳在铁素体中的扩数仍可进行。因此与铁素体共格长大的同时,碳原子只能在铁素体的某些亚晶界或晶面上聚集,进而沉淀析出细片状的碳化物。在一片铁素体长大的同时,其他方向上铁素体也会形成,从而得到典型的下贝氏体组织,如图6.4(b)所示。

6.3 贝氏体的力学性能

贝氏体的力学性能主要取决于其组织形态。由于上贝氏体的形成温度较高,铁素体条粗大,碳的过饱和度低,因而强度和硬度较低。另外,碳化物颗粒粗大,且呈断续条状分布于铁素体条间,铁素体条和碳化物的分布具有明显的方向性,这种组织状态使铁素体条间易于产生脆断,同时铁素体条本身也可能成为裂纹扩展的路径,所以上贝氏体的冲击韧性较低。越是靠近贝氏体区上限温度形成的上贝氏体,韧性越差,强度越低。因此,在工程材料中一般应避免上贝氏体组织的形成。

下贝氏体中铁素体针细小,分布均匀,在铁素体内又沉淀析出大量细小、弥散的碳化物,而且铁素体内含有过饱和的碳及较高密度的位错,因此下贝氏体不但强度高,且韧性也好,即具有良好的综合力学性能,缺口敏感性和韧转变温度都较低,是一种理想的组织,生产中广泛采用的等温淬火工艺就是为了得到这种强、韧结合的下贝氏体组织。

粒状贝氏体组织中,在颗粒状或针状铁素体基体中分布着许多小岛,这些小岛无论是残余奥氏体、马氏体,还是奥氏体的分解产物都可以起到第二相强化作用。所以粒状贝氏体具有较好的强韧性,在生产中已经得到应用。

思 考 题

1. 简述贝氏体转变的基本特征。
2. 简述贝氏体的力学性能特点。

第7章　钢的过冷奥氏体转变

钢加热至临界点以上，保温一定时间，将形成高温稳定组织：奥氏体。由于奥氏体冷却时总是在一定的冷却速度下进行的，因此奥氏体的转变需要一定的时间才能完成。在 A_1 温度（铁碳相图中的 *PSK* 线）以下未转变的奥氏体称为过冷奥氏体。奥氏体冷却时发生的转变均发生在这种过冷奥氏体中，称为过冷奥氏体转变。如果过冷奥氏体在 A_1 温度以下的某一个恒定温度下发生，称为过冷奥氏体的等温转变（Time Temperature Transformation，TTT）；如果以一定的速度连续冷却发生转变，称为过冷奥氏体的连续冷却转变（Continuous Cooling Transformation，CCT）。

由于转变温度不同，过冷奥氏体可以通过不同机制进行转变而获得完全不同的组织。在较高温度下，过冷奥氏体可以通过珠光体转变机制转变为珠光体；在中温范围，过冷奥氏体可以通过贝氏体转变机制转变成为贝氏体；在低温范围，过冷奥氏体将通过马氏体转变机制转变成为马氏体。对于亚共析钢和过共析钢来说，在高温范围内还可能出现先共析转变，析出先共析铁素体或先共析渗碳体。

上述三种不同的转变虽然是因温度的下降而依次出现，但转变温度范围并不是截然分开，而是相互重叠。贝氏体转变的上限温度 B_s 并不是珠光体转变的下限温度。同样，马氏体转变的上限温度 M_s 也不是贝氏体转变的下限温度。

虽然转变类型主要取决于温度，但是转变速度或程度又往往与时间有关。就是说，成分一定的过冷奥氏体的转变是一个与温度和时间（或冷却速度）相关的过程，通常可以用表征转变程度与温度、时间之间关系的过冷奥氏体转变图予以表示。

本章将讨论在低于 A_1 点的各种温度下等温保持或以不同速度连续冷却时过冷奥氏体的转变规律。

7.1　过冷奥氏体等温转变动力学曲线

固态相变动力学曲线是研究固态相变的转变量与转变温度、转变时间之间的定量关系曲线。过冷奥氏体既可以在恒温下发生转变，也可以在温度不断降低的情况下发生转变。在实际生产中，过冷奥氏体大多是在连续冷却过程中发生转变的，而且几种转变可能重叠出现，情况比较复杂。下面我们先讨论比较简单的过冷奥氏体的等温转变。

7.1.1　过冷奥氏体等温转变图的建立

实际生产过程中，等温退火、等温淬火等都属于过冷奥氏体的等温转变过程。过冷奥氏体等温转变指的是将奥氏体迅速冷到临界温度以下某一温度，在此温度等温过程中所发生的相变。

过冷奥氏体的等温转变图可以综合反映过冷奥氏体在不同过冷度下的等温转变过程：开始和终了时间、产物类型及转变量与温度和时间的关系等。该转变图酷似“C”形，又称 C 曲线，也称 TTT 图。

由于金属在组织转变的同时必然会伴随着母相和新相之间的体积、磁性、电阻率等物理性质的变化，同时相变过程中还会放出或吸收热量。因此，可以通过测定过冷奥氏体在转变过程中的物理性质或热量的变化来建立过冷奥氏体等温转变图。测定等温转变图的常用方法有：金相、膨胀、磁性、电阻和热分析等。下面以金相法为例，简要介绍测定过冷奥氏体等温转变图的方法。

先将待测金属试样制作成尺寸相同的薄片试样，然后将薄片试样放入浴炉加热保温，以均匀奥氏体组织，取出后迅速淬入恒温盐浴槽（或金属浴），等温一定时间后淬入盐水，使未转变的奥氏体转变成马氏体。制成金相试样后，用光学显微镜确定转变产物类型和转变百分数，根据实验结果绘出一定温度下转变量与时间的关系曲线，即等温转变动力学曲线。如图 7.1（a）所示，转变前有孕育期，转变开始后转变速度随转变时间的增加而加快，当转变量达到 50% 左右时转变速度达到最大，过后逐渐降低直到转变终了。

将不同温度下等温转变开始、转变一定量的时间、终了时间，绘制在温度 – 时间半对数坐标系中，并将不同温度下转变开始点、转变终了点和转变 50% 时的点分别连接成曲线，如图 7.1（b）所示，即为过冷奥氏体等温转变图。图中 *ABCD* 这条线表示不同温度下转变开始（通常取转变量为 2% 左右）时间，*EFGH* 线表示转变 50% 时的时间，*JK*、*LM* 线表示转变 100%（常为 98% 左右）的时间。其中，图 7.1（b）中的 *TTT* 曲线可看成是由两个“C”形曲线组成的，分别与珠光体、贝氏体转变相对应。两个凸出部分称为珠光体、贝氏体转变曲线的“鼻子”，分别对应珠光体、贝氏体转变孕育期最短的温度。

M_s 与 M_f 温度的测定多用膨胀或磁性等物理方法，因金相法十分复杂，所以很少被采用。

图 7.2 为两个 C 曲线合并为一个 C 曲线的情况，两个曲线相重叠的区域（如 550℃）内等温时可得到珠光体加贝氏体的混合组织。在珠光体转变区内，随等温温度下降，珠光体片层间距减小，组织变细。在贝氏体转变区的较高温度等温，得到上贝氏体，在较低温度区等温，得到下贝氏体。

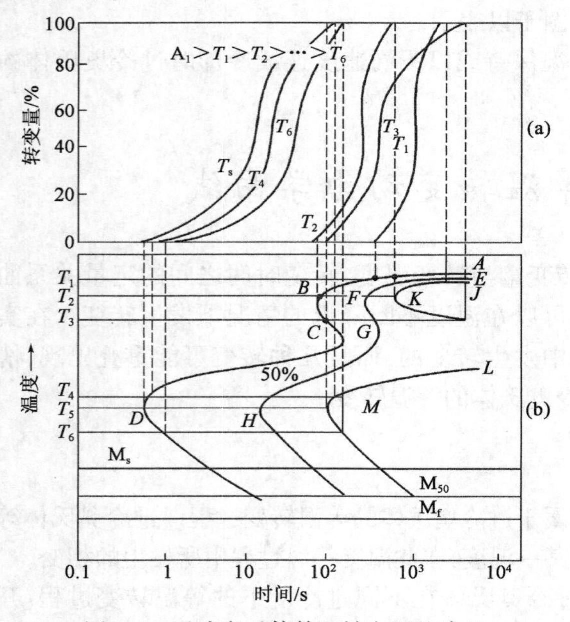

图 7.1　过冷奥氏体等温转变图的建立

（a）不同温度下的等温转变动力学曲线；

（b）过冷奥氏体等温转变图

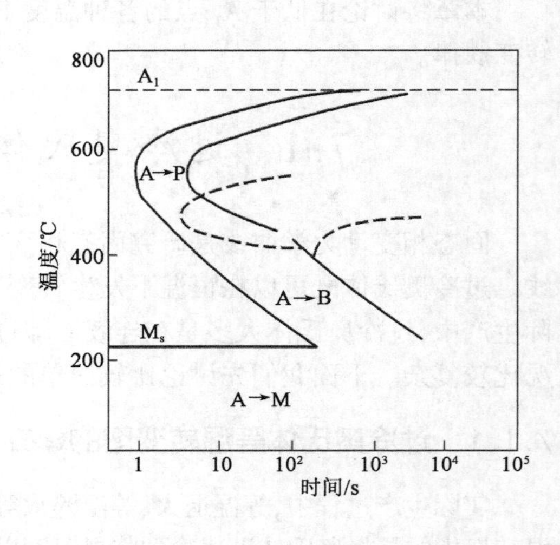

图 7.2　两个 C 曲线合并为一个 C 曲线

对于 M_s 点较高的钢，贝氏体等温转变曲线可延伸到 M_s 以下，即贝氏体与马氏体转变重叠。这时如在稍低于 M_s 温度等温，则形成少量马氏体后，便形成贝氏体。

共析碳钢 C 曲线呈简单"C"形，两个邻近的 C 曲线合并而成。在鼻尖以上温度（>550℃）等温，形成珠光体；在鼻尖以下温度等温，形成贝氏体。

7.1.2 奥氏体等温转变图的基本类型

钢中由于含有种类和数量不同的合金元素，而合金元素又可以导致 C 曲线的形状和位置发生改变，因此，C 曲线的形状是多种多样的。常见 C 曲线的基本类型有以下六种：

第一种，具有单一的"C"形曲线，珠光体和贝氏体的转变重叠。碳钢以及含 Si、Ni、Cu、Co 等元素的钢均属此种，如图 7.3 所示，鼻尖的温度为 500～600℃。

第二与第三种，曲线呈双"C"形。含 Cr、Mo、W、V 等的钢，随合金元素含量增加，珠光体转变 C 曲线与贝氏体转变 C 曲线逐渐分离，如图 7.4 所示。当合金元素含量足够高时，两曲线将完全分开，在珠光体转变和贝氏体转变之间出现一个奥氏体稳定区。

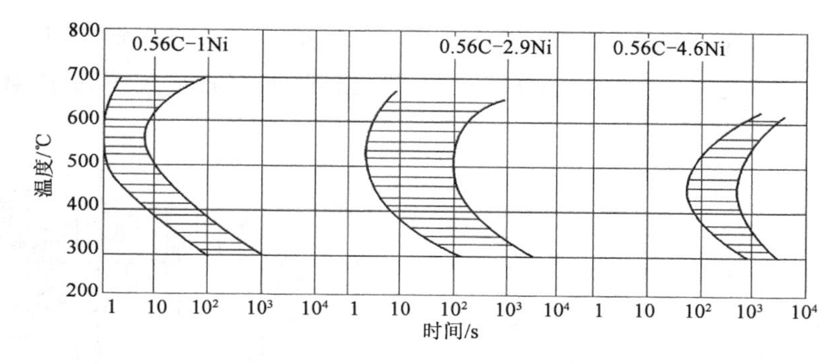

图 7.3 Ni 对 C 曲线的影响

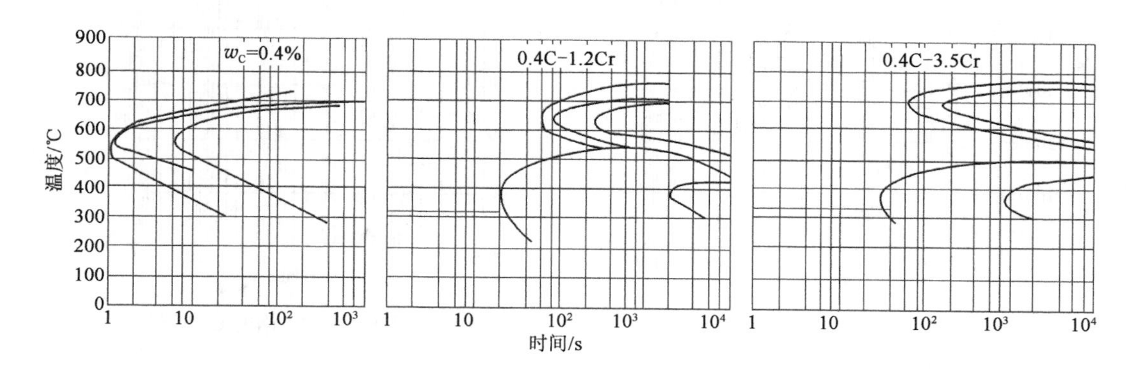

图 7.4 Cr 对 C 曲线的影响

如果加入的合金元素不仅使珠光体转变与贝氏体转变分离，且使珠光体转变速度显著减慢，但对贝氏体转变速度的影响较小，那么就得到如图 7.5 所示的等温转变图（第二种）；若合金元素能使贝氏体转变速度显著减慢，而使珠光体转变速度减慢不大，便得到如图 7.6 所示的等温转变图（第三种）。

第四种是只有贝氏体转变的 C 曲线，这是因为在含碳量低而含 Mn、Cr、Ni、W、Mo 量高的钢中，扩散型的珠光体转变受到极大的阻碍，而只出现贝氏体转变 C 曲线（图 7.7）。如 18Cr2Ni4WA、18Cr2Ni4MoA 钢均属于这类。

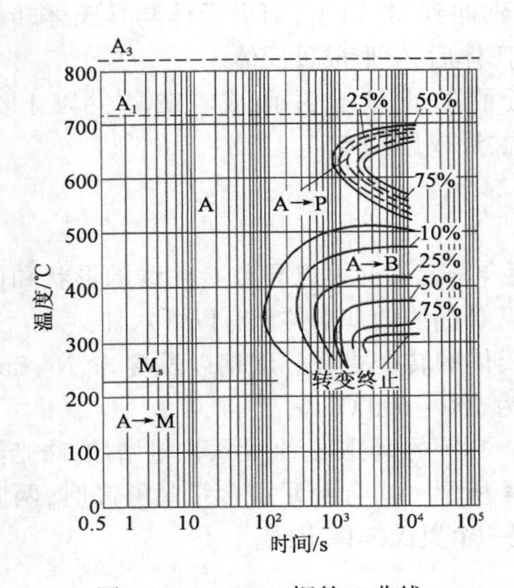

图 7.5　5CrNiMo 钢的 C 曲线

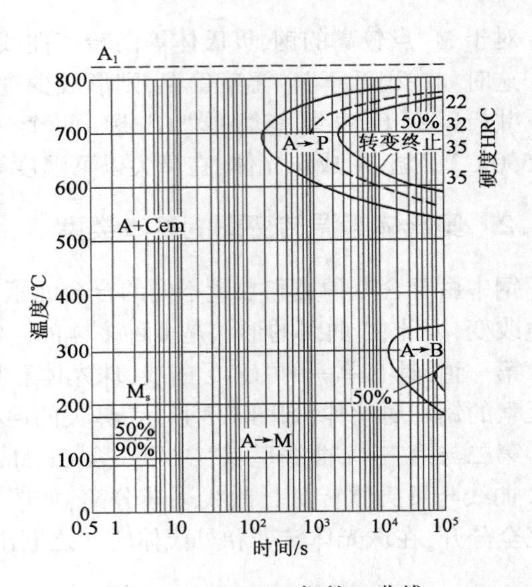

图 7.6　Cr12MoV 钢的 C 曲线

第五种是只有珠光体转变的 C 曲线。在中碳高铬钢(如 7Cr17、7Cr17Si 和 4Cr17 等)中出现此种等温转变图,如图 7.8 所示。

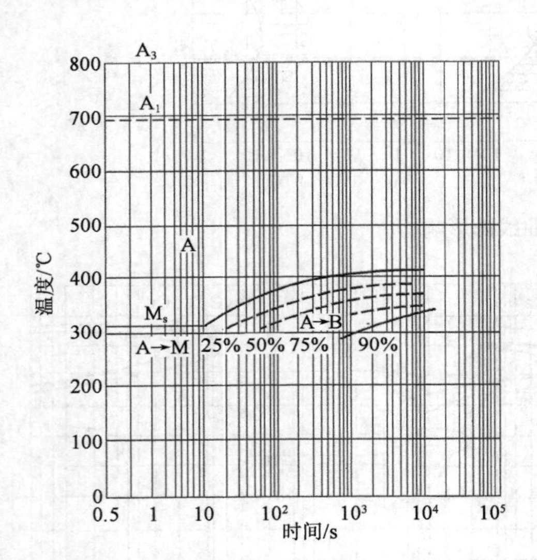

图 7.7　18Cr2Ni4WA 钢的 C 曲线

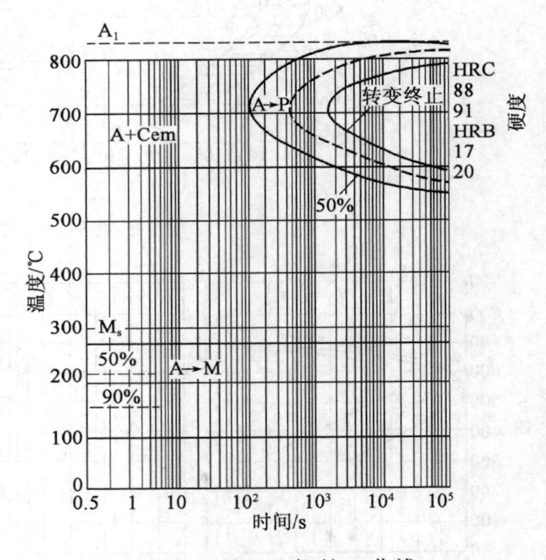

图 7.8　7Cr17 钢的 C 曲线

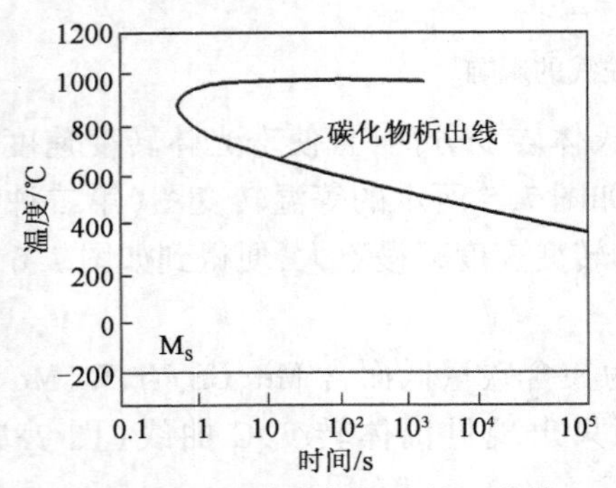

图 7.9　只有碳化物析出的 C 曲线

第六种,在 M_s 以上整个温度区内不出现 C 曲线,通常为奥氏体钢。高温下稳定的奥氏体能全部过冷至室温。但可能有过剩碳化物析出,M_s 点以上出现碳化物析出的 C 形曲线(图 7.9)。

7.2 过冷奥氏体的转变及其产物

随着温度的降低,过冷奥氏体会发生转变的,在不同的温度区间,过冷奥氏体发生转变的类型及产物是不相同的。在高温区间,过冷奥氏体将发生珠光体转变;在中温区间,过冷奥氏体将发生贝氏体转变;在低温区间,过冷奥氏体将发生马氏体转变。下面以共析碳钢为例,介绍过冷奥氏体在不同温度区间发生的转变。

7.2.1 珠光体转变

过冷奥氏体在临界温度以下继续冷却时,首先发生的是珠光体转变。由于转变温度较高,在该温度区间转变时,铁和碳均能发生扩散,因此,珠光体转变属于扩散型转变。珠光体由铁素体和渗碳体两相组成,根据渗碳体的形状不同,珠光体又分为片状珠光体和粒状珠光体,如图 7.10 所示。珠光体又根据其片层间距大小,分为珠光体、索氏体和屈氏体。如果过冷奥氏体发生的是连续冷却,则得到的最终组织为不同片层间距的珠光体、索氏体和屈氏体的混合物,组织的不均匀会造成工件的性能不均匀,造成不利影响。在实际生产中,钢在退火和正火时所发生的都是珠光体转变,退火和正火既可作为预先热处理,也可作为最终热处理(可直接交付使用)。

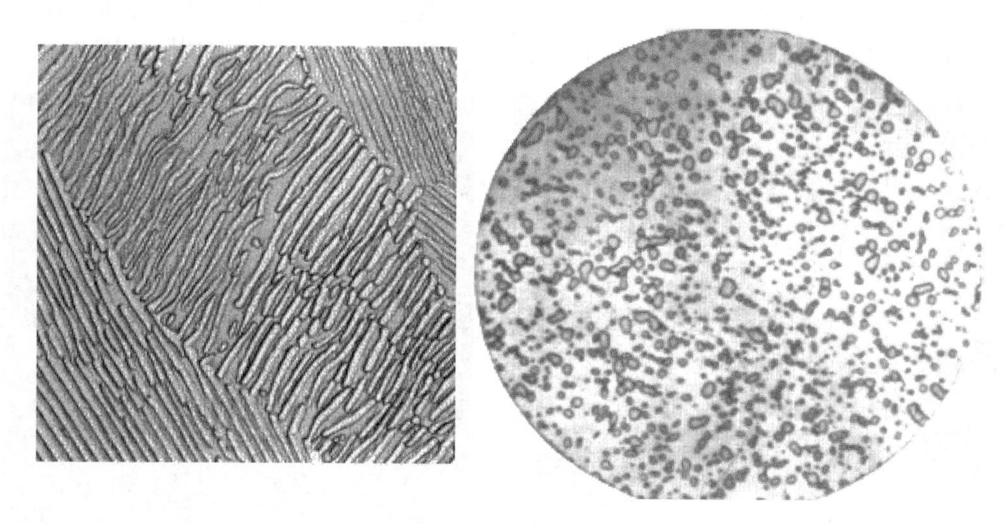

图 7.10 片状珠光体和粒状珠光体

7.2.2 贝氏体转变

当过冷奥氏体继续过冷到中温区时,将发生贝氏体转变。与珠光体转变相比,转变温度降低,铁原子难以扩散,碳原子扩散能力下降。在贝氏体转变的较高温度范围内,碳的扩散能力较强,能扩散到铁素体之外的奥氏体中而形成上贝氏体;在贝氏体转变的较低温度范围时,碳的扩散能力降低,碳只能在铁素体内部扩散而形成下贝氏体。上贝氏体的典型形貌为羽毛状,下贝氏体的典型形貌为针状,如图 7.11 所示。

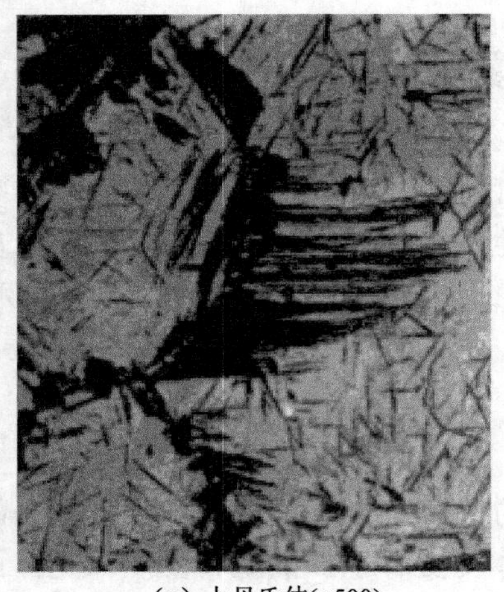

(a) 上贝氏体(×500)

(b) 下贝氏体(×500)

图 7.11　上贝氏体和下贝氏体的典型形貌

7.2.3　马氏体转变

当过冷奥氏体继续过冷到低温区时,将发生马氏体转变。与高温的珠光体转变和中温的贝氏体转变相比,马氏体转变温度更低(碳钢一般在 750℃以下),此时铁原子和碳原子均不能扩散。根据钢的含碳量不同,马氏体的组织形态又分为板条马氏体和片状马氏体。板条马氏体的典型形貌为板条束状,针状马氏体的典型形貌为相互成一定角度的针状,如图 7.12 所示。

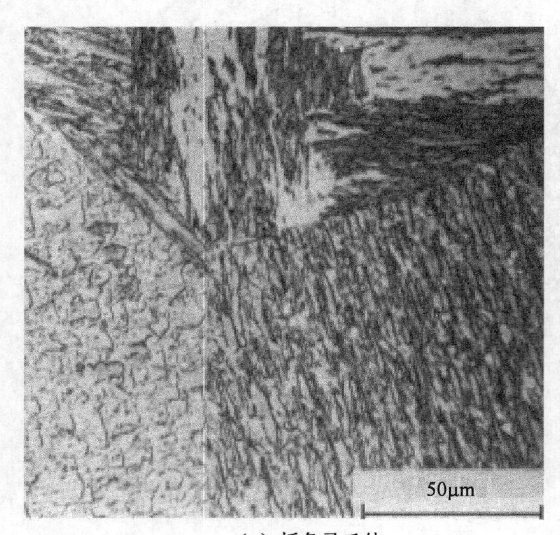

(a) 板条马氏体

(b) 针状马氏体

图 7.12　板条马氏体和针状马氏体的典型形貌

7.3　过冷奥氏体的连续冷却转变曲线

TTT 图反映过冷奥氏体的是等温转变规律,可直接用来指导等温热处理工艺制订,如等温退火和等温淬火等。在实际生产过程中,过冷奥氏体除了进行等温冷却外,更多的是在连续冷却条件下进行,如淬火、正火和退火等。不同的热处理工艺对应着不同的冷却速度。为了研究过冷奥氏体在连续冷却过程中的转变规律,有必要建立各种钢的过冷奥氏体的连续冷却转变图。

连续冷却转变图是指钢经奥氏体化后在不同冷却速度的连续冷却条件下,过冷奥氏体转变为亚稳态产物时,转变开始及转变终了时间与转变温度之间的关系曲线,也称为 CCT 图(Continuous Cooling Transformation)。CCT 图是分析连续冷却过程中奥氏体转变过程、转变产物的组织和性能的依据,也可以利用 CCT 图来确定临界淬火温度、预测转变产物及性能、选择冷却规范、合理选用钢材等,在实际生产中具有广泛的应用。

7.3.1 过冷奥氏体连续冷却转变图的建立

一般情况下是综合应用膨胀法、金相法和热分析法来测定过冷奥氏体连续冷却转变图。快速膨胀仪的问世为 CCT 图的测定提供了许多方便。

快速膨胀仪所用试样尺寸通常为(7mm × 10mm)。采用真空感应加热,程序控制冷却速度,在 800 ~ 500℃范围内平均冷速 100000℃/min 变化到 1℃/min。从不同冷速的膨胀曲线上可确定出转变开始点(转变量为 1%)、各种中间转变量点和转变终了点(转变量 99%)所对应的温度和时间。数据记录在温度—时间半对数坐标系中,连接相应的点,即得到 CCT 图。由于 CCT 图的测量比 TTT 图的测量要麻烦得多,因此,在热处理手册上可直接查到的 TTT 图的钢材种类(或 TTT 图的数量)要远远多余 CCT 图。

7.3.2 冷却速度对转变产物的影响

图 7.13 是亚共析钢(碳含量为 0.46%)的 CCT 图。左上方至右下方的各条曲线代表不同冷速的冷却曲线。这些冷却曲线依次与铁素体、珠光体和贝氏体转变终止线相交处所标注的数字,表示以该冷速冷至室温后组织中铁素体、珠光体和贝氏体所占体积百分数。冷却曲线下端的数字代表以该速度冷却时获得组织在室温下的维氏(或洛氏)硬度,图右上角注明奥氏体化温度和时间。

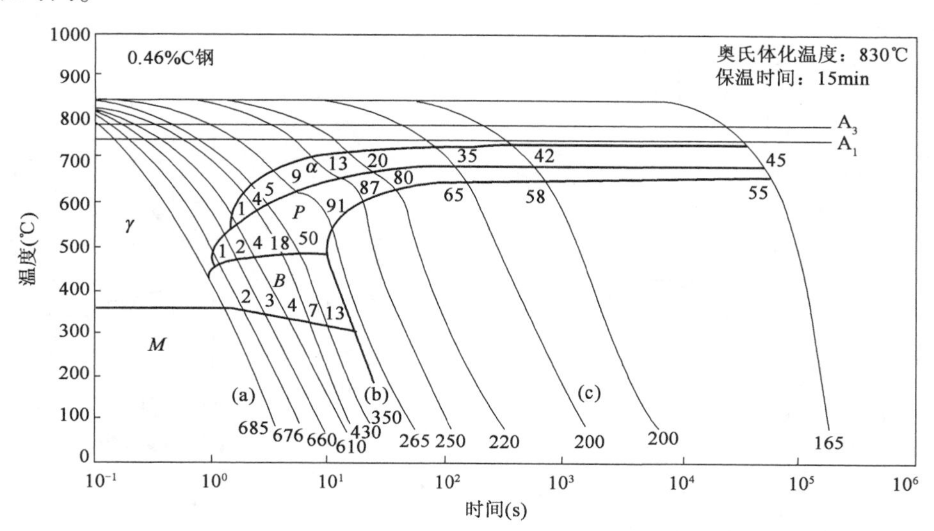

图 7.13 亚共析钢(碳含量为 0.46%)的 CCT 图

从目前已公布的 CCT 图来看,可用以下三种方法来描述 CCT 图中的冷却速度。

1. 800 ~ 500℃范围内的平均冷却速度(℃/s 或℃/min)

如图 7.14 所示,在硬度值上方标示了 800 ~ 500℃范围内的平均冷却速度(℃/min)。

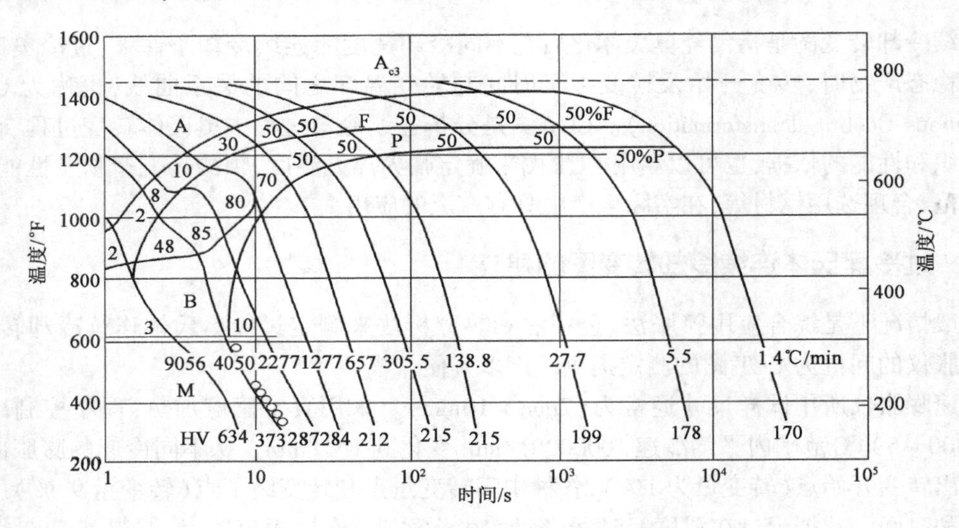

图 7.14　40 钢的 CCT 图

2. 距端淬试样水冷端的距离

在端淬规定的冷却条件下,试样上各点均对应有一定的冷速,因距水冷端距离的增大而降低,所以可使 CCT 图上的各条冷却曲线与端淬试样上某些点的冷速对应,如图 7.15 所示。用这种方法描述某些冷却曲线的优点是能把 CCT 图和端淬试样的数据联系起来,便于分析钢件在淬火后截面上的硬度分布和淬透层深度。端淬曲线实例见图 7.16。

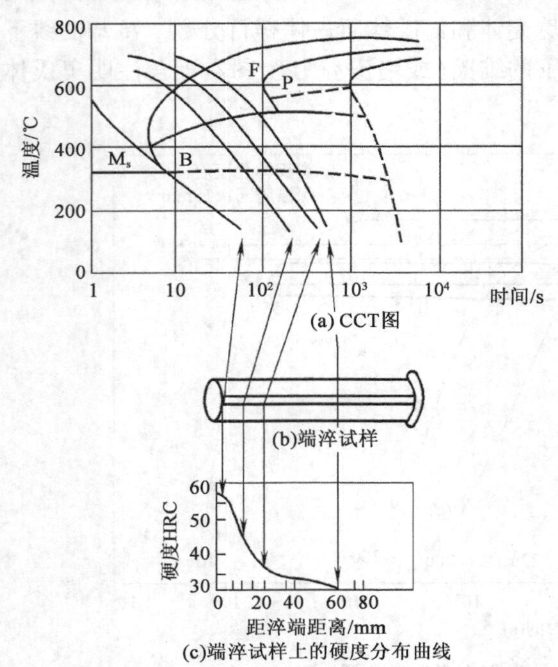

图 7.15　CCT 图中的冷却曲线与距端淬试样水冷端距离的对应关系示意图

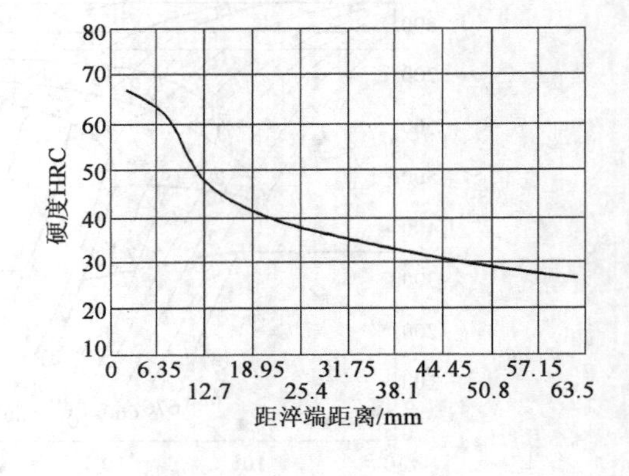

图 7.16　GCr15 钢的端淬曲线

3. 冷却时间

这种方法是从奥氏体化温度冷至500℃所需的时间来描述冷却速度。用CCT图中各条冷却曲线与500℃等温线的交点来确定冷却时间,比平均冷却速度法更方便些。

下面根据图7.17讨论在三种典型冷却速度(图中a、b和c)下,过冷奥氏体转变过程和产物组成,并说明冷却速度对转变产物的影响。以速度a(冷却至500℃需0.7s)冷却,直至M_s点(760℃)无扩散型相变发生。从M_s点发生马氏体转变,冷至室温得马氏体加少量残余奥氏体组织,硬度值达685HV。以速度b(冷至500℃需5.5s)冷却时,约经2s在670℃开始析出铁素体;经7s冷至600℃左右,铁素体析出量达5%后开始珠光体转变;经过6s冷至480℃,珠光体量达50%;然后进入贝氏体转变区,经10s冷至705℃左右,有17%的过冷奥氏体转变成贝氏体,随后马氏体开始转变,冷至室温仍有奥氏体未转变而残留下来,室温组织由5%铁素体、50%细片状珠光体、17%贝氏体、70%马氏体和2%的残留奥氏体组成,硬度为775HV。以速度c(冷至500℃需260s)冷却时,经过80s冷至720℃时开始析出铁素体;经105s冷至680℃左右,形成75%铁素体并开始珠光体转变;经115s冷至655℃转变终了,得到75%铁素体与65%珠光体混合组织,硬度为200HV。

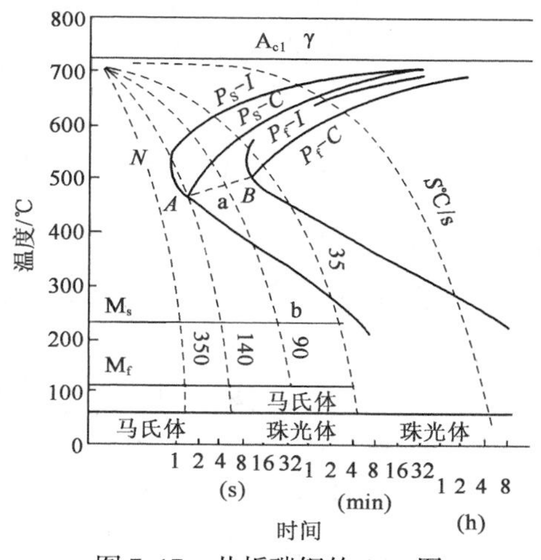

图7.17 共析碳钢的CCT图

I—等温转变;C—连续冷却转变

7.3.3 连续冷却转变图与等温转变图的比较

在连续冷却条件下,过冷奥氏体转变在一个温度范围内发生。可以把连续冷却转变看成为许多温度相差很小的等温转变过程的总和。由此可以认为,连续冷却转变组织是不同温度下等温转变组织的混合。

与等温转变相比,过冷奥氏体连续冷却转变特点有以下几点:

(1)共析碳钢的CCT图只有高温珠光体转变区和低温马氏体转变区,无中温贝氏体转变区。由图7.17可知,以90℃/s的速度冷却时,到A点有50%的奥氏体转变为珠光体,余下的50%在$A-B$间不转变,从B点开始进行马氏体转变。通过A点的冷却速度(140℃/s)使珠光体转变不能发生,可获得100%马氏体(包括残留奥氏体)的最小冷却速度,称为临界淬火速度。A点与C曲线图中的鼻尖点N并不是一个点。从图7.17还可以看到,CCT图中的P_s曲线(珠光体开始转变线)和P_f曲线(珠光体终止转变线)向右下方移动。

(2)合金钢连续冷却转变时可以有珠光体转变而无贝氏体转变,也可以有贝氏体转变而无珠光体转变,也可两者兼有。具体的图形形状决定于合金元素的种类和含量。合金元素对CCT图影响规律与对TTT图影响相似,基本类型见图7.18。图7.18(a)只有珠光体转变,代表成分为共析钢和过共析钢,当含碳量在中碳以下,可以存在贝氏体转变区;图7.18(b)珠光体和贝氏体转变同时存在,且两者分开,但贝氏体转变区超前,代表成分为含碳较低的合金结构钢,如75CrMo等;图7.18(c)珠光体和贝氏体转变同时存在,且两者分开,但珠光体转变区超前,代表成分为高碳合金工具钢,如Cr12等;图7.18(d)只有贝氏体转变区,代表成分为含较高 Cr、Ni 元素的低碳和中碳合金结构钢，如 18Cr2Ni4W 等；图 7.18(e)只有珠光体转变区，代表成分为中碳高铬钢，如 7Cr17 等；图 7.18(f)只有碳化物析出线，M_s 低于 0℃，代表成分为易形成碳化物的奥氏体钢，如 4Cr14Ni14W2Mo 钢等。

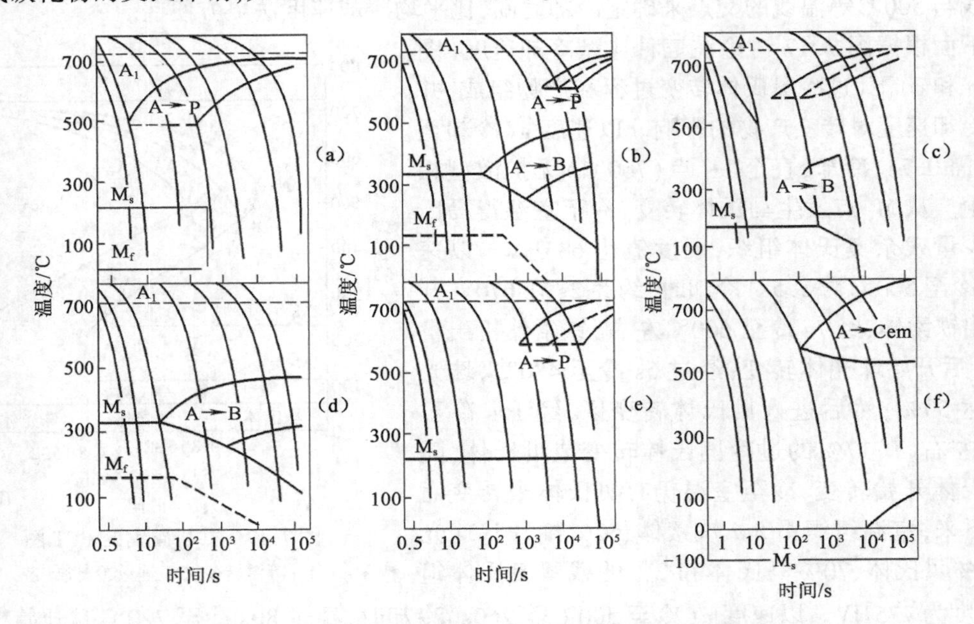

图 7.18　过冷奥氏体连续冷却转变图的几种主要类型

(3)合金钢与碳钢的 CCT 曲线都处于 TTT 曲线的右下方，这是因为连续冷却转变时转变温度较低、孕育期较长所致。

7.3.4　钢的临界冷却速度

如前所述，钢在连续冷却时，过冷奥氏体转变过程和转变产物取决于钢的冷却速度。在连续冷却中，使过冷奥氏体不析出先共析铁素体(亚共析钢)、先共析碳化物(过共析钢高于 A_{cm} 奥氏体化)或不转变为珠光体、贝氏体的最低冷却速度，分别称为抑制先共析铁素体、先共析碳化物、珠光体和贝氏体的临界冷却速度。它们分别用与 CCT 图中先共析铁素体和先共析碳化物析出线或珠光体和贝氏体转变开始线相切的冷却曲线对应的冷却速度来表示。

为使钢件在淬火后得到完全马氏体组织的最低冷却速度，称为临界冷却速度，用 V_C 表示。V_C 代表钢接受淬火的能力，是决定钢件淬透层深度的主要因素，也是合理选用钢材和正确制定热处理工艺的重要依据之一。

临界淬火速度与 CCT 曲线的形状和位置有关。图 7.19 是高碳高铬工具钢的 CCT 图，由图可见，珠光体转变孕育期较短，贝氏体转变的孕育期较长，所以 Cr12 钢的临界淬火速度取决于抑制珠光体转变的临界冷却速度。相反的是，中碳 Cr－Mn－V 钢珠光体转变孕育期比贝氏体长(图 7.20)，此时的临界淬火速度将取决于抑制贝氏体转变的临界冷却速度。

亚共析碳钢和低合金钢的临界淬火速度多取决于抑制先共析铁素体析出的临界冷却速度。过共析碳钢则多取决于抑制先共析碳化物析出的临界冷却速度，这可以用来衡量过共析成分奥氏体在连续冷却时析出碳化物的倾向性。从 Cr12 钢的 CCT 图(图 7.19)可知，抑制先共析碳化物析出的临界冷却速度较大，因而在淬火过程中容易析出碳化物。

总之,使 CCT 曲线左移的各种因素,都会使临界淬火速度增大;使 CCT 曲线右移的各种因素,都会降低临界淬火速度。

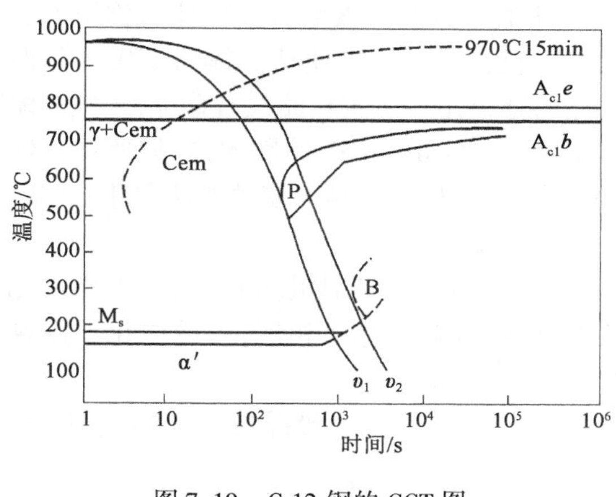

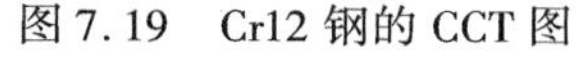
图 7.19　Cr12 钢的 CCT 图

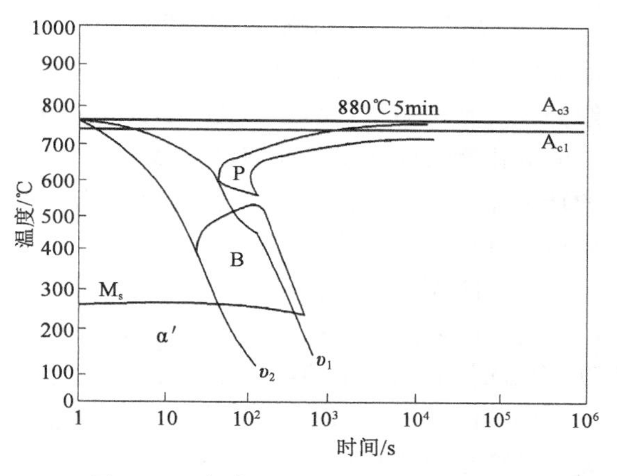

图 7.20　中碳 Cr－Mn－V 钢的 CCT 图

7.3.5　利用等温转变图估计临界冷却速度

由于连续冷却转变图在测试上还存在困难,到目前为止还有许多钢的 CCT 图未被测定,因此我们还无法直接从热处理手册上查到各种钢的 CCT 图。有关 C 曲线图的资料却比较多,因此我们可以从 C 曲线来估算临界冷却速度。如果过 C 曲线的切线的临界冷却速度为 $V_{C'}$,则 V_C 和 V'_C之间的关系为

$$V_C = \frac{V'_C}{1.5} = \frac{A_1 - T_R}{1.5Z_R} \tag{7.1}$$

上述方法纯属估算,而且只适合 V_C 取决于抑制珠光体转变的临界冷却速度的情况。

滚珠轴承钢等在油淬后常发生“逆硬化”现象,是指钢件淬火后表面硬度低于心部硬度的“反常”现象,通过金相观察看出,表面为托氏体＋马氏体组织,而次表层为马氏体组织。试验表明,钢件在淬火前于空气中预冷或在具有较长蒸汽膜覆盖期的油中淬火时才会出现“逆硬化”现象。此现象可由图 7.21 来解释。如图 7.21 所示,如果钢件表面的温度已降低到 A_1 点以下的 P 点,已消耗一部分孕育期,而心部的温度仍高于 A_1,孕育期尚未消耗。在随后淬火时,尽管表面的冷速大于钢的 V_C,但却低于从 P 点起的临界淬火速度,发生了部分 P 转变,表面硬度下降;次表层和心部的冷速大于 V_C,得到完全马氏体组织和较高的硬度。

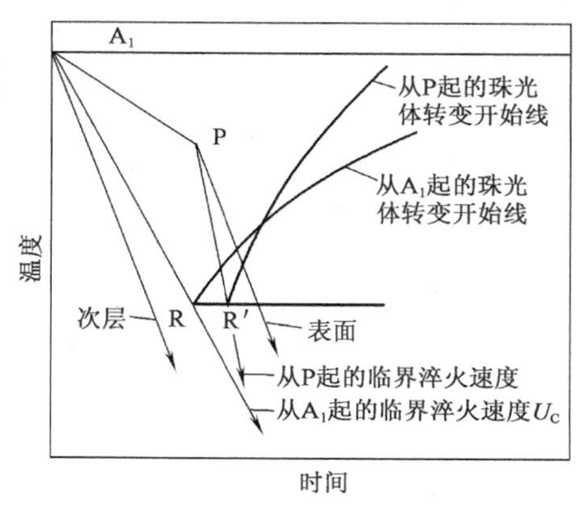

图 7.21　“逆硬化”现象解释示意图

7.4　影响 C 曲线的因素

结合上述可知影响奥氏体等温转变图的因素有:

(1)含碳量的影响。对亚共析钢,随着含碳量的增加,C 曲线逐渐右移,这说明过冷奥氏

体的稳定性增加,越来越不容易发生分解。当含碳量达到共析成分时,奥氏体的稳定性最高。超过共析成分后,随着含碳量的增加,C 曲线反而逐渐左移,即奥氏体的稳定性减小。

(2)合金元素的影响。一般说来,除 Co、Al 外,钢中其他合金元素溶入奥氏体后均增大过冷奥氏体的稳定性,使 C 曲线右移。合金元素可以使曲线右移,或者使珠光体与贝氏体的曲线分开。其规律是:除 Co 和 Al 之外所有溶入奥氏体的合金元素均使 C 曲线右移;溶入奥氏体中的碳化物形成元素往往使 C 曲线形状变化,出现两条曲线;Mo 与 W 的影响,它们使珠光体的转变曲线大大右移,但是对贝氏体的曲线右移的不多;微量贝氏体足以使铁素体和珠光体转变显著推迟。

(3)加热温度和保温时间的影响。当原始组织相同时,提高奥氏体化温度、延长奥氏体化时间,促使碳化物溶解、成分均匀和奥氏体晶粒长大,C 曲线会右移。相反,奥氏体化温度越低,保温时间越短,未溶第二相越多,奥氏体越不稳定,使 C 曲线左移。

(4)奥氏体在高温或低温变形会显著影响珠光体转变动力学。一般说来,形变量越大,珠光体转变孕育期越短,使 C 曲线左移。

思　考　题

1. 简述过冷奥氏体等温转变图和连续冷却转变图的建立方法。
2. 奥氏体等温转变图的影响因素有哪些?
3. 与等温转变相比,过冷奥氏体连续冷却转变有何特点?
4. 什么是临界冷却速度?如何根据 CCT 图确定临界冷却速度?
5. 图 7.22 为 45 钢的 TTT 曲线,给出不同冷却条件下的室温金相显微组织。

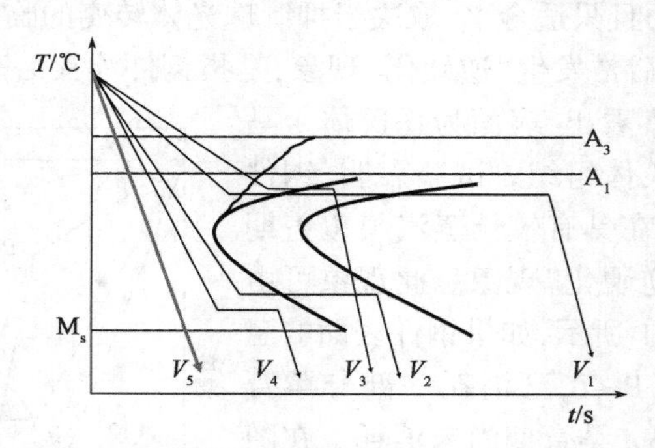

图 7.22　45 钢的 TTT 曲线

第 8 章　钢的回火转变

回火是将淬火钢加热到低于临界点 A_1 的某一温度保温一定时间，使淬火组织转变为稳定的回火组织，然后以适当的方式冷却到室温的一种热处理工艺。

钢淬火后的组织主要是由马氏体或马氏体 + 残余奥氏体组成，此外，还可能存在一些未溶碳化物。马氏体和残余奥氏体在室温下都处于亚稳定状态，马氏体处于含碳过饱和状态，残余奥氏体处于过冷状态，它们都有向铁素体加渗碳体的稳定状态转变的趋势，但是在室温下，原子扩散能力很低，这种转变很困难，回火将促进这种转变，因此淬火钢必须立即回火，以消除或减少内应力，防止变形和开裂，并获得稳定的组织和所需的性能。为了保证淬火钢回火获得所需的组织和性能，必须研究淬火钢在回火过程中的组织转变，探讨回火钢性能和组织形态之间的关系，为正确制定回火工艺提供理论依据。

8.1　淬火钢在回火时的组织转变

淬火钢回火时，随着回火温度升高和时间延长，相应地发生以下几种组织转变。

8.1.1　马氏体中碳的偏聚

马氏体中过饱和的碳原子处于晶格扁八面体间隙位置，使晶格产生较大的弹性畸变，加之马氏体晶体中存在较多的微观缺陷，因此使马氏体能量增加，处于不稳定状态。

在 80 ~ 100℃ 以下温度回火时，铁和合金元素的原子难以进行扩散迁移，但 C、N 等间隙原子尚能作短距离的扩散迁移。当 C、N 原子扩散到上述微观缺陷的间隙位置后，将降低马氏体的能量。因此，马氏体中过饱和的 C、N 原子向微观缺陷处偏聚。

8.1.2　马氏体的分解

当回火温度超过 80℃ 时，马氏体将发生分解，从过饱和的 α 固溶体中析出弥散的碳化物，这种碳化物的成分和结构不同于渗碳体，是亚稳相。随着回火温度升高，马氏体中的碳过饱和度不断下降。高碳钢火在 200℃ 以下回火时得到的具有一定过饱和度的 α 固溶体和弥散分布的 ε 碳化物组成的复相组织，称为回火马氏体（图 8.1）。

图 8.1　回火马氏体

8.1.3　残余奥氏体的转变

含碳量大于 0.5% 的碳素钢火后，组织中总含有少量残余奥氏体，在 250 ~ 300℃ 温度区间回火时，这些残余奥氏体将发生分解，随着回火温度升高，残余奥氏体的数量逐渐减少，残余奥氏体分解的产物是过饱和的 α 固溶体和 ε 碳化物组成的复相组织,相当于马氏体或下贝氏体。

8.1.4 碳化物的转变

马氏体分解及残余奥氏体转变形成的 ε 碳化物是亚稳定的过渡相,当回火温度升高至 250 ~ 400℃时,马氏体内过饱和的碳原子几乎全部脱溶,并形成比 ε 碳化物更稳定的碳化物。

当回火温度升高到 400℃时,淬火马氏体完全分解,但 α 相仍保持针状外形,碳化物转变为细粒状 θ 碳化物,即渗碳体,这种由针状 α 相和与其无共格联系的细粒状渗碳体组成的机械混合物称为回火屈氏体(图 8.2)。

8.1.5 渗碳体的聚集长大和 α 相回复、再结晶

当回火温度升高到 400℃以上时,析出的渗碳体逐渐聚集和球化,片状渗碳体的长度和宽度之比逐渐缩小,最终形成粒状渗碳体。当回火温度高于 600℃时,细粒状碳化物将迅速聚集并粗化。碳化物的球化长大过程是按照小颗粒溶解、大颗粒长大的机制进行的。

此外,由于淬火马氏体晶粒的形状为非等轴状,而且晶内的位错密度很高,与冷变形金属相似。所以在回火过程中也发生回复和再结晶。

淬火钢在 500 ~ 650℃回火时,渗碳体聚集成较大的颗粒,同时,马氏体的针状形态消失,形成多边形的铁素体,这种铁素体和粗粒状渗碳体的机械混合物称为回火索氏体(图 8.3)。

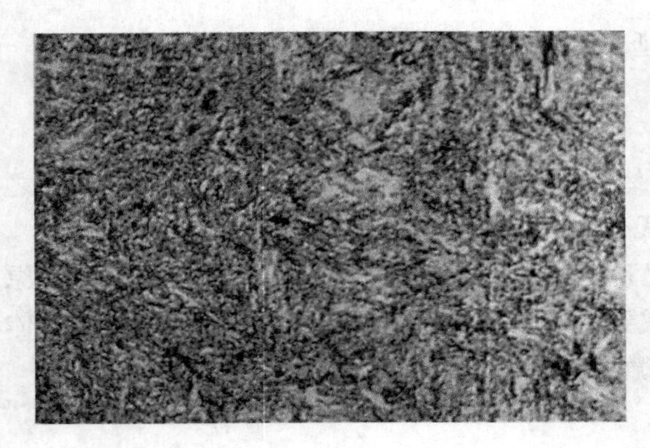

图 8.2 回火屈氏体

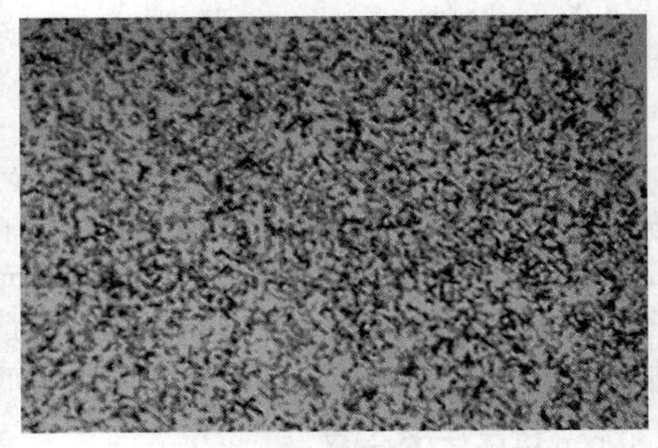

图 8.3 回火索氏体

另外,当回火温度为 400 ~ 600℃时,由于马氏体分解、碳化物转变、渗碳体聚集长大及 α 相回复或再结晶,淬火钢的残余内应力基本消除。

8.2 淬火钢回火时力学性能的变化

淬火钢在回火过程中,由于组织发生了一系列变化,钢的力学性能也随之发生相应的变化。淬火钢在回火时力学性能变化的总趋势是:随着回火温度的升高,钢的硬度、强度逐渐降低,而塑性、韧性不断提高。

淬火钢回火时硬度的变化规律如图 8.4 所示。由图可以看出,总的变化趋势是随着回火温度升高,钢的硬度连续下降。但含碳量大于 0.8% 的高碳钢在 100℃左右回火时,硬度反而略有升高。这是由于马氏体中碳原子的偏聚及 ε 碳化物析出引起弥散强化造成的。在 200 ~ 300℃回火时,硬度下降的趋势变得平缓。这是由于马氏体分解使钢的硬度降低及残余奥氏体

转变为下贝氏体或回火马氏体使钢的硬度升高，两方面因素综合影响的结果。回火温度超过300℃以后，由于ε碳化物转变为渗碳体，与母相的共格关系被破坏，以及渗碳体聚集长大，使钢的硬度呈直线下降。

碳钢随回火温度的升高，其强度σ_b、σ_s不断下降，而塑性A和Z不断升高(图8.5)，但在200～300℃较低温度回火时，由于内应力的消除，钢的强度和硬度都得到提高，对于一些工具材料，可采用低温回火以保证较高的强度和耐磨性[图8.5(c)]但高碳钢低温回火后塑性较差，而低碳钢低温回火后具有良好的综合力学性能[图8.5(a)]。在300～400℃回火时，钢的弹性极限σ_e最高，因此一些弹簧钢件均采用中温回火。当回火温度进一步提高，钢的强度迅速下降，但钢的塑性和韧性却随回火温度升高面增加，在500～600℃回火时，塑性达到较高的数值，并且保留相当高的强度，因此中碳钢采用淬火加高温回火可以获得良好的综合力学性能[图8.5(b)]。

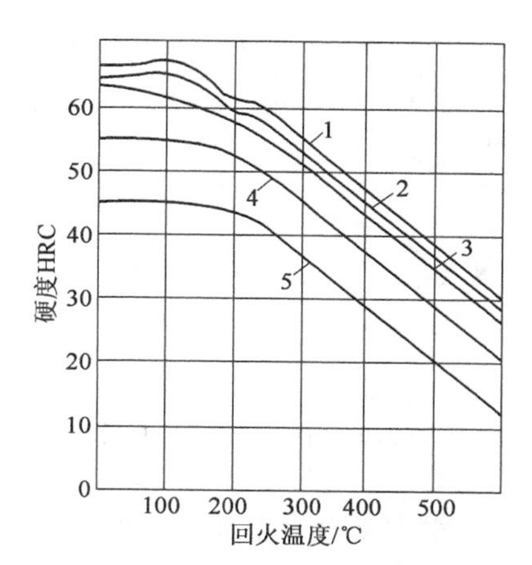

图8.4 淬火钢回火时硬度的变化规律

合金元素可使钢的各种回火转变温度范围向高温推移，可以减小钢在回火过程中硬度下降的趋势，提高回火稳定性(即钢在回火过程中抵抗硬度下降的能力)。与相同含碳量的碳钢相比，在高于300℃回火时，在相同回火温度和回火时间情况下，合金钢具有较高的强度和硬度。反过来，为得到相同的强度和硬度，合金钢可以在更高的温度下回火，这有利于钢的塑性和韧性的提高。强碳化物形成元素还可在高温回火时析出弥散的特殊碳化物，使钢的硬度显著升高，造成二次硬化。

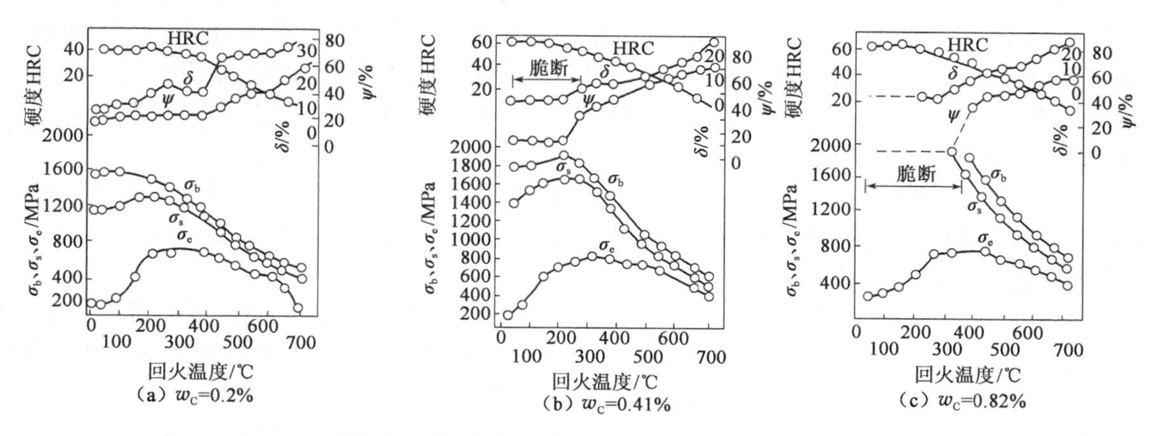

图8.5 淬火钢的拉伸性能与回火温度的关系

8.3 回火脆性

淬火钢回火时冲击韧度并不总是随回火温度升高而单调增大，有些钢在一定的温度范围内回火时，其冲击韧度显著下降，这种脆化现象称为钢的回火脆性(图8.6)。钢在250～400℃温度范围内出现的回火脆性称为第一类回火脆性，也称为低温回火脆性；在450～650℃温度范围内出现的回火脆性称为第二类回火脆性，也称为高温回火脆性。

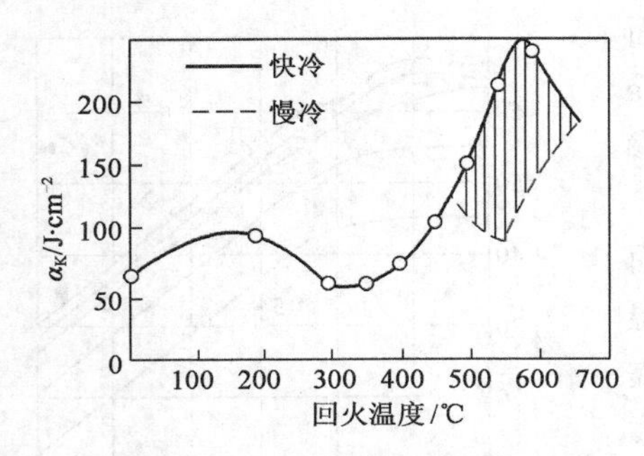

图 8.6 中碳铬镍钢冲击韧性与回火温度的关系

8.3.1 第一类回火脆性

第一类回火脆性几乎在所有的工业用钢中都会出现。产生低温回火脆性的原因,目前还不十分清楚。一般认为是马氏体条的界面析出所造成的。这种硬而脆的薄片碳化物与马氏体间的结合较弱,降低了马氏体晶界处的断裂强度,使之成为裂纹扩展的路径,因而导致脆性断裂,使冲击韧性下降。如果提高回火温度,由于析出的碳化物聚集和球化,改善了脆化界面状况而使钢的韧性又重新恢复或提高。

钢中含有合金元素一般不能抑制第一类回火脆性,但 Si、Cr、Mn 等元素可使脆化温度推向更高温度。例如,$w_{Si}=1.0\%\sim1.5\%$ 的钢,产生脆化的温度为 300～320℃;而 $w_{Si}=1.0\%\sim1.5\%$、$w_{Cr}=1.5\%\sim2.0\%$ 的钢,脆化温度可达 350～370℃。

到目前为止,还没有一种有效地消除第一类回火脆性的热处理或合金化方法。为了防止第一类回火脆性,通常的办法就是避免在脆化温度范围内回火。

8.3.2 第二类回火脆性

第二类回火脆性主要在合金结构钢中出现,碳素钢一般不出现这类回火脆性,当钢中含有 Cr、Mn、P、As、Sb、Sn 等元素时,第二类回火脆性增大。将脆化状态的钢重新高温回火、然后快速冷却、即可消除脆性。因此这种回火脆性可以通过再次高温回火并快冷的办法消除。但是若将已消除回火脆性的钢件重新于脆化温度区间加热,然后缓冷,脆性又会重新出现、故又称之为可逆回火脆性。第二类回火脆性的产生机制至今尚未彻底清楚。近年来的研究指出,回火时 Sb、Sn、As、P 等杂质元素在原奥氏体晶界上偏聚或以化合物形式析出,降低了晶界的断裂强度,是导致第二类回火脆性的主要原因。Cr、Mn、Ni 等合金元素不但促进这些杂质元素向晶界偏聚,而且本身也向晶界偏聚,进一步降低了晶界的强度,从而增大了回火脆性倾向。Mo、W 等合金元素则抑制第二类回火脆性倾向。

上述杂质元素偏聚机制能较好地解释高温回火脆性的许多现象,并能有力地说明钢在 450～550℃长期停留使杂质原子有足够的时间向晶界偏聚而造成脆化的原因,却难以说明这类回火脆性对冷速的敏感性。

为了防止第二类回火脆性,对于用回火脆性敏感钢制造的小尺寸的工件,可采用高温回火后快速冷却的方法;也可通过提高钢的纯度、减少钢中的杂质元素,以及在钢中加入适量的 Mo、W 等合金元素,来抑制杂质元素向晶界偏聚,从而降低钢的回火脆性,对于大截面工件用钢广泛应采用这种方法。对亚共析钢可采用在 $A_1\sim A_3$ 临界区加热亚温淬火的方法,使 P 等有害杂质元素溶入铁素体中,从而减小这些杂质在原始奥氏体晶界上的偏聚,可显著减弱回火脆性。此外,采用形变热处理方法也可以减弱回火脆性。

思 考 题

1. 什么是第一类回火脆性和第二类回火脆性？如何消除？

2. 简述随回火温度升高,淬火钢在回火过程中的组织转变过程与性能变化趋势。

第9章　钢的常规热处理方法

随着科学技术的飞速发展,对材料的质量和性能要求不断提高,热处理作为提高材料性能和发挥材料潜力的手段显得更为重要。正确地选择材料,合理地选择热处理工艺,不仅可以减少废品,而且可以显著地提高零件的性能、延长使用寿命。合理的热处理工艺是使产品获得理想综合技术、经济效能的重要途径。

在我国历史上,热处理工艺出现于铁器时代。铸铁的柔化处理就是根据这一要求最早出现的热处理工艺。随着其他新能源、新技术的开发,热处理工艺发展成为复合工艺,如激光热处理、感应表面淬火。随着计算机、自动控制技术的发展,制造出了由计算机辅助热处理生产的设备,如真空热处理设备。生产工艺的发展,生产设备的改进,现代工业制造出了更高性能的软件。

热处理方法分为普通热处理、表面淬火、化学热处理和复合热处理。其中,普通热处理包括退火、正火、淬火、回火;表面淬火包括感应加热表面淬火、火焰加热表面淬火;化学热处理包括渗碳、渗氮、碳氮共渗等。随着材料科学的发展,对组织和性能的关系认识的深化,热处理工艺也随之变革,并派生出了许多优质和高效能的工艺方法,如可控气氛热处理、真空热处理、辉光离子热处理等。

按照热处理在零件整个生产过程中的位置和作用不同,热处理工艺分为预备热处理和最终热处理。预备热处理是为了改善半成品零件的组织和性能,或为最终热处理做组织准备,而最终热处理是为零件提供最终的使用性能。

本章将讨论退火、正火、淬火和回火四种常规热处理方法的定义、特点及组织转变规律。

9.1　退火与正火

钢的退火与正火是最基本的热处理工序。钢经过合适的退火和正火处理后,可以消除铸件和锻件及焊接件的工艺缺陷;改善金属材料的加工成型性能、切削加工性能、热处理工艺性能,以及稳定零件几何尺寸,获得一定的性能,但是退火和正火工艺是否得当是关系到企业能否低能耗、高质量地生产机器零件或其他机械产品。

9.1.1　退火

将金属或合金加热到适当温度,保温一定时间,然后缓慢冷却,使其组织、结构达到或接近平衡状态的热处理工艺称为退火。退火的目的是均匀化学成分、改善力学性能及工艺性能、消除或减少内应力,并为零件最终热处理作合适的组织准备。退火的种类较多,按加热温度可分为两大类:第一类退火是在临界温度以上的退火,又称相变重结晶退火,包括完全退火、不完全退火、球化退火、扩散退火等。第二类退火是在临界温度以下的退火,包括再结晶退火、去应力退火等。退

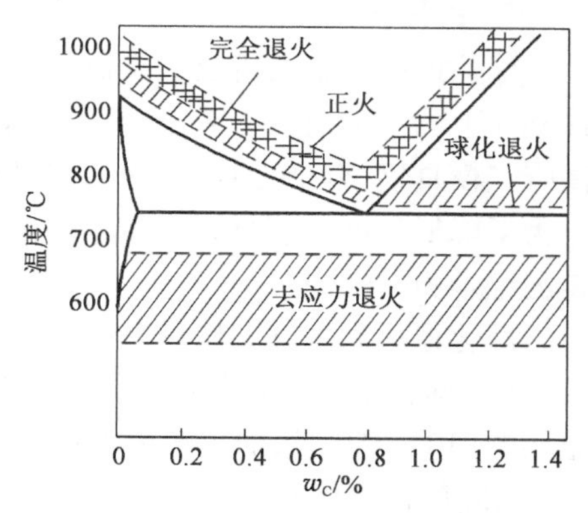

图9.1　退火和正火加热温度范围

火和正火的加热温度范围如图 9.1 所示。

9.1.2 第一类退火

1. 完全退火

将亚共析钢加热至 A_{c3} 以上 30 ~ 50℃,保温一定时间后随炉缓慢冷却,获得接近平衡状态的热处理工艺,称为完全退火。

并非所有的钢材均适用于完全退火。一般情况下,完全退火主要适用于含碳量为 0.3% ~ 0.6%,经热机械加工后的亚共析碳钢或合金钢。完全退火的目的主要是细化晶粒、降低硬度、改善切削性能以及消除内应力。过共析钢不适用于完全退火,主要是因为过共析钢经过完全退火后,很容易形成网状渗碳体,从而使得钢材性能恶化。

完全退火的工艺参数主要包括加热速度、加热温度和保温时间。

(1)加热速度。碳钢加热速度为 150 ~ 200℃/h,合金钢的导热能力较差,加热速度适当减慢,可以选择 50 ~ 100℃/h。

(2)加热温度。可按铁碳相图来确定,原则上确定为 A_{c3} +(30 ~ 50℃)。

(3)保温时间。碳钢的保温时间按零件有效厚度进行计算,一般可以按照 1h/25mm,超过 25mm,每 25mm 增加 0.5h 的原则进行选取。合金钢可以按照 1h/20mm 选取。

(4)冷却速度(炉冷)。冷却速度应缓慢,以保证奥氏体在 A_{r1} 点以下不大的过冷度情况下进行珠光体转变,以免硬度过高。

2. 不完全退火

亚共析钢在 A_{c1} ~ A_{c3} 之间或过共析钢在 A_{c1} ~ A_{ccm} 之间两相区加热,保温足够时间后缓慢冷却的热处理工艺称为不完全退火。

对亚共析钢而言,如果组织已经满足要求,但弥散度高(硬度高),这种情况下需要进行不完全退火。对过共析钢而言,为了细化和均匀组织,一定要进行不完全退火,而不能加热到 A_{ccm} 以上,因为如果加热到 A_{ccm} 以上,容易生成网状渗碳体,从而导致开裂。

亚共析钢不完全退火时的加热温度一般为 740 ~ 780℃。加热温度低,操作条件好,节省燃料和时间。过共析钢不完全退火时的加热温度一般为 A_{c1} ~ A_{ccm} 之间较高温度奥氏体化,冷却后使之得到片状珠光体。

3. 球化退火

球化退火是将共析及过共析钢中的片状碳化物转变为球状碳化物,使之均匀分布于铁素体基体上的一种退火工艺,是不完全退火的一种特例。球化退火适用于含碳量大于 0.6% 的高碳工模具钢、合金工具钢、轴承钢以及为改变冷变形工艺的低中碳钢。球化退火的目的主要是为了降低硬度、改善切削性能;获得均匀组织、改善热处理工艺性能;经淬火、回火后获得优良的综合力学性能。

球化退火后为球状组织(粒状),球化组织的特点主要有:

(1)球化组织比片状珠光体硬度低,便于切削加工。在对金属进行机械加工时,当被加工金属的 HB > 250 时,加工较为困难。

(2)具有球化的原始组织,在淬火加热过程中不易过热,在淬火过程中不易变形开裂。因为球状颗粒比较小,加热过程中不易溶解到奥氏体中去。

(3)球化的原始组织可以提高淬火回火后的性能。球化退火前若有网状渗碳体,则球化退火将变得非常困难。

球化退火工艺较多,主要包括一般球化退火、等温球化退火和周期球化退火三种,其工艺对比如图9.2所示。

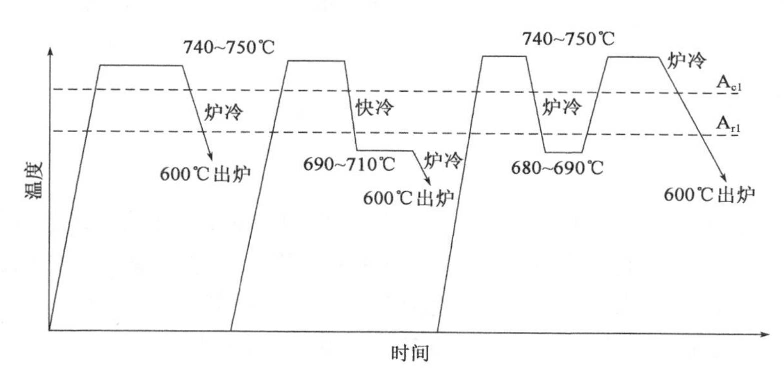

图9.2　三种球化退火工艺对比图

(1)一般球化退火。一般球化退火的加热温度为 A_{c1} +20℃,冷却速度为3~5℃/h冷到 A_{r1} 以下一定温度后即可出炉空冷。

(2)等温球化退火。等温球化退火的加热温度为 A_{c1} +20℃,可以快速冷却到略低于 A_{r1} 温度时进行等温处理,等温结束后再炉冷到600℃,再出炉空冷。

(3)周期球化退火。周期球化退火是指在 A_{c1} 以上20℃和 A_{r1} 以下20℃左右交替保温,然后在600℃以下再出炉空冷。

4. 等温退火

将工件加热到高于 A_{c3} 或 A_{c1} 温度,保持适当时间后,较快地冷却到珠光体转变温度区间的某一温度并等温保持使奥氏体转变为珠光体组织,然后在空气中冷却的退火工艺称为等温退火。等温退火主要适用于过冷奥氏体在珠光体转变区比较稳定的合金钢。

等温退火工艺参数主要包括加热温度等温温度和等温时间。

(1)加热温度。亚共析钢加热温度为 A_{c3} +(30~50℃),过共析钢和共析钢加热温度一般为 A_{c1} +(30~50℃)。

(2)等温温度。根据退火后的性能(硬度)而定,从该钢种C曲线选择。如果要求硬度较高,等温温度选为 A_1 -(80~100℃);如果要求硬度较低,等温温度选为 A_1 -(30~70℃)。

(3)等温时间。根据C曲线来确定保温时间,一般比C曲线标注的时间稍长一些。一般合金钢的等温时间为3~4h。

5. 扩散退火

将金属铸锭、铸件或钢坯在略低于固相线的温度下长期加热,消除或减少化学成分偏析以及显微组织(枝晶)的不均匀性,以达到均匀化的热处理工艺称为扩散退火,也称为均匀化退火。

由于铸锭或铸件在结晶过程中钢液发生选择性结晶及不均匀冷却,将发生偏析现象。偏析现象的主要表现形式为化学成分的不均匀;非金属的夹杂不均匀分布;在偏析区形成气泡气孔,对以后热处理性能造成危害。

金属材料一旦产生偏析,将会造成大型铸件各部分成分差异大,从而使相变过程产生差异,导致大型铸件组织和性能不均匀;偏析区内碳、硫、磷的不均匀分布,容易在压力加工或热处理时造成废品;偏析将导致机械性能恶化,热轧后偏析区形成带状组织。

扩散退火主要适用于合金钢钢锭或铸件,加热温度一般为1100~1200℃,保温时间为10~15h。扩散退火后钢的晶粒粗大,必须进行一次完全退火或正火来细化晶粒,消除过热缺陷,为随后热处理做好准备。

9.1.3 第二类退火

1. 再结晶退火

经过冷变形后的金属加热到再结晶温度以上,保持适当时间,使形变晶粒重新转变为均匀的等轴晶粒,以消除形变强化和残余应力的热处理工艺称为再结晶退火。再结晶退火的目的主要是消除加工硬化,提高塑性,改善切削性能及压延成型性能。

再结晶退火时的加热温度一般选择在再结晶温度以上,A_{c1}以下。

2. 去应力退火

为了消除铸造、焊接、热轧、热锻等过程引起的内应力而进行的退火称为去应力退火,称为去应力退火。去应力退火的目的主要是为了消除铸件、锻件、焊接件应力,稳定几何形状,防止变形和开裂。

去应力退火时加热温度一般选择550~650℃,冷却过程中当温度降到500℃后,可以出炉空冷,加快冷却速度,提高生产效率。

9.1.4 钢的正火

将钢加热到A_{c3}或A_{ccm}以上30~50℃并保温一定时间,然后出炉在空气中冷却的热处理工艺称为正火。正火的目的是为下一步热处理做组织准备;低碳钢通过正火可以改善钢的加工性;对过共析钢,正火可消除网状碳化物,便于球化退火;正火可作为中碳钢或中碳合金钢的最终热处理,代替调质处理,使工件具有一定的综合力学性能。正火生产线如图9.3所示。

图9.3 正火生产线

正火加热温度一般选择在A_{c3}(A_{cm})+(30~50)℃,如果钢中含有强碳化物形成元素,正火加热温度可以适当高一些:A_{c3}(A_{cm})+(120~150)℃。

一些常见钢的推荐的正火温度见表9.1。

表 9.1 常见碳钢的推荐正火温度

牌号	正火温度/℃	牌号	正火温度/℃
15	900 ~ 930	45	840 ~ 870
20	900 ~ 930	50	840 ~ 870
35	870 ~ 900	65	810 ~ 840
40	840 ~ 870	95	810 ~ 840

9.1.5 退火后钢的组织与性能

1. 退火与正火的区别

退火与正火的主要区别是钢在加热保温后，冷却方式不同，退火是随炉冷却，冷却速度缓慢，而正火是在空气中冷却，冷却速度较快。退火与正火的区别主要有以下两点：

(1)正火的冷却速度快，过冷度较大。正火处理时是在空气中冷却，冷却速度较快，因此实际从奥氏体转变为珠光体的温度较低，过冷度较大。

(2)正火后得到的组织较细，强度和硬度比退火高一些。珠光体的片层间距与过冷度成反比，过冷度越大，片层间距就越小，由于正火处理时的过冷度比退火时要大些，因此零件经正火处理后比退火处理的强度和硬度要高一些。

2. 退火与正火后组织性能

由于冷却方式不同，导致钢在退火和正火后的性能不一样。钢在退火和正火后的组织性能上的差异主要表现为以下几点：

(1)都是珠光体组织，但正火的片层间距小；

(2)正火组织比退火组织细；

(3)正火后的先共析相数量少；

(4)对于合金钢，退火后易获得粒状珠光体，正火后易得 S 或 T；

(5)正常条件下，正火或退火均能细化晶粒。

3. 退火与正火工艺的选用

退火与正火处理均可改变钢的组织和性能，为随后的机械加工作性能上的准备，也可为最终热处理作组织准备。退火与正火也都可作为最终热处理，满足零件最终使用要求。

1)从切削加工性上考虑

(1)低碳钢($w_C<0.25\%$)：采用正火处理，便于切削。

(2)中碳钢($w_C=0.25\% \sim 0.5\%$)：应采用正火合适。

(3)中碳钢或合金中碳钢($w_C=0.5\% \sim 0.75\%$)：采用退火合适。

(4)高碳钢($w_C>0.75\%$)：采用球化退火作为预备热处理，若有网状二次渗碳体存在，则应先进行正火以消除网状渗碳体。

2)从使用性能上考虑

对工件受力不大，性能要求不高，可用正火作为最终热处理，代替淬火 + 回火。

3)从经济成本上考虑

在钢的使用性能和工艺性能都能满足的前提下，尽可能选用正火。

9.2 钢的淬火与回火

9.2.1 淬火的定义及目的

将钢加热至临界点以上,保温一定时间后以大于临界冷却速度的速度冷却,使过冷奥氏体转变为马氏体或下贝氏体的热处理工艺称为淬火。淬火的目的是获得马氏体或下贝氏体,从而使淬火后的钢的强度、硬度和耐磨性大大提高;同时淬火还可与不同的回火工艺配合,以提高钢的力学性能。

淬火工艺按加热温度、加热速度、淬火部位、冷却方式、加热方式进行分类,见表9.2。

表9.2 钢的淬火分类

分类原则	淬火工艺方法
加热温度	完全淬火、不完全淬火
加热速度	普通淬火、快速加热淬火、超快速加热淬火
淬火部位	整体淬火、局部淬火、表面淬火
冷却方式	单液淬火、预冷淬火、双液淬火、分级淬火、等温淬火
加热方式	真空淬火、感应淬火、电子束淬火、火焰淬火、激光淬火

9.2.2 淬火介质

1. 定义

热处理过程中为实现淬火目的所用的冷却介质称为淬火介质。冷却能力是淬火介质的主要衡量指标。一般而言,淬火介质的冷却能力越大,工件越容易淬硬,而且淬硬层的深度越深,但冷却能力过大,将产生巨大的淬火应力,使工件变形和开裂。理想的淬火介质应能保证工件得到马氏体,同时变形小、不开裂。理想淬火介质应具备的特性如图9.4所示,其要求见表9.3。

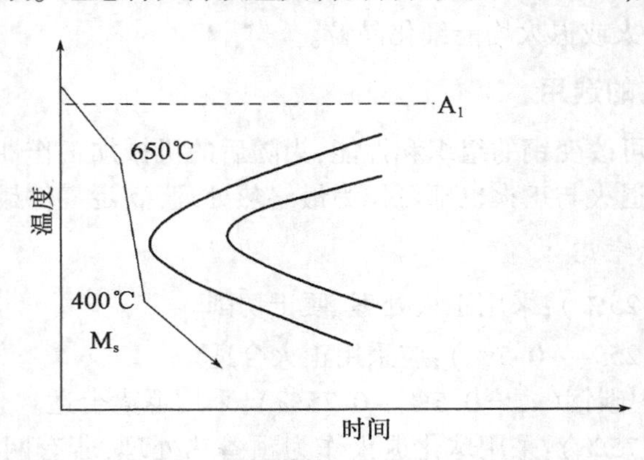

图9.4 理想淬火介质应具有的特性

表9.3 理想淬火介质的要求

温度/℃	对冷却速度要求	相变	应力与变形
>650	缓慢冷却	无相变	减少热应力,减少变形
650~400	快速冷却	不发生珠光体转变	
<300	缓慢冷却	发生马氏体转变	减小组织应力,减少变形开裂

2. 淬火介质的分类与要求

淬火介质种类较多,根据淬火时是否发生物态变化,将淬火介质分为两大类。一类是淬火时要发生物态变化的淬火介质,如水、油及水溶液。这类淬火介质的特点是:(1)沸点远低于工件的淬火加热温度;(2)汽化沸腾,使工件强烈散热;(3)工件与介质的界面还可以辐射、传导、对流等方式进行散热。另一类为淬火时不发生物态变化的淬火介质,如各种熔盐、熔融金属等。这类淬火介质的特点是:(1)沸点高于工件的淬火加热温度;(2)赤热工件淬入其中时不会汽化沸腾,而只以辐射、传导和对流的方式进行热交换。

淬火介质一般要求是:(1)在过冷奥氏体不稳定的中温区域冷却要快,而在 M_s 点附近冷却速度缓慢;(2)适用范围宽,而变形开裂倾向小;(3)在使用过程中不变质,不腐蚀工件,不粘接工件,稳定,可靠,无毒,不易燃烧;(4)来源充分,便宜,便于推广。

3. 淬火介质的冷却机理

以水为例,当赤热工件进入淬火介质后,其冷却过程分为以下三个阶段。

1)蒸汽膜阶段

当红热的工件浸入淬火介质后,淬火介质会受热发生汽化并立即在其表面形成一层蒸汽膜,这层蒸汽膜的导热率很低,工件的热量主要通过蒸汽膜的辐射和传导作用来传递出去,因此工件在该阶段冷却速度比较缓慢。蒸汽膜阶段持续时间的长短,主要取决于淬火介质的构成成份。淬火介质具有非常短的蒸汽膜阶段是非常重要和必需的,首先可以有效避免被处理零件发生不希望的组织转变(非马氏体组织);其次,可以实现零件上不同位置的均匀冷却,能够有效降低组织转变应力,从而减少变形。在该阶段,工件表面产生大量过热蒸汽,形成连续蒸汽膜紧紧包住工件,使工件与液体分开,因为蒸汽是热的不良导体,此阶段的冷却主要靠辐射传热,所以冷却较慢。特性温度即为蒸汽膜开始破裂的温度。

2)沸腾阶段

经过一段时间,零件表面上的蒸汽膜开始破裂(蒸汽膜维持的时间主要取决于淬火介质的构成成分及被处理零件的几何形状尺寸)并迅速进入沸腾冷却阶段,此时工件与淬火介质直接接触,淬火介质在工件表面产生强烈沸腾,工件的热量被介质汽化所吸收,散热速度加快,冷却速度很快达到最大值。工件表面温度迅速下降,而后液体沸腾逐渐减弱直至工件表面温度低于液体沸点,沸腾冷却阶段结束。蒸汽膜破后,冷却介质与工件直接接触;此时在工件表面激烈沸腾而带走大量热量,故冷却很快。

3)对流阶段

随着冷却过程的继续进行,当淬火工件的表面温度低于介质沸点时,进入对流冷却阶段,此时工件与介质之间的散热是以对流传导方式进行。介质本身由于温度差则产生自然对流及介质与工件之间的温差产生的热传导将工件的热量带走,这一阶段的冷却速度通常比较缓慢,但是搅拌速度的大小对其有着很大的影响。

淬火液的几个重要参数:(1)蒸汽膜冷却阶段的持续时间;(2)沸腾冷却阶段的温度范围;(3)对流冷却阶段的冷却速度及其开始的温度。最大冷却速度并不能反映出淬火介质冷却性能的优劣,因为它只是温度—时间曲线上的最大斜率值,而非对应于 TTT 转变相图上 C 曲线的位置(特别是鼻尖温度位置)。淬火介质具有一个短暂的蒸汽膜阶段是相当重要和必需的,因为,当零件浸入淬火介质的最初几秒钟(有些情况下甚至在一秒钟之内)温度就会降低到500～600℃的临界温度,此时如果蒸汽膜阶段过长,非马氏体的一些软组织如珠光体、贝氏体、托氏体等就会产生。对于合金含量较高的材料,其在TTT相图上的C曲线会右移,有时淬火介质蒸汽膜阶段较长也不会影响其最终淬火冷却效果,但是,蒸汽膜阶段的缩短有助于整个工件不同位置得到均匀冷却,能够减少应力,降低淬火变形。不同冷却阶段的影响如下:短的蒸汽膜冷却阶段,使整个工件表面得到均匀快速的冷却;宽的沸腾冷却过程,有利于大尺寸零件的淬火冷却效果;对流阶段的冷却性能中搅拌速度对其有着很大的影响。

淬火介质的通常要求有以下几点:(1)蒸汽膜阶段不要太长;(2)沸腾阶段冷却剧烈,使工件能迅速冷却,以避开转变的不稳定区域;(3)对流阶段的开始阶段要稍高于马氏体转变点,使工件在马氏体转变的范围内冷却比较缓慢,以减少变形和开裂。

4. 淬火介质冷却特性的测定

冷却特性是指试样温度与冷却时间或试样温度与冷却速度之间的关系。

1)淬火介质冷却性能的评价方法

淬火介质冷却性能的评价目前主要有冷却速度评价法和数值评价方法。

(1)冷却速度评价法。

目前国外大多数人用冷却速度来评价淬火介质,它的要点是:

①当某一介质的冷却速度(最大冷速、最大冷速的温度、300℃的冷却速度)低于水或高于油则该介质的冷却能力就低于水或高于油。

②最大冷速的温度越高,工件冷却易于躲开TTT曲线的鼻子而进入马氏体转变。

③最大冷速越大,表明在沸腾阶段介质从探头表面脱去热量就越多。

④到达300℃时冷却速度是评价介质低温区冷却性能的主要依据。在300℃的冷速超过50℃/s时,原则上认为该水基淬火液不宜用来代替油淬,因为这样易于引起过大的畸变甚至开裂。淬火油在300℃的冷速为6～30℃/s。

(2)数值评价方法。

①Segerberg方法。

Segerberg的计算公式如下:

$$HP = 91.5 + 1.347T_{vp} + 10.88CR - 3.85T_{cp} \tag{9.1}$$

式中:HP为淬火油的淬硬能力;T_{vp}为特性温度,℃;CR为在500～600℃之间的平均冷却速度,℃/s;T_{cp}为对流阶段开始温度,℃。

②二次方度每秒法。

该方法是作者基于下列一个假定提出的,即最大冷速和其所在温度的乘积与该介质的冷却能力(CP)成正比,计算公式如下:

$$CP = 0.011 \times \text{最大冷速} \times \text{最大冷速所在温度} \tag{9.2}$$

式(9.2)适用有机淬火液和淬火油。

2)淬火介质冷却特性的测定过程

(1)测试前检查线路连接是否正确,同时准备好测试需用的水和淬火油。在温度控制和数据采集盒上安装了两个温度控制仪表,左边的一个用来控制加热炉温度,右边一个用来控制介质温度。炉温设置比探头开始测试温度略高一点,设置在860℃左右(本设备所用探头为Ni－Cr合金探头),将淬火介质倒入器皿中(淬火介质的量为器皿总体积的90%左右)。一定要注意控制淬火介质的量,如果淬火介质太多的话,当探头浸入淬火介质时会导致淬火介质溢出来;如果淬火介质太少的话,就会影响实验的准确度,导致实验结果不准确。

(2)当以上准备工作做好后就可开始加热探头进行测试。测试时,打开淬火介质冷却特性测定系统软件,选择文件⇨测试功能,弹出如图9.5所示的测试对话框。其中前6个是在系统设置中设置的参数,如果需要改,改后按使用手工参数。当加热炉温度高于报警温度后将报警,探头温度高于最高温度并延时5s也将报警(两种报警声音不同)。当探头到温且报警后,迅速将探头放入介质中冷却。开始测试时间是靠位置行程开关控制的,因而如果动作慢,开始测试温度会降低较多,动作速度快一点或将最高温度设置的适当高一点。

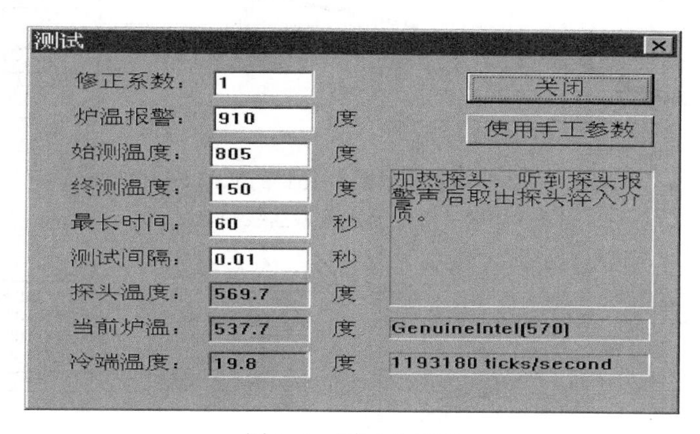

图9.5 测试对话框

(3)选编辑⇨属性,需要认真填写介质描述和备注两栏内容(如介质名称、生产厂家、介质温度、是否有问题等),以便将来使用。

(4)打印报告。

选文件⇨打印设置可对打印的报告进行设置,通常可以选用A4或B5纸,方向可以是纵向或横向。

选文件⇨打印预览可对打印结果进行预览。

选文件⇨打印或点击工具栏中的打印可打印测试结果报告。

(5)清洗探头。将固定探头的两个螺钉松开,取出探头,用自来水清洗探头表面。

(6)记录实验数据,并对数据进行分析

3)淬火介质冷却特性测试案例分析

下面以PAG淬火介质为例,分析其不同温度和不同浓度条件下冷却特性的变化规律。

(1)温度对PAG淬火液冷却特性的影响分析。

在室温20℃时,不同温度下浓度为10%的PAG淬火液冷却特性曲线经拟合后如图9.6及图9.7所示,软件记录下的冷却曲线对应数据见表9.4。

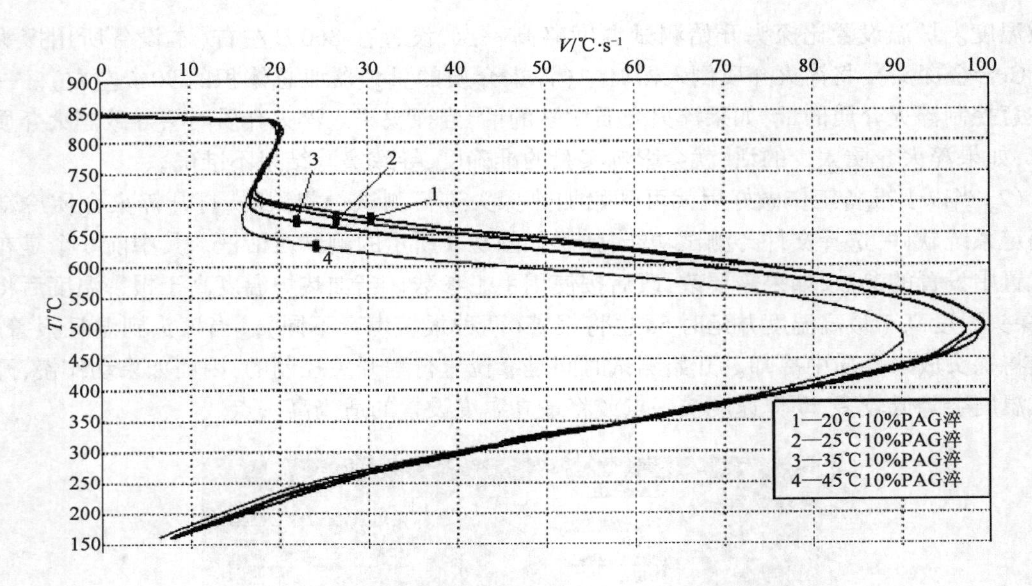

图 9.6　不同温度下浓度为 10% 的 PAG 淬火液的温度—冷却速度关系曲线拟合

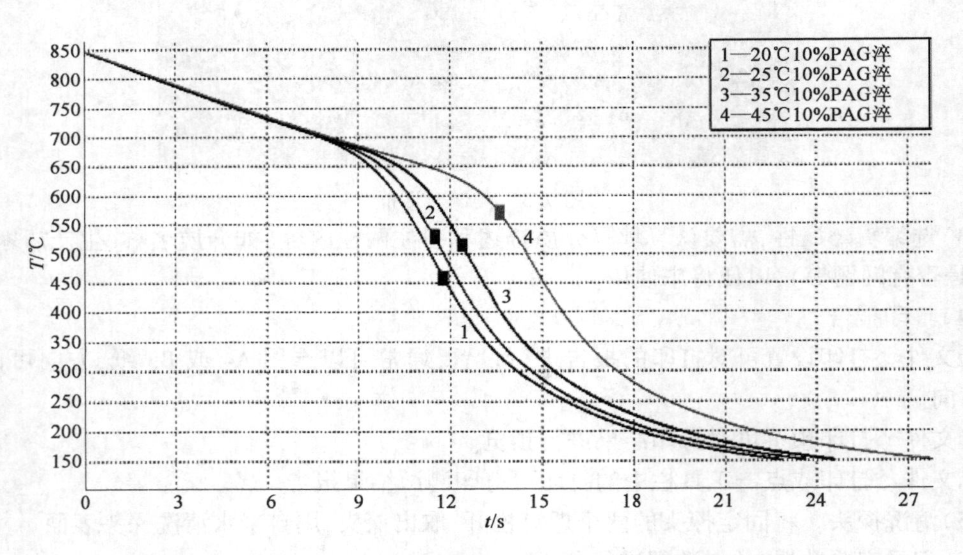

图 9.7　不同温度下浓度为 10% 的 PAG 淬火液的温度—时间关系曲线拟合

表 9.4　不同温度下浓度为 10% 的 PAG 淬火液冷却特性数据

T ℃	T_{vp} ℃	t_{vp} s	T_{max} ℃	V_{max} ℃·s⁻¹	V_{300} ℃·s⁻¹	t_{600} s	t_{400} s	t_{300} s	t_{200} s
20	652	9.41	502	99.6	42.4	10.3	12.5	14.2	18.1
25	646	9.92	501	99.4	41.9	10.7	12.9	14.7	18.7
35	635	10.78	495	97.4	41.2	11.4	13.7	15.4	19.5
45	607	12.98	480	90.4	39.5	13.1	15.7	17.5	21.9

表 9.4 中，T_{vp} 表示特性温度；t_{vp} 为特温秒，表示达到特性温度所需时间；T_{max} 表示最大冷却

速度所在温度；V_{max}表示最大冷却速度；V_{300}表示300℃冷速；t_{600}、t_{400}、t_{300}、t_{200}分别表示探头温度从850℃下降至600℃、400℃、300℃、200℃所需时间。

当炽热的探头进入20℃下浓度为10%的PAG淬火液后，探头的冷却速度在第1s左右快速达到第一个波峰值21℃/s，然后开始下降，在第7s左右时达到波谷值17℃/s，然后再次增大，在第11s左右时达到最大冷速99.6℃/s，随后缓降至室温，其中，探头的300℃冷速为42.4℃/s。当炽热的探头进入25℃下浓度为10%的PAG淬火液后，探头的冷却速度在第1.5s左右快速达到第一个波峰值20℃/s，然后开始下降，在第7s左右时达到波谷值17℃/s，然后再次增大，在第11.5s左右时达到最大冷速99.4℃/s，随后缓降至室温，其中，探头的300℃冷速为41.9℃/s。当炽热的探头进入35℃下浓度为10%的PAG淬火液后，探头的冷却速度在第2s左右快速达到第一个波峰值20℃/s，然后开始下降，在第7.5s左右时达到波谷值16℃/s，然后再次增大，在第12s左右时达到最大冷速97.4℃/s，随后缓降至室温，其中，探头的300℃冷速为41.2℃/s。炽热的探头进入45℃下浓度为10%的PAG淬火液后，探头的冷却速度在第2s左右快速达到第一个波峰值19.8℃/s，然后开始下降，在第10s左右时达到波谷值15℃/s，然后再次增大，在第14.5s左右时达到最大冷速90.4℃/s，随后缓降至室温，其中，探头的300℃冷速为39.5℃/s。

由拟合图像看出，各个温度下的10%的PAG淬火液在700～850℃的高温冷却阶段冷速基本相同，但在400～700℃的中高温冷却阶段，随着使用温度的升高，PAG淬火液的最大冷却速度、特性温度、最大冷却速度所在温度均在不断下降，特温秒在不断增大，即PAG淬火液的高温冷却能力在不断下降，在150～400℃的低温冷却阶段，液温的升高使得探头的300℃冷速逐渐缓降，即使得PAG淬火液的低温冷却能力略有降低，但影响不大。

(2)浓度对PAG淬火液冷却特性的影响分析。

20℃下不同浓度的PAG淬火液冷却特性曲线经拟合后如图9.8及图9.9所示，软件记录下的冷却曲线对应数据见表9.5。

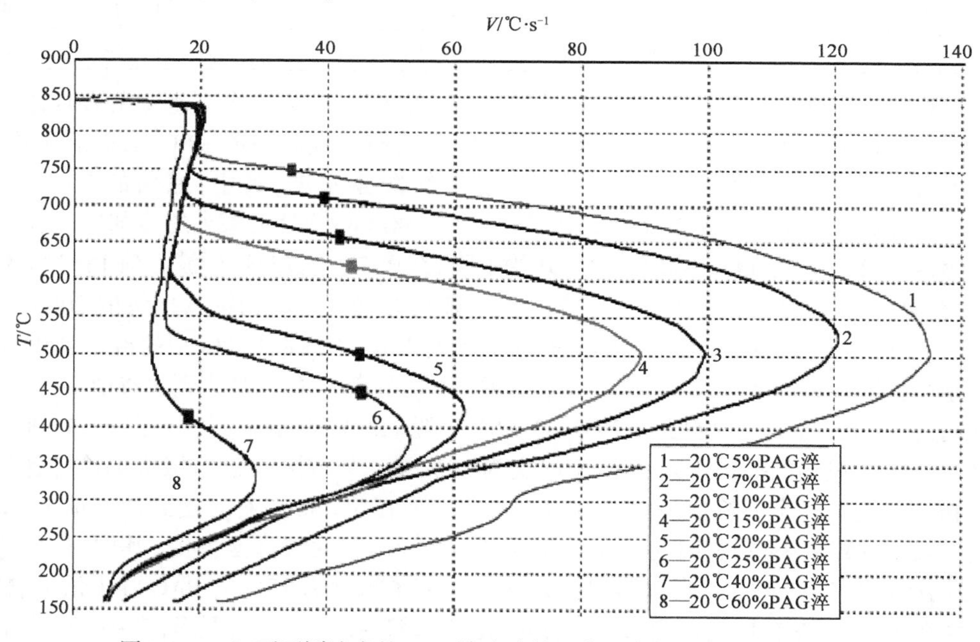

图9.8 20℃下不同浓度的PAG淬火液的温度—冷却速度关系曲线拟合

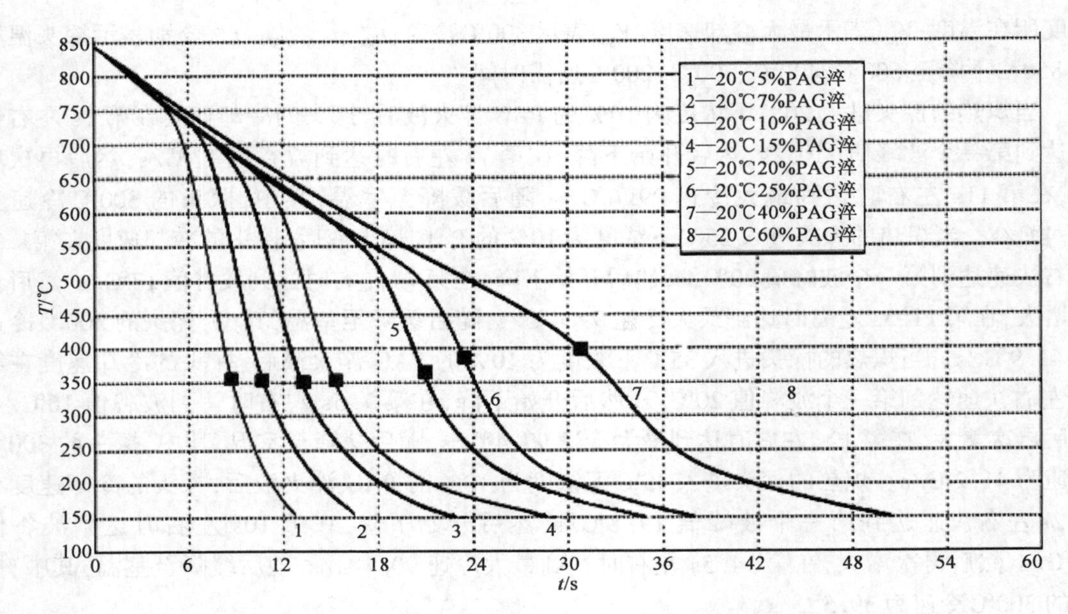

图 9.9　20℃下不同浓度的 PAG 淬火液的温度—时间关系曲线拟合

表 9.5　20℃下不同浓度的 PAG 淬火液冷却特性数据

浓度	T_{vp}/℃	t_{vp}/s	T_{max}/℃	V_{max}/℃·s^{-1}	V_{300}/℃·s^{-1}	t_{600}/s	t_{400}/s	t_{300}/s	t_{200}/s
5%	713	5.54	506	135.3	69.3	6.7	8.3	9.4	11.2
7%	694	7.16	525	120.9	50.8	8.3	10.1	11.6	14.3
15%	626	11.42	502	89.5	40.9	12.0	14.5	16.3	21.2
20%	532	17.67	424	61.7	37.2	14.3	20.3	22.2	27.3
25%	496	20.92	383	53.1	37.3	14.4	23.2	25.3	30.4
40%	419	29.74	332	28.9	27.0	16.0	30.8	34.6	41.6
60%	371	40.02	309	18.5	18.3	18.3	37.4	44.3	53.5

当炽热的探头进入20℃下浓度为5%的 PAG 淬火液后，探头的冷却速度在第1s 左右快速达到第一个波峰值21℃/s，然后开始下降，在第4s 左右时达到波谷值19℃/s，然后再次增大，在第7.5s 左右时达到最大冷速135.3℃/s，随后缓降至室温，其中，探头的300℃冷速为69.3℃/s。当炽热的探头进入20℃下浓度为7%的 PAG 淬火液后，探头的冷却速度在第1.8s 左右快速达到第一个波峰值20℃/s，然后开始下降，在第5s 左右时达到波谷值18℃/s，然后再次增大，在第9s 左右时达到最大冷速120.9℃/s，随后缓降至室温，其中，探头的300℃冷速为50.8℃/s。当炽热的探头进入20℃下浓度为15%的 PAG 淬火液后，探头的冷却速度在第2s 左右快速达到第一个波峰值19.8℃/s，然后开始下降，在第4s 左右时达到波谷值19℃/s，然后再次增大，在第10s 左右时达到最大冷速89.5℃/s，随后缓降至室温，其中，探头的300℃冷速为40.9℃/s。当炽热的探头进入20℃下浓度为20%的 PAG 淬火液后，探头的冷却速度在第2s 左右快速达到第一个波峰值19℃/s，然后开始下降，在第13s 左右时达到波谷值15℃/s，然后再次增大，在第19.8s 左右时达到最大冷速61.7℃/s，随后缓降至室温，其中，探头冷却至300℃时的冷速为37.2℃/s。当炽热的探头进入20℃下浓度为25%的 PAG 淬火液后，探头的冷却速度在第2.5s 左右快速达到第一个波峰值19.2℃/s，然后开始下降，在第17s 左右时达到波谷值14.5℃/s，然后再次增大，在第23.5s 左右时达到最大冷速53.1℃/s，随后缓降至室

温,其中,探头的300℃冷速为37.3℃/s。当炽热的探头进入20℃下浓度为40%的PAG淬火液后,探头的冷却速度在第2s左右快速达到第一个波峰值17.7℃/s,然后开始下降,在第21s左右时达到波谷值12.3℃/s,然后再次增大,在第34s左右时达到最大冷速28.9℃/s,随后缓降至室温,其中,探头的300℃冷速为27℃/s。当炽热的探头进入20℃下浓度为60%的PAG淬火液后,探头的冷却速度在第2.7s左右快速达到第一个波峰值15.6℃/s,然后开始下降,在第28.5s左右时达到波谷值9.5℃/s,然后再次增大,在第44s左右时达到最大冷速18.5℃/s,随后缓降至室温,其中,探头的300℃冷速为18.3℃/s。

由拟合图像看出,20℃下不同浓度的PAG淬火液冷却曲线变化趋势基本相同。但随着浓度的升高,PAG淬火液的蒸汽膜阶段时间明显延长,且在550~850℃温度范围内的高温冷却能力明显下降;当浓度在5%~10%时,PAG淬火液的300℃冷速对浓度变化较为敏感,浓度升高会使PAG淬火液的300℃冷速明显下降;当PAG淬火液的浓度在10%~60%时,浓度的升高会使PAG淬火液的300℃冷速逐渐下降,但影响不大。另外,随着浓度的升高,PAG淬火液的最大冷却速度、特性温度、最大冷却速度所在温度均呈下降趋势。

5.常用淬火介质及其冷却特性

淬火介质种类较多,包括有物态变化的水、盐水、油、碱水等和没有物态变化的熔盐、熔碱及熔融金属。

水是一种最常见的物质,用来作为淬火介质的优点有:(1)价廉,安全,清洁;(2)具有较强的冷却能力。但也有其缺点:(1)冷却能力对水温的变化很敏感;(2)奥氏体最不稳定区,水处在蒸汽膜阶段,而在马氏体区的冷速太大,易使工件变形开裂;(3)不溶或微溶杂质会显著降低其冷却能力,工件淬火后易产生软点。

盐水是将氯化钠溶解于水中的混合液体,也可作为淬火介质。盐水的冷却机理是溶入水中的盐,随着水的汽化在工件表面析出并爆裂,使蒸汽膜提早破裂,提前进入沸腾阶段。盐水的冷却特性为:500~650℃冷却能力比水强;低温段冷却能力与水相似;盐水冷却能力受温度的影响比纯水小。

碱水也可作为淬火冷却介质,碱水在高温区的冷却速度比盐水高,在低温区冷速比盐水低;淬火后可得到高而均匀的硬度,而且变形开裂倾向小;氧化皮脱落后使工件表面洁净,呈银灰色;价格贵,易产生腐蚀。

油是一种常用的淬火介质,在200~300℃低温区的冷却能力比水小得多,减小变形开裂倾向;油在高温区的冷却能力低;油的冷却能力随温度升高而增大,提高油温,可增加其冷却能力。

无物态变化的淬火介质主要包括熔盐、熔碱及熔融金属,这一类淬火介质的沸点高,主要用于分级淬火和等温淬火,冷却能力与其本身的物理性质及工件与介质的温差有关。

9.2.3 淬火工艺

淬火是一种常用的热处理方法,淬火的工艺参数主要包括加热温度、保温时间和冷却条件。

1.淬火加热温度

一般说来,不同钢的淬火温度不同,淬火温度是淬火工艺的最重要的参数,选取是否得当,直接影响工件热处理后的性能。淬火温度的选取原则是获得细小的奥氏体晶粒。淬火加热温度主要根据钢的成分,即临界点确定。对亚共析钢而言,淬火温度应为 A_{c3} +(30 ~50℃),而共析钢和过共析钢的淬火加热温度为 A_{c1} +(30 ~50℃)。

亚共析钢淬火温度选 A_{c3} +(30 ~50℃)的原因如下:如果加热温度过高,奥氏体晶粒粗化,淬火后马氏体组织粗大,钢的性能恶化;如果加热温度过低,淬火后含有部分铁素体,强度硬度较低,满足不了使用要求。共析钢和过共析钢的淬火温度选 A_{c1} +(30 ~50℃)的原因如下:当钢的含碳量较高时,先选择球化退火作为预备热处理,淬火前的组织为细粒状的渗碳体+珠光体。当在 A_{c1} +(30 ~50℃)的温度下加热保温后,得到的是奥氏体和部分未溶的细粒状渗碳体颗粒,淬火后,得到马氏体和未溶渗碳体颗粒,由于渗碳体硬度高,可提高耐磨性,因此能够满足使用要求。若加热温度高,将会使渗碳体溶入奥氏体的数量增多,奥氏体的碳含量增加,M_s 点降低,残余奥氏体量增多,钢的硬度和耐磨性降低,满足不了使用要求。如果加热温度过高,会引起奥氏体晶粒粗大,淬火后得到粗大的片状马氏体,使显微裂纹增多,脆性增加,容易引起工件的淬火变形和开裂。

除此之外,加热温度的选择还应考虑加热设备、工件尺寸大小、工件的技术要求、工件本身的原始组织、淬火介质和淬火方法等因素的影响。对低合金钢,由于合金元素导热性差,元素扩散能力差,因此应适当提高淬火加热温度,一般选为 A_{c1}(或 A_{c3})+(50 ~100℃)。

2. 淬火加热时间与保温时间

淬火加热与保温时间主要由加热时间、透烧时间和组织转变时间构成,生产中常用加热系数来估算加热时间:

$$t = \alpha KD \tag{9.3}$$

式中:α 为加热系数;K 为与装炉量有关的系数;D 为工件有效厚度。

工件有效厚度的确定方法:

(1)板或薄壁:实际厚度。

(2)圆锥形:以距离顶部 2/3 处的直径作为有效厚度。

(3)球体:以 0.6 倍球直径。

(4)形状复杂的:以工作部分作为有效厚度。

对于形状复杂且要求变形小的工件,或高合金钢制的工件,大型合金钢锻件,采取限速升温或阶梯升温,以减小变形及开裂倾向。

3. 淬火方法

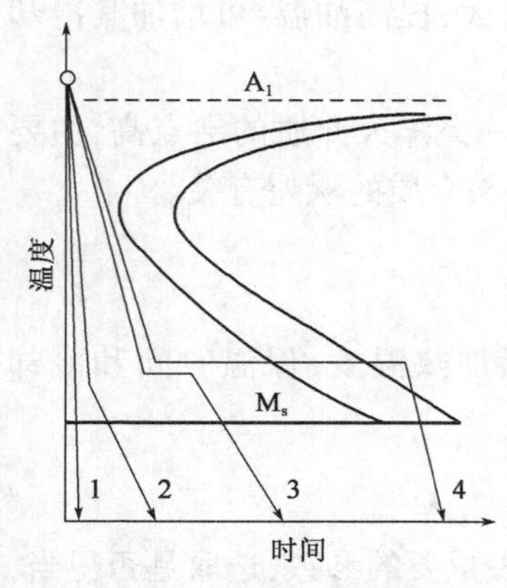

图 9.10　各种淬火方法示意图

淬火方法种类较多,常用的有单液淬火、双液淬火、喷射淬火、分级淬火、等温淬火和冷处理等方法,如图 9.10 所示。

单液淬火是指将奥氏体化后的工件直接淬入一种淬火介质中连续冷却至室温的方法。该方法的优点是工艺过程简单,操作方便,经济,适合于批量作业。缺点主要是对形状复杂,截面变化突然的某些工件,容易在截面突变处因淬火应力集中而导致开裂。

双液淬火是指分别在两种不同的介质中进行冷却的方法,如水—油;油—空气等。在过冷奥氏体转变曲线的鼻尖处快速冷却避免过冷奥氏体分解,而在 M_s 点以下缓慢冷却以减小变形开裂。

喷射淬火是指向工件喷射急速水流的淬火方法。该方法的特点是不会在工件表面形成蒸汽膜。

分级淬火是将奥氏体化后的工件首先淬入略高于钢的 M_s 点的盐浴或碱浴炉中保温一段时间,待工件内外温度均匀后,再从浴炉中取出空冷至室温的淬火方法。该方法的特点是:(1)保证工件表面和心部马氏体转变同时进行,并在缓慢冷却条件下完成;(2)减小或防止工件淬火变形或开裂;(3)克服了双液淬火时间难以控制的缺点;(4)冷却慢,适用于小工件。

等温淬火是指将奥氏体化后的工件淬入 M_s 点以上某温度的盐浴中等温足够长的时间,使之转变为下贝氏体组织,然后在空气中冷却的方法。

冷处理是指将淬火工件深冷到零下某一温度,使残留奥氏体继续转变为马氏体的处理方法。该方法的特点是:(1)处理温度:-80 ~ -60℃;(2)高碳合金工具钢和经渗碳或碳氮共渗的结构钢零件,目的是为了提高耐磨性和硬度,或保持尺寸稳定性;(3)冷处理应在淬火后及时进行。

工件淬入方式的选取原则是:(1)保证工件得到最均匀的冷却;(2)以最小阻力方向淬入;(3)使工件重心稳定。

4. 常见淬火缺陷

钢在淬火要经过快速冷却,从而在工件中产生很大的内应力,因此淬火是最容易产生缺陷的热处理工艺。常见的淬火缺陷主要有:淬火变形与开裂、氧化与脱碳、硬度不足、软点等。

1)淬火应力

淬火应力包括热应力和组织应力。

(1)热应力。工件在冷却时,表面总是比心部冷得快,表面由于温度降低较快而首先收缩,心部由于温度较高而尚未收缩或收缩量小,表面收缩时受到心部的牵制,从而产生了内应力。工件冷却时由于表层及心部收缩的不均匀性而造成的内应力称为热应力。很多因素都会影响内应力的大小。冷却速度对热应力有显著影响,冷却速度越快,热应力就越大。淬火加热温度升高,零件尺寸大,钢的导热性差等均会增大热应力。

(2)组织应力。由于工件的表层和心部发生马氏体转变的不同时性而造成的内应力称为组织应力。经奥氏体化的钢淬火冷却时要发生马氏体转变,由于马氏体的比体积比奥氏体要大,因此发生马氏体相变的部位会发生体积膨胀。工件冷却时表面和心部温度不同,因此马氏体转变具有不同时性,工件心部和次表面的马氏体转变所造成的体积膨胀对已发生马氏体相变的表层产生拉应力,使工件产生内应力,这种应力便是组织应力。

2)淬火变形

淬火变形的两种主要形式:一是工件几何形状的变化,具体为工件的外形或尺寸发生变化;二是体积的变化,表现为体积的胀大或缩小。前者是热应力和组织应力作用的结果;后者是工件在加热和冷却过程中,由于相变引起的体积差造成的体积变化,称为体积变形。

影响淬火变形的因素主要有:(1)钢的化学成分与原始状态。钢的化学成分影响钢的屈服强度、M_s 点、淬透性、组织的比体积和残留奥氏体含量等,因而影响工件的热处理变形。工件淬火前的原始组织、碳化物的形态、大小、数量及分布,还有成分偏析,都会对工件的热处理变形有一定影响。(2)热处理工艺。热处理加热温度和加热速度的提高一般均使零件变形增加。(3)工件几何形状与尺寸。工件的几何形状对淬火变形的影响很大,一般来说,形状简单,截面对称的工件,淬火变形较小;形状复杂、截面不对称的工件,淬火变形较大。

3)淬火开裂

淬火过程中很容易出现淬火裂纹,常见淬火裂纹的类型有纵向裂纹、横向裂纹、网状裂纹、剥离裂纹和显微裂纹。

淬火开裂的原因较多,主要有以下几个因素:(1)原材料本身存在缺陷,淬火后很容易产生缺陷。(2)锻造过程中产生了缺陷。(3)热处理工艺不当,也可导致开裂。加热温度过高,奥氏体晶粒粗大,淬火后马氏体也粗大,脆性增大,易产生淬火裂纹;加热速度过快,工件各部分加热不均匀时,导热性差的高合金钢和形状复杂,尺寸较大的工件,很容易产生裂纹;M_s点以下冷却过快,很容易引起开裂,尤其对于高碳钢,合金钢来说更为明显;回火温度过低,时间过短或回火不及时,都可能引起工件开裂。(4)零件设计与加工对淬火裂纹的形成及开裂也有重要影响。

减少淬火变形和防止淬火开裂的措施主要有:(1)正确选材和合理设计;(2)正确锻造和预备热处理;(3)采用合理的热处理工艺与方法。

除了淬火变形和开裂这两种主要缺陷外,淬火过程中还可能出现以下各种缺陷:(1)淬火后硬度不足。出现该缺陷的原因为淬火加热温度过低或保温时间过短;淬火冷速不够;操作不当;表面脱碳。(2)淬火后在工件表面出现软点。出现该缺陷的原因为工件的原始组织不均匀;工件表面局部脱碳或工件渗碳后表面碳浓度不均匀,低碳区淬火后形成软点;淬火介质冷却能力不足;操作不当。(3)淬火后工件表面出现氧化与脱碳。出现该缺陷的原因为在淬火加热和冷却过程中,在高温下铁和碳极易与氧结合形成氧化物。避免工件氧化和脱碳的措施主要有采用保护气氛加热;真空加热;在盐浴炉中加热并检查严格的脱氧制度;高温短时快速加热;表面用涂料防护。脱碳是做钢在脱碳性介质中加热时,钢表层中的固溶碳和碳化物中的碳与介质发生化学反应,生产气体逸出钢外,使钢的表层碳浓度降低的现象称为脱碳,其本质是钢中的碳被氧化。

9.2.4 钢的淬透性与淬硬性

1. 定义

淬硬层是指未淬透的工件上具有高硬度马氏体组织的这一层称为淬硬层。淬硬层深度是指由工件表面至半马氏体区的深度(50% M)。

淬透性是指钢在淬火时获得马氏体的能力,是钢材固有的一种属性,其大小用规定条件下淬硬层深度或能够全部淬透的最大直径来表示。淬透性取决于淬火临界冷却速度的大小,也就是钢的过冷奥氏体稳定性,而与冷却速度、工件尺寸大小等外部因素无关。淬硬层与钢的淬透性、工件尺寸、所采用的冷却介质等有关。

淬硬性表示钢淬火时的硬化能力,是指钢在淬成马氏体时所能够达到的最高硬度,它主要取决于钢的含碳量,确切地说,取决于淬火加热时奥氏体中的含碳量,与合金元素关系不大。淬硬性与淬透性不同,淬硬性高的钢,淬透性不一定高;而淬硬性低的钢,淬透性不一定低。

2. 淬透性的实验测定方法

对标准试样,在一定冷却条件下,淬透性常用淬硬层深度或能够全部淬透的最大直径来表示。淬硬层深度是指从淬火工件表面至半马氏体区的距离。钢中马氏体含量和硬度随表面距离的变化规律如图 9.11 所示。

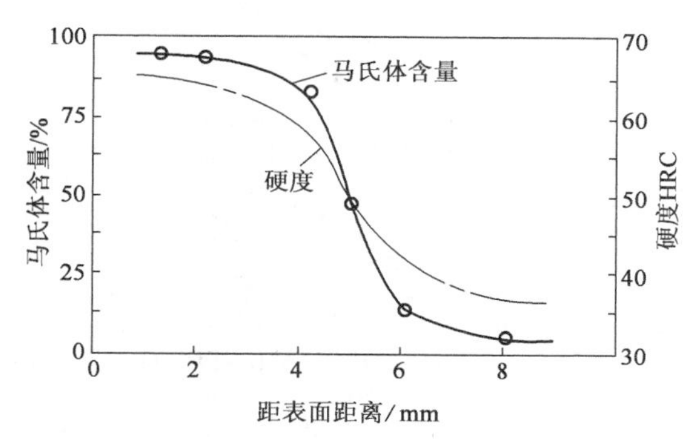

图 9.11　钢中马氏体含量和硬度随表面距离的变化规律

淬透性评定方法主要有 U 曲线法、临界直径法和末端淬火法三种方法。

1)U 曲线法

该方法选用的试样长径比为 4 ~ 6,按规定条件淬火后沿中心十字线测硬度,并绘出硬度分布曲线,然后用淬透层深度 h 或未淬透心部直径与试样直径之比 D_H/D 来表示淬透性,如图 9.12 所示。该方法的优点是直观、准确,与实际情况接近,缺点是烦琐、费时,不适合于大批量生产检验。

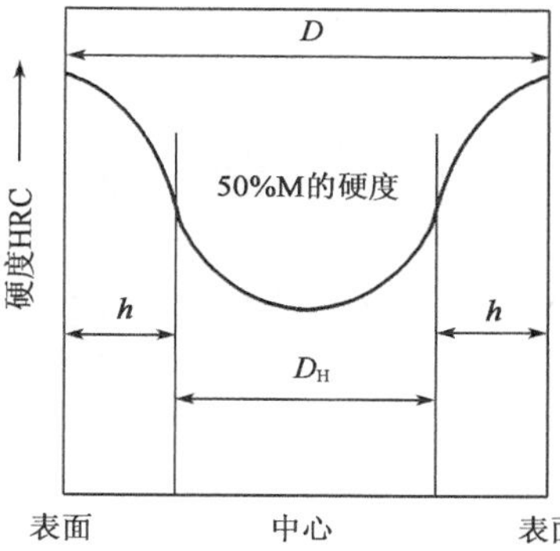

图 9.12　U 曲线法

2)临界直径法

临界淬透直径是指圆形钢棒在介质中冷却,中心被淬成半马氏体的最大直径,用 D_0 表示,如图 9.13 所示。D_0 与介质有关,如 45 钢在水中的临界淬透直径 D_0 水为 16mm,在油中的淬透直径 D_0 油为 8mm。所以只有冷却条件相同时,才能进行不同材料淬透性比较,如 45 钢 D_0 油为 8mm,40Cr D_0 油为 20mm。

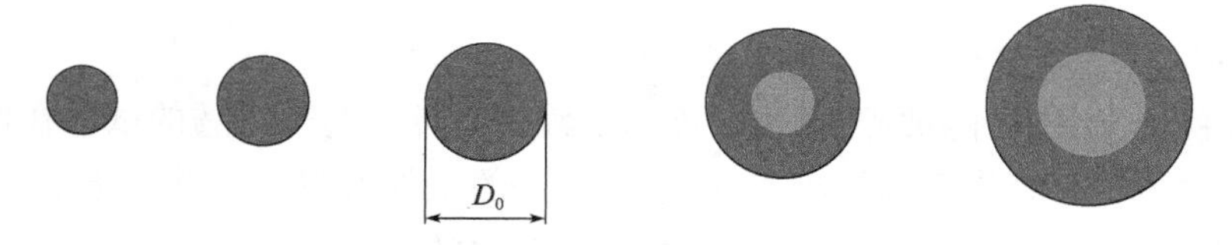

图 9.13　临界直径法

3)末端淬火法(端淬试验)

钢的末端淬火方法按照国标 GB 225—2006《钢淬透性的末端淬火试验方法》(Jominy 试验)进行,该方法是把圆柱形试样加热到规定的淬火温度,保温一定时间后向其端面喷水淬火,在试样表面上沿轴线方向磨制出一些平面,然后测量距淬火端面不同距离处的硬度值,以此衡量钢的淬透性高低,如图 9.14 和图 9.15 所示。

淬透性用 $J\frac{\text{HRC}}{d}$表示,其中 J 表示末端淬透性;d 表示半马氏体区到水冷端的距离;HRC 为半马氏体区的硬度。如 $J40/6$ 表示在距离水冷端 6mm 距离处工件的硬度为 40HRC。

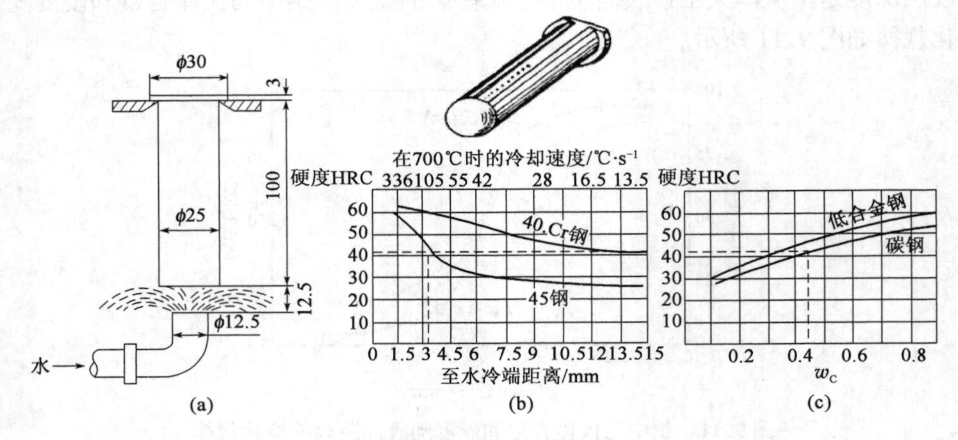

图 9.14 末端淬火法示意图

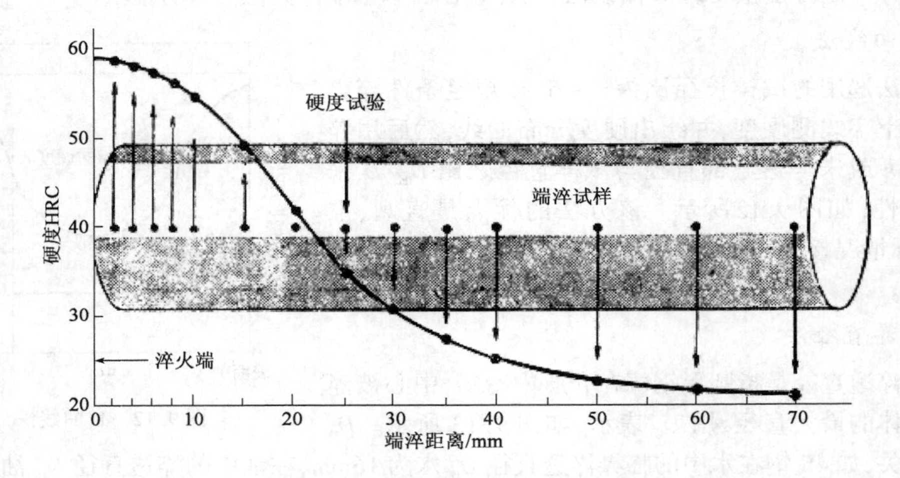

图 9.15 末端淬火法硬度测试示意图

3. 影响淬透性的因素

1）淬透性的实际意义

在淬火过程中，工件可能被淬透，也可能未被淬透。淬透与未淬透的试样在性能上存在差别：淬透性高的材料，很容易全部被淬透，被全部淬透的工件沿截面力学性能分布均匀；如果淬透性低，心部未淬透，高温回火后仍保留片状索氏体，力学性能低。实际应用中，并非要去工件全部都被淬透，工程上将根据实际服役条件选择是否淬透：对要求承受拉压的重要件，一般要求工件淬透，而对于要求承受弯曲和扭转的轴类零件，一般不要求全部淬透。

2）影响淬透性的因素

影响淬透性的因素较多，主要有以下几个：(1) 含碳量的影响。亚共析钢随含碳量增加，淬透性提高，过共析钢随含碳量增加，淬透性降低，因此共析钢淬透性最好。(2) 合金元素的影响。除 Co、Al 外，其他合金元素都能溶于奥氏体，增加过冷奥氏体稳定性，降低临界冷却速度，提高钢的淬透性。(3) 奥氏体化条件的影响。奥氏体化温度越高，保温时间越长，钢的淬透性越好。(4) 钢中未溶第二相的影响。钢中未溶第二相会成为奥氏体非自发形核核心，使临界冷却速度增大,降低淬透性。(5)钢的原始组织的影响。珠光体的类型及弥散度的不同会影响奥氏体的均匀性,从而进一步影响钢的淬透性。碳化物越细,溶入奥氏体越迅速,从而提高淬透性。

4. 淬透性曲线的应用

淬透性曲线在工程上具有重要的应用价值,可以根据钢材的淬透性合理选择材料,预测材料的组织与性能,制定热处理工艺。

(1)根据淬透性曲线求圆棒工件截面上的硬度分布;

(2)根据工件的硬度要求,用淬透性曲线协助选择钢种与热处理工艺;

(3)根据淬透性曲线确定钢的临界淬透直径。

9.2.5 钢的回火

1. 定义与目的

将淬火后的零件加热到低于 A_1 点的某一温度并保温,然后以适当的方式冷却到室温,使其转变为稳定的回火组织的热处理工艺称为回火。回火的目的是:稳定工件组织和尺寸;减小或消除淬火应力;获得强韧性的适当配合。

2. 回火工艺

根据回火温度高低,分为低温回火、中温回火和高温回火三种。

1)低温回火

低温回火时加热温度一般选择 150 ~ 250℃,回火后的主要组织为回火马氏体。低温回火的目的主要是为了保持高硬度、高强度和良好耐磨性的同时,适当提高淬火钢的韧性,并显著降低钢的淬火应力和脆性。低温回火主要适用于高碳钢、合金工具钢制造的刃具、量具和模具等。

2)中温回火

中温回火时加热温度一般选择 350 ~ 500℃,回火后的主要组织为回火屈氏体。中温回火的目的主要是获得高的弹性极限和屈服极限、较高的强度和硬度、良好的塑性和韧性,消除应力。中温回火适用于含碳量为 0.6% ~0.9% 的碳素弹簧钢和含碳量为 0.45% ~0.75% 的合金弹簧钢。

3)高温回火

高温回火时加热温度一般选择 500 ~ 650℃,回火后的主要组织为回火索氏体。淬火加高温回火称为调质处理。高温回火的目的主要是获得良好的强韧性配合,具有优良的综合力学性能。高温回火适用于中碳结构钢和低合金结构钢制造的各种受力比较复杂的重要结构件。

回火时的保温时间根据钢材的性能决定,通常可以采用以下经验公式进行估计:

$$t = K_h + A_h \times D \tag{9.4}$$

式中:t 为回火保温时间;K_h 为回火保温时间基数;A_h 为回火保温时间系数;D 为工件有效厚度。

回火后一般采用空冷即可。冷却过程中为了防止重新产生应力和变形、开裂,可以采用缓冷;为了防止高温回火脆性,采用快冷,以抑制回火脆性。

3. 常见回火缺陷

常见的回火缺陷有硬度过高或过低、硬度不均匀,以及回火产生变形和脆性等。回火硬度过高、过低或不均匀,主要由于回火温度过低、过高或炉温不均匀所造成。回火后硬度过高还可能由于回火时间过短。显然对这些问题,可以采用调整回火温度等措施来控制。硬度不均匀的原因,或是由于一次装炉量过多,或是选用加热炉不当。如果回火在气体介质炉中进行,炉内应有气流循环风扇,否则炉内温度不可能均匀。

回火后工件发生变形,常由于回火前工件内应力不平衡,回火时应力松弛或产生应力重分布所致。要避免回火后变形,或采用多次校直多次加热,或采用压具回火。高速钢表面脱碳后,在回火过程中可能形成网状裂纹,因为表面脱碳后,马氏体的比容减小,以致产生多向拉应力而形成网状裂纹。此外,高碳钢件在回火时,如果加热过快,表面先回火,比容减小,产生多向拉应力,从而产生网状裂纹。回火后脆性的出现,主要由于所选回火温度不当,或回火后冷却速度不够(第二类回火脆性)所致。因此,防止脆性的出现,应正确选择回火温度和冷却方式。一旦出现回火脆性,对第一类回火脆性,只有通过重新加热淬火,另选温度回火;对第二类回火脆性,可以采取重新加热回火,然后加速回火后冷却速度的方法消除。

9.3 钢的表面淬火

9.3.1 定义、目的及分类

使零件表面获得高的硬度、耐磨性和疲劳强度,而心部仍保持良好的塑性和韧性的一类热处理方法,称为表面淬火。表面淬火与化学热处理的区别是:表面淬火不改变零件表面的化学成分,而是依靠使零件表层迅速加热到临界点以上(心部仍处于临界点以下),并随之淬冷来达到强化表面的目的。

根据加热方法不同,表面淬火分为感应加热表面淬火、火焰加热表面淬火、电接触加热表面淬火、激光加热表面淬火和电子束加热表面淬火。其中最常用的是感应加热表面淬火和火焰加热表面淬火。

9.3.2 钢在快速加热时的特点

不同于普通加热,快速加热具有以下特点:

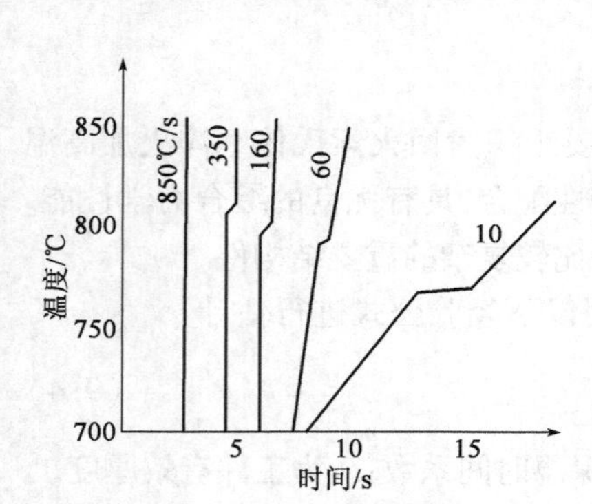

图 9.16 含碳量为 0.85% 的碳钢在不同加热速度下的加热曲线

(1)奥氏体形成是在一个温度范围内完成的。钢连续加热时,A 形成的各个阶段都是在一个温度范围内完成的,且随加热速度的增大,各个阶段的转变温度范围均向高温推移并扩大。

(2)随加热速度增大,转变趋向高温,且转变温度范围扩大,而转变速度则增大,如图 9.16 所示。

(3)随加热速度增大,C、Fe 原子来不及扩散,所形成的奥氏体成分不均匀性增大。

(4)快速加热时,奥氏体形成温度升高,可引起奥氏体起始晶粒细化;同时,剩余渗碳体量也增多,形成奥氏体的平均碳含量降低。

9.3.3 感应加热表面淬火

1. 感应加热表面淬火的定义、原理

利用电磁感应的原理，在工件表面产生大感应电流（涡流），使表面迅速加热到奥氏体状态，随后快速冷却获得马氏体的淬火方法称为感应加热表面淬火。其原理主要是电磁感应和集肤效应。

2. 感应加热表面淬火的分类

（1）高频感应加热：电流频率 80 ~ 1000kHz，表面硬化层深度 0.5 ~ 2mm，主要用于中小模数齿轮和小尺寸轴类的表面淬火。

（2）中频感应加热：电流频率 2500 ~ 8000Hz，表面硬化层深度 3 ~ 6mm，主要用于淬硬层较深的零件，如发动机曲轴、凸轮轴、大模数齿轮、较大尺寸的轴和钢轨表面淬火。

（3）低频感应加热：电流频率 50Hz，可得 10 ~ 15mm 以上的硬化层，适用于大直径钢材的穿透加热及要求淬硬层深的大工件表面淬火。

3. 感应加热表面淬火的特点

（1）感应加热升温速度快，保温时间极短；

（2）感应加热表面淬火后，工件表层强度高；

（3）感应加热表面淬火后，工件的耐磨性比普通淬火的高；

（4）感应加热表面淬火件的冲击韧度与淬硬层深度和心部原始组织有关；

（5）加热速度快且无保温时间，工件不产生氧化和脱碳，变形小；

（6）生产率高，便于实现机械化和自动化，淬火层深度易于控制，适于形状简单的机器零件的批量生产，应用广泛。

感应加热表面淬火主要适用于中碳钢及中碳合金钢，在进行感应加热淬火前，一般先对工件进行调质处理或正火处理，为最终热处理做准备。

9.3.4 其他表面淬火方法

1. 火焰加热表面淬火

用一种火焰在一个工件表面上若干尺寸范围内加热，使其奥氏体化并淬火的工艺称为火焰表面淬火。火焰淬火必须供给表面的热量大于自表面传给心部及散失的热量，以便达到所谓"蓄热效应"，才有可能实现表面淬火。

火焰加热表面淬火的优点是：（1）设备简单、使用方便、成本低；（2）不受工件体积大小的限制，可灵活移动使用；（3）淬火后表面清洁，无氧化、脱碳现象，变形也小。其缺点是：（1）表面容易过热；（2）较难得到小于 2mm 的淬硬层深度，只适用于火焰喷射方便的表层上；（3）所采用的混合气体有爆炸危险。

火焰淬火可用下列混合气体作为燃料：（1）煤气和氧气（1∶0.6）；（2）天然气和氧气（1∶1.2 ~ 1∶2.3）；（3）丙烷和氧气（1∶4 ~ 1∶5）；（4）乙炔和氧气（1∶1 ~ 1∶1.5）。不同混合气体所能达到的火焰温度不同，最高为氧，乙炔焰，可达 3100℃，最低为氧、丙烷氧、丙烷焰，可达 2650℃，通常用氧、乙炔焰，简称氧炔焰。乙炔和氧气的比例不同，火焰的温度不同。乙炔与氧气的比例不同，火焰的性质也不同，可分为还原焰、中性焰或氧化焰。火焰分三区：焰心、还原

区及全然区。其中还原区温度最高(一般距焰心顶端2~3mm处温度达最高值),应尽量利用这个高温区加热工件。

2. 激光加热表面淬火

激光的主要特点是高方向性、高亮度性和高单色性。激光与金属的相互作用主要是通过光子和黑化处理。

激光是一种亮度极高,单色性和方向性极强的光源。激光加热和一般加热方式不同,它是利用激光束由点到线,由线到面地以扫描方式来实现。常用扫描方式有两种:一种是以轻微散焦的激光束进行横扫描,它可以单程扫描,也可以交叠扫描,另一种是用尖锐聚焦的激光束进行往复摆动扫描,表面淬火时最主要的是控制表面温度和加热深度,因而用激光扫描加热时关键是控制扫描速度和功率密度。如果扫描速度太慢,温度可能迅速上升到超过材料的熔点;如果功率密度太小,材料又得不到足够的热量,以致达不到淬火所需要的相变温度,或者停留时间过长,加热深度过深,以致不能自行冷却淬火。

由于激光加热是一种光辐射加热,因而工件表面吸收热量除与光的强度有关外,还和工件表面黑度有关。一般工件表面粗糙度很低,反射率很大,吸收率几乎为零。为了提高吸收率,通常都要对表面进行黑化处理,即在欲加热部位涂上一层对光束有高吸收能力的薄膜涂料。常用涂料有磷酸锌盐膜、磷酸锰盐膜、炭黑、氧化铁粉等,但以磷酸盐膜为最好。

激光加热表面淬火的主要特点如下:

(1)加热时间很短,区域很小,冷却极快;

(2)需要在零件表面逐条扫描来进行加热;

(3)由于加热速度很快,奥氏体化温度很高,奥氏体晶粒极细,因此马氏体组织很细;

(4)由于奥氏体化时间很短,奥氏体成分很不均匀,有未溶碳化物,致使淬火组织中成分不均,并有未溶碳化物;

(5)急冷急热导致工件表层产生较大的残余压应力及高密度的位错等晶体缺陷,使激光淬火处理后的淬火层硬度,耐磨性及抗疲劳性能提高。

思　考　题

1. 什么是正火?什么是退火?它们的目的是什么?

2. 水作为淬火介质的冷却机理是什么?

3. 什么是淬火?淬火的目的是什么?

4. 下列碳钢中,淬透性最高的是(　　),淬硬性最高的是(　　)。

(a)20钢　(b)40钢　(c)T8钢　(d)T12钢

5. 回火的目的是什么?常用的回火方法有哪几种?分别说出各种回火的加热温度、回火组织、回火后材料性能及其应用。

6. 有一个组织为 $P + Fe_3C_{II}$(网状)的T10钢材,想继续切削加工,应采用什么热处理?热处理后的组织是什么?

7. 什么是表面热处理?它的目的是什么?简述表面淬火的方法及其应用。

第10章　钢的化学热处理

10.1　化学热处理概述

10.1.1　化学热处理的定义

化学热处理是指工件在特定的介质中加热、保温，使介质中的某些元素渗入工件表层，以改变其表层化学成分和组织，获得与心部不同性能的热处理工艺。化学热处理与表面淬火的区别是：化学成分的变化；具有更高的硬度、耐磨性和疲劳强度；耐腐蚀。

根据渗入元素的不同，化学热处理分为渗碳、渗氮、碳氮共渗、渗硼和渗金属等。

10.1.2　化学热处理的目的

化学热处理的目的主要有以下几点：

(1)提高零件的耐磨性。采用钢件渗碳淬火法可获得高碳马氏体硬化表层；合金钢件用渗氮方法可获得合金氮化物的弥散硬化表层。用这两种方法获得的钢件表面硬度分别可达58～62HRC及800～1200HV。另一途径是在钢件表面形成减磨、抗黏结薄膜以改善摩擦条件，同样可提高耐磨性。例如，蒸汽处理表面产生四氧化三铁薄膜有抗黏结的作用；表面硫化获得硫化亚铁薄膜，可兼有减磨与抗黏结的作用。近年来，发展起来的多元共渗工艺，如氧氮渗、硫氮共渗、碳氮硫氧硼五元共渗等，能同时形成高硬度的扩散层与抗黏或减磨薄膜，有效地提高零件的耐磨性，特别是抗黏结磨损性。

(2)提高零件的疲劳强度。渗碳、渗氮、软氮化和碳氮共渗等方法，都可使钢零件在表面强化的同时，在零件表面形成残余压应力，有效地提高零件的疲劳强度。

(3)提高零件的抗蚀性与抗高温氧化性。例如，渗氮可提高零件抗大气腐蚀性能；钢件渗铝、渗铬、渗硅后，与氧或腐蚀介质作用形成致密、稳定的保护膜，提高抗蚀性及高温抗氧化性。

通常，钢件硬化的同时会带来脆化。用表面硬化方法提高表面硬度时，仍能保持心部处于较好的韧性状态，因此它比零件整体淬火硬化方法能更好地解决钢件硬化与其韧性的矛盾。化学热处理使钢件表层的化学成分与组织同时改变，因此它比高中频电感应、火焰淬火等表面淬火硬化方法效果更好。如果渗入元素选择适当，可获得适应零件多种性能要求的表面层。

10.1.3　化学热处理的原理

化学热处理时可采用固体、液体或气体状态下的介质提供欲渗元素的活性原子，因此，根据介质物理状态的不同，化学热处理分为固体法、液体法和气体法三种类型，目前工业上最常用的是气体法化学热处理。

1. 基本过程

化学热处理的基本过程主要包括分解、吸收和扩散三个过程。

分解阶段主要是通过加热使化学介质释放出待渗元素的活性原子。

渗碳: $$CH_4 \longrightarrow 2H_2 + [C] \tag{10.1}$$

渗氮: $$2NH_3 \longrightarrow 3H_2 + 2[N] \tag{10.2}$$

当气氛中存在足够浓度的活性原子时,活性原子被钢件表面吸收,进入晶格内形成固溶体或化合物。

原子进入表面后向内部扩散,形成一定的扩散层。

碳原子在工件表面的吸收,要求工件表面清洁;炉气有良好的循环;控制好分解和吸收速度,以保证碳原子的吸收。

2. 渗剂反应

化学热处理时,把渗剂添加到炉内,在一定的温度下,渗剂会发生分解,释放出活性碳原子或氮原子,从而为渗碳或渗氮继续进行提供条件。

3. 扩散过程

渗碳时,碳原子的扩散遵循 Fick 第一定律进行扩散:

$$J = -D\frac{dC}{dx} \tag{10.3}$$

渗碳层深度 d 与渗碳时间 τ 满足:

$$d = \phi\sqrt{\tau} \tag{10.4}$$

其中 $$\phi = 802.6\exp\left(\frac{-8566}{T}\right) \tag{10.5}$$

当渗碳时间相同时,渗碳温度提高 100℃,渗层深度约增加一倍;如果渗碳温度提高 55℃,则得到相同渗层深度的时间可缩短一半。

扩散还会影响渗层碳浓度梯度(平缓降低)。

10.1.4 化学热处理的发展趋势

(1)扩大低温化学热处理的应用。离子渗氮、氮碳共渗、硫氮共渗、硫氮碳共渗等铁素体化学热处理将获得迅速发展。某些高温化学热处理工艺(如渗硼)也有向低温发展的趋势。

(2)提高渗层质量和加速化学热处理过程。如采用多元共渗化学催渗和物理场强化;研制适应常用化学热处理工艺的专用钢(如快速渗氮钢)。

(3)发展无污染化学热处理工艺和复合渗工艺。如低氰熔盐氮碳共渗后,再在低温浴中氧化掉氰盐;扩大无污染硫氮碳共渗工艺的应用;研究和应用各种氧氮或氧硫氮复合处理,以及氮化后高频淬火等工艺。

(4)用计算机控制多种化学热处理过程,建立相应的数学模型,研制各种介质中适用的传感器和外接仪表、设备。

10.2 钢的渗碳

渗碳是将低碳钢置于具有足够碳势的介质中加热到奥氏体状态并保温,使其表层形成富碳层的热处理工艺,是目前机械制造工业中应用最广的化学热处理。碳势是指渗碳气氛与钢件表面达到动态平衡时钢表面的碳含量,碳势高低反映了渗碳能力的强弱。渗碳的目的是保持工件心部良好韧性的同时,提高其表面的硬度、耐磨性和疲劳强度。渗碳主要用于那些对表面耐磨性要求较高并承受较大冲击载荷的零件。

根据所用介质物理状态的不同,渗碳分为气体渗碳、液体渗碳和固体渗碳三种。气体渗碳是将工件放入密封的渗碳炉内,在高温气体介质中的渗碳,是目前应用最为广泛的一种渗碳方法。

10.2.1 渗碳用钢

用于渗碳的钢主要为低碳钢或者低碳合金钢,如 20 钢、20CrMnTi 等。这一类钢渗碳处理后,表面含碳量高,而心部仍然保持较低的含碳量,从而满足表面高硬度高耐磨性,而心部具有良好的韧性的要求。

10.2.2 渗碳介质及化学反应

渗碳介质主要为含碳的有机溶剂及气体,如煤油、甲烷等均可以用来渗碳。

$$2CO \Longleftrightarrow [C] + CO_2 \tag{10.6}$$

$$CO + H_2 \Longleftrightarrow [C] + H_2O \tag{10.7}$$

$$CH_4 \Longleftrightarrow [C] + 2H_2 \tag{10.8}$$

$$CO \Longleftrightarrow [C] + \frac{1}{2}O_2 \tag{10.9}$$

$$CO + H_2O \Longleftrightarrow CO_2 + H_2 \tag{10.10}$$

$$CH_4 + CO_2 \Longleftrightarrow 2CO + 2H_2 \tag{10.11}$$

$$CH_4 + H_2O \Longleftrightarrow CO + 3H_2 \tag{10.12}$$

$$2CO + H_2 \Longleftrightarrow 2[C] + H_2O + \frac{1}{2}O_2 \tag{10.13}$$

调整富化气的输入量,控制 H_2O、CO_2、CH_4 及 O_2 含量,以控制气氛碳势。

10.2.3 渗碳工艺

制定渗碳工艺时,要综合考虑渗碳后工件的技术指标能否满足要求,渗碳过程中及渗碳后需要控制的技术指标主要有渗层表面碳含量、渗层深度、浓度梯度、渗碳淬火回火后的硬度和金相组织等。

钢的渗碳工艺参数主要包括碳势的控制、渗碳温度和渗碳时间等。

(1)气氛渗碳。一般渗碳前基体碳含量为 0.12% ~0.25%,渗碳后工件表层的含碳量一般为 0.8% ~1.2%,故在渗碳过程中要严格控制碳势的高低,碳势过低,渗碳后工件表层的碳含量满足不了要求;碳势过高,会在工件表现形成炭黑,同样也满足不了要求。在渗碳过程中通过渗剂加入的数量的速度,控制碳势的大小。

(2)渗碳温度。渗碳温度会影响碳势、影响碳的扩散速度和渗层深度以及影响钢的组织。渗碳温度越高,渗剂的分解越快,活性碳原子的浓度就越大,碳势就越高,工件内外碳浓度差就大,渗碳速度加快。同时,渗碳温度越高,碳在钢中的扩散系数越大,扩散就越快,渗层深度增加。但渗碳温度过高,工件表面碳浓度可能超标,工件内部碳浓度梯度增大,组织过渡不均匀,满足不了使用要求。目前,生产中的渗碳温度采用 930℃左右。

(3)渗碳时间。渗碳时间主要取决于渗层深度要求,渗碳时间越长,渗层深度就越大。目前气体渗碳时间一般为 3～8h，如图 10.1 所示。

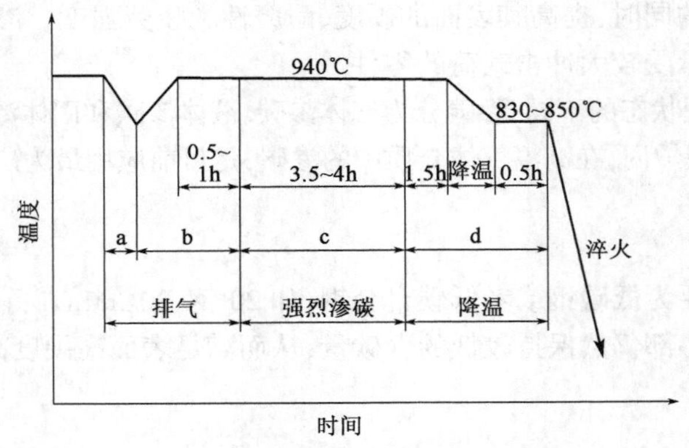

图 10.1　气体渗碳工艺曲线

1. 气体渗碳

气体渗碳目前主要采用分段渗碳工艺，主要包括升温排气阶段、强渗阶段、扩散阶段和降温预冷阶段。

升温排气阶段一般采用较低的碳势，该阶段主要是排出炉子内的空气，为渗碳做准备；强渗阶段主要是要让气氛中的活性炭进入到钢件中，该阶段采用较高的碳势，可以缩短渗碳时间；扩散阶段主要让进入工件表面的碳通过扩散进入到工件中，形成具有一定碳浓度梯度的渗碳层。

气体渗碳工艺所使用的设备品种多，机械结构变化大，通常可分为周期式和连续式两大类。渗碳炉型有井式周期炉、密封箱式炉、转动式周期炉、转底式炉、连续式炉、震底式炉、转筒连续式及推杆式连续炉等。其中井式气体渗碳炉、密封箱式炉、推杆式连续炉应用广泛。

(1)井式渗碳炉。要求炉子尽可能密封，炉内保持正压，必须装有风扇使炉气循环。为了实现渗碳计算机控制，应设有滴注剂调整，炉气氛测量、控制等装置。图 10.2 是采用辐射管加热，风扇装在炉膛底部的井式渗碳炉结构示意图。该炉子气流向下流动，与热气流自然上浮的方向相反，具有较好的气流循环均匀度，同时避免炉盖因装有风扇引起的振动，有利于提高炉盖的密封性，但维修较困难。

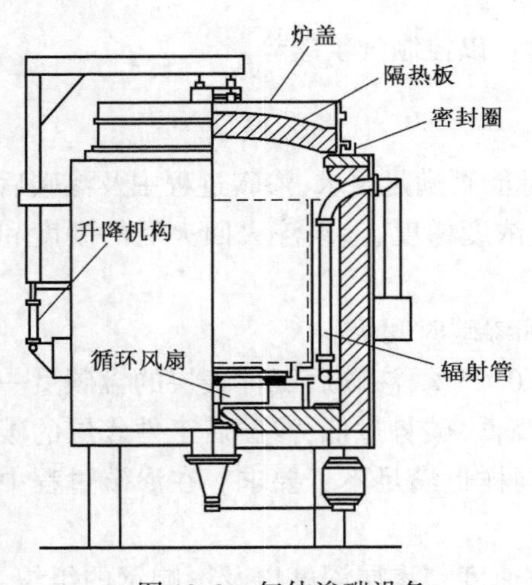

图 10.2　气体渗碳设备

(2)密封箱式炉。由加热渗碳室与淬火油槽等组成，一般适宜处理较浅渗碳层的工件，装卸工件容易实行自动化，有利于与回火炉、清洗机、装卸料车组成柔性生产线。

(3)推杆式连续渗碳炉。典型的推杆式连续渗碳炉是日本的三室推杆式气体渗碳炉。第一室是烧脂预热室；第二室为加热、渗碳和扩散室；第三室为降温保温室。渗碳室气氛较稳定，炭黑较少，炉子温度分布均匀。为了缩短渗碳时间，可采用 950℃高温渗碳，在渗碳后冷却，再加热淬火。连续渗碳炉适合大量生产，生产率高。

2. 固体渗碳

固态渗碳是在固态渗碳剂中进行渗碳的方法。常用的固体渗碳剂有木炭(90%左右)和催渗剂($BaCO_3$、$CaCO_3$、Na_2CO_3 等,10%左右)。固体渗碳时,将待渗零件埋入渗碳剂中,密封渗碳箱并加热到渗碳温度,开始渗碳。固体渗碳分为无催渗剂和有催渗剂两种类型。固体渗碳过程中发生的反应如下:

$$BaCO_3 \Longleftrightarrow CO_2 + BaO \tag{10.14}$$

$$CO_2 + C \Longleftrightarrow 2CO \tag{10.15}$$

$$2CO \Longleftrightarrow [C] + CO_2 \tag{10.16}$$

固体渗碳设备简单,适应性强,渗碳剂来源容易,费用较低。但固体渗碳不适用于渗层要求较浅的零件,表面碳含量也很难精确控制,渗后直接淬火困难,渗碳时间长,劳动条件差。

3. 液体渗碳

液体渗碳是指在液体介质中进行的渗碳。该渗碳方法设备简单,加热均匀,渗碳速度快,便于渗后直接淬火,适合于小零件的单件或小批量生产。缺点是易腐蚀零件,碳势调整幅度小且不易精确控制,劳动条件差。

10.2.4 渗碳后的热处理

钢件渗碳后必须进行特定的热处理后,其优异性能才能发挥出来。钢件渗碳后缓慢冷却下来后自表面至心部的组织分别为过共析组织、共析组织、亚共析组织,如图 10.3 所示。

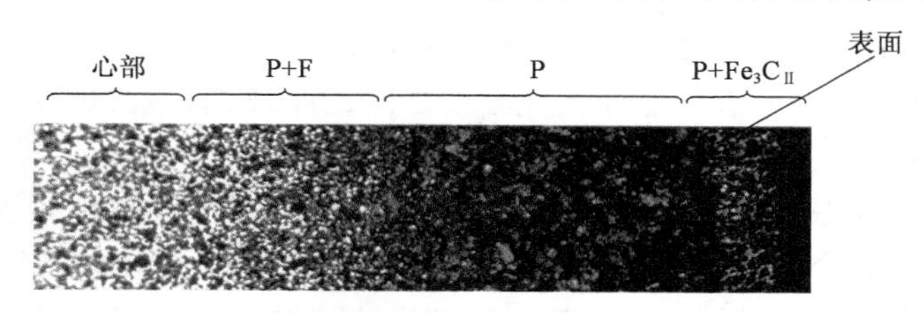

图 10.3 钢渗碳后缓慢冷却后的组织分布

渗碳后如果直接退火处理后工件的组织是不能满足使用要求的,为了满足渗碳后工件表面高硬度、高耐磨性及心部具有良好韧性的性能要求,必须在渗碳后进行合适的热处理。

钢件在渗碳前的预备热处理主要采用正火处理。通过正火处理,可以提高硬度,便于后续的切削加工,并为最终热处理做准备。钢件在渗碳后的热处理主要采用淬火 + 回火的方法来保证渗碳件的性能要求。

渗碳件渗碳后的淬火有三种方法,即直接淬火、一次加热淬火、二次加热淬火。

1. 预冷后直接淬火

工件渗碳后随炉或出炉预冷到稍高于心部成分的 Ar_3 温度,然后直接淬火,这种处理方法称为直接淬火法。

预冷的目的主要是减少零件与淬火介质的温差,从而减少淬火应力和零件的变形。该方法的优点是工艺简单、生产效率高、成本低、氧化脱碳倾向小。但直接淬火会使奥氏体晶粒粗大导致淬火后形成粗大的马氏体,性能下降。因此该方法只能适用于过热倾向小的本质细晶粒钢,如 20CrMnTi 钢。

直接淬火后工件表面组织为(假设能淬透淬透)淬火马氏体 + 残留奥氏体 + 二次渗碳体;心部组织为低碳马氏体。回火后工件表面组织为回火马氏体 + 残留奥氏体 + 部分二次渗碳体；心部组织为回火低碳马氏体。

2. 一次加热淬火

零件渗碳终了出炉后缓慢冷却，然后再重新加热淬火，这种处理方法称为一次加热淬火法。该方法能细化渗碳时形成的粗大组织，提高力学性能。选择淬火温度时，如果强化心部，则加热到 A_{c3} 以上；如果强化表层，只需加热到 A_{c1} 以上。该方法适用于组织和性能要求较高的零件，生产中应用广泛。

3. 二次加热淬火

工件渗碳缓慢冷却后再两次加热进行淬火的方法称为二次加热淬火。选择淬火温度的选择时，第一次淬火加热温度一般加热到心部成分的 A_{c3} 以上，目的是细化心部组织，消除表层网状碳化物；第二次淬火一般加热到 A_{c1} 以上，使渗层获得细小粒状碳化物和隐晶马氏体，以保证获得高强度和高耐磨性。该方法的缺点是工艺复杂、成本高、效率低而且变形大。因此该方法主要用于要求表面高耐磨性和心部高韧性的重要零件。

渗碳件淬火后必须进行回火处理。为了能满足渗碳后表面高硬度高耐磨性的要求，一般采用低温回火，回火加热温度一般为 150～190℃。回火的目的主要是消除部分内应力，使残留奥氏体趋于稳定。

10.2.5 渗碳层深度

渗碳层深度包括全渗碳层深度和有效渗碳层深度两种。

全渗碳层深度是指从工件表面至原始成分处之间的距离；有效渗碳层深度是指渗碳淬火后由表面至 550HV 处的距离。

(1)化学分析法。从试样表面至心部逐层取样进行化学分析，得出碳含量与至表面距离的关系曲线，据此来确定全渗碳层深度。该方法的缺点是取样分析比较麻烦。

(2)金相法。利用金相试样的宏观断口进行分析。将随炉渗碳样品直接淬火，打断、磨光、腐蚀后观察其断口。断面呈乌黑色外层的厚度即为全渗碳层深度。

(3)显微组织法。将随炉渗碳样品退火后，用金相显微镜对渗碳试样横截面进行显微测量。对碳钢而言，组织中含 50% 珠光体的位置至表层的距离为渗碳层深度，即渗碳层深度为过共析层 + 共析层 + 1/2 亚共析层。对合金钢而言，渗碳层深度为过共析层 + 共析层 + 过渡区层。

(4)硬度法。垂直于渗碳表面测量维氏硬度(试验力为 9.8N)，做出硬度与至表面距离关系曲线，以硬度大于 550HV 之层深作为有效渗碳层深度。该方法优点是测量便捷、结果精确、设备简单，因此在生产中被广泛采用。

10.2.6 渗碳件的常见热处理缺陷

渗碳后，如果工艺参数选取不当或操作不当，会造成渗后工件质量不满足要求，常见热处理缺陷有以下几种：

(1)表面硬度偏低。在渗碳过程中，由于温度较高，很容易造成表面脱碳或出现了非马氏体组织，从而使得表面硬度降低。

(2)渗碳层深度不足或不均匀。渗碳温度偏低、渗碳时间过短、炉内碳势偏低均可能造成钢件渗碳层深度不足；炉气循环不良或温度不均可能造成不均匀。

(3)金相组织不合格。钢材、渗碳工艺、渗碳后的热处理均可能造成渗后金相组织不合格。

(4)渗碳层内氧化。钢中含有与氧亲和力比铁强的合金元素。

(5)心部硬度偏高或偏低。淬火温度偏高或偏低。

10.3 钢的渗氮

10.3.1 渗氮的定义

渗氮是将氮渗入钢件表面,以提高其硬度,耐磨性,疲劳强度和耐蚀性能的一种化学处理方法。传统的渗氮钢、不锈钢、工具钢和铸铁均可用来渗氮。渗氮的种类较多,主要包括普通渗氮和离子渗氮两种,其中普通渗氮包括气体渗氮、液体渗氮和固体渗氮,目前工业上最常用的是气体渗氮。

10.3.2 渗氮的特点

(1)高硬度和高耐磨性。工件渗氮后硬度可达70HRC,可在500℃环境下使用,而渗碳后硬度可达60~62HRC,可以在200℃环境下使用。

(2)高的疲劳强度。渗氮件表面为残余压应力,故能够提高其疲劳强度。

(3)变形小而规律性强。渗氮温度低,在铁素体状态下进行而且渗后无须热处理,因此变形小,而且变形原因只有渗氮层的体积膨胀,规律性强。

(4)较好的抗咬合能力。渗氮层具有高硬度的特点,而且在高温下仍然保持较高的硬度,因此渗氮层具有较好的抗咬合能力。

(5)较高的抗蚀性能。渗氮层为 ε 化合物层,该化合物化学稳定性高而且非常致密,因此具有较高的耐蚀性能。

渗氮虽然具有以上优点,但也有不足的地方。渗氮处理时间长,生产成本高;渗氮层薄,不能承受太高的接触应力和冲击载荷,脆性大。

Fe-N 相图如图10.4所示。相图中的 α 相为含N铁素体,γ 相为含N奥氏体,γ' 相为Fe与N的间隙相,ε 相为可变成分的氮化物。

从铁氮合金相图可以看到,渗氮是在铁素体相中进行的。这是由于:(1)氮在体心立方点阵的铁素体中的扩散系数 D_1 比在面心立方点阵的奥氏体中的扩散系数 D_2 大得多,例如在600℃时,D_1 为1428×10cm/s,而 D_2 则只有0.70×10cm/s;(2)在这个温度范围钢件表面具有更好的吸附氮的能力;(3)超过580℃时,渗氮层硬度将显著降低。由于氮在铁素体中的溶解度很小,渗氮过程中表面的氮浓度很快就会超过其溶解度而形成铁氮金属间化合物。这种在渗入温度就有形成新相的化学反应发生的扩散过程,称为反应扩散。

Fe-N 系在渗氮过程中通常可以形成以下五种相:

(1)α 相。氮在 α-Fe 中的间隙固溶体也称含氮铁素体,体心立方点阵。590℃时,氮在 α-Fe 中的溶解度最大,$w_N \approx 0.1\%$。随着温度下降,100℃时 $w_N = 0.001\%$。α 相在缓慢冷却过程中将析出 γ' 相。

(2)γ 相。氮在 γ-Fe 中的间隙固溶体亦称含氮奥氏体,面心立方点阵,存在于共析温度

590℃以上。在650℃时,氮的最大溶解度为 $w_N = 2.8\%$。缓冷时,在590℃发生 γ 相共析转变,生成共析组织(α + γ′);如果快冷,则形成含氮的马氏体。

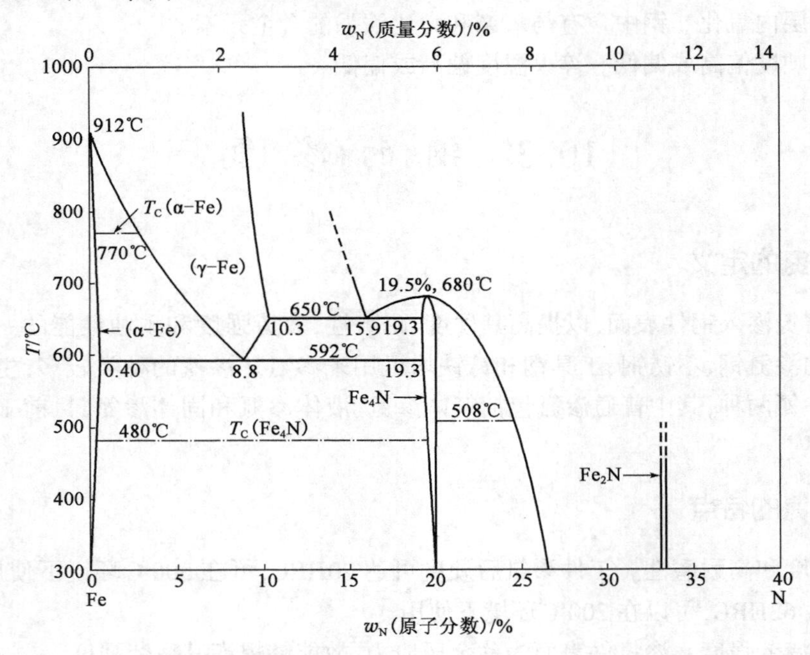

图 10.4 Fe－N 相图

(3) γ′相。以 Fe_4N 为基体的固溶体,氮质量分数 w_N 的变化范围为 5.7%～6.1%。当氮质量分数 w_N 为5.9%时,成分符合 Fe_4N,晶体结构为氮原子占据面心立方晶格的间隙位置上。γ′相在680℃以下稳定存在,680℃以上转变为 ε 相。

(4) ε 相。以 Fe_3N 为基体的固溶体,$w_N = 8.25\% \sim 11.0\%$,其晶体结构为在铁原子组成的密集六方晶格的间隙位置上分布着氮原子。随着温度的降低,ε 相中不断析出 γ′相。

(5) ξ 相。ξ 相为斜方晶格的间隙化合物,氮原子有序地分布于它的间隙位置。$w_N = 11.0\% \sim 11.35\%$,分子式为 Fe_2N。温度高于490℃时,ξ 相转变为 ε 相。

渗氮通常在共析温度(590℃)以下进行。纯铁渗氮后,缓冷至室温,渗氮层组织由表及里为 ε→ε + γ′→γ′→γ′ + α→α。如果表面氮质量分数 w_N 达到11.0%左右,则 ε 相可能转变为 ξ 相。因 ε、γ′和 ξ 相抗蚀性很强,在金相显微镜下为一个白亮层,难以清晰区分。当渗氮温度超过590℃时,纯铁在室温的渗氮层组织由表及里为 ε→ε + γ′→γ′→(α + γ′)共析→α + γ′。渗氮后快速冷却,能够阻止共析转变与第二相析出。α 相和 ε 相中不析出 γ′相和 ξ 相,γ′相也将发生非扩散性转变,成为含氮马氏体。此时室温组织为 ε→γ′→M(N)→α。

组织变化过程如图 10.5 所示。

10.3.3 渗氮的原理

渗氮过程主要包括以下几个过程:

(1) 渗氮介质的分解。渗氮时主要用无水氨气在一定的温度下进行分解得到活性氮原子。

$$NH_3 \Longleftrightarrow [N] + \frac{3}{2}H_2 \tag{10.17}$$

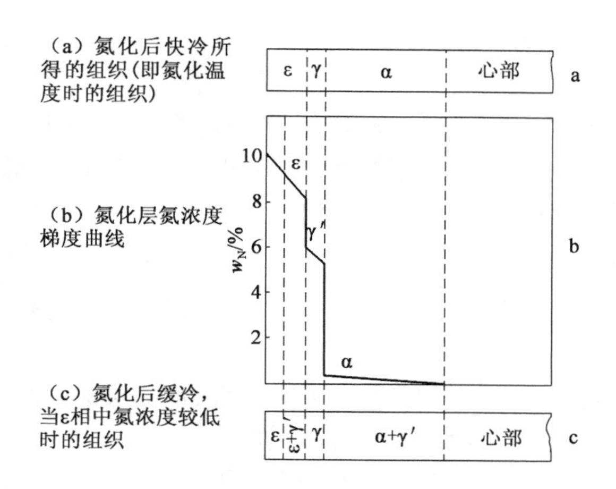

图 10.5　500～590℃氮化时氮化层的组织及氮浓度变化示意图

(2)活性氮原子的吸收。氨气分解后,气氛中存在大量的活性氮原子,但是活性氮原子只有一部分能够被钢件表面吸收,剩下的活性氮原子重新结合成氮分子。气氛要保持良好的循环,或要有较高浓度的未分解氨。

(3)氮原子的扩散。氮原子在铁中以间隙方式扩散,扩散系数比碳大,渗氮层深度与时间呈抛物线关系。

10.3.4　渗氮用钢

渗氮用钢的典型代表为 38CrMoAl 钢,钢中的铬、钼、铝合金元素在渗氮时可形成硬度很高,弥散分布的合金氮化物,但是普通碳钢渗氮后无法获得高硬度和高耐磨性。38CrMoAl 缺点是加工性差;淬火温度较高;易于脱碳;渗氮后脆性较大。

渗氮后 38CrMoAl 钢能够提高其硬度和耐磨性,其强化机理是氮和合金元素原子在 α 相中偏聚,形成混合 G. P 区,成盘状,与基体共格,引起较大点阵畸变,从而使硬度提高。$\alpha''-Fe_{16}N_2$ 型过渡氮化物析出,也会引起硬度的强烈提高。

10.3.5　渗氮工艺

1. 渗氮前的热处理

钢件的渗碳主要是通过提高钢件表层含碳量,渗碳后再淬火加低温回火处理,表层得到回火马氏体组织,从而实现强化。渗氮后无须进行热处理,因此不能通过马氏体强化,但渗氮过程中会形成特殊的氮化物,起到弥散强化的作用。

由于渗氮后不用热处理,因此渗氮前的热处理就显得尤为重要。由于渗氮用钢一般为中碳钢,为了使其综合性能较好,渗氮前需进行调质处理,即淬火 + 高温回火,得到回火索氏体组织。淬火温度选在 A_{c3} 以上 30～50℃,回火温度比渗氮温度高 50℃左右。

2. 气体渗氮工艺参数

气体渗氮工艺参数主要包括气氛氮势、渗氮温度和渗氮时间。

1)气氛氮势的选择与控制

渗氮时渗氮介质一般选用 NH_3 或 NH_3+H_2,NH_3 分解反应式见式(10.17),工程上定义

$r=\dfrac{p_{NH_3}}{(p_{H_2})^{\frac{3}{2}}}$为氮势。

氮势 r 具有以下性质：只取决于气相的组成；在一定温度渗氮时，形成 γ' 相或 ε 相的临界氮势是一确定值；一般通过控制氨分解率控制氮势；加大气体流量，降低氨分解率，可以提高氮势；减小气体流量，提高氨分解率，可以降低氮势。

2）渗氮温度与时间

渗氮温度影响渗氮层深度和渗氮层硬度，渗氮温度越低，表面硬度越大，硬度梯度越陡，渗层深度越小。

渗氮温度选择时主要考虑零件表面硬度、回火温度、渗氮层深以及金相组织。

渗氮时间主要影响层深，渗氮时间越长，渗层越深。

为了缩短渗氮周期，在等温渗氮工艺的基础上发展了分阶段渗氮方法，如两段渗氮和三段渗氮方法。渗氮工艺如图 10.6 所示。

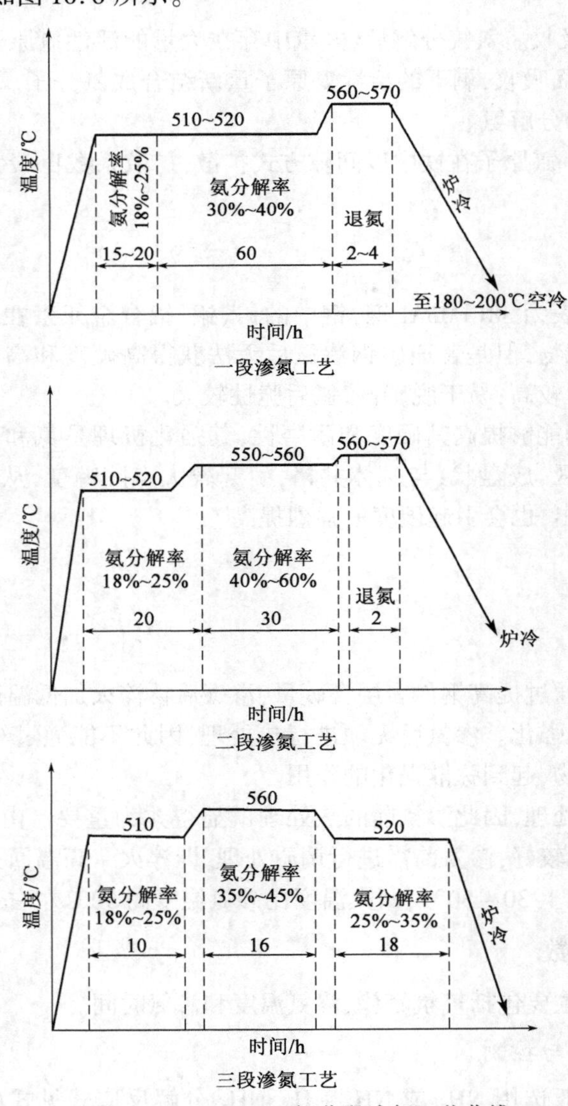

图 10.6　38CrMoAl 钢分段渗氮工艺曲线

分段渗氮是根据渗氮的特点，在不同的阶段采用不同的温度和氮势进行渗氮，以减少渗氮时间，缩短生产周期。比如两段渗氮时，第一阶段通常采用低温、高氮势（510～520℃；15～20h），第二阶段：高温，低氮势（550～560℃；25～30h）。三段渗氮工艺类似。

10.3.6 渗氮件的常见缺陷

渗氮件的技术要求主要有表面硬度、渗氮层深度、心部硬度、金相组织和变形量等。渗氮后常见缺陷有：

（1）表面硬度偏低。表面氮浓度偏低或渗前处理的回火温度偏高，都可能造成表面硬度偏低。

（2）心部硬度超差。渗氮前的回火温度选择不当造成心部硬度超差。渗氮后，表层组织为索氏体＋氮化物，心部组织为索氏体（允许少量铁素体）。

10.3.7 离子渗氮

离子渗氮作为强化金属表面的一种，它是利用辉光放电现象，将含氮气体电离后渗入工件表面，获得表面渗氮层的化学热处理工艺，称为离子渗氮。广泛适用于铸铁、碳钢、合金钢、不锈钢及钛合金等。零件经离子渗氮处理后，可显著提高材料表面的硬度，使其具有高的耐磨性、疲劳强度，抗蚀能力及抗烧伤性等。离子渗氮的特点是：（1）离子渗氮速度快，时间短，节约电能和气体；（2）渗氮层的性能更加优越；（3）变形小，特别适宜于形状复杂的精密零件；（4）易于实现局部渗氮；（5）适用于各种材料；（6）劳动条件好，对环境污染轻。

离子渗氮又称辉光渗氮，是利用辉光放电原理进行的。辉光放电是当气体越过电晕放电区后，若减小外电路电阻，或提高全电路电压，继续增加放电功率，放电电流将不断上升。同时辉光逐渐扩展到两电极之间的整个放电空间，发光也越来越明亮。当电子能提高，也就是增强电场的操作参数，则能使电晕放电过渡到辉光放电。

离子渗氮向工件表面渗入的氮原子，不是像一般气体那样由氨气分解而产生的，而是被电场加速的粒子碰撞含氮气体分子和原子而形成的离子在工件表面吸附、富集而形成的活性很高的氮原子。

离子渗氮时，工件放在炉内的阴极盘上，接上电源抽真空，当炉内压力降到6Pa左右时，充入氨气，使炉内压保持在$1.3\times10^2 \sim 1.3\times10^3$Pa范围内。由于炉内压力低，随后又经过加热作用，进入炉内的氨气将发生分解：$2NH_3 = N_2 + 3H_2$ 炉内反应所得到的气体的体积分数为25% N_2 和75% H_2 的低压环境。

在以含氮气体的低真空炉体内的条件下，气源通常采用纯氨，也可采用分解氨。把金属工件作为阴极炉体为阳极，在阴极（工件）与阳极（炉体）之间加上高压（300～900V）直流电源后，稀薄气体被电离并产生辉光放电，形成氮、氢阳离子，在阴阳极之间形成等离子区。在等离子区强电场作用下，氮和氢的正离子以高速向工件表面轰击。离子的高动能转变为热能，加热工件表面至所需温度。氮、氢等正离子在电场的加速下轰击零件表面，产生很大热量以加热零件，同时使部分铁原子溅射出来与氮结合生成 FeN 由于离子的轰击，工件表面产生原子溅射，因而得到净化，同时由于吸附和扩散作用，继而分解出活性氮原子向工件内部扩散而形成氮化层。其在工件表面形成渗氮层，主要有能量转换、阴极溅射、凝附等具体过程的发生，如图10.7所示。

离子氮化处理工艺主要参数如下：处理温度：阀板为880～900℃，阀座为840～860℃；处

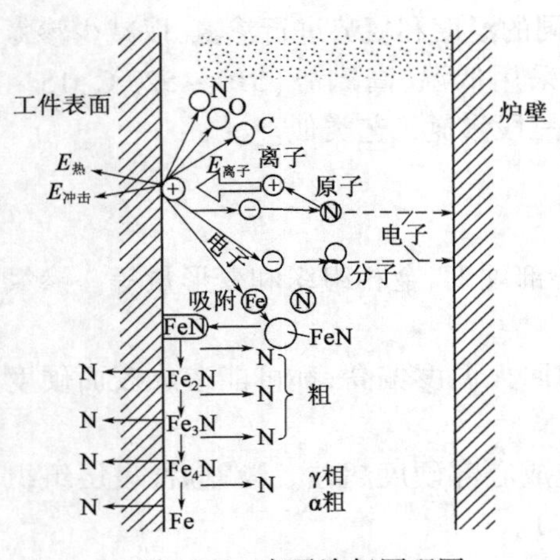

图 10.7　离子渗氮原理图

理时间:6～8h;最大加热速度:15℃/min;最大冷却速度:18℃/min;反应气氛:N_2 与 H_2 混合气体,并适当引入其他气体,如氧等;氮势:66%～90%;工作气压:3999～5332Pa;气体流量:100～150L/h;电流密度:3～7mA/cm^2。

拟进行离子氮化的零件必须经过彻底的清洗,以免因油污、锈斑、挥发物等而引起电弧,损伤零件。零件在装炉时,其间隙必须足够大而均匀,装载过密处往往会引起温度过高。对局部氮化的零件,可在非渗部位用外罩(对凸出面而言)或塞子(对内凹面或孔而言)屏蔽,以避免在该处起辉。装炉时还要注意合理地分布测温监控热电偶。此外离子氮化技术主要仪器就是离子氮化炉,通过离子渗氮可以使渗氮的周期缩短60%～70%,简化工序,零件变形小,产品质量好,节约能源,无污染,是近年来发展较快的热处理工艺。离子氮化设备由氮化炉、真空系统、供氮系统、电源及温度测控系统组成。氮化介质一般采用氨或氮氢混合气体。离子氮化操作要求严格,否则易导致溢度不均匀和弧光放电。离子氮化开始于20世纪30年代,到50年代仅用于炮管内膛氮化,60年代推广使用于结构钢、工模具钢、球墨铸铁、合金铸铁、不锈钢和耐热钢等。可离子氮化的零件有轧辊、锻模、冲模、铣刀、塑料成形机螺杆、柴油机缸套等。

当代离子氮化技术中,单热源的离子氮化已无法满足产品要求炉温的均匀性和稳定性,必须要具有双热源的离子氮化设备才能满足炉温±5℃且可以随意控温,目前已广泛应用于航空航天军工等重点领域。

10.4　钢的碳氮共渗与氮碳共渗

向钢中同时渗入碳和氮的化学热处理方法称为碳氮共渗。碳氮共渗分为高温碳氮共渗和低温碳氮共渗。高温碳氮共渗的温度为790～920℃,以渗碳为主;低温碳氮共渗的温度为520～580℃以渗氮为主。

10.4.1　特点

C－N共渗既具有渗碳优点,也具有渗氮的优点。共渗温度低,工件不易过热,渗后可直接淬火,变形比较小(N降低 A_1 温度);渗入速度较快,大大缩短工艺周期;表层硬度较高,渗层较深,硬度、耐磨性与疲劳强度较高;氮能提高过冷奥氏体稳定性,提高了渗层的淬透性。

10.4.2　碳氮共渗

气体碳氮共渗时,介质一般采用渗碳气(载气＋富化气)＋(1%～10%)的氨气。

$$NH_3 + CO \Longleftrightarrow HCN + H_2O \tag{10.18}$$

$$NH_3 + CH_4 \Longleftrightarrow HCN + 3H_2 \tag{10.19}$$

$$HCN \Longleftrightarrow \frac{1}{2}H_2 + [C] + [N] \tag{10.20}$$

工件渗后理想的碳氮浓度 $w_C = 0.7\% \sim 0.9\%$；$w_N = 0.25\% \sim 0.4\%$；共渗温度：800～880℃；时间：0.5～4h。

（1）碳氮共渗后的热处理。由于碳氮共渗后钢件表层含有碳，渗后采用直接淬火＋低温回火（180～200℃）的方法进行热处理，以获得所需性能。

（2）碳氮共渗层的组织与性能。碳氮共渗并淬火后，工件表层组织为马氏体＋残留奥氏体＋弥散分布的碳氮化合物，心部组织为马氏体＋残留奥氏体。碳氮共渗后渗层具有较高的硬度和耐磨性，其耐磨性一般高于渗碳件；疲劳强度远大于渗碳件（表层产生比渗碳件更高的残余压应力）。

10.4.3 氮碳共渗

氮碳共渗也称为软氮化，其实质是铁素体状态下的氮碳共渗。

氮碳共渗介质可以是气体或液体。氨气与吸热式气氛的混合气体、尿素热分解气体或液体如尿素、碳酸钠、氯化钾等都可以作为氮碳共渗的介质。

氮碳共渗的温度一般选 570℃ ±10℃，时间：1～4h，

软氮化层的外层是化合物层：$\varepsilon - Fe_{2\sim3}(C,N)$ 和 $\gamma' - Fe_4N$，该层厚为 2～25μm；内层是扩散层。

软氮化结束后，如果慢冷，软氮化层为基体组织＋高度弥散的氮化物；如果快冷，软氮化化层则为基体组织。软氮化层可以大大提高零件的耐磨性、抗咬合性和擦伤性；大大提高零件的疲劳强度；提高钢的抗大气和海水腐蚀能力。

10.5 渗　　硼

将钢的表面渗入硼元素以获得铁的硼化物的工艺。渗硼能显著提高钢件表面硬度（1300～2000HV）和耐磨性，以及具有良好的红硬性及耐蚀性，故获得了很快的发展。

10.5.1 渗硼层的组织性能

铁的表面渗入硼后，例如在 1000℃ 渗硼，由于硼在 $\gamma - Fe$ 中的溶解度很小，因此立即形成硼化物 Fe_2B，再进一步提高浓度则形成硼化物 FeB。硼化物的长大，系靠硼以离子的形式，通过硼化物至反应扩散前沿 Fe－FeB 及 Fe_2B－FeB 界面上来实现。因此，渗硼层组织自表面至中心只能看到硼化物层，如浓度较高，则表面为 FeB，其次为 Fe_2B，呈梳齿状楔入基体。当渗硼层由 FeB 和 Fe_2B 两相构成时，在它们之间将产生应力，在外力（特别是冲击载荷）作用下，极易产生裂缝而剥落。

在渗硼过程中，随着硼化物的形成，钢中的碳被排挤至内侧，因而紧靠硼化物层将出现富碳区，其深度比硼化物区厚得多，称为扩散区。硅在渗硼过程中也被内挤而形成富硅区。硅是铁素体形成元素，在奥氏体化温度下，富硅区可能变为铁素体，在渗硼后淬火时不转变成马氏体。因而紧靠硼化物区将出现软带（300HV 左右），使渗硼层容易剥落。钼、钨可强烈地减薄渗硼层，铬、硅、铝次之，镍、钴、锰则影响不大。渗硼具有比渗碳、碳氮共渗高的耐磨性，又具有

较高耐浓酸(HCl、H_3PO_4、H_2SO_4)腐蚀能力及良好的耐10%食盐水、10%苛性碱水溶液的腐蚀,但耐大气及水的腐蚀能力差。渗硼层还有较高的抗氧化及热稳定性。

10.5.2 渗硼方法

渗硼法有固体渗硼、液体渗硼及气体渗硼。但由于气体渗硼采用乙硼烷或三氯化硼气体,前者不稳定易爆炸,后者有毒,又易分解,因此未被采用。现在生产上采用的是粉末渗硼和盐浴渗硼。近年来由于解决了渗剂的结块问题,粉末渗硼法获得了越来越多的应用。

1. 固体渗硼法

目前最常用的是用下列配方的粉末渗硼法:5% KBF_4 + 5% B_4C + 90% SiC + Mn - Fe。把这些物质的粉末和匀装入耐热钢板焊成的箱内,工件以一定的间隔(20~30mm)埋入渗剂内,盖上箱盖,在900~1000℃的温度保温1~5h后,出炉随箱冷却即可。

上列渗剂中各部分的作用是:B_4C 为硼的来源,KBF_4 是催渗剂,SiC是填充剂,Mn - Fe则起到使渗剂渗后松散而不结块的作用。如此渗硼后冷至室温开箱时,渗剂松散,工件表面无结垢等现象,无须特殊清理。由于固体渗硼法无需特殊设备,操作简单,工件表面清洁,已逐渐成为最有前途的渗硼方法。

2. 盐浴渗硼

常用硼砂作为渗硼剂和加热剂,再加入一定的还原剂(如SiC),以分解出活性硼原子。为了增加熔融硼砂浴的流动性,还可加入氯化钠、氯化钡、或盐酸盐等助熔盐类。

常用盐浴成分有下列三种:

(1)60%硼砂 + 40%碳化硼或硼铁;

(2)50% ~60%硼砂 + 40% ~50% SiC;

(3)45% BaCl + 45% NaCl + 10% B_4C 或硼铁。

盐浴渗硼同样具有设备简单、渗层结构易于控制等优点。但有盐浴流动性差,工件黏盐难以清理等缺点。一般盐浴渗硼温度采用950~1000℃,渗硼时间根据渗层深度要求而定,一般不超过6h。因为时间过长,不仅渗层增深缓慢,而且使渗硼层脆性增加。

10.5.3 渗硼后的热处理

对心部强度要求较高的零件,渗硼后还需进行热处理。由于FeB相、Fe_2B 相和基体的膨胀系数差别很大,加热淬火时,硼化物不发生相变,但基体发生相变。因此渗硼层容易出现裂纹和崩落。这就要求尽可能采用缓和的冷却方法,淬火后应及时进行回火。

10.6 渗 金 属

渗金属方法和前述渗硼法相类似,根据所用渗剂聚集状态不同,可分固体法、液体法及气体法。

10.6.1 固体法渗金属

最常用的是粉末包装法,把工件、粉末状的渗剂、催渗剂和烧结防止剂共同装箱、密封、加热扩散而得。这种方法的优点是操作简单,无须特殊设备,小批生产应用较多,如渗铬、渗钒等。缺点是产量低,劳动条件差,渗层有时不均匀,质量不易控制等。

例如:固体渗铬,渗剂为100~200目铬铁粉(含Cr 65%)(40%~60%)+NH_4C(12%~3%),其余为Al_2O_3,渗铬过程如下进行:当加热至1050℃的渗铬温度时,氯化铵分解形成HCl,HCl与铬铁粉作用形成$CrCl_2$,在$CrCl_2$迁移到工件表面时,分解出活性铬原子[Cr]渗入工件表面。与此同时,氯与氢结合成HCl,HCl再至铬铁粉表面形成$CrCl_2$,并重复前述过程而达到渗铬目的。

10.6.2 液体法渗金属

液体法渗金属可分为两种,一种是盐浴法,另一种是热浸法。目前最常用的盐浴法渗金属是日本丰田汽车公司发明的T.D.法。它是在熔融的硼砂浴中加入被渗金属粉末,工件在盐浴中被加热,同时还进行渗金属的过程。以渗钒为例:把欲渗工件放入(80%~85%)$Na_2B_4O_7$+(15%~20%)钒铁粉盐浴中,在950℃保温3~5h,即可得到一定厚度(几个微米到20微米)的渗钒层。该种方法的优点是操作简单,可以直接淬火;缺点是盐浴有比重偏析,必须在渗入过程中不断搅动盐浴。另外,硼砂的pH值为9,有腐蚀作用,必须及时清洗工件。

热浸法渗金属是较早应用的渗金属工艺,典型的例子是渗铝。其方法是:把渗铝零件经过除油去锈后,浸入780℃±10℃熔融的铝淬中经15~60min后取出,此时在零件表面附着一层高浓度铝覆盖层,然后在950~1050℃温度下保温4~5h进行扩散处理。为了防止零件在渗铝时铁的溶解,在铝液中应加入10%左右的铁。铝液温度之所以如此选择,主要考虑温度过低时,铝液流动性不好,且带走铝液过多。温度过高,铝液表面氧化剧烈。

10.6.3 气体法渗金属

一般在密封的罐中进行,把反应罐加热至渗金属温度,被渗金属的卤化物气体掠过工件表面时发生置换、还原、热分解等反应,分解出的活性金属原子渗入工件表面。

以气体渗铬为例,其过程是:把干燥氢气通过浓盐酸得到HCl气体后引入渗铬罐,在罐的进气口处放置铬铁粉。当HCl气体通过高温的铬铁粉时,制得了氯化亚铬气体。当生成的氯化亚铬气体掠过零件表面时,通过置换、还原、热分解等反应,在零件表面沉积铬,从而获得渗铬层。

气体渗铬速度较快,但氢气容易爆炸,氯化氢具有腐蚀性,故应注意安全。

渗金属法的进一步发展是多元共渗,即在金属表面同时渗入两种或两种以上的金属元素,如铬铝共渗,铝硅共渗等。与此同时,还出现金属元素与非金属元素的两种元素的共渗,如硼钒共渗,硼铝共渗等。进行多元共渗的目的是兼取单一渗的长处,克服单一渗的不足。例如,硼钒共渗,可以兼取单一渗钒层的硬度高、韧性好和单一渗硼层层深较厚的优点,克服了渗钒层较薄及渗硼层较脆的缺点,获得了较好的综合性能。其他二元共渗也与此类似。

思 考 题

1. 简述化学热处理的基本过程。
2. 名词解释:渗碳、碳势、氮势、软氮化。

3. 什么是渗氮？渗氮的特点是什么？

4. 简述渗碳层深度的含义及测量方法。

5. 有 T10A、60Mn、20Cr、HT150 四种材料，请选择一种材料制造一个运行速度较高，承受负荷较大且有冲击的传动齿轮，写出该齿轮的热处理工艺路线，说明每道热处理工艺的作用和组织。

6. 现有 20 钢齿轮和 45 钢齿轮两种，齿轮表面硬度要求 52～55HRC，采用何种热处理可满足上述要求？并比较它们在热处理后的组织与力学性能的差别。假设 20 钢齿轮和 45 钢齿轮都能被淬透。

第11章　钢的合金化基础

钢铁材料具有资源丰富、生产规模大、易于加工、性能多样可靠等优点，是目前工业中使用最广、用量最大的金属材料。一般来说，根据碳的质量分数(w_C)不同，钢铁材料分为钢($w_C \leq$ 2.11%)和铸铁($w_C \geq$2.11%)两大类。钢是以铁碳合金为主要构成、基本上不存在共晶体的金属材料。根据化学组成的不同，钢又可分为碳素钢和合金钢两大类。碳素钢是指碳的质量分数为0.0218%～2.11%的铁碳合金。碳素钢价格便宜，便于冶炼，容易加工，且可通过热处理改善其性能，能满足很多工业生产上的要求。但随着工业和科学技术的发展，人们对工业用钢的要求越来越高，很多时候碳素钢已不能满足使用要求。为了弥补碳钢的某些不足，发展了合金钢。加入适当化学元素改变金属性能的方法称为合金化。相应地，为了改善和提高钢的力学性能，在碳素钢的基础上加入适当化学元素的方法称为钢的合金化。为了钢的合金化目的而在钢中加入特定含量的化学元素称为合金元素，这种在化学成分上特别添加一些合金元素，用以保证一定生产工艺以及所要求的组织与性能的铁基合金，称为合金钢。

钢中常用的合金元素种类很多，作用也不尽相同，为了认识和掌握合金元素在钢中作用的基本规律，本章将从合金元素的分布及存在形式、合金元素对钢的热处理的影响、合金元素与钢的强韧化和钢的微合金化几个方面分析讨论钢的合金化基础。

应当指出，人们对合金元素在钢中所起作用的认识是经过长期生产实践和科学研究逐步积累起来的，但由于合金元素种类多，综合作用复杂，且很多不是直接作用，而是通过影响相变过程而间接产生合金化作用，因此，迄今为止人们对这方面的认识仍然不够全面，钢的合金化理论还需要进一步的探索、研究、丰富和完善。

11.1　合金元素在钢中的分布及存在形式

11.1.1　合金元素在钢中的分布

合金钢中常用的合金元素有锰、硅、铬、镍、钼、钨、钒、钛、锆、钴、铝、硼、稀土等。磷、硫、氮等在某些情况下也起合金元素的作用。钢中合金元素含量有的高者达百分之几十，如铬、镍、锰等，有的则低至万分之几。由于合金元素与钢中的铁、碳两个基本组元的作用，以及它们彼此间作用，促使钢中晶体结构和显微组织发生有利的变化。

11.1.2　合金元素在钢中存在形式

1. 形成固溶体

合金元素溶入钢的基体(铁素体、奥氏体和马氏体等)中形成固溶体，起固溶强化作用。其中原子直径很小的合金元素(如氮、硼等)一般与基体形成间隙固溶体；原子直径较大的合金元素一般与基体形成置换固溶体。合金元素溶入铁素体对其性能的影响如图10.1所示。

可以看出，硅、锰的固溶强化效果最显著，但应控制在一定含量内。

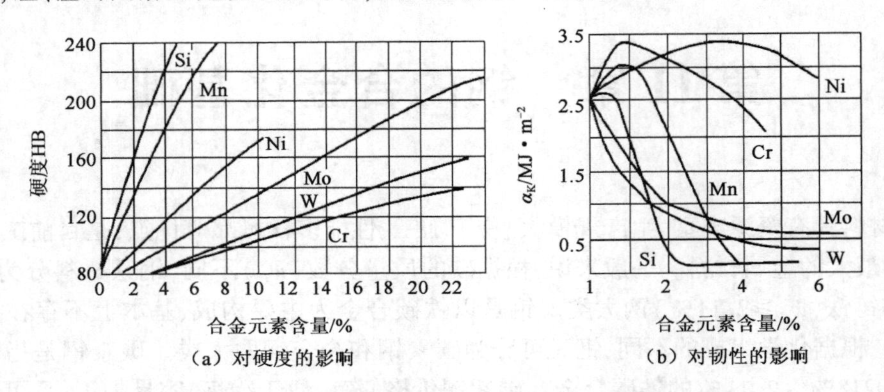

图 11.1 合金元素对铁素体性能的影响(退火状态)

2. 形成合金碳化物

在钢中能形成碳化物的元素有铁、锰、铬、钼、钨、钒、铌、锆、钛等。在周期表中，碳化物形成元素都是位于铁左边的过渡族金属元素，离铁越远，则其与碳的亲和力越强，形成碳化物的能力越大，形成的碳化物稳定而不易分解。其中钒、铌、锆、钛为强碳化物形成元素；锰为弱碳化物形成元素；铬、钼、钨为中强碳化物形成元素。合金元素与碳的亲和能力由强到弱的顺序为：Hf→Zr→Ti→Ta→Nb→V→W→Mo→Cr→Mn→Fe。当碳化物形成元素含量较高时，可形成复杂碳化物，如 Cr_7C_3、$Cr_{23}C_6$。其中的中强或强碳化物形成元素则多形成简单而稳定的碳化物，如 VC、NbC、TiC 等。碳化物是钢中重要的组成相之一，其类型、形态、数量、大小及分布对性能会产生重要的影响。

3. 形成非金属夹杂物

大多数元素与钢中的氧、氮、硫可形成简单的或复合的非金属夹杂物(如氧化物、硅酸盐、氮化物、硫化物等)。非金属夹杂物都会降低钢的质量。

4. 单质形式

有些元素如 Pb、Ag 等既不溶于铁，也不形成化合物，而是在钢中以游离状态存在，碳钢中的碳有时也以自由状态(石墨)存在。

11.2 合金元素对钢的热处理的影响

11.2.1 合金元素对铁 – 渗碳体相图的影响

钢中加入合金元素后，$Fe-Fe_3C$ 相图将发生下列变化。

1. 改变了奥氏体区的范围

合金元素以两种方式对奥氏体区发生影响。Ni、Mn、Co、Cu、Zn、N 等元素的加入使奥氏体区扩大[图 11.2(a)]，而 Cr、Mo、W、Ti、Si、Al、B 等元素则可使奥氏体区缩小。缩小奥氏体区的元素将增高 A_3、A_1 温度，在一定条件下可使奥氏体区消失，得到单相铁素体；扩大奥氏体区的元素将降低 A_3、A_1 温度，在一定条件下可使奥氏体区扩大到室温而得到单相奥氏体。进而

GS 线向左上方移动,使 A_3 及 A_1 温度升高[图 11.2(b)]。

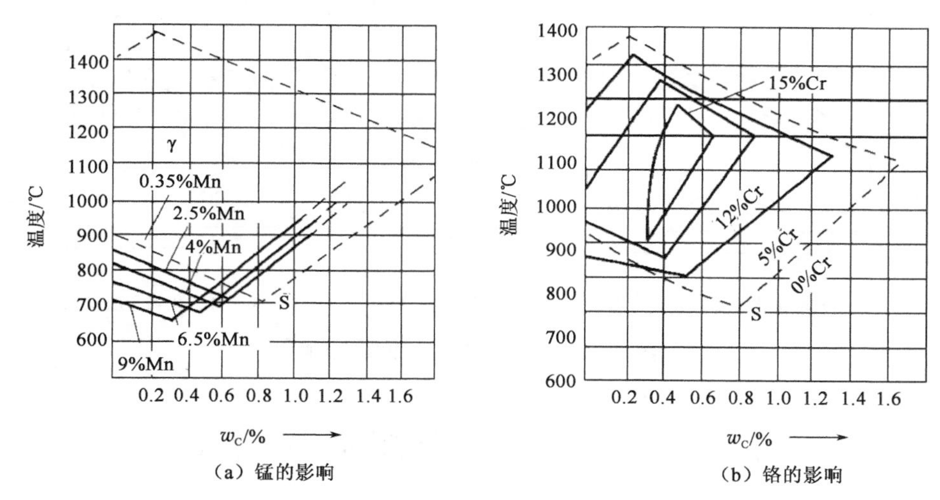

图 11.2　合金元素对奥氏体区的影响

2. 改变 S、E 点位置

由图 11.2 可见,凡能扩大奥氏体区的元素,均使 S、E 点向左下方移动;凡能缩小奥氏体区的元素,均使 S、E 点向左上方移动。因此,大部分合金元素能使 $Fe-Fe_3C$ 相图中的 S 左移。如图 11.2 所示,S 点向左移动,意味着降低了共析点的含碳量,使含碳量相同的碳钢与合金钢具有不同的显微组织。E 点左移,使出现莱氏体的含碳量降低,如高速钢中碳的质量分数 $w_C<2.11\%$,但在铸态组织中却出现合金莱氏体,这种钢称为莱氏体钢。

11.2.2　合金元素对钢热处理的影响

1. 合金元素对钢在加热时奥氏体化的影响

钢中大部分合金元素(除 Ni 和 Co 外),特别是强碳化物形成元素,都可减缓奥氏体的形成过程,从而提高奥氏体化加热温度,同时延长了保温时间。此外,合金元素对奥氏体晶粒度也有不同的影响。例如,P、Mn 促使奥氏体晶粒长大,Ti、Nb、N 等可强烈阻止奥氏体晶粒长大,W、Mo、Cr 等对奥氏体晶粒长大起到一定的阻碍作用。

2. 合金元素对淬透性的影响

实践证明,除 Co、Al 外,能溶入奥氏体中的合金元素均可减慢奥氏体的分解速度,使 C 曲线右移并降低 M_s 点(图 11.3),提高钢的淬透性。除 C 外,常用来提高淬透性的合金元素是 Cr、Mn、Ni、W、Mo、V、Ti。

3. 合金元素对回火转变的影响

淬火钢在回火过程中抵抗硬度下降的能力称为回火稳定性或回火抗力。由于合金元素阻碍马氏体分解和碳化物的聚集长大,使回火的硬度降低的过程变缓,从而提高钢的回火稳定性。对合金钢的回火稳定性影响比较显著的元素有 V、W、Ti、Cr、Mo、Co 和 Si 等,影响不明显的元素有 Al、Mn 和 Ni 等。可以看出,碳化物形成元素,对回火稳定性的提高作用特别显著。Co 和 Si 虽属不形成碳化物元素,但它们对渗碳体晶核的形成和长大有强烈的延迟作用,因此,也有提高回火稳定性的作用。

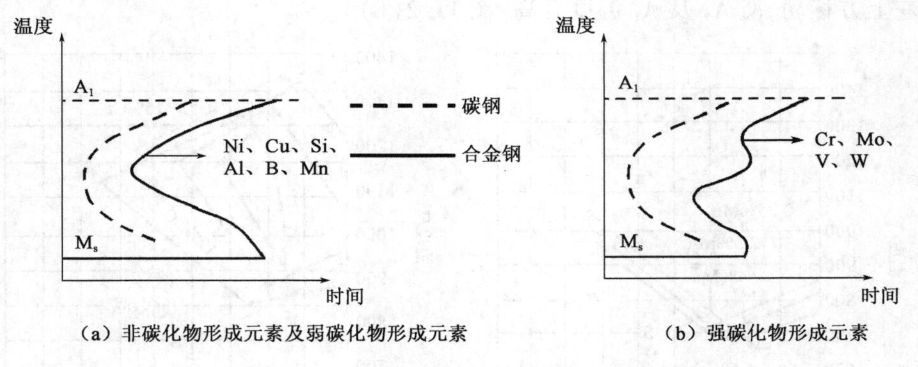

图 11.3　合金元素对 C 曲线的影响

11.3　合金元素与钢的强韧化

科学技术的进一步发展对钢的性能要求越来越高,不仅要求具有高的强度,并且要具有良好的塑韧性、低的韧脆转变温度以及优异的加工性能(焊接性能、冷成形性能等)。在这种背景下,钢的强韧化理论不断发展,其中,合金元素对钢的强韧化具有重要影响。

11.3.1　钢中合金元素的强化作用

合金元素在钢中固溶于基体、形成碳化物等,通过对钢组织的影响,产生对力学性能的影响。合金元素主要通过固溶强化、第二相弥散强化、细化晶粒强化等机制使钢强度增加。

1. 固溶强化

固溶强化是人们最早研究和应用钢的强化方式之一。研究表明,合金元素溶于铁素体,有固溶强化作用,如 Mn 溶于 α - Fe 铁素体中,形成固溶体,使钢的强度显著提高。Si、Mn 的固溶强化作用最大,其次是 Ni、Nb、V 等。合金元素产生固溶强化虽然提高钢的强度和硬度,但同时会降低钢的韧性和塑性。

2. 第二相弥散强化

材料通过基体中分布有细小弥散的第二相质点而产生强化的方法称为第二相强化或析出强化。析出强化是一种非常有效的重要强化方式。一些强碳化物形成元素如钛、铌、钒、钨、钼等,可通过热处理形成细小、弥散分布的碳化物质点,使钢的强度、硬度提高,起到明显的弥散强化作用。

3. 细化晶粒强化

晶粒细化是钢最主要的强化方式之一,同时,它也是钢铁材料大幅度提高韧性的最重要的韧化方式。强碳化物形成元素钛、铌、钒及强氮化物形成元素铝可形成高熔点碳化物、氮化物质点,阻碍奥氏体晶粒长大,从而细化铁素体晶粒。细化晶粒可提高钢的强度、硬度,也可提高钢的塑性、韧性。

11.3.2　合金元素对钢韧性的影响

一般情况下,钢的强度和韧性是相矛盾的,增加强度的同时往往会使钢的韧性降低,反之亦然。在上述强化机制中,除了细晶强化之外,其他强化方式均会在不同程度上降低钢的塑性和韧性,并使韧脆转变温度提高。因此,如何合理地解决强度和韧性的矛盾,协调强度和韧性的配合,保证钢既有足够的强度又有足够的韧性,以满足实际工程的需求是一项重要的研究任务。从合金化的角度来说,合金元素主要可从以下几个方面提高和改善钢的韧性。

1. 细化奥氏体晶粒

细化奥氏体晶粒,从而就细化了铁素体晶粒与组织。细化奥氏体晶粒作用比较明显的主要是强碳化物形成元素 Ti、Nb、V、W、Mo 等以及 Al 元素。

2. 提高钢的回火稳定性

提高了回火稳定性,即意味着在相同的强度水平下能够提高回火温度,从而提高钢的韧性。因此,能提高回火稳定性的合金元素均可在不同程度上改善钢的韧性,如强碳化物形成元素。

3. 改善基体韧性

在钢中,基体的韧性是保证整个材料韧性水平的关键,起主导作用。Ni 元素能有效改善和提高钢基体的韧性。

4. 细化碳化物

粗大的碳化物或其他化合物对钢的韧性是非常不利的,往往会成为变形过程中裂纹核心的起源。因此,希望钢中的碳化物在大小、分布、形状和数量等特征参量上为细小、均匀、球状和适量。如钢中含有适量的 Cr、V,即可改善碳化物的存在状况。

5. 降低和消除钢的回火脆性

在合金化方面,对于降低和消除钢的回火脆性起主要作用的有 W、Mo 元素。

6. 形成一定量的残余奥氏体

通过合金化形成一定量的残余奥氏体,利用稳定的残余奥氏体来提高钢的韧性。

11.4 钢的微合金化

11.4.1 微合金化的基本原理

钢的微合金化是材料和冶金领域的一项高新技术,即在钢中加入微量(通常质量分数低于0.1%)的 Nb、V、Ti、B 等碳化物、氮化物形成元素,在热循环或应变的作用下,通过 C、N 化合物的溶解和析出机制,钢铁材料的物理、化学及力学性能会产生十分明显的变化。微合金化元素在钢中的作用很大程度上取决于工艺的配合,它不仅是细化晶粒和析出强化的效果,而且对钢的耐蚀性、耐热性、耐磨性及其他的物理、化学性质的影响也是十分重要的。在微合金化和控轧控冷技术应用于生产之后,钢材的强度和韧性指标达到了一个新的水平。

微合金化元素是为改善钢材的性能有目的地加到钢中的,这与“冶炼”反应及结晶过程中元素参与形成或影响夹杂或生成有害的共晶相等产物和作用机理是不同的。合金化元素与微合金化元素也不尽相同,它们不仅在含量上有区别,而且其冶金效应也各有特点:合金化元素主要影响钢的基体,而微合金化元素除了溶质原子的拖曳作用外,几乎总是通过第二相的析出而影响钢的显微组织结构。

根据各元素在周期表中的位置,可以大致确定其对钢的性能产生何种可能的影响。元素周期表4~6周期的ⅣB-ⅥB族元素均有形成碳化物和氮化物的趋势,并且从元素周期表的右上角向左下方逐渐增强,形成氮化物的倾向要强于形成碳化物的倾向。第ⅣB族(Ti、Zr等)还有更高的形成氧化物和硫化物的倾向,而ⅥB族元素与非金属化合物的亲和力比ⅣB族和ⅤB族元素低。此外,ⅥB族(Cr、Mo等)元素的碳化物具有正斜方体和六角体的晶体结构,而ⅣB族和ⅤB族元素的碳化物具有面心立方结构,面心立方结构与钢的立方基体具有一定的共格性,这对钢的性能有益。有效影响钢的显微组织结构的析出质点是在热加工或热处理过程中形成的,因此要求微合金化元素首先必须固溶在钢基体中。化学元素在钢基体中的固溶能力取决于该元素的原子尺寸与铁原子尺寸之差。表11.1为各种难熔元素的原子半径。

表11.1　难熔元素原子半径

元素	原子半径/nm	与铁原子半径之比
Ti	0.147	1.15
V	0.136	1.06
Cr	0.128	1.00
Zr	0.16	1.25
Nb	0.148	1.16
Mo	0.14	1.09
Hf	0.168	1.31
Ta	0.148	1.16
W	0.141	1.10

通常称之为微合金化元素的多数指的是Nb、V、Ti,有时还包括B、Al和RE。微合金化元素在钢中应用的基本原理(表11.2)在于其在钢中的固溶、偏聚和沉淀作用,尤其是其与碳、氮交互作用,产生了诸如晶粒细化、析出强化、再结晶控制、夹杂物改性等一系列的次生作用,这些因素对钢的强韧化所起的作用被广泛地应用于各类钢铁产品。

表11.2　微合金化元素在钢中的主要作用

<table>
<tr><td rowspan="4">基本作用</td><td colspan="2">固溶作用</td></tr>
<tr><td colspan="2">偏聚作用</td></tr>
<tr><td colspan="2">与C、N、S、P的交互作用和固定它们的作用</td></tr>
<tr><td colspan="2">沉淀</td></tr>
<tr><td rowspan="3">次生作用</td><td>硫化物形状控制</td><td>IF状态</td></tr>
<tr><td>晶粒细化</td><td>再结晶控制</td></tr>
<tr><td>热影响区韧性控制</td><td>织构的发展</td></tr>
<tr><td rowspan="4">基本作用</td><td colspan="2">固溶作用</td></tr>
<tr><td colspan="2">偏聚作用</td></tr>
<tr><td colspan="2">与C、N、S、P的交互作用和固定它们的作用</td></tr>
<tr><td colspan="2">沉淀</td></tr>
</table>

续表

次生作用	淬硬性提高	晶界强化
		在搪瓷时成为氢陷阱
		在镀锌时控制扩散
主要有关产品	热轧的	冷轧的

微合金化钢的开拓是钢的微合金化最为突出的技术进展,其原因不仅在于改进工艺、降低成本的需要,主要是大大改善了钢的力学性能和使用工艺特性。在钢加热、冷却和形变过程中其碳氮化物具有溶解—析出行为,对钢的物理、化学性质和力学性能有明显的影响。微合金化钢通常在热机械处理(包括控轧控冷)状态下作为工程和机械结构用材或冷冲压用材,典型的应用领域为油气输送管线、桥梁、船舶、工程机械、输电线塔、高层建筑、汽车、铁轨以及电站、码头等。

11.4.2 微合金化钢的发展应用

微合金化技术是20世纪70年代出现的新型冶金技术,是传统钢铁生产向现代化冶金生产转变的重要标志。

20世纪60—70年代是微合金化钢的理论和技术取得重要进展的时期。将Hall-Petch公式应用于描述低碳钢和微合金钢的强度与晶粒尺寸的关系,明确提出了晶粒细化不仅可有效提高钢的强度而且还可提高钢的韧性,特别是改善钢的韧脆转变温度。观测到含铌钢的屈服强度与晶粒尺寸关系明显偏离传统的Hall-Petch关系,并由此发现在铁素体中沉淀析出了非常微细的碳化铌、氮化铌或碳氮化铌沉淀相导致附加强化。

20世纪80年代是微合金化钢的迅速发展时期。特别是90年代后期,世界主要钢铁生产国相继制定和实施新一代钢铁材料研究发展计划,超细组织、高洁净度、高均匀度和微合金化是钢铁材料的重要发展趋势,微合金化钢的研究与生产应用获得了更为广泛的认同和重视。这一时期的主要工作有:复合微合金化原理;微合金碳氮化物的沉淀析出次序;高等级石油管线钢的研发;微合金化奥氏体的形变热处理原理及控制轧制技术,特别是控制动态再结晶轧制技术的广泛应用;微合金化钢连铸连轧生产技术;钢铁基体组织的超细化技术与超细晶粒钢的研发;无珠光体钢乃至无间隙原子钢(IF Steel)的研发,特别是在汽车用钢方面的生产应用等。

由于世界各国材料研究工作者数十年来的通力研发,以及石油、天然气管线工程对管线钢不断提出高强度、高韧性、良好的可焊接性及耐蚀性的要求,微合金化技术得到迅速发展和广泛应用。目前,微合金化钢的主要品种有微合金化高强度抗震钢筋、高强度薄板坯连铸连轧带钢、微合金化耐候钢、微合金化管线钢、微合金化非调质钢等,而微合金化钢的生产和应用已成为衡量一个国家钢铁工业发展水平的重要指标。

思　考　题

一、名词解释

合金化、合金元素、碳素钢、合金钢、回火稳定性、钢的微合金化

二、简答题

1. 合金元素在钢中有哪些存在形式？

2. 简述合金元素对钢回火转变的影响。

3. 简述合金元素对钢的强韧化的影响。

4. 合金元素对钢的淬火临界冷却速度有什么影响？

5. 简述合金元素对 $Fe-Fe_3C$ 相图影响规律。

三、综合题

1. 为什么碳素钢在室温下不存在单一奥氏体或单一铁素体组织，而合金钢中有可能存在这类组织？

2. 为什么含碳量为 0.4%、含铬量为 12% 的钢属于过共析钢；而含碳量为 1%、含铬量为 12% 的钢属于莱氏体钢？

3. 分析钢的微合金化元素与合金化元素有何异同？

4. 微合金化钢的特点有哪些？举例说明其在工程中有何应用？

第 12 章　工程结构用钢

12.1　钢的分类和编号

钢材品种繁多、性能各异，为了便于生产、使用和管理，需要对钢进行分类及编号。

12.1.1　钢的分类

1. 按用途分类

钢按用途可分为结构钢、工具钢和特殊性能钢三类。

1）结构钢

结构钢包括工程结构用钢和机器零件用钢。用作工程结构的钢称为工程结构用钢，又称为工程用钢或构件用钢，主要用于制造船舶、桥梁、建筑、车辆、压力容器等，它们大都是普通质量的结构钢。因为其含硫、磷较优质钢多，且冶金质量也较优质钢差，故适于制造承受静载荷作用的工程结构件。用作机械零件的钢称为机械结构用钢，它们大都是优质或高级优质的结构钢，以适应机械零件承受动载荷的要求。机器零件用钢包括渗碳钢、调质钢、弹簧钢、滚动轴承钢等，主要用于制造轴、齿轮、各种连接件等。

2）工具钢

工具钢是用于制造各种加工工具的钢种。根据工具的不同用途，工具钢又可分为刃具钢、模具钢和量具钢等。

3）特殊性能钢

特殊性能钢是指具有特殊物理性能或化学性能的钢种，包括不锈钢、耐热钢、耐磨钢、电工钢等。

2. 按化学成分分类

钢按化学成分可分为碳素钢和合金钢两类。

1）碳素钢

根据含碳量分为含碳量≤0.25%的低碳钢、含碳量为0.25%～0.6%的中碳钢、含碳量>0.6%的高碳钢。

2）合金钢

根据合金元素总量分为合金元素总量≤5%的低合金钢、合金元素总量为5%～10%的中合金钢、合金元素总量>10%的高合金钢。

另外，根据钢中主要合金元素种类，钢也可分为锰钢、铬钢、铬镍钢、硼钢等。

3. 按显微组织分类

（1）钢按平衡状态或退火状态组织，可分为亚共析钢、共析钢、过共析钢。

(2)钢按正火状态组织,可分为珠光体钢、贝氏体钢、马氏体钢和奥氏体钢等。

(3)钢按室温时主要显微组织,可分为铁素体钢、奥氏体钢和双相钢等。

4. 按质量分类

钢的质量主要是指钢中的磷、硫的含量。钢根据磷、硫的含量可分为普通钢($w_P \leqslant 0.045\%$、$w_S \leqslant 0.050\%$)、优质钢($w_P \leqslant 0.035\%$、$w_S \leqslant 0.035\%$)、高级优质钢($w_P \leqslant 0.035\%$、$w_S \leqslant 0.030\%$)和特级优质钢($w_P \leqslant 0.015\%$、$w_S \leqslant 0.025\%$)。

12.1.2 钢的编号方法

我国钢的编号一般采用化学元素符号、汉语拼音字母和阿拉伯数字相结合的方式。化学元素符号表示钢中所含的元素种类;汉语拼音字母表示钢的种类、用途、特性和工艺方法等;阿拉伯数字用来表示元素的含量或钢性能的数值。

1. 碳素钢

1)普通碳素结构钢

普通碳素结构钢,简称普钢,其牌号由代表屈服强度的拼音字母"Q"+屈服强度数值(钢材厚度或直径≤16mm)+质量等级符号(A、B、C、D 四级)+脱氧方法(F、B、Z、TZ)等四部分按顺序组成。例如,Q235 AF 表示屈服强度为 235MPa、沸腾钢、质量等级为 A 级的碳素结构钢。F、B、Z、TZ 依次表示沸腾钢、半镇静钢、镇静钢、特殊镇静钢,一般情况下符号 Z 与 TZ 在牌号表示中可省略。

2)优质碳素结构钢

优质碳素结构钢,简称优质碳结构钢或优钢,其牌号用两位数字表示,这两位数字表示钢的平均含碳量,以 0.01% 为单位。例如,45 钢表示平均含碳量为 0.45%。高级优质碳素结构钢在牌号后面加"A"表示;特级优质碳素结构钢则在牌号后面加"E"表示;沸腾钢则加"F"表示;钢的含锰量为 0.70% ~1.00% 时,在牌号后面加锰元素符号"Mn"。

3)碳素工具钢

碳素工具钢的牌号是在 T 的后面附以数字来表示,数字代表钢中碳的平均质量分数,以 0.1% 为单位。例如,T12 表示碳的平均质量分数为 1.2% 的碳素工具钢。如果是高级优质碳素工具钢,则在数字后面加"A"。例如,T12A 表示平均碳的质量分数为 1.2% 的高级优质碳素工具钢。

4)碳素铸钢

碳素铸钢的牌号由代表铸钢的拼音字母"ZG"和两组数字组成,前一组数字表示最低屈服强度,后一组数字表示最低抗拉强度。例如,ZG200 - 400 表示最低屈服强度为 200MPa、最低抗拉强度为 400MPa 的碳素铸钢。

2. 合金钢

1)合金结构钢

合金结构钢的牌号采用"二位数字 + 元素符号 + 数字"表示。前面两位数字表示钢的平均碳含量,以 0.01% 为单位;元素符号表示钢所含的合金元素;后面数字表示该元素的质量分数。当合金元素的含量小于 1.5% 时,牌号中只标明元素符号,而不标明含量;如果含量大于 1.5%、2.5%、3.5% 等,则相应地在元素符号后面标注 2、3、4 等。例如,60Si2Mn 表示平均含碳量为 0.6%、含硅量约为 2%、含锰量小于 1.5%。

2)合金工具钢

合金工具钢的牌号表示方法与合金结构钢相似，其区别在于用一位数字表示平均碳含量，以 0.1% 为单位。当碳含量大于或等于 1.00% 时则不予标出。例如，9SiCr(或 9 硅铬)，其中平均碳含量为 0.9%，Si、Cr 的含量都小于 1.5%；Cr12MoV 表示平均碳含量大于 1.00%，铬含量约为 12%，Mo、V 的含量都小于 1.5% 的合金工具钢。

除此之外，还有一些特殊专用钢，为表示钢的用途在钢号前面冠以汉语拼音，而不标出含碳量。例如，GCr15 为滚珠轴承钢，"G"为"滚"的汉语拼音字首。还应注意：在滚珠轴承钢中，铬元素符号后面的数字表示铬含量的千分数，其他元素仍用质量分数表示。例如，GCr15SiMn 表示铬含量为 1.5%，硅、锰含量均小于 1.5% 的滚珠轴承钢。

合金钢一般均为优质钢。合金结构钢若为高级优质钢，则在钢号后面加"A"，如 38CrMoAlA。合金工具钢一般都是高级优质钢，所以其牌号后面可不再标"A"。

12.1.3 各类钢的成分特点

根据钢的编号法，再加上对各类钢含碳量及所含合金元素的了解，从钢的编号上可方便地确定其成分和大致用途。现将各类钢的成分特点列于表 12.1。

表 12.1 各类钢的成分特点

<table>
<tr><th colspan="3">钢类</th><th>含碳量范围/%</th><th>主要合金元素</th><th>质量</th><th>牌号举例</th></tr>
<tr><td rowspan="9">结构钢</td><td colspan="2">普通碳素钢</td><td>≤0.6(低中)</td><td>—</td><td>普通</td><td>Q215、Q235、Q255</td></tr>
<tr><td colspan="2">低合金高强钢</td><td>0.2(低)</td><td>Mn 等</td><td>普通</td><td>Q345(16Mn)</td></tr>
<tr><td colspan="2" rowspan="2">渗碳钢</td><td rowspan="2">0.1~0.25(低)</td><td>碳钢</td><td rowspan="2">优质</td><td>15、20</td></tr>
<tr><td>合金钢 Cr、Mn、Ti、等</td><td>20Cr、20CrMnTi</td></tr>
<tr><td colspan="2" rowspan="2">调质钢</td><td rowspan="2">0.3~0.5(中)</td><td>碳钢</td><td>优质</td><td>35、45、40Mn</td></tr>
<tr><td>合金钢 Cr、Mn、Si、Ni、Mo 等</td><td>优质或高级优质</td><td>40Cr、35CrMo、35SiMn、38CrMoAlA</td></tr>
<tr><td colspan="2" rowspan="2">弹簧钢</td><td>0.6~0.9(中，碳钢)</td><td>—</td><td>优质</td><td>65、85</td></tr>
<tr><td>0.45~0.7(高，合金钢)</td><td>Mn、Si 等</td><td>优质或高级优质</td><td>50CrVA、65Mn、60Si2Mn</td></tr>
<tr><td colspan="2">滚动轴承钢</td><td>≈1.0(高)</td><td>Cr 等</td><td>高级优质</td><td>GCr15、GCr15SiMn</td></tr>
<tr><td rowspan="4">结构钢</td><td rowspan="4">其他用途钢</td><td>冷冲压钢</td><td><0.2(低)</td><td></td><td>优质</td><td>08、08F</td></tr>
<tr><td>易切削钢</td><td><0.4(低中)</td><td>S、P、Mn 量较高</td><td></td><td>Y12、Y30</td></tr>
<tr><td>低淬透性钢</td><td>0.5~0.6(中)</td><td>Ti(Si、Mn 量较低)</td><td></td><td>55Tid、60Tid</td></tr>
<tr><td>铸钢</td><td>0.12~0.62(低中)</td><td></td><td></td><td>ZG200-400、ZG340-640</td></tr>
<tr><td rowspan="5">工具钢</td><td colspan="2">碳素工具钢</td><td>0.7~1.3(高)</td><td>—</td><td>优质或高级优质</td><td>T7、T8、T10A、T12A</td></tr>
<tr><td colspan="2">低合金刀具钢</td><td>0.7~1.3(高)</td><td>Cr、W、Si、Mn 等</td><td rowspan="4">高级优质</td><td>9SiC、CrWMn、9MnV</td></tr>
<tr><td colspan="2">高铬冷作模具钢</td><td>1.45~2.3(高)</td><td>Cr、V、Mo 等</td><td>Cr12、Cr12MoV</td></tr>
<tr><td colspan="2">热作模具钢</td><td>0.3~0.6(中)</td><td>Cr、W、Mn、Ni、Mo 等</td><td>5CrNiMo、5CrMnMo、3Cr2W8V</td></tr>
<tr><td colspan="2">高速钢</td><td>0.7~1.65(高)</td><td>Cr、Mo、W、V 等，总量>10%</td><td>W18Cr4V、W6Mo5Cr4V2</td></tr>
<tr><td rowspan="3">特殊性能钢</td><td colspan="2">不锈钢</td><td>≤0.4(低中)</td><td>Cr、Ni 大量</td><td></td><td>Cr13 型、Cr18Ni9 型</td></tr>
<tr><td colspan="2">耐热钢</td><td>≤0.4(低中)</td><td>Cr、Si、Al、Ni、Mo、V 等</td><td></td><td>15CrMo、4Cr9Si2、1Cr18Ni9Ti</td></tr>
<tr><td colspan="2">耐磨钢</td><td>0.9~1.3(高)</td><td>Mn(大量)</td><td></td><td>ZGMn13</td></tr>
</table>

12.2　工程结构用钢的性能要求和化学成分特点

工程结构用钢是指专门用来制造工程结构件的一大类钢种，主要包括碳素结构钢和低合金结构钢，广泛应用于国防、化工、石油、电站、车辆、造船等领域，在钢的总产量中，工程结构用钢占90%。

12.2.1　工程结构用钢的性能要求

一般说来，工程结构用钢构件的服役特点是不做相对运动，长期承受静载荷作用，有一定的使用温度和环境要求，如有的（锅炉）使用温度可达250℃以上，有的则在寒冷条件下工作，长期承受低温作用；这些构件通常在野外（如桥梁）或海水（如船舶）条件下使用，承受大气和海水的侵蚀。

因此，工程结构用钢所要求的力学性能是弹性模量大，保证构件具有较高的刚度，以满足构件在静载荷长期作用下结构稳定的要求；具有足够的抗塑性变形和抗断裂的能力，要求材料具有较高的屈服极限和抗拉强度，且塑性和韧性较好；钢材应具有较小的冷脆倾向性和耐蚀性，以满足长期处于低温及环境介质中工作的要求。除此之外，工程结构用钢还必须具有良好的加工工艺性能。为了制成各种工程构件，需要将钢厂供应的棒材、板材、型材、管材和带材等钢材先进行必要的冷变形加工，制成各种零部件，然后用焊接或铆接的方法连接起来，因而要求钢材必须具有良好的冷变形性和焊接性，工程结构钢化学成分的设计和选择，首先必须满足这两方面的要求。

12.2.2　工程结构用钢的化学成分特点

根据构件的工作条件和性能要求，常用的工程结构用钢主要有碳素结构钢和低合金结构钢。由于这类构件一般尺寸较大、形状复杂，不能进行整体淬火与回火处理，所以大部分构件是在热轧空冷（正火），有时也在正火、回火状态下使用，其基本组织为大量铁素体加少量珠光体，其化学成分和组织结构有如下特点：

（1）低碳。这类钢种碳含量一般小于0.25%，主要是为了获得较好的塑性、韧性、焊接性能。随着含碳量增加，钢的强度增加，塑性降低，使得成形困难，同时使得在焊接过程中，引起严重的变形、开裂。此外随着含碳量的增加，钢中珠光体含量相应增加，珠光体由于有大量脆性的片状渗碳体，因而有较高的韧—脆转变温度，如 $w_C = 0.3\%$ 的钢材韧—脆转变温度约为50℃，而 $w_C = 0.1\%$ 的钢材韧—脆转变温度则降低至 -50℃左右。

（2）主加合金元素主要是Mn。Mn的点阵类型和原子尺寸与 $\alpha-Fe$ 相差较大，因而Mn的固溶强化效果较大。此外，Mn的加入还可使 $Fe-Fe_3C$ 相图中的S点左移，使基体中的珠光体数量增多，因而可使钢在相同的碳含量下，铁素体量减少，珠光体增多，致使强度不断提高。

（3）辅加合金元素Al、V、Ti、Nb等，形成稳定性高的碳、氮化物，它们既可阻止热轧时奥氏体晶粒长大、保证室温下获得细铁素体晶粒，又能起到第二相强化作用，进一步提高钢的强度。

（4）为改善这类钢的耐大气腐蚀性能，应加入一定量的Cu和P。Cu元素沉积在钢的表面，具有正电位，成为附加阴极，使钢在很小的阳极电流下达到钝化状态。P在钢中可以起到固溶强化的作用，也可以提高耐蚀性能。

(5)加入微量稀土元素可以脱硫去气，净化钢材，并改善夹杂物的形态和分布，从而改善钢的力学性能和工艺性能。

12.3　碳素结构钢

12.3.1　碳素钢

1. 普通碳素结构钢

普通碳素结构钢，简称普钢，其产量约占钢总产量的70%～80%，其中大部分用作钢结构，少量用作机器零件。由于这类钢易于冶炼、价格低廉，性能也能满足一般工程构件的要求，所以在工程上用量很大。

普钢对化学成分要求不甚严格，钢的磷、硫含量较高（P≤0.045%，S≤0.055%），但必须保证其力学性能。普钢通常以热轧状态供应，一般不经热处理强化，必要时可进行锻造、焊接等热加工，亦可通过热处理调整其力学性能。表12.2为碳素结构钢的牌号、化学成分、力学性能及用途。

表12.2　普通碳素结构钢的化学成分和力学性能

牌号	等级	化学成分，%			脱氧方法	力学性能			用　　途
		w_C	w_S	w_P		R_{el}，MPa	R_m，MPa	A，%	
Q195	—	0.06～0.12	≤0.050	≤0.045	F、b、Z	195	315～390	≥33	用于制造承受载荷不大的金属结构件、铆钉、垫圈、地脚螺栓、冲压件及焊接件
Q215	A	0.09～0.15	≤0.050	≤0.045	F、b、Z	215	335～410	≥31	
	B	—	≤0.045	—	—	—	—	—	
Q235	A	0.14～0.22	≤0.050	≤0.045	F、b、Z	235	375～460	≥26	用于制造金属结构件、钢板、钢筋、型钢、螺栓、螺母、短轴、心轴；Q235C、Q235D可用于制造重要焊接结构件
	B	0.12～0.20							
	C	≤0.18	≤0.040	≤0.040	Z				
	D	≤0.17	≤0.035	≤0.035	TZ				
Q255	A	0.18～0.28	≤0.50	≤0.045	Z	255	410～510	≥24	键、销、转轴、拉杆、链轮、链环片等
	B		≤0.45						
Q275	—	0.28～0.38	≤0.050	≤0.045	Z	275	490～610	≥20	

2. 优质碳素结构钢

优质碳素结构钢，简称优钢，广泛用于较重要的机械零件。优质碳素结构钢既要保证其力学性能，又要保证其化学成分，钢中的磷、硫含量较低（S、P含量均不大于0.035%）。这类钢使用前一般都要进行热处理。部分优质碳素结构钢的力学性能和用途见表12.3。

表12.3　部分优质碳素结构钢的力学性能和用途

牌　　号	力 学 性 能					用　　途
	R_{el}，MPa	R_m，MPa	A，%	Z，%	A_K，J	
08	195	325	33	60	—	这类低碳钢由于强度低、塑性好，易于冲压与焊接，一般用于制造受力不大的零件，如螺栓、螺母、垫圈、小轴、销子、链等。经过渗碳或氰化处理后，可用于制造表面要求耐磨、耐腐蚀的机械零件
10	205	335	31	55	—	
15	225	375	27	55	—	
20	245	410	25	55	—	
25	275	450	23	50	71	

续表

牌　　号	力学性能					用　　途
	R_{el},MPa	R_m,MPa	A,%	Z,%	A_K,J	
30	295	490	21	50	63	这类中碳钢综合力学性能和切削加工性均较好,可用于制造受力较大的零件,如主轴、曲轴、齿轮、连杆、活塞销等
35	315	530	20	45	55	
40	335	570	19	45	47	
45	355	600	16	40	39	
50	375	630	14	40	31	
55	380	645	13	35	—	这类钢有较高的强度、弹性和耐磨性,主要用于制造凸轮、车轮、板弹簧、螺旋弹簧和钢丝绳等
60	400	675	12	35	—	
65	410	695	10	30	—	
70	420	715	9	30	—	

注:以上力学性能是正火后的试验测定值,但 A_K 值试样应进行调质处理。

12.4　合金结构钢

12.4.1　低合金高强度结构钢

低合金高强度结构钢,也称低合金高强钢,是在低碳钢的基础上加入少量合金元素(总合金含量≤5%)而得到的,具有较高强度,主要用于制造桥梁、船舶、车辆、锅炉、高压容器、输油输气管道、大型钢结构等。

低合金钢中,碳的质量分数一般不超过0.20%,以提高韧性、满足焊接和冷塑性成型要求。加入以Mn为主的合金元素,并加入铌、钛或钒等附加元素来提高材料的性能。在需要有些抗腐蚀能力时,加入少量的铜(≤0.4%)和磷(0.1%左右)等。

一般低合金高强钢的屈服强度在300MPa以上,同时有足够的塑性、韧性和良好的焊接性能。在低温下工作的构件,必须具有良好的韧性,大型工程结构大都采用焊接制造,所以这类钢具有良好的焊接性能。此外,许多大型结构在大气、海洋中使用,还要求有较高的抗腐蚀能力。这类钢一般在热轧、空冷状态下使用,不需要专门的热处理。若为改善焊接区性能,可进行正火。

常用的低合金高强度结构钢的牌号、化学成分、力学性能以及主要特性和用途分别见表12.4、表12.5和表12.6。

表12.4　低合金高强度结构钢的牌号和化学成分(参考 GB/T 1591—2008)

牌号	等级	化学成分(质量分数)/%										
		C	Mn	Si	P	S	V	Nb	Ti	Al	Cr	Ni
Q345	A	≤0.20	1.00~1.60	0.55	≤0.045	≤0.045	0.02~0.15	0.015~0.06	0.02~0.20			
	B				≤0.040	≤0.040						
	C				≤0.035	≤0.035				≥0.015		
	D	≤0.18			≤0.030	≤0.030				≥0.015		
	E				≤0.025	≤0.025				≥0.015		

续表

牌号	等级	化学成分(质量分数)/%										
		C	Mn	Si	P	S	V	Nb	Ti	Al	Cr	Ni
Q390	A	≤0.20	1.00～1.60	0.55	≤0.045	≤0.045	0.02～0.20	0.015～0.06	0.02～0.20		≤0.30	≤0.70
	B				≤0.040	≤0.040					≤0.30	≤0.70
	C				≤0.035	≤0.035				≥0.015	≤0.30	≤0.70
	D				≤0.030	≤0.030				≥0.015	≤0.30	≤0.70
	E				≤0.025	≤0.025				≥0.015	≤0.30	≤0.70
Q420	A	≤0.2	1.00～1.70	0.55	≤0.045	≤0.045	0.02～0.20	0.015～0.06	0.02～0.20		≤0.40	≤0.70
	B				≤0.040	≤0.040					≤0.40	≤0.70
	C				≤0.035	≤0.035				≥0.015	≤0.40	≤0.70
	D				≤0.030	≤0.030				≥0.015	≤0.40	≤0.70
	E				≤0.025	≤0.025				≥0.015	≤0.40	≤0.70
Q460	C	≤0.20	1.00～1.70	0.55	≤0.035	≤0.035	0.02～0.20	0.015～0.06	0.02～0.20	≥0.015	≤0.70	≤0.70
	D				≤0.030	≤0.030				≥0.015	≤0.70	≤0.70
	E				≤0.025	≤0.025				≥0.015	≤0.70	≤0.70

表 12.5 低合金高强结构钢的力学性能(参考 GB/T 1591—2008)

牌号	等级	屈服点 σ_s/MPa				抗拉强度 σ_b/MPa	延伸率 δ/%	冲击吸收功 A_{kV}(纵向)/J			
		厚度(直径、边长)/mm									
		≤16	>16～35	>35～50	>50～100			+20℃	0℃	-20℃	-40℃
Q345	A	≥345	≥325	≥295	≥275	470～630	≥21				
	B						≥21	≥34			
	C						≥22		≥34		
	D						≥22			≥34	
	E						≥22				≥27
Q390	A	≥390	≥370	≥350	≥330	490～650	≥19				
	B						≥19	≥34			
	C						≥20		34		
	D						≥20			≥34	
	E						≥20				≥27
Q420	A	≥420	≥400	≥380	≥360	520～680	≥18				
	B						≥18	≥34			
	C						≥19		≥34		
	D						≥19			≥34	
	E						≥19				≥27
Q460	C	≥460	≥440	≥420	≥400	550～720	≥17		≥34		
	D						≥17			≥34	
	E						≥17				≥27

表 12.6 低合金高强度结构钢的特性和应用(参考 GB/T 1591—2008)

牌号	主要特性	应用举例
Q345 Q390	综合力学性能好、焊接性、冷热加工性能和耐蚀性能均好,C、D、E 级钢具有良好的低温韧性	船舶、锅炉、压力容器、石油储罐、桥梁、站设备、起重运输机械及其他较高载荷的焊接结构件
Q420	强度高,特别是在正火或正火加回火状态有较高的综合力学性能	大型船舶,桥梁,电站设备,中、高压锅炉,高压容器,机车车辆,起重机械,矿山机械及其他大型焊接结构件
Q460	强度最高,在正火、正火加回火或淬火加回火状态有很高的综合力学性能,全部用铝补充脱氧、质量等级为 C、D、E 级,可保证钢的良好韧性	备用钢种,用于各种大型工程结构及要求强度高、载荷大的轻型结构

在较低级别的钢中,Q345(16Mn)最具有代表性。Q345 是 20 世纪 30 年代发展起来的世界上第一种低合金高强度钢,它是我国当前用量最多、产量最大的一种低合金高强度结构钢,使用状态的组织为细晶粒的铁素体 + 珠光体,与碳素结构钢 Q235 相比,强度高 20% ~30%,耐大气腐蚀性能高 20% ~38%,这类钢多用于船舶、车辆和桥梁等大型钢结构。目前,在其基础上已经发展出了多种派生牌号和专用钢种,如 16MnR、16Mnq 等。南京长江大桥采用 Q345 比用碳素结构钢节约钢材 15% 以上,又如我国的载重汽车大梁采用 Q345 后,使载重比由 1.05 提高到 1.25。

Q420 钢级别钢含 V、Ti 和 Nb,能细化晶粒,产生第二相弥散强化,使屈服点提高,是中等级别强度钢中使用最多的钢种。Q420 强度较高,且韧性、焊接性及低温韧性也较好,广泛用于制造桥梁、锅炉、船舶和中等压力的容器。

强度级别超过 450MPa 后,铁素体和珠光体组织难以满足要求,于是发展了低碳贝氏体钢。加入 Cr、Mo、Mn 和 B 等元素,有利于空冷条件下得到贝氏体组织,使强度更高,塑性和焊接性能也较好,多用于高压锅炉和高压容器等,如 Q460 钢。

12.4.2 合金渗碳钢

渗碳钢通常是指经渗碳处理后使用的钢。许多零件是在受冲击和磨损条件下工作的,如汽车和拖拉机上的变速齿轮、内燃机上的凸轮和活塞销等,要求表面硬且耐磨,而零件心部则要求有较高的韧性和强度以承受冲击。为满足上述要求,常选用合金渗碳钢,合金渗碳钢属于表面硬化合金结构钢。

1. 化学成分

为满足“外硬内韧”的要求,这类钢一般都采用低碳钢,碳的质量分数为 0.1% ~0.2%,而零件心部有足够的塑性和韧性。主加合金元素的目的是提高淬透性,常加入 Cr、Ni、Mn 和 B 等,保证钢在渗碳淬火后心部能得到低碳马氏体,以提高强度和韧性。加入少量强碳化物形成元素 Ti、V、W 和 Mo 等,形成稳定的合金碳化物,阻碍奥氏体晶粒长大,细化晶粒。

2. 热处理特点

合金渗碳钢的热处理规范一般是渗碳后进行直接淬火、一次淬火或二次淬火,而后低温回火。低合金渗碳钢经常采用直接淬火或一次淬火,而后低温回火;高合金渗碳钢则采用二次淬火和低温回火处理。

热处理零件表面组织为回火马氏体 + 碳化物 + 少量残留奥氏体,硬度达 58 ~62HRC,满足耐磨的要求,而心部的组织是低碳马氏体,保持较高的韧性,满足承受冲击载荷的要求。对于大尺寸的零件，由于淬透性不足，零件的心部淬不透，仍保持原来的珠光体+铁素体组织。

下面以应用广泛的20CrMnTi钢为例，分析其热处理工艺规范。20CrMnTi钢齿轮的加工工艺路线为：下料→锻造→正火→加工齿形→渗碳→预冷淬火→低温回火→磨齿，热处理工艺曲线如图12.1所示。

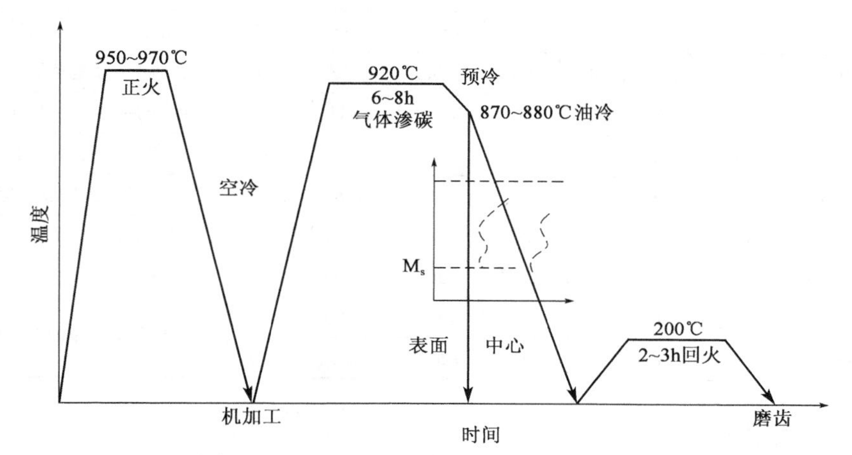

图12.1　20CrMnTi钢齿轮的热处理工艺曲线

正火作为预备热处理，其目的是改善锻造组织，调整硬度(170～210HBW)，便于机加工，正火后的组织为索氏体+铁素体。最终热处理为渗碳后预冷到875℃直接淬火+低温回火。预冷的目的在于减少淬火变形，同时在预冷过程中，渗层中可以析出二次渗碳体，在淬火后减少残留奥氏体量。最终热处理后其组织由表面往心部依次为：回火马氏体+颗粒状碳化物+残留奥氏体→回火马氏体+残留奥氏体→……而心部的组织分为两种情况，在淬透时为低碳马氏体+铁素体；未淬透时为索氏体+铁素体。20CrMnTi钢经上述处理后可获得高耐磨性渗层，心部有较高的强度和良好的韧性，适宜制造承受高速中或并且抗冲击和耐磨损的零件，如汽车、拖拉机的后桥和变速箱齿轮、离合器轴、伞齿轮和一些重要的轴类零件。

3. 常用钢种

按照钢的淬透性大小，合金渗碳钢可分为低淬透性渗碳钢、中淬透性渗碳钢和高淬透性渗碳钢。

1)低淬透性渗碳钢

典型钢种为20Cr，这类钢合金元素含量少，淬透性较低，水淬临界直径小于25mm，渗碳淬火后，心部强韧性较低，只适于制造受冲击载荷较小的耐磨零件，如活塞销、凸轮、滑块和小齿轮等。

2)中淬透性渗碳钢

典型钢种为20CrMnTi，淬透性较高，油淬临界直径为25～60mm，过热敏感性较小，渗碳过渡层比较均匀，具有良好的力学性能和工艺性能。主要用于制造承受中等载荷、要求足够冲击韧度和耐磨性的汽车、拖拉机齿轮等零件。

3)高淬透性渗碳钢

典型钢种为18Cr2Ni4WA和20Cr2Ni4A，含有较多的Cr和Ni等元素，淬透性很高，钢的油淬临界直径大于100mm，具有很好的韧性和低温冲击韧度。主要用于制造大截面、高载荷的重要耐磨件，如飞机、坦克中的曲轴和大模数齿轮等。

常用的渗碳钢牌号、热处理工艺、力学性能及用途见表12.7。

表12.7　常用的渗碳钢牌号、热处理工艺、力学性能及用途(参考GB/T 3077—2015)

类别	牌号	热处理/℃			力学性能			用途
		渗碳	淬火	回火	σ_s/MPa	σ_b/MPa	δ/%	
低淬透性	20Mn2	930	770~800 油	200	≥590	≥785	≥10	小齿轮、小轴、活塞销等
	20Cr	930	880 水,油	200	≥540	≥835	≥10	齿轮、小轴、活塞销等
	20MnV	930	880 水,油	200	≥590	≥785	≥10	同上,也用作锅炉、高压容器管道等
中淬透性	20CrMn	930	850 油	200	≥735	≥930	≥10	齿轮、轴、蜗杆、活塞销、摩擦轮
	20CrMnTi	930	880 油	200	≥850	≥1080	≥10	汽车、拖拉机上的变速箱齿轮
	20Mn2TiB	930	860 油	200	≥930	≥1130	≥10	代20CrMnTi
	20SiMnVB	930	780~800 油	200	≥100	≥1200	≥10	代20CrMnTi
高淬透性	18Cr2Ni4WA	930	850 空	200	≥835	≥1180	≥10	大型渗碳齿轮和轴类零件
	20Cr2NiA	930	850 油	460	≥590	≥785	≥10	

12.4.3　合金调质钢

采用调质处理,即淬火+高温回火后使用的合金结构钢,统称为合金调质钢。调质后得到回火索氏体组织.综合力学性能好,用于受力较复杂的重要结构零件。如汽车后桥半轴、连杆、螺栓以及各种轴类零件。与碳素调质钢相比,合金调质钢更能满足截面尺寸大和淬透性要求高的零件需要。

1. 化学成分特点

合金调质钢中碳的质量分数在0.30%~0.50%之间,属中碳钢。碳的质量分数在这一范围内可保证钢的综合性能,碳的质量分数过低,则影响钢的强度指标,碳的质量分数过高则韧性显得不足,对于合金调质钢,随合金元素的增加,碳的质量分数趋于下限。

合金调质钢中主加合金元素为Cr、Mn、Ni、Si和B等,主要目的是提高淬透性。除硼外,这些合金元素除了提高淬透性,还能形成合金铁素体,提高钢的强度,如调质处理后的40Cr钢的性能比45钢的性能高很多。

合金调质钢中加入少量强碳化物形成元素Ti、V、W和Mo等,可形成稳定的合金碳化物,阻碍奥氏体晶粒长大,细化晶粒和提高回火稳定性。其中W和Mo还可以防止第二类回火脆性,其适宜含量(质量分数)为:$w_{Mo}=0.15\%\sim0.30\%$,$w_{W}=0.8\%\sim1.2\%$。

2. 热处理特点

合金调质钢预备热处理的目的是为了改善热加工造成的晶粒粗大和带状组织,获得便于切削加工的组织和性能。对于珠光体型调质钢,在800℃左右进行一次退火代替正火,可细化晶粒,改善可加工性。对马氏体型调质钢,正火后可能得到马氏体组织,因此必须在A_{c1}以下再次进行高温回火,使其组织转变为粒状珠光体。回火后硬度可由380~550HBW降至207~240HBW,此时可顺利进行切削加工。

合金调质钢的最终热处理是淬火+高温回火(调质处理)。合金调质钢淬透性较高,一般都用油淬,淬透性特别大时甚至可以空冷,这能减少热处理缺陷。

合金调质钢的最终性能决定于回火温度,一般采用500~650℃回火。通过选择回火温度,可以获得所要求的性能(具体可查热处理手册中有关钢的回火曲线)。为防止第二类回火脆性,回火后快冷(水冷或油冷),有利于韧性的提高。当要求零件具有特别高的强度(σ_b = 1600 ~ 1800MPa)时,采用200℃左右回火,得到中碳马氏体组织,这也是发展超高强度钢的重要方向之一。

合金调质钢常规热处理后的组织是回火索氏体。对于表面要求耐磨的零件(如齿轮和主轴),再进行表面感应淬火及低温回火,表面组织为回火马氏体,表面硬度可达55 ~ 58HRC。

合金调质钢淬透调质后的屈服强度约为800MPa,冲击韧度在80J/cm^2,心部硬度可达22 ~ 25HRC。若截面尺寸大而未淬透时,性能显著降低。

现以40Cr钢为例,分析其热处理工艺规范。40Cr作为拖拉机上的连杆和螺栓,其工艺路线为:下料→锻造→退火→粗机加工→调质→精机加工→装配。在工艺路线中,预备热处理采用退火(或正火),其目的是改善锻造组织,消除缺陷,细化晶粒,调整硬度,便于切削加工,为淬火做好组织难备。调质工艺采用840℃加热,油淬后,得到马氏体组织,然后在540℃回火,为防止第二类回火脆性,在回火的冷却过程中采用水冷,最终使用时的组织状态为回火索氏体,其调质处理工艺曲线如图12.2所示。

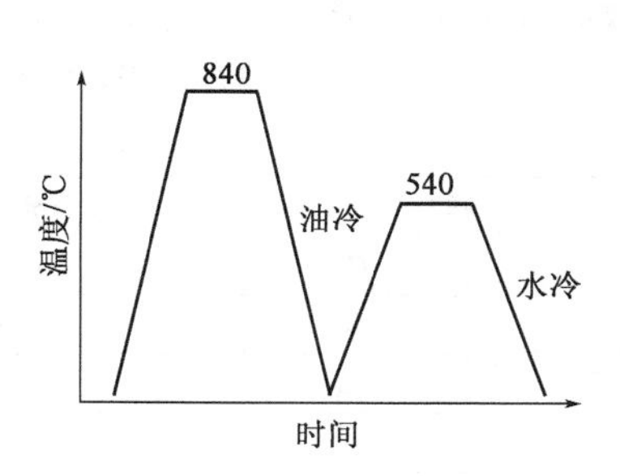

图12.2 40Cr钢调质处理工艺曲线

3. 常用钢种

按淬透性的高低,合金调质钢大致可以分为低淬透性调质钢、中淬透性调质钢和高淬透性调质钢三类。

1)低淬透性调质钢

这类钢的油淬临界直径最大为30 ~ 40mm,广泛用于制造一般尺寸的重要零件,如轴、齿轮和连杆螺栓等。典型钢种是40Cr、35SiMn和40MnB,其中后两者是为节约铬而发展的代用钢种。表12.8所示为常用低淬透性合金调质钢的牌号、化学成分、热处理工艺、力学性能及用途。

表12.8 常用低淬透性合金调质钢的牌号、化学成分、热处理工艺、性能及用途

(参考GB/T 3077—2015)

牌号		35SiMn	40MnB	40MnVB	40Cr
化学成分%	C	0.32 ~ 0.40	0.37 ~ 0.44	0.37 ~ 0.44	0.37 ~ 0.44
	Mn	1.10 ~ 1.40	1.10 ~ 1.40	1.10 ~ 1.40	0.50 ~ 0.80
	Si	1.10 ~ 1.40	0.17 ~ 0.37	0.17 ~ 0.37	0.17 ~ 0.37
	Cr				0.80 ~ 1.10
	其他		B:0.0008 ~ 0.0035	V:0.05 ~ 0.10 B:0.0008 ~ 0.0035	
热处理	淬火/℃	900水	850油	850油	850油
	回火/℃	570水、油	500水、油	520水、油	520水、油
力学性能	σ_b/MPa	≥885	≥980	≥980	≥980
	σ_s/MPa	≥735	≥785	≥785	≥785
	δ/%	≥15	≥10	≥10	≥9
	A_K/J	≥47	≥47	≥47	≥47

续表

牌号	35SiMn	40MnB	40MnVB	40Cr
用途	除要低温(−20℃以下)韧性很高的情况外,可全面代替40Cr作调质件	代替40Cr	可代替40Cr及部分代替40CrNi用作重要零件,也可以代替38CrSi用作重要销钉	用于重要调质件,如轴类件、连杆螺栓、进气阀和重要齿轮

2)中淬透性调质钢

钢的油淬临界直径最大为40~60mm,含有较多的合金元素,用于制造截面较大和承受较重载荷的零件,如曲轴、连杆等。典型钢种为40CrNi、35CrMo和40CrMn。表12.9为常用中淬透性合金调质钢的牌号、化学成分、热处理工艺、力学性能及用途。

表12.9　常用中淬透性合金调质钢的牌号、化学成分、热处理工艺、力学性能及用途

(参考GB/T 3077—2015)

牌号		38CrSi	30CrMnSi	40CrNi	35CrMo
化学成分%	C	0.35~0.43	0.28~0.34	0.37~0.44	0.32~0.40
	Mn	0.03~0.60	0.80~1.10	0.50~0.80	0.40~0.70
	Si	1.00~1.30	0.90~1.20	0.17~0.37	0.17~0.37
	Cr	1.30~1.60	0.80~1.10	0.45~0.75	0.80~1.10
	其他			Ni:1.00~1.40	Mo:0.15~0.25
热处理	淬火/℃	900油	880油	820油	850油
	回火/℃	600水、油	540水、油	500水、油	550水、油
力学性能	σ_b/MPa	≥980	≥1080	≥980	≥980
	σ_s/MPa	≥835	≥835	≥785	≥835
	δ/%	≥12	≥10	≥10	≥12
	A_K/J	≥55	≥39	≥55	≥63
用途		用作载荷大的轴类件及车辆上的重要调质件	高强度钢,用于高速在和砂轮轴和车辆上内外摩擦片	汽车、拖拉机、机床、柴油机的轴、齿轮和螺栓等	重要调质件,如曲轴,连杆及代替40CrNi用作大截面轴

3)高淬透性调质钢

高淬性调质钢的油淬临界直径为60~100mm,多半为铬镍钢。铬和镍的适当配合,可大大提高淬透性,并能获得比较优良的综合力学性能,用于制造大截面且承受重负荷的重要零件,如汽轮机主轴、压力机曲轴和航空发动机曲轴等。常用钢种为40CrNiMoA、37CrNi3和25Cr2Ni4A。

常用高淬透性调质钢的牌号、热处理工艺、力学性能及用途见表12.10。

表12.10　常用高淬透性合金调质钢的牌号、化学成分、热处理工艺、力学性能及用途

(参考GB/T 3077—2015)

牌号		38CrMoAlA	37CrNi3	40CrMnMo	25Cr2Ni4WA	40CrNiMoA
化学成分%	C	0.35~0.42	0.34~0.41	0.37~0.45	0.21~0.28	0.37~0.44
	Mn	0.30~0.60	0.30~0.60	0.90~1.20	0.30~0.60	0.50~0.80
	Si	0.20~0.40	0.17~0.37	0.17~0.37	0.17~0.37	0.17~0.37
	Cr	1.35~1.65	1.20~1.60	0.90~1.20	1.35~1.65	0.60~0.90
	其他	Mo:0.15~0.25 Al:0.70~1.10	Ni:3.00~3.50	Ni:0.20~0.30	Ni:4.00~4.50 W:0.80~1.20	Ni:1.25~1.75 Mo:0.15~0.25

续表

牌号		38CrMoAlA	37CrNi3	40CrMnMo	25Cr2Ni4WA	40CrNiMoA
热处理	淬火/℃	940 油	820 油	850 油	850 油	850 油
	回火/℃	640 水、油	500 水、油	600 水、油	550 水	600 水、油
力学性能	σ_b/MPa	≥980	≥1130	≥980	≥1080	≥980
	σ_s/MPa	≥835	≥980	≥785	≥930	≥835
	δ/%	≥14	≥10	≥10	≥10	≥12
	A_K/J	≥71	≥71	≥63	≥71	≥78
用途		用作渗氮零件，如高压阀门、缸套等	用作大截面并要求高强度、高韧性的零件	相当于 40CrNiMo 的高级调质钢	用于力学性能要求很高的大截面零件	用作高强度零件如航空发动机轴和在小于 500℃ 工作的喷气发动机承载零件

12.4.4 合金弹簧钢

1. 弹簧钢的性能要求

弹簧是各种机器和仪表中的重要零件。它是利用弹性变形吸收能量以缓和振动和冲击，或依靠弹性储存能量来起驱动作用。因此，要求合金弹簧钢具有高的弹性极限 σ_e，尤其是高的屈强比 σ_s/σ_b，以保证弹簧有足够高的弹性变形能力和较大的承载能力；具有高的疲劳强度 σ_{-1}，以防止在震动和交变应力作用下产生疲劳断裂；具有足够的韧性，以免受冲击时脆断。此外，弹簧钢还要求有较好的淬透性、不易脱碳和过热、容易绕卷成形等。一些特殊弹簧钢还要求耐热性和耐蚀性等。

2. 成分特点和钢种

弹簧钢中碳的质量分数一般为 0.45% ~0.70%。碳的质量分数过高，塑性和韧性降低、疲劳极限也下降。可加入的合金元素有锰、硅、铬、钒和钨等。加入硅、锰主要是提高淬透性，同时也提高屈强比，其中硅的作用更为突出。硅、锰元素的不足之处是硅会促使钢材表面在加热时脱碳，锰则使钢易于过热。因此，重要用途的弹簧钢必须加入铬、钒和钨等，不仅使钢材有更高的淬透性，不易脱碳和过热，而且有更高的高温强度和韧性。此外，弹簧的冶金质量对疲劳强度有很大的影响，所以弹簧钢均为优质钢或高级优质钢。

65Mn 和 60Si2Mn 是以 Si 和 Mn 为主要合金元素的弹簧钢。这类钢的价格便宜，淬透性明显优于碳素弹簧钢，Si 和 Mn 的复合合金化，性能比只用 Mn 好得多。这类钢主要用于汽车、拖拉机上的板簧和螺旋弹簧。

50CrVA 是含 Cr、V 和 W 等元素的弹簧钢。Cr 和 V 复合合金化，不仅大大提高钢的淬透性，而且还提高钢的高温强度、韧性和热处理工艺性能。这类钢可制作在 350 ~400℃ 温度下承受重载的较大弹簧。

常用弹簧钢的牌号、热处理工艺、力学性能及用途见表 12.11。

表 12.11　常用合金弹簧钢的牌号、热处理工艺、力学性能及用途(参考 GB/T 1222—2016)

牌号		65Mn	60Si2Mn	55SiMnVB	60Si2CrVA	50CrVA
化学成分 %	C	0.62～0.70	0.57～0.64	0.52～0.60	0.56～0.64	0.46～0.54
	Mn	0.90～1.20	0.70～1.00	1.00～1.30	0.40～0.70	0.50～0.80
	Si	0.17～0.37	1.50～2.00	0.70～1.00	1.40～1.80	0.17～0.37
	其他	Cr:≤0.25	Cr:≤0.35	B:0.0005～0.035 V:0.08～0.16	Cr:0.90～1.20 V:0.10～0.20	0.80～1.10
热处理	淬火/℃	830 油	870 油	880 油	850 油	850 油
	回火/℃	540	440	460	410	500
力学性能	σ_b/MPa	≥785	≥1570	≥1375	≥1860	≥1275
	σ_s/MPa	≥980	≥1375	≥1225	≥1665	≥1130
	δ/%	≥8	≥5	≥5	≥6(A5)	≥10(A5)
	ψ/%	≥30	≥20	≥30	≥20	≥40
用途		截面直径≤25mm 的弹簧,例如车厢板簧和弹簧发条等	截面直径为 25～30mm 的弹簧,例如汽车板簧、机车螺旋弹簧,还可用于工作温度小于 250℃的耐热弹簧	代替 60Si2Mn 制造重型、中型、小型汽车的板簧,其他中等截面的板簧和螺旋弹簧	截面直径≤50mm 的承受高载荷及工作温度低于 350℃ 的重要弹簧,如调速器弹簧、汽轮机气封弹簧等	截面直径为 30～50mm 的承受高载荷的重要弹簧及工作温度低于 400℃ 的阀门弹簧、活塞弹簧和安全弹簧等

3. 弹簧钢的热处理

根据弹簧钢的生产方式,弹簧钢可分为热成形弹簧和冷成形弹簧两类,所以其热处理工艺也分为两类。

对于热成形弹簧,一般可在淬火加热时成形,然后淬火＋中温回火,获得回火托氏体组织,具有很高的屈服点和弹性极限,并有一定的塑性和韧性。如在汽车钢板弹簧的生产中,首先采用中频感应设备将钢板加热到适当温度,然后热压成形,并随之在油中淬火,使成形与热处理结合起来,实现了形变热处理,取得了良好效果。

对于冷成形弹簧,通过冷拔(或冷拉)、冷卷成形。冷卷后的弹簧不必进行淬火处理,只需要进行一次消除内应力和稳定尺寸的定型处理,即加热到 250～300℃,保温一段时间,从炉内取出空冷即可使用。钢丝的直径越小,强化效果越好,强度越高,强度极限可达 1600MPa 以上,而且表面质量很好。

如果弹簧钢丝直径太大,如直径＞15mm,板材厚度＞8mm,会出现淬不透现象,导致弹性极限下降,疲劳强度降低,所以弹簧钢材的淬透性必须和弹簧选材直径尺寸相适应。

弹簧的弯曲应力和扭转应力在表面处最高,因而它的表面状态非常重要。热处理时的氧化脱碳是最忌讳的,加热时要严格控制炉气,尽量缩短加热时间。

弹簧经热处理后,一般进行喷丸处理,使表面强化并在表面产生残余压应力,以提高疲劳强度。

例如,某车辆厂板簧,其性能要求为:$\sigma_b \geq 1250$MPa,$\sigma_s \geq 1150$MPa,$\delta \geq 5\%$,$\psi \geq 25\%$。选用材料:60Si2Mn 钢。工艺路线为:扁钢下料→加热压弯成形→淬火→中温回火→喷丸。其热处理工艺如图 12.3 所示。

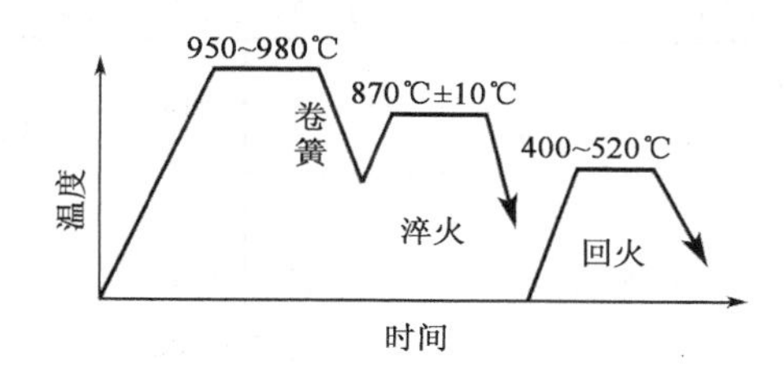

图 12.3　热成形弹簧的成形及热处理工艺曲线

12.4.5　滚动轴承钢

1. 滚动轴承钢的性能要求

主要用来制造滚动轴承的滚动体(滚珠、滚柱和滚针)和内外套圈的钢称为滚动轴承钢,属专用结构钢,如图 12.4 所示。

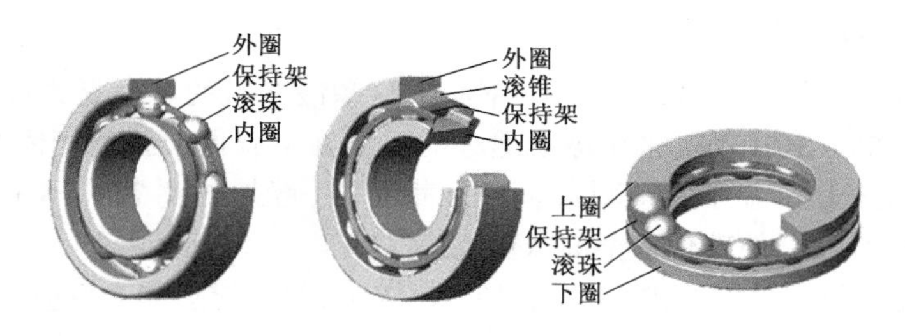

图 12.4　常见动轴承示意图

滚动轴承是一种高速转动的零件,工作时接触面积很小,不仅有滚动摩擦,而且有滑动摩擦,承受高且集中的周期性交变载荷,所以常常会发生接触疲劳破坏。因此要求滚动轴承钢具有高而均匀的硬度,高的弹性极限和接触疲劳强度,足够的韧性和淬透性以及一定的耐蚀性。

2. 成分特点及钢种

滚动轴承钢是一种高碳低铬钢,碳的质量分数一般为 0.95% ~1.10%,以保证其具有高硬度、高耐磨性和高强度。铬为基本合金元素,铬的质量分数为 0.40% ~1.65%。可提高淬透性,使零件淬火、回火后整个截面上获得较均匀的组织;形成的合金渗碳体$(Fe,Cr)_3C$细密、均匀分布,可提高钢的耐磨性,特别是疲劳强度;铬溶入奥氏体中,又可提高马氏体的回火稳定性。加入硅、锰和钒等元素可进一步提高淬透性,便于制造大型轴承。V 部分溶于奥氏体中,部分形成碳化物 VC,提高钢的耐磨性并防止过热。

轴承钢中非金属夹杂和碳化物的不均匀性对钢的性能尤其是接触疲劳强度影响很大。因此,轴承钢一般采用电炉冶炼和真空去气处理。

铬轴承钢最常用的是 GCr15,使用量占轴承钢的绝大部分。添加 Mn、Si、Mo 和 V 的轴承钢淬透性较高,可制造大型轴承,如 GCr15SiMn 和 GCr15SiMnMoV 等。为了节省铬元素,加入 Mo 和 V 可得到无铬轴承钢,如 GSiMnMoV 和 GSiMnMoVRE 等,其性能与 GCr15 相近。

常用滚动轴承钢的牌号、热处理工艺、力学性能及用途见表 12.12。

表 12.12　常用滚动轴承钢牌号、热处理工艺、力学性能及用途（参考 GB/T 18254—2016）

牌号	化学成分/%				淬火/℃	回火/℃	回火后硬度 HRC	主要用途
	C	Cr	Si	Mn				
GCr9SiMn	1.0～1.10	0.90～1.20	0.40～0.70	0.90～1.20	810～830	150～200	61～65	广泛用作量具，如样板、卡板、样套、量规、块规、环规、螺纹塞规和样柱等
GCr15	0.95～1.05	1.40～1.65	0.15～0.35	0.25～0.45	820～840	150～160	62～66	除做滚珠、轴承套圈等外，有时也用来制造工具，如冲模、量具
GCr15SiMn	0.95～1.05	1.40～1.65	0.40～0.65	0.95～1.25	820～840	170～200	>62	可用于制作尺寸较大、形状较复杂和精度较高的塑料模

从化学成分看，滚动轴承钢属于工具钢范畴，所以这类钢也经常用于制造各种精密量具、冷冲模具、丝杠、冷轧辊和高精度的轴类等耐磨零件。

3. 滚动轴承钢的热处理

滚动轴承钢的预备热处理是球化退火，钢经下料和锻造后的组织是索氏体＋少量粒状二次渗碳体，硬度为255～340HBW，采用球化退火的目的在于获得粒状球光体组织，调整硬度至207～229HBW，以便于切削加工及得到高质量的表面。一般加热到790～810℃透烧后再降低至710～720℃保温3～4h，使碳化物全部球化。

滚动轴承钢的最终热处理为淬火＋低温回火，淬火切忌过热，淬火后应直接回火，在150～160℃回火2～4h，以去除应力，提高韧性和稳定性，如图12.3所示。滚动轴承钢淬火＋回火后得到极细的回火马氏体、分布均匀细小的粒状碳化物（5%～10%）以及少量残留奥氏体（5%～10%），硬度为62～66HRC。

生产精密轴承或量具时，由于低温回火不能彻底消除内应力和残留奥氏体，在长期保存及使用过程中，工件因应力释放、奥氏体转变等原因造成尺寸变化。所以淬火后立即进行一次冷处理，并在回火及磨削后，于120～130℃进行10～20h的尺寸稳定化处理。

思　考　题

一、简答题

1. 什么是调质钢？调质钢的合金化原则是什么？
2. 为什么低合金钢用锰作为主要的合金元素？
3. 合金元素在低合金高强度钢中的作用是什么？
4. 弹簧钢的热处理特点是什么？
5. 滚动轴承钢的合金化与性能特点是什么？

二、综合题

1. 说明以下钢的牌号中各字母和数字的含义，并从分类、化学成分、性能和用途等方面对这些牌号的钢分别进行介绍：Q235、Q345、20、20Cr、ZG230－450、Cr12、1Cr13、T12A。

2. 简述渗碳钢和调质钢的合金化和热处理特点。

3. 弹簧钢淬火后为什么要进行中温回火？为了提高弹簧的使用寿命，在热处理后应采用什么有效措施？

4. 直径为 25mm 的 40CrNiMo 的棒料毛坯，经正火处理后硬度高，很难切削加工，这是什么原因？设计一个简单的热处理方法以提高其机械加工性能。

第13章　其他常用钢

13.1　工　具　钢

工具钢是制造各种刃具、模具、量具的钢,相应地称为刃具钢、模具钢与量具钢。工具钢应具有高硬度、高耐磨性以及足够的强度和韧性,大多属于过共析钢(w_C =0.6% ~1.3%),可以获得高碳马氏体,并形成足够数量弥散分布的粒状碳化物,以保证高的耐磨性。

13.1.1　刃具钢

刃具钢用来制造各种切削刀具、如车刀,铣刀,铰刀等。刀具在切削时,刃部承受很大的应力,并与切屑之间发生严重的摩擦、磨损,又由于产生切削热而使刃部温度升高,在切削的同时还要受到较大的冲击和振动,刃具钢应具有如下的性能:(1)高硬度。一般机械加工刀具的硬度应大于60HRC。刀具的硬度主要取决于钢的含碳量,刃具钢含碳量为0.6% ~1.5%。(2)高耐磨性。刀具的硬度主要取决于钢的含碳量,刃具钢耐磨性直接影响着刀具的寿命。影响耐磨性的主要因素是碳化物的硬度、数量、大小及分布情况。实践证明,一定量的硬而细小的碳化物,均匀分布在强而韧的金属基体中,可获得较高的耐磨性。(3)高的热硬性。刀具在切削时,由于产生切削热而使刃部受热。当刃部受热时,刀具仍能保持高硬度的能力称为热硬性。热硬性的高低与钢的回火稳定性有关,一般在刃具钢中加入提高回火稳定性的合金元素可增加钢的热硬性。

常用的刃具钢有碳素工具钢、低合金刃具钢和高速钢等。

1. 碳素工具钢

碳素工具钢的含碳量很高,在0.6% ~1.3%之间,经淬火后有较高的硬度和耐磨性。一般含碳量高的T10、T12等钢,硬度高、塑性差,主要用作钻头、锉刀等。含碳量低的T7、T8、T9等钢,硬度较低,但韧性较高,主要做木工刀具,锤子,錾子、带锯等。

碳素工具钢的淬透性低,水中能淬透的直径约为20mm,并容易产生淬火变形及开裂。碳素工具钢的热硬性也很差,当刃部受热至200 ~250℃时,其硬度和耐磨性明显降低。图13.1是T12钢球化退火前及淬火后的显微组织。表13.1为碳素工具钢的钢号、热处理及用途。碳素工具钢只能用于制造刃部受热程度较低的手用工具和低速、小走刀量的机用工具。

如钳工凿子、小钻头、丝锥、手锯条、锉刀、铲刮刀等可用T7A制造。

2. 低合金刃具钢

1)成分特点

低合金刃具钢是在碳素钢的基础上添加某些合金元素,获得所需要的性能。因此,含碳量高达0.9% ~1.5% C范围之间,加入Si、Cr、Mn等元素可提高钢的淬透性和回火稳定性,加入强碳化物形成元素W,V等形成WC、VC等特殊碳化物,提高钢的热硬性及耐磨性。

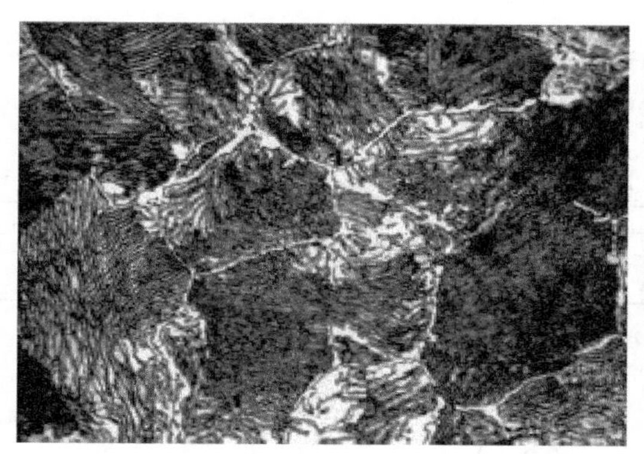

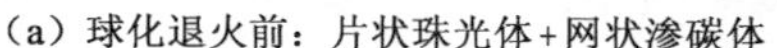

（a）球化退火前：片状珠光体+网状渗碳体

（b）淬火后：针状淬火马氏体+残余奥氏体+少量颗粒状渗碳体

图 13.1　T12 钢球化退火前及淬火后的显微组织

表 13.1　碳素工具钢的牌号、热处理及用途（参考 GB/T 1298—2008）

牌号	热处理工艺					用途举例
	淬火			回火		
	温度/℃	介质	硬度 HRC	温度/℃	硬度 HRC	
T7 T7A	800～820	水	62	180～200	60～62	制造承受振动与冲击及需要在适当硬度下具有较大韧性的工具，如凿子、打铁用模、各种锤子、木工工具等
T8 T8A	780～800	水	62	180～200	60～62	制造承受振动及需要足够韧性而具有较高硬度的各种工具，如简单模子、冲头、剪切金属用剪刀、木工工具、煤矿用凿等
T9 T9A	760～780	水	62	180～200	60～62	制造具有一定硬度及韧性的冲头、冲模、木工工具、凿岩用凿子等
T10 T10A	760～780	水	62	180～200	60～62	制造不受振动及锋利刃口上有少许韧性的工具，如刨刀、拉丝模、冷冲模、手锯锯条、硬岩石用转子等
T12 T12A	760～780	水	62	180～200	60～62	制造不受振动及需要极高硬度和耐磨性的各种工具，如丝锥、锋利的外科刀具、锉刀、刮刀等

2）常用合金刃具钢及热处理

常用的低合金刃具钢有 9SiCr、CrWMn 等。低合金刃具钢的热处理基本上与碳素工具钢相同，为了改善切削性能的预先热处理为球化退火，最终热处理为淬火和低温回火。淬火介质大多采用油，因此变形小，淬裂倾向低。最终处理后的组织为回火马氏体、合金碳化物和少量残余奥氏体。图 13.2 所示为 9SiCr 热处理工艺，表 13.2 给出常用低合金工具钢钢号、热处理与用途。如小型麻花钻、手动铰刀、车刀、刨刀、钻头、铰刀等用 W 钢制造。

表 13.2　常用低合金工具钢、热处理与用途（参考 GB/T 1299—2014）

钢号	热处理工艺				用途举例
	淬火		回火		
	温度/℃	硬度 HRC	温度/℃	硬度 HRC	
9SiCr	820～860 油	>62	150～200	61～63	丝锥、板牙、钻头、铰刀、搓丝板、冷冲模

续表

钢号	热处理工艺				用途举例
	淬火		回火		
	温度/℃	硬度 HRC	温度/℃	硬度 HRC	
CrWMn	790～820 油	>62	160～200	61～62	拉刀、长丝锥、长铰刀、量具、冷冲模
CrW5	800～850 水	65～66	160～180	64～65	低速切削硬金属刃具,如铣刀、车刀

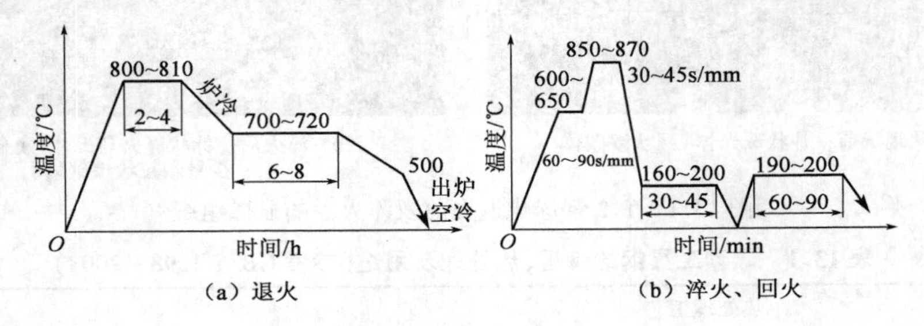

图 13.2　9SiCr 热处理工艺

3. 高速钢

高速钢当切削温度高达 600℃时,硬度无明显下降,保持良好的切削性能,俗称锋钢。常用的高速钢按其所含的主要元素可分为两类,即以 W18Cr4V 为代表的钨系和一部分 W 被 Mo 所代替的 W6MoSCr4V2 为代表的钼系,它们共同的特点是含碳量较高并含有多量的碳化物形成元素 W、Mo、Cr、V 等。

1)化学成分

碳的主要作用是经热处理后,其一部分溶入马氏体中增加其硬度及耐磨性,另一部分与合金元素形成特殊碳化物。碳的含量在 0.7% ～1.25% 范围内。Cr 的主要作用是提高钢的淬透性,淬火加热时全部溶入奥氏体中以增大其稳定性,淬火后得到均匀的马氏体组织。W 和 Mo 的主要作用是提高钢的回火稳定性。

2)高速钢的锻造与热处理

(1)高速钢的锻造。高速钢的铸态组织中有粗大的鱼骨状合金碳化物,使钢的力学性能降低,如图 13.3(a)所示。这种碳化物不能用热处理来消除,只有采用反复锻造的办法将其击碎,并均匀分布在基体上。终锻温度不宜过低,以免锻裂。锻后必须缓冷以避免形成马氏体组织。

(2)退火。高速钢经锻造后,存在锻造应力及较高硬度。经退火处理可降低硬度及消除内应力,并为随后的淬火做组织准备。其退火方法有普通退火法和等温退火法。普通退火法的退火温度为 880℃,保温以后冷至普通退火法的退火温度为 860℃、880℃见表 13.3,保温以后冷至 500℃、550℃出炉。这种退火工艺操作简单,但周期长,为了缩短退火周期,生产上一般采用等温退火。W18Cr4V 钢锻造退火后组织如图 13.3(b)所示。

(3)淬火和回火。高速钢只有通过正确的淬火和回火,才能使性能充分发挥出来,它的淬火温度很高,W18Cr4V 为 1270～1280℃。高速钢刀具所以具有良好的切削能力,是由于它有较高的热硬性,而热硬性主要取决于马氏体中合金元素的含量。为此,选定高速钢刀具的加热温度时,应该考虑合金元素最大限度地溶入奥氏体中。由于高速钢淬火温度高,为了防止高温下氧化、脱碳，一般在盐炉中加热。高速钢淬火后的组织为隐针马氏体、残余合金碳化物和大量残余奥氏体。高速钢通常在二次硬化峰值温度或稍高一些的温度（550～570℃）下，回火三次。W18Cr4V钢淬火后约有30%残余奥氏体，经一次回火后剩15%～18%，二次回火后降到3%～5%，第三次回火后仅剩1%～2%。W18Cr4V钢的淬火+三次回火组织，如图13.3(c)所示。W18Cr4V钢热处理工艺曲线如图13.4所示。

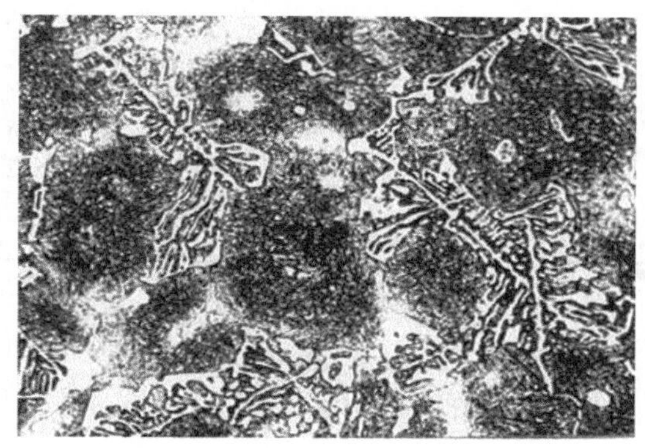

（a）铸态组织

（b）锻造退火后组织

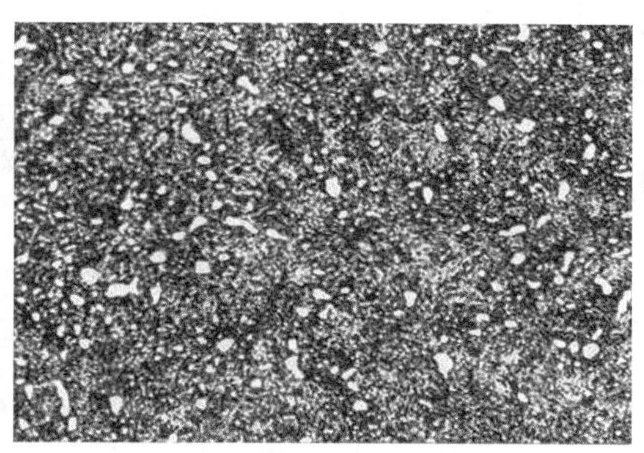

（c）淬火回火组织

图13.3　W18Cr4V钢的显微组织

表13.3　常用高速钢的牌号、热处理、特性及用途（参考GB/T 9943—2008）

钢号	热处理温度/℃			硬度		热硬性(HRC)	用途举例
	退火	淬火	回火	退火(HBW)	回火(HRC)		
W18Cr4V (18-4-1)	860～880	1260～1280	550～570	207～255	63	61.5～62	制造一般高速切削用车刀、刨刀、钻头、铣刀等
W6Mo5Cr4V (6-5-4-2)	840～860	1210～1230	540～560	≤241	64	60～61	制造要求耐磨性和韧性很好配合的高速切削刀具，如丝锥、钻头等；并适于采用轧制、扭制热变形加工成型新工艺来制造钻头等刀具

续表

钢号	热处理温度/℃			硬度		热硬性(HRC)	用途举例
	退火	淬火	回火	退火(HBW)	回火(HRC)		
W12Cr4V4Mo	840 ~ 860	1240 ~ 1270	550 ~ 570	≤262	>65	64 ~ 64.5	只宜制造形状简单的刀具或仅需很少磨削的刀具,优点:硬度热硬性高,耐磨性优越,切削性能良好,使用寿命长;缺点:韧性有所降低,可磨削性和锻造性均差

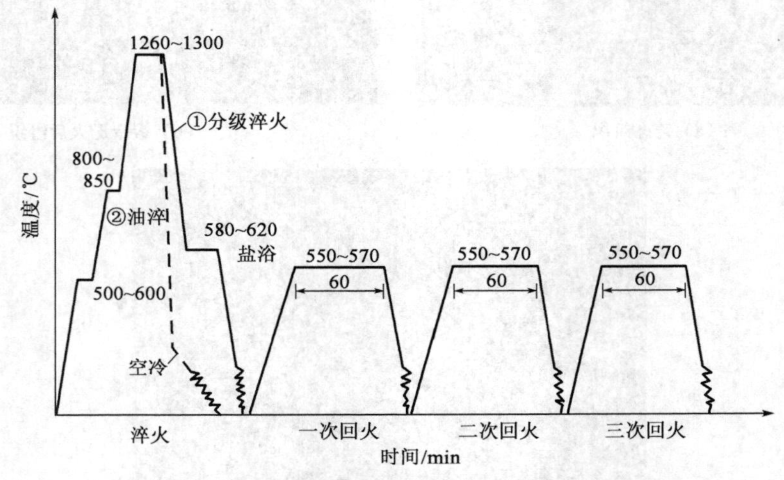

图 13.4　W18Cr4V 钢热处理工艺曲线示意图

13.1.2　模具钢

1. 冷作模具钢

用于制造使金属在冷态下变形的模具,如冷冲模、冷挤压模、冷镦模等。这类模具在工作时要求有很高的硬度、强度、良好的耐磨性及足够的韧性。尺寸小的冷作模具钢,其性能基本与刃具钢相似,可采用 T10、T10A、9SiCr、9Mn2V、CrWMn 等。大型模具必须采用淬透性好、耐磨性高、热处理变形小的钢种。

以 Cr12MoV 钢为例,说明其合金元素的作用及工艺路线。Cr12MoV 钢的含碳量为 1.45% ~ 1.70%,要保证有足够的合金碳化物和部分碳溶入奥氏体中,经相应的热处理后获得高硬度和高耐磨性。Cr 是主加元素,含量高,可显著提高钢的淬透性。这种钢变形量很小,故称为低变形钢。加入 V、Mo 除可提高钢的淬透性外,还可改善碳化物偏析,细化晶粒,从而增加钢的强度和韧性。

冷作模具钢适于制造一些尺寸不大、形状简单、工作负荷不大的模具以及截面较大、切削刃口不剧烈受热、要求变形小、耐磨性高的刃具,如长丝锥、长铰刀、拉刀等。

例如,某厂冲孔落料模选用材料 Cr12MoV 钢。工艺路线为:下料→锻造→退火→机械加工→淬火→回火→精磨或电火花加工→成品。其机械加工后淬火和回火工艺如图 13.5 所示。

2. 热作模具钢

热作模具钢用于制造热锻模和热压模。热作模具在工作时，除承受较大的各种机械应力外，还使模膛受到炽热金属和冷却介质的交替作用产生的热应力，易使模膛龟裂，即热疲劳现象。因此，这种钢必须具有如下的性能：

(1)具有较高的强度和韧性，并有足够的耐磨性和硬度(40 ~ 50HRC)；

(2)有良好的抗热疲劳性；

(3)有良好的导热性及回火稳定性，以利于始终保持模具的良好的强度和韧性；

(4)热作模具一般体积大，为保证模具的整体性能均匀一致，还要求有足够的淬透性。

热模具钢一般含碳量≤0.5%，保证良好的强度和韧性的配合，加入合金元素 Cr、Ni、Mn、Si 等，可提高钢的淬透性；加入 Mo、W 及 V 等，可提高钢的回火稳定性及减少回火脆性(这种钢要高温回火)。常用的热锻模具钢(受热温度低于 500℃)有 5CrMnMo、5CrNiMo 等；热挤压模(受热温度高于 600℃)由于承受冲击较小，但热强度要求高，通常采用 3Cr2W8V、4Cr5MoSiV 等钢制作。常用热作模具钢的钢号及用途见表 13.4。热作模具钢用来制造使加热的固态或液态金属在压力下成形的模具。

表 13.4　常用热作模具钢的钢号及用途

钢号	用途举例
5CrMnMo	中小型锻模
5SiMnMoV	代替 5CrMnMo
5CrNiMo	形状复杂、大载荷的大型锻模
4Cr5W2SiV	热挤压模(挤压铝、镁)高速锤锻模
3Cr2W8V	热挤压模(挤压铜、钢)压铸模

例如，某厂热锻模选用材料 5CrMnMo 钢，工艺路线为：下料→锻造→退火→机械加工→淬火→回火→精加工→成品。其机械加工后淬火和回火工艺如图 13.6 所示。

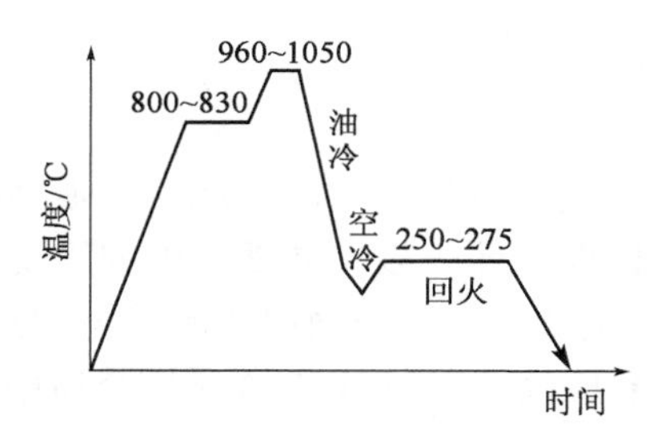

图 13.5　Cr12MoV 钢冲孔落料模淬火回火工艺

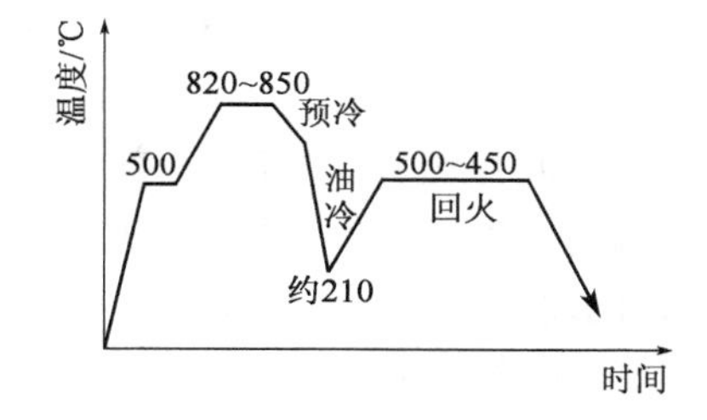

图 13.6　5CrMnMo 钢热锻模淬火回火工艺

13.1.3　量具钢

量具钢是用来制造量具(如游标卡尺、千分尺、塞规、块规、样板等)的钢。对量具的性能要求是：高硬度(62 ~ 65HRC)、高耐磨性、高的尺寸稳定性以及良好的磨削加工性，使量具能达到很小的粗糙度值。形状复杂的量具还要求淬火变形小。通常合金工具钢如 8MnSi、9SiCr、Cr2、W 钢等都可用来制造各种量具。对高精度、形状复杂的量具，可采用微变形合金工具钢和滚动轴承钢制造。

量具热处理基本与刃具一样，须进行球化退火及淬火、低温回火处理。为获得高的硬度与耐磨性，其回火温度较低。量具热处理主要问题是保证尺寸稳定性。量具尺寸不稳定的原因有三：残余奥氏体转变引起尺寸膨胀；马氏体在室温下继续分解引起尺寸收缩；淬火及磨削中产生的残余应力未消除彻底而引起变形。所有这些，所引起的尺寸变化虽然很小，但对高精度量具是不允许的。

为了提高量具尺寸的稳定性，可在淬火后立即进行低温回火（150～160℃）。高精度量具（如块规等）在淬火、低温回火后，还要进行一次稳定化处理（110～150℃，24～36h），以尽量使淬火组织转变成较稳定的回火马氏体，使残余奥氏体稳定化。且在精磨后再进行一次稳定化处理（110～120℃，2～3h），以消除磨削应力。最后才能研磨，从而保证量具尺寸的稳定性。此外，量具淬火时一般不采用分级或等温淬火，淬火加热温度也尽可能低一些，以免增加残余奥氏体的数量而降低尺寸稳定性。图13.7所示为CrWMn钢块规淬火回火工艺。

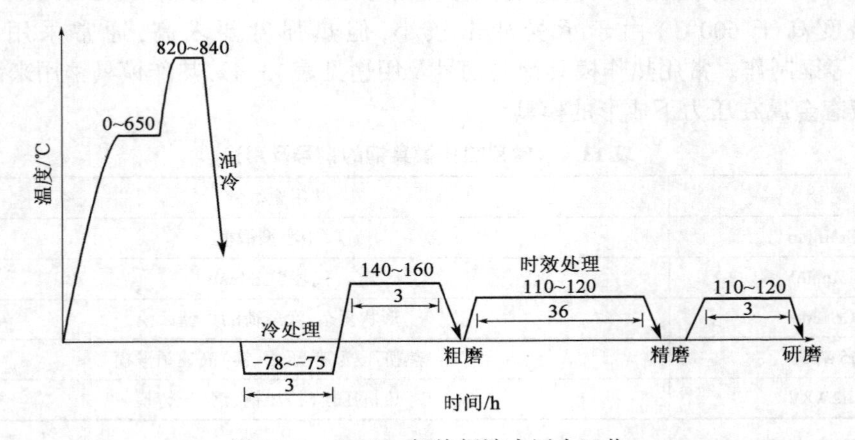

图13.7　CrWMn钢块规淬火回火工艺

13.2　不　锈　钢

不锈钢是石油、化工、化肥等工业部门中广泛使用的金属材料。各种容器、管道、阀门、泵等总是同各种腐蚀性气体和介质相接触，在工作中常因腐蚀而失效。通常所说的不锈钢是不锈钢和耐酸钢的总称。所谓“不锈钢”是指抵抗大气及弱腐蚀介质的钢；而“耐酸钢”是指在各种强腐蚀介质中耐蚀的钢。实际上没有绝对不锈、不受腐蚀的钢种，只是在不同介质中腐蚀速度不同而已。

13.2.1　钢的腐蚀原理

金属腐蚀的形式有两种，即化学腐蚀和电化学腐蚀。化学腐蚀是金属直接与周围介质发生纯化学作用。例如期在氧化性气氛中加热发生氧化反应形成氧化皮。电化学腐蚀是金属在酸、碱、盐等电解质溶液中由于原电池的作用而引起的腐蚀。

钢在电解质中由于本身各部分电极电位的差异，在小同区域产生电位差，其中电位低的部分为阳极，电位高的部分为阴极。电解质在钢的这两个区域发生不同的反应。例如，在含有氧离子的电解质溶液作用下,征阳极区发生氧化反应:$Fe \longrightarrow Fe^{2+} + 2e$,即铁原子变成离子进入电解质溶液,而在阳极区留下价电子。在阴极区,电解质溶液中的氢离子接受阳极来的电子发生还原反应:$2H^{+} + 2e \longrightarrow H_2$。这样就造成钢中电极电位低的阳极区不断被腐蚀.电极电位高的阴极区受到保护而不被腐蚀。可见,金属在电解质溶液的腐蚀是由于形成腐蚀原电他的结果。钢中的阳极区是组织中化学性质较为活泼的区域,例如,晶界、塑性变形区、温度较高的区域等;而晶内、未塑性变形区、温度较低的区域则为阴极区。显然,钢的腐蚀原电池是由于电化学不均匀引起的。钢的组织和化学成分不均匀会产生原电池,例如钢中的碳化物、硫化物、夹杂物等第二相和基体。晶内和晶界会产生电极电位差。变形和应力的不均匀也会造成各部分之间产生电极电位差。微阴极和微阳极的电极电位差越大,阳极电流密度就越大,则钢的腐蚀速度就越大。

13.2.2 不锈钢的合金化原理

提高钢耐蚀性的方法有很多,如在钢的表面镀金属、涂非金属层、电化学保护和改变腐蚀环境、介质等。但是钢件在高温、高压以及强腐蚀性介质下工作时,利用合金化方法,提高材料本身的耐蚀性是最有效的控制腐蚀的措施。

加入 Cr、Ni、Si 等提高基体金属的电极电位,减少微电池数目,可有效提高钢的耐蚀性。Cr 是决定不锈钢耐蚀性的主要元素,它能提高铁的电极电位,所以能提高其耐蚀性。当 Cr 加入铁中形成固溶体时,其电极电位随着含量的增加呈突变式变化,当 Cr 的含量达 13%(包括少量的 Cr 与 C 形成碳化物),铁的电极电位显著提高,腐蚀性显著减弱。因此,一般不锈钢中含铬量均在 13% 以上。在 Cr 钢中加 Ni,也能显著提高基体的电极电位,但 Ni 较为稀缺。Si 虽然也能提高基体的电极电位,但当 Si 的含量达 4% ~5% 以上时,钢的脆性很大,不能锻、轧。因此,Cr 是提高钢电极电位的主要元素。

加入合金元素使钢在室温下获得单相固溶体组织,也能减少微电池数目,从而有效提高钢的耐蚀性。不锈钢中的 Ni、Mn、Cu 等都是扩大奥氏体区的元素。当 Ni 的含量超过一定值后,Fe－Ni 合金不再出现 F 相,从高温到室温都是单相奥氏体。Cr 是很强的铁素体形成元素,当 Cr 的含量超过一定值时,Fe－Cr 合金为单相铁素体组织。

在钢中加入合金元素使钢的表面形成结构致密、不溶于腐蚀介质、电阻又高的保护膜也能显著提高钢的耐蚀性。改变金属的表面状态,使电极电位升高的现象称为钝化。金属表面形成致密的氧化膜可使电极电位升高,造成钝化效应,能妨碍电荷移动,阻止微电池作用。在铁中加入 Cr、Si、Al 可有效提高铁的钝化能力,从而提高钢的耐蚀性。Cr 是钝化能力很强的元素,可使钢的表面很快形成一层致密、稳定、完整并能与铁的基体牢固结合的 Cr_2O_3 钝化膜,从而有效地防止或减轻钢的继续腐蚀。为了形成氧化膜,溶液中必须有氧存在,因此 Cr 不锈钢只是在氧化性酸中才容易发生钝化。Si 和 Al 也能在钢表面形成一层致密的氧化膜,提高钢的耐蚀性。

碳对不锈钢的耐蚀性有重要影响。如钢中的碳完全进入固溶体,则对耐蚀性无明显影响。当不锈钢中的含碳量增高时,则以碳化物的形式析出,这在增加钢中微电池的数目的同时也会减少基体中的含 Cr 量,使其电极电位降低,从而加剧钢的腐蚀。如果 Cr 碳化物沿晶界析出,将使晶界附近基体中的含 Cr 量减少,电极电位降低,从而导致晶间腐蚀,因此不锈钢含碳量一般较低。大多数不锈钢的含碳量一般为 0.1% ~0.2%,不超过 0.4%。只有要求高硬度、高耐磨的不锈钢,含碳量才增加到 0.85% ~0.95%。为了提高钢的耐蚀性,相应 Cr 的含量也必须提高。

此外,减少或消除钢中各种不均匀现象也是提高钢的耐蚀性的重要措施。通过真空冶炼、电渣重熔等净化工艺,提高钢的纯度,减少夹杂物数量;加入合金元素,提高钢的淬透性;进行适当的热加工和热处理,消除应力、组织及化学成分的不均匀性,例如细化晶粒,使碳化物粒子弥散分布,去应力退火或回火,扩散退火消除偏析等。这些措施都可以减少阳极面积,减少微电池数目、从而改善钢的耐蚀性。

应当指出,不锈钢除了要求良好的耐蚀性,还应要求一定的力学性能和工艺性能,因此各种合金元素和碳的含量应有合理的配比。

13.2.3 常用不锈钢

1. 马氏体不锈钢

常用马氏体不锈钢含碳量为0.1%～0.45%,含铬量为12%～18%,属于铬不锈钢,主要包括Cr13型不锈钢和高碳不锈轴承钢7Cr17等,其化学成分、热处理、力学性能及用途见表13.5。生产中应用最广泛的马氏体不锈钢是1Cr13、2Cr13、3Cr13、4Cr13等。

表13.5 常用马氏体不锈钢的化学成分、热处理、力学性能及用途(参考GB/T 1220—2007)

牌号	旧牌号	化学成分(质量分数)/%						热处理温度/℃		
		C	Si	Mn	Cr	Ni	其他	退火温度	淬火温度	回火温度
12Cr13	1Cr13	0.08～0.15	≤1.0	≤1.0	11.5～13.5	≤0.60	—	800～900 缓冷或约 750快冷	950～1000 油冷	700～750 快冷
30Cr13	3Cr13	0.26～0.35	≤1.0	≤1.0	12～14	≤0.60	—		920～980 油冷	600～750 快冷
68Cr17	7Cr17	0.60～0.75	≤1.0	≤1.0	16～18	≤0.60	Mo≤0.75	800～920 缓冷	1010～1070 油冷	100～180 快冷
Y108Cr17	Y11Cr17	0.95～1.20	≤1.0	≤1.0	16～18	≤0.60	Mo≤0.75			

牌号	旧牌号	力学性能						用途举例
		σ_b/MPa	σ_s/MPa	δ/%	ψ/%	A_K/J	硬度	
12Cr13	1Cr13	540	345	25	55	78	≥159 HBW	良好的耐蚀性和切削加工性能,制作一般用途的零件和刃具,如螺栓、螺母等
30Cr13	3Cr13	735	540	12	40	24	≥217 HBW	制作硬度较高的耐蚀耐磨刃具、量具、阀座、阀门医疗器具等
68Cr17	7Cr17	—	—	—	—	—	≥54 HRC	淬火、回火后,强度、韧性、硬度较好,可制作刃具、量具、轴承等
Y108Cr17	Y11Cr17	—	—	—	—	—	≥58 HRC	所有不锈钢和耐热钢中硬度最高,可制作喷嘴、轴承等

马氏体不锈钢中的含Cr量一般大于12%,使钢的电极电位明显升高,因而耐蚀性明显提高。但这类钢含有较高的碳,含碳量增加,钢的硬度、强度、耐磨性及切削性能显著提高,而耐蚀性能下降。含碳量较高的3Cr13、4Cr13等不锈钢适于制造医疗器械、弹簧和轴承部件等机器零件;而含碳量较低的1Cr13、2Cr13等不锈钢具有较高的塑性、韧性和良好的综合力学性能,常用来制造汽轮机叶片、水压机阀以及在较高温度下工作的螺钉、螺帽等机器零件。可见马氏体不锈钢多用来制造力学性能要求较高、耐蚀性要求较低的零件。

Cr13 型不锈钢含有大量的 Cr 元素,淬透性好,故高温加热后空冷也能淬硬。这类钢锻造后应缓慢冷却,以防残余应力过大引起钢件表面产生裂纹。锻造后应立即进行完全退火或高温回火以提高钢的塑性。高温回火温度为 700 ~ 800℃,保温 2 ~ 4h 后空冷;完全退火工艺是加热到 840 ~ 940℃,保温 2 ~ 4h. 然后缓冷至 600℃后再出炉空冷至室温。

为了提高不锈钢钢的耐蚀性和力学性能,Cr13 型不锈钢要进行淬火与回火。Cr13 型不锈钢加热是为了得到单相奥氏体,让碳化物充分溶解而晶粒又不过分粗大,1Cr13、2Cr13 钢的淬火加热温度为 1000 ~ 1050℃,3Cr13、4Cr13 钢的含碳量高,淬火温度应高些,为 1000 ~ 1100℃,可保证碳化物充分溶解而得到高的硬度、强度和耐蚀性。马氏体不锈钢淬透性较高,对于形状复杂、尺寸较小的零件可采用空冷或吹风冷却,尺寸较大的零件则采用油冷或水冷。一般采用油冷淬火。3Cr13、4Cr13 钢淬火温度较高,回火时碳化物析出较多,使基体贫 Cr,降低耐蚀性,故通常采用 200 ~ 300℃低温回火,保温 2 ~ 4h,得到回火马氏体组织。此时基体仍保留大量的 Cr,可使钢在保持较高硬度的同时又具有较高的耐蚀性。1Cr13、2Cr13 钢淬火后在 660 ~ 740℃进行高温回火,得到综合力学性能良好的回火索氏体组织。马氏体不锈钢有回火脆性倾向,回火后应采用较快速度冷却到室温。

2. 铁素体不锈钢

这类钢的成分特点是含铬量高($w_{Cr} > 15\%$),含碳量低($w_C < 0.15\%$)。在加热和冷却过程中没有或很少发生 α 与 γ 之间的相互转变,属于铁素体钢。随着含铬量多,基体电极电位升高,钢的耐蚀性提高。该类钢在氧化性酸中具有良好的耐蚀性,同时具有较高的抗氧化性能,广泛用于硝酸、氮肥、磷酸等工业,也可作为高温下的抗氧化材料。工业上常用的铁素体不锈钢牌号有 1Cr17、1Cr17Ti、1Cr28、1Cr25Ti 及 1Cr17Mo2Ti 等,其化学成分、热处理、力学性能及用途见表 13.6。其中以 Cr17 型不锈钢使用最为普通。1Cr17 钢 $w_{Cr} \leq 0.12\%$,高温下有部分 γ 相形成,但铁素体占主要部分,属于半铁素体钢,其他钢种是单相铁素体组织。1Cr28 钢的含 Cr 量高,在氧化性介质中耐蚀性更好。

表 13.6 常用铁素体不锈钢的化学成分、热处理、力学性能及用途(参考 GB/T 1220—2007)

牌号	旧牌号	化学成分(质量分数)/%						热处理温度/℃	
		C	Si	Mn	Cr	Ni	其他	退火温度	固溶处理温度
10Cr17	1Cr17	≤0.12	≤1.00	≤1.00	16.00 ~ 18.00	≤0.60	—	750 ~ 850 空冷或缓冷	—
008Cr30Mo2	08Cr30Mo2	≤0.01	≤0.40	≤0.40	28.50 ~ 32.00	—	Mo:1.50 ~ 2.50	900 ~ 1050 快冷	—

牌号	旧牌号	力学性能						用途举例
		σ_b/MPa	σ_s/MPa	δ/%	ψ/%	A_K/J	硬度 HBW	
10Cr17	1Cr17	450	205	22	50	—	≥183	耐蚀性良好的通用不锈钢,用于建筑装潢,家用电器,家庭用具等
008Cr30Mo2	08Cr30Mo2	450	295	20	45	—	≥228	耐蚀性很好,用于耐有机酸、苛性碱设备,耐点腐蚀

铁素体不锈钢的主要缺点是韧性低,脆性大。引起脆性的原因有三个:

(1)晶粒粗大。铁素体不锈钢在加热和冷却时不发生相变,粗大的铸态组织只能通过压力加工淬化,而不能通过热处理改变。若高温加热、焊接或压力加工不当,例如温度超过850 ~

900℃,晶粒即显著粗化。粗大晶粒导致钢的冷脆倾向增大,室温冲击韧性很低。

(2)475℃脆性。$w_{Cr}>15\%$ 的高铬铁素体不锈钢在 400 ~ 550℃温度范围内长时间停留或在此温度范围内缓冷时,会导致强度和硬度升高,塑性和韧性大大降低,同时耐热性能降低。由于 475℃左右脆化现象最严重,故称为 475℃脆性。

(3)σ 相脆性。$w_{Cr}>15\%$ 的高铬铁素体不锈钢在 520 ~ 820℃长时间加热时、从 δ - 铁素体中析出金属间化合物 FeCr,称为 σ 相。由于 σ 相的析出使铁素体不锈钢变脆的现象称为 σ 相脆性。

3. 奥氏体不锈钢

奥氏体不锈钢是工业上应用最广泛的不锈钢。最常见的是 $w_{Cr}=18\%$、$w_{Ni}=9\%$ 的所谓 18 - 8 型不锈钢。如 0Cr18Ni9、1Cr18Ni9、2Cr18Ni9、0Cr18Ni9Ti、1Cr18Ni9Ti 等都属于 18 - 8 型不锈钢,其化学成分、热处理、力学性能及用途见表 13.7。在 18 - 8 型不锈钢基础上加 Ti、Ni 是为了消除晶间腐蚀。加入 Mo 和 Cu 是为了提高钢在盐酸、磷酸、尿素中的耐蚀性,如 0Cr18Ni12Mo2Ti 等。这类钢有很好的耐蚀性、抗氧化性和高的力学性能。在氧化性、中性及弱氧化性介质中耐蚀性远比铬不锈钢为优。室温及低温韧性、塑性及焊接性也是铁素体不锈钢不能比拟的。

表 13.7 常用奥氏体不锈钢的化学成分、热处理、力学性能及用途(参考 GB/T 1220—2007)

牌号	旧牌号	化学成分(质量分数)/%						热处理温度/℃	
		C	Si	Mn	Cr	Ni	其他	退火温度	固溶处理温度
12Cr18Ni9	1Cr18Ni9	≤0.15	≤1.00	≤2.00	17.00 ~ 19.00	—	—	—	1010 ~ 1150 快冷
06Cr19Ni10N	0Cr19Ni9	≤0.08	≤1.00	≤2.00	18.00 ~ 20.00	—	—	—	1010 ~ 1150 快冷
022Cr19Ni10	00Cr19Ni10	≤0.03	≤1.00	≤2.00	18.00 ~ 20.00	—	—	—	1010 ~ 1150 快冷

牌号	牌号	力学性能						用途举例
		σ_b/MPa	σ_s/MPa	δ/%	ψ/%	A_K/J	硬度 HBW	
12Cr18Ni9	1Cr18Ni9	520	205	40	60	—	≥187	冷加工后有高强度,用于建筑装潢材料和生产、化肥等化工设备零件
0Cr19Ni9N	0Cr19Ni9	520	205	40	60	—	≥187	应用最广泛的不锈钢,可制作食品、化工、核能设备的零件
022Cr19Ni10	00Cr19Ni10	480	175	40	60	—	≥187	碳的质量分数低,耐晶间腐蚀,可制作焊后不热处理的零件

奥氏体不锈钢中若含碳量较多,则 A 在冷却时易发生分解形成$(CrFe)_{23}C_6$,不能保持单相奥氏体状态,故奥氏体不锈钢中含碳量应小于 0.1%。

Cr - Ni 奥氏体不锈钢在 400 ~ 850℃等温或缓慢冷却时会发生严重的晶间腐蚀破坏。这是由于晶界上析出 $Cr_{23}C_6$,使其周围基体形成贫铬区造成的。钢中含碳量越高,晶间腐蚀倾向越大。奥氏体不锈钢在进行焊接时,焊缝及热影响区(550 ~ 800℃)晶间腐蚀尤为严重、甚至导致晶粒剥落,钢件脆断。

防止晶间腐蚀的方法:一是改变钢的成分,二是在工艺上采取一些措施。

降低钢中含碳量,当其降低至 400 ~ 850℃碳的溶解度极限以下或稍高时,使 Cr 碳化物不能析出或析出甚微可有效地防止晶间腐蚀。例如钢中 $w_C \leq 0.03\%$ 时，焊后或在 400 ~ 850℃间加热都不会发生晶间腐蚀。

加入 Ti、Nb 等能形成稳定碳化物(TiC 或 NbC)元素，避免在晶界上沉淀出 Cr 碳化物也可有效防止奥氏体不锈钢的晶间腐蚀。

改变钢的化学成分，使组织中铁素体的体积分数达 5% ~ 20%，从而形成铁素体和奥氏体双相组织，也能防止晶间腐蚀。具体办法是在 18 - 8 型钢基础上增加含 Cr 量或加入其他铁素体形成元素，形成 A - F 型双相不锈钢。我国这种奥氏体 - 铁素体钢有 0Cr21Ni5Ti、1Cr18Mn10Ni5Mo3 等。这类钢具有良好的耐蚀性、焊接性和韧性，晶间腐蚀倾向较奥氏体不锈钢低，但由于含 Cr 量高，在高温长期工作会从铁素体内产生 σ 相，引起脆性并降低钢的耐蚀性能。

为使奥氏体不锈钢得到最好的耐蚀性能以及消除加工硬化，必须进行热处理。常用的热处理工艺有固溶处理、稳定化处理和去应力处理。

固溶处理是将 $w_C < 0.25\%$ 的 18 - 8 型钢加热至 1000 ~ 1150℃，使碳化物全部溶解到奥氏体中，然后快速冷却获得单相奥氏体组织的热处理工艺。

稳定化处理是将含 Ti、Nb 的奥氏体不锈钢经固溶处理后，再经 850 ~ 900℃保温 1 ~ 4h 后空冷的一种处理方法。其目的是使大部分 Cr 碳化物镕解，而使碳化物(NbC、TiC)部分保留，不会在晶间沉淀出 $Cr_{23}C_6$，从而达到防止晶间腐蚀最大的稳定效果。

去应力处理是消除钢在冷加工或焊接后的残余内应力的热处理工艺，一般加热至 300 ~ 350℃回火。

13.3 耐　热　钢

耐热钢是指在高温下工作并具有一定强度和抗氧化、耐腐蚀能力的钢种，主要用于石油化工的高温反应设备和加热炉、火力发电设备的汽轮机和锅炉、汽车和船舶的内燃机、飞机的喷气发动机以及热交换器等设备等。耐热钢包括热不起皮钢(热稳定钢)和热强钢。热不起皮钢是指在高温下抗氧化或抗高温介质腐蚀而不破坏的钢。热强钢是指在高温下有一定抗氧化能力并具有足够强度而不产生大量变形断裂的钢。

13.3.1 耐热钢的热稳定性和热强性

耐热钢常用来制造蒸汽锅炉、蒸汽轮机、燃气涡轮、喷气发动机以及火箭、原子能装置等构件或零件。这些零件或构件一般在 450℃以上甚至高达 1100℃以上工作，并且承受静载、疲劳或冲击载荷的作用。钢件与高温空气、蒸汽或燃气相接触，表面要发生高温氧化或腐蚀破坏。材料在高温作用下，屈服强度和抗拉强度要降低，尤其要降低钢的形变强化作用。特别是在高温下给钢件加一比该温度下屈服强度还低的恒定的应力，那么在温度和载荷的长时间作用下，钢将以一定的速度产生塑性变形，即蠕变现象。蠕变的发生最终能导致构件的失效和破坏。因此，要保证钢件在高温下承受各种负荷应力作用下能够正常工作，必须具备足够的热稳定性和热强性。

1. 热稳定性

钢的热稳定性是指钢在高温下抗氧化或抗高温介质腐蚀的能力。钢的抗氧性高低一般用单位时间、单位面积上氧化后质量增加或减少的数值来表示。钢在高温下将与氧发生化学反应，若能在表面形成一层致密的、并能牢固地与金属表面结合的氧化膜，那么钢将不再被氧化。但是碳钢一般不能满足这个要求。铁与氧可以形成 FeO、Fe_3O_4 及 Fe_2O_3 三种氧化物，但氧化膜的结构与温度有关。560℃以下形成的氧化膜主要由 Fe_3O_4 及 Fe_2O_3 组成。这种氧化层很致密，点阵结构复杂，点阵常数小，铁离子难以通过它们进行扩散，可防止铁的进一步氧化。当温度超过560℃时，在 Fe_3O_4 及 Fe_2O_3 的下面形成 FeO 层。FeO 层很薄，点阵结构简单，点阵中原子有一些间隙，铁离子易通过 FeO 层进行扩散，氧原子易于向内扩散与铁离子结合，因此加剧了铁的氧化。

为提高钢的抗氧化性，首先要防止 FeO 形成，或提高其形成温度。加入元素 Cr、Al、Si 等形成 Cr_2O_3、Al_2O_3 或 FeO · Cr_2O_3、FeO · Al_2O_3、Fe_2SiO_4 等很致密的、与钢件表面牢固结合的合金氧化膜，可以阻止铁离子和氧原子的扩散，故具有良好的保护作用。加入这些元素还能提高 FeO 的形成温度，当 Cr、Al、Si 含量较高时，钢和合金在 800 ~ 1200℃也不出现 FeO。零件工作温度越高，保证钢有足够抗氧化性的 Cr、Al、Si 含量也应越高。Al 是提高钢抗氧化性能的重要元素，但 Al 也能导致钢的强度下降，脆性增大。由于 Si 增大钢的脆性，一般含 Si 量要限制在3%以下。为了提高钢的抗氧化性，通常 Cr、Al、Si 要同时加入抗氧化性钢中。碳对钢的抗氧化性不利，因为碳和铬很容易形成铬的碳化物，减少基体中的含铬量，易产生晶间腐蚀，所以热不起皮钢中含碳量一般为0.1% ~0.2%。

2. 热强性

热强性表示金属在高温和载荷长时间作用下抵抗蠕变和断裂的能力，即表现材料的高温强度。通常以条件蠕变极限和持久强度来表征。

蠕变极限是在一定温度下，规定时间内试样产生一定蠕变变形量的最大应力。持久强度表示在一定温度下，经过一定时间而引起破断的应力。钢的高温力学性能不仅与加载时间有关，而且还与温度和组织变化有关。

温度升高，钢的晶粒强度和晶界强度都下降。但是由于晶界原子排列不规则，扩散易在晶界进行，因此晶界强度下降较快，晶粒强度和晶界强度相等时的温度称为等强温度。当受载零件在等强温度以上时，金属断裂由常温常见的穿晶断裂过渡为晶间断裂。这是由于在高温下钢中原子扩散显著加剧，晶界区含有大量空位，位错等缺陷，在应力作用下，原子易于沿晶界产生有方向性的扩散移动，引起塑性变形。这种变形机构和扩散在本质上是相似的，所以又称扩散形变。由于此时晶界强度低于晶粒强度，故在高温下塑性变形集中于薄弱的晶界区。

如果受载零件在等强温度以下的较低温度，由于晶界原子排列规则性差，存在较大的点阵畸变，滑移只能在晶内进行，晶界阻碍位错运动，从而使钢得到强化。由此可见，钢在低温下细晶粒材料比粗晶粒材料蠕变强度高。高温下蠕变主要是晶界扩散变形引起的，晶界反而加速了多晶体弱化过程。因此，粗晶粒材料具有较高的蠕变强度。但是晶粒过于粗大，又会影响高温塑性和韧性。

钢在高温下塑性变形引起加工硬化使钢强化，但是已强化了的钢位错结构不稳定，会产生回复、再结晶以及弥散质点球化和聚集等软化过程，使钢的强度降低。

钢的热强性主要取决于原子间结合力和钢的组织结构状态。金属晶格中原子间结合力越大，则热强性越高。可以近似地认为，金属熔点越高，原子间结合力越大，再结晶温度越高，则钢可在更高温度下使用，故热强性越高。通过合金化，改变钢的化学成分，既可提高原子间结合力，又可通过热处理造成适当的组织结构，从而达到提高钢的热强性的目的。

往基体钢中加入一种或几种合金元素，形成单相固溶体，可提高基体金属原子间的结合力和热强性。溶质原子和溶剂金属原子尺寸差异越大，熔点越高，则基体热强性越高。W、Mo、Cr、Mn 是提高基体热强性效果显著的几种合金元素。W、Mo 等高熔点金属溶入固溶体，阻碍扩散、自扩散过程，增强原子结合力，提高基体的再结晶温度，故可使处于高强度的不平衡组织状态能保持在更高的温度，从而提高钢的热强性。

从过饱和的固溶体中沉淀出弥散的强化相可以显著提高钢的热强性。W、Mo、V、Ti、Nb 等元素在钢中能形成各种类型的碳化物或金属间化合物，如 Mo_2C、V_4C_3、VC、NbC 等。这些强化相在沉淀时与基体保持共格或半共格联系，在其周围产生很强的应力场，阻碍位错运动，使钢得到强化。由于这些强化相的熔点和硬度很高，晶体结构复杂、且与基体晶格不同，因此在高温下很稳定，既不易溶解，又不易聚集长大，故在高温下能保持很高的强化效果，从而显著提高钢的热强性。

晶界是钢在高温下的一个弱化因素，加入化学性质极活泼的元素（如 Ca、Nb、Zr 及稀土等）与 S、P 及其他低熔点杂质形成稳定的难熔化合物，可以减少晶界杂质偏聚，提高晶界区原子间结合力。加入 B、Ti、Zr 等表面活化元素家，可以充填晶界空位，阻碍晶界原子扩散，提高蠕变抗力。

通过热处理或形变处理，获得适当的晶粒大小，促进合金碳化物的弥散分布，调整基体和强化相的成分，细化基体亚结构等也可有效提高钢的热强性。

13.3.2 常用耐热钢

耐热钢按组织不同可分为珠光体型耐热钢、马氏体型耐热钢、奥氏体型耐热钢和铁素体型耐热钢。常用耐热钢的牌号、热处理、力学性能及用途见表 13.8

表 13.8 常用耐热钢的牌号、热处理、力学性能及用途

类别	牌号	旧牌号	热处理		室温力学性能			用途举例
			淬（正、退）火 ℃	回火 ℃	σ_b	σ_s	δ	
奥氏体型	06Cr19Ni10N	0Cr19Ni9N	920～1100 固溶	—	≥520	≥205	≥40	870℃以下反复加热的锅炉过热器、再热器等
	45Cr14Ni14MnW2Mo	4Cr14Ni14MnW2Mo	820～850 退火	—	≥705	≥315	≥20	用于制造700℃以下工作的内燃机、柴油机重负荷进、排气阀和紧固件，500℃以下工作的航空发动机及其他产品零件。也可作为渗氮钢使用
	26Cr18Mn12Si2N	3Cr18Mn12Si2N	1100～1150 固溶	—	≥685	≥390	≥35	锅炉吊架，耐1000℃高温，加热炉传送带、料盘等

续表

类别	牌号	旧牌号	热处理		室温力学性能			用途举例
			淬(正、退)火 ℃	回火 ℃	σ_b	σ_s	δ	
珠光体型	15CrMo		900℃正火	650℃	≥440	≥295	≥22	石油、石化、高压锅炉等,专门用途的无缝管有锅炉用无缝管、地质用无缝钢管及石油用无缝管等
	12GrMoV		970℃正火	750℃	≥440	≥225	≥22	主要在汽轮机中用作蒸汽参数达540℃的主汽管道、转向导叶环、汽轮机隔板、隔板外环以及管壁温度≤570℃的各种过热器管、导管和相应的锻件
马氏体型	12Cr13	1Cr13	950~1000 油冷	700~750 快冷	≥540	≥345	≥22	用于小于800℃的抗氧化件
	42Cr9Si2	4Cr9Si2	1020~1040 油冷	700~780 油冷	≥885	≥590	≥19	铬硅钼马氏体阀门钢,经淬火回火后使用。用于制作进、排气阀门,鱼雷,火箭部件,预燃烧室等
	12Cr12Mo	1Cr12Mo	950~1000 空冷	650~710 空冷	≥685	≥550	≥18	铬钼马氏体耐热钢,作汽轮机叶片

1. 珠光体型耐热钢

珠光体型耐热钢的工作温度在450~600℃范围内,按含碳量及应用特点可分为低碳耐热钢和中碳耐热钢。低碳耐热钢主要用于制造锅炉、钢管等。常用珠光体型耐热钢的牌号有12CrMo、15CrMo、12CrMoV等。中碳耐热钢则用于制造耐热紧固件、汽轮机转子、叶轮等承受载荷较大的耐热零件,如30CrMo、35CrMoV、25Cr2MoVA等。

这类钢中的Cr、Si可提高钢的抗氧化性和抗气体腐蚀能力;Cr、Mo、W可溶于铁素体,提高其再结晶温度,从而提高基体金属的蠕变强度;V、Ti、Cr、Mo能形成稳定、弥散的碳化物,起沉淀强化作用。微量的B、Re起强化晶界作用。

珠光体型耐热钢的热处理一般采用正火(950~1050℃)和高于使用温度100℃的回火(600~750℃),得到铁素体-珠光体组织。正火冷却速度快些可以得到贝氏体组织,提高其持久强度。回火温度高些.可以得到弥散的碳化物并使组织趋向稳定。

2. 马氏体型耐热钢

马氏体型耐热钢的工作温度在550~750℃范围内。其成分是含铬为10%~13%的铬钢或铬硅钢。向Cr13型不锈钢中加入Mo、W、V等合金元素,形成马氏体耐热钢,常用牌号有1Cr13Mo、1Cr13、Cr11MoV、4Cr9Si2等,常用于制造汽车发动机、柴油机的排气阀,故称为气阀用钢。

这类钢的热处理工艺为1000～1150℃油淬，650～740℃回火，得到稳定的回火屈氏体或回火索氏体。

3. 奥氏体型耐热钢

奥氏体型耐热钢含有较高的镍、锰、氮等奥氏体形成元素，由于γ－Fe原于排列较α－Fe致密，原子间结合力较强，再结晶温度高，因此具有更高的热强性和抗氧化性，一般工作温度在600～700℃范围内，最高工作温度可达850℃。常用牌号如0Cr19Ni9、0Cr18Ni11Ti、4Cr14NiW2Mo等。奥氏体型耐热钢切削加工性差，但其耐热性、可焊性、冷作成型性较好，得到广泛的应用。奥氏体耐热钢常用于制造一些比较重要的零件，如燃气轮机轮盘和叶片、发动机气阀、喷气发动机的某些零件等。

奥氏体耐热钢的热处理通常加热至1000℃以上保温后油冷或水冷，进行固溶处理；然后在高于使用温度60～100℃进行一次或两次时效处理，以沉淀出强化相，稳定钢的组织，进一步提高钢的热强性。

4. 铁素体型耐热钢

铁素体型耐热钢是指基体组织为铁素体的耐热钢。这类钢含有较多的铬、铝、硅等铁素体形成元素，有优良的抗氧化性和耐高温气体腐蚀的能力。特别是在含硫介质中具有足够的耐蚀性，且不含镍，比较经济。常用的牌号有00Cr12、0Cr13Al、1Cr17、2Cr25N等。铁素体型耐热钢主要作为高温不起皮钢用于承受负荷较低而要求良好的高温抗氧化和抗腐蚀的部件。如汽车排气净化装置、散热器、燃烧室、喷嘴、退火箱、炉罩等。

高铬铁素体耐热钢一般具有475℃脆性，在加热和冷却时应迅速通过此温度区间。这类钢在过高温度停留易引起晶粒长大，并且在此后难以消除，因而引起室温脆化，对含铬较高的钢在700～900℃长期停留，容易析出铁—铬金属间化合物，而使钢变脆。冷加工变形和焊后应进行退火。由于不能通过热处理析出碳化物产生弥散强化效果，铁素体耐热钢高温强度往往不如奥氏体耐热钢和马氏体耐热钢，故此类耐热钢更适合于对抗氧化性能比高温强度要求更高的部件上。也因为其综合力学性能相对较差，铁素体耐热钢的应用范围受到了一定的限制。

思　考　题

一、名词解释

钢的热稳定性、钢的热强性。

二、简答题

1. 刃具钢的性能要求有哪些？

2. 简述冷作模具钢和热作模具钢的性能特点。

3. 铁素体不锈钢的主要缺点是韧性低、脆性大，引起脆性的主要原因是什么？

4. 为使奥氏体不锈钢得到最好的耐蚀性能以及消除加工硬化，常用的热处理工艺有哪些？各有何作用？

5. 简述高速钢W18Cr4V铸造、退火、淬火和回火的组织。

6. 什么是红硬性？高速钢为什么要有高的红硬性？哪些合金元素能提高高速钢的红硬性？

7. 分析碳在不锈钢中对组织和性能影响的双重性。

8. 提高钢的耐蚀性的基本途径有哪些?

9. 珠光体型耐热钢中的合金元素有什么作用?

10. 奥氏体不锈钢和耐磨钢的淬火目的和一般碳素钢的淬火目的有什么不同?

11. 为什么铬能提高钢的抗腐蚀性能? 碳元素对钢的抗腐蚀性能有什么影响?

12. 奥氏体不锈钢的晶间腐蚀的机理是什么? 怎样防止晶间腐蚀?

三、综合题

1. W18Cr4V 钢的 A_{c1} 为 820℃,若以一般工具钢 A_{c1} +30 ~50℃的常规方法来确定其淬火温度,最终热处理后能否达到高速切削刀具所要求的性能? 为什么? 其实际淬火温度是多少? W18Cr4V 钢在正常淬火后都要进行 560℃三次回火,这又是为什么?

2. 不锈钢的合金化原理是什么? 为什么 Cr12MoV 钢不是不锈钢?

3. 分析讨论合金元素对提高钢的抗氧化性和热强性的作用?

4. 就牌号为 20CrMnTi、65、T8、40Cr 的钢,讨论如下问题:

(1) 在加热温度相同的情况下,比较其淬透性和淬硬性,并说明理由。

(2) 各种钢的用途、热处理工艺及最终的组织。

5. 分析合金元素 Cr 在 40Cr、GCr15、CrWMn、12Cr13、1Cr18Ni9Ti 等钢中的作用。

6. 拟用 T10 制造形状简单的车刀,工艺路线为:锻造→热处理→机加工→热处理→磨加工,请回答以下问题。

(1) 写出各热处理工序的名称并指出各热处理工序的作用;

(2) 指出最终热处理后的显微组织及大致硬度;

(3) 制定最终热处理工艺参数(温度、冷却介质)。

第 14 章　铸铁及有色金属

14.1　铸　　铁

铸铁是含碳量一般大于 2.11%，含有铁、碳、硅等元素且在结晶过程中发生共晶转变而形成的多元铁基合金。一般铸铁含碳量为 2.5% ~4.0%。铸铁与一般钢件的区别在于：一是含硫、磷的杂质较多；二是碳多以石墨形式存在且碳、硅量高。因此与钢比较，力学性能次之，但其具有较优的铸造性、耐磨性及减震性等性能。通常采用铸造的方式制造铸件，因此称为铸铁。

人类最早使用的一种铁碳合金便是铸铁。迄今为止，铸铁仍是一种不可或缺的材料。据统计，在机床和汽车行业使用铸铁分别占 60% ~90%、50% ~70%。另外，铸铁具有较简单的生产工艺、成本低廉而广泛运用在石油化工、冶金、交通运输、机械制造等生产部门。

14.1.1　铸铁基础知识概述

1. 铸铁组织与性能

1）*碳的存在形式*

铸铁中大部分碳以碳化物和游离态的石墨形式存在，而少量固溶于铁素体中。

（1）游离态的石墨（G）。一般情况下，当铸铁断口呈现灰色时，则其中的碳主要以石墨形式存在。石墨的晶格类型为简单立方晶格，其中若基面内的原子间距为 0.142nm，则表现出较强的结合力，若两基面间的间距为 0.340nm，则结合力相对较弱。

（2）碳化物状态。如果铸铁断口呈现银白色，则其中的碳多以碳化物的形式存在，称作为白口铸铁。相较于非晶铸铁，其碳化物（渗碳体）硬而脆；而合金铸铁，存在合金碳化物。

2）*铸铁组织*

通常铸铁组织为金属基体 + 石墨，由于铸铁中的碳主要以石墨形式存在。而铸铁的金属基体一般为铁素体、珠光体、马氏体等组织。铸铁中石墨的形式分为片状、蠕虫状、蟹状、开花状、团絮状以及球状 6 类，如图 14.1 所示。

3）*铸铁性能*

（1）力学性能。铸铁基体组织及石墨数量、形状、大小、分布特点决定了其力学性能。石墨的力学性能较低，抗拉强度和硬度分别为 20MPa、4HB 左右，延伸率几乎为零，与基体性能相比，其塑性和强度都较低，此外，石墨减小了铸铁的有效承载面积，而石墨尖端易使铸件承载时产生应力集中，产生裂纹，发生脆性断裂。所以，铸铁的塑性、韧性以及抗拉强度都较低。通常，从灰铸铁到蠕墨铸铁再到球墨铸铁，其石墨形状越接近与球形，其塑性、强度也随之提高。

（2）铸造性能。由于铸铁熔点比钢低，所以其优异的流动性有助于制造形状复杂的构件。此外，铸铁凝固时，石墨化过程有助于降低铸件的内应力，而且铸造设备简单，成本低，凸显出了其在工业中的优势。

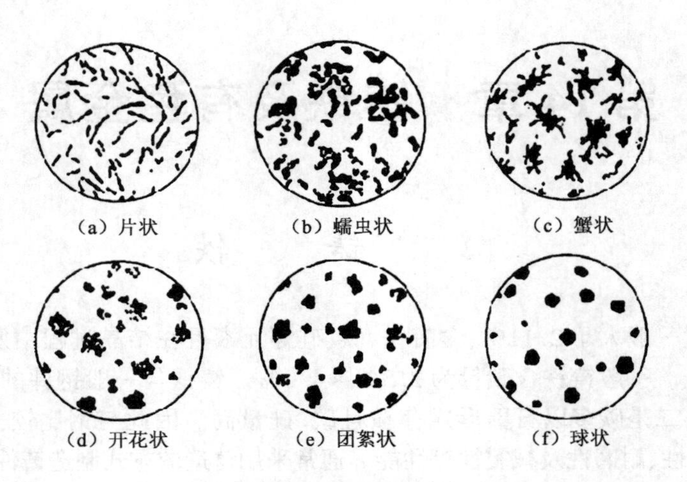

图 14.1　石墨形态

(3) 切削加工性能。在切削加工时,铸铁中的石墨对刀具有润滑减摩作用且容易断屑。因此其有较好的切削加工性。

(4) 减震性能。材料在交变载荷作用下,吸收或衰减振动能力,即为减震性。由于铸铁中的石墨可以割裂基体,阻止振动的传播,最后把其转为热能而消失,所以随着石墨对基体破坏增加,其减震性越好。根据石墨形状对基体破坏程度可知,片状石墨铸铁减震性优于球墨铸铁。目前,根据铸铁良好的减震性,多数使用在机床床身,降低机床在工作中的振动,保证零件加工精度。

(5) 减摩性能。铸铁中石墨有润滑作用,有利于减少磨损,而且能够吸附、保存润滑油确保油膜的连续性;摩擦脱落的石墨留下空穴有助于储备润滑剂。故此,铸铁具有良好的减磨性。

2. 铸铁分类

(1) 由于碳在铸铁中以两种形式存在:渗碳体和石墨(G)。故此可分为三类:

①白口铸铁。碳除少量固溶在铁素体外,其余大多以渗碳体形式存在铸铁基体中,其断口为银白色。

②麻口铸铁。碳除少量固溶在铁素体外,其余一部分以游离的石墨(G)形式存在,而另一部分以渗碳体形式存在,其断口呈现黑白相间的麻点。

③灰口铸铁。碳除少量固溶在铁素体外,其余大多以游离态的石墨(G)形式存在铸铁基体中,在其断口呈现暗灰色。

(2) 依据灰口铸铁中的石墨形态的差异,又可将其分为四种:

①灰铸铁。铁中的石墨呈现片状。

②蠕墨铸铁。铸铁中的石墨呈现蠕虫状存在。

③球墨铸铁。铸铁中的石墨呈现球状存在。

④可锻铸铁。铸铁中的石墨呈现团絮状存在。

此外,根据铸铁中的不同化学成分、结晶形态等,可分为常用铸铁(也可称为普通铸铁或灰铸铁)、合金铸铁(也可称为特殊性能铸铁)。

3. 铸铁的石墨化

1)铁碳双重相图

石墨和渗碳体两种形式存在于铸铁中,石墨为稳定相,而渗碳体为亚稳定相,在一定条件下会发生分解:$Fe_3C \longrightarrow 3Fe + C$,形成游离态的石墨。因此存在描述铁碳合金结晶组织转变两个相图,即 $Fe-Fe_3C$ 相图和 Fe-G 相图。研究铸铁时,常常把两个相图结合起来形成铁碳合金双重相图,即图 14.2 所示。图中实线为 $Fe-Fe_3C$ 相图,而部分实线加上虚线为 Fe-G 相图,其中虚线和实线重合部分用实线表示。

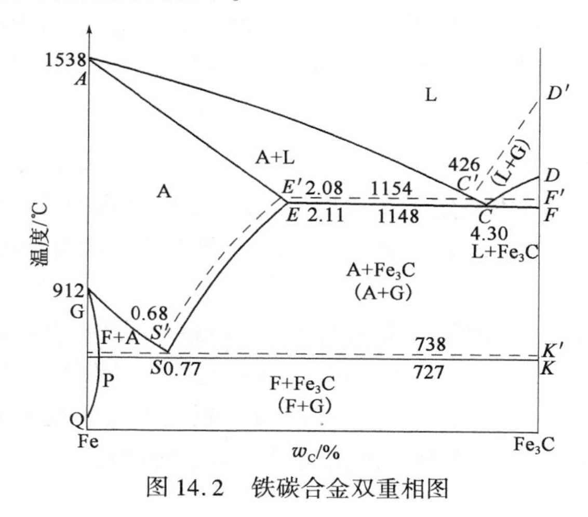

图 14.2　铁碳合金双重相图

2)铸铁石墨化过程

铸铁中碳原子析出形成的石墨过程称为石墨化。根据铁碳双重相图,其石墨化可分为两个阶段:

第一阶段从液相到共晶结晶阶段,即一次结晶。其中过共晶合金液相会析出一次石墨和共晶液相,发生共晶反应时,结晶出的结晶石墨、铸铁凝固时得到的一次渗碳体以及共晶渗碳体在高温下发生分解而获得石墨。

第二阶段从共晶结晶至共析结晶阶段,即二次结晶阶段。其中奥氏体析出二次石墨、共析成分、在共析转变时奥氏体形成的共析石墨、二次渗碳体以及在共析温度下共析渗碳体分解出的石墨。

铸铁石墨化过程决定出了其最终的组织形态,即一次结晶过程决定石墨形态,而二次结晶过程决定了基体组织,如图 14.3 所示。

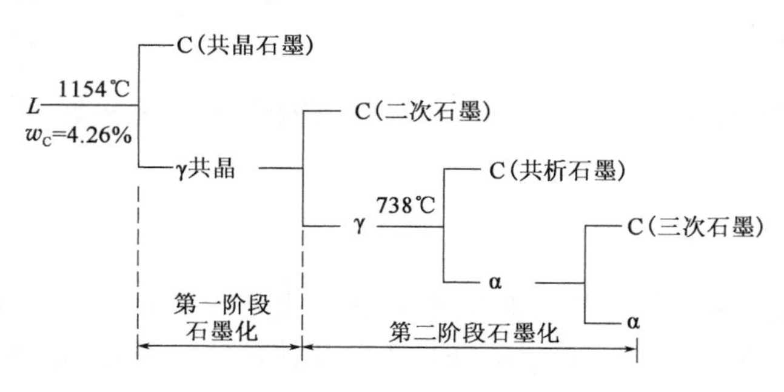

图 14.3　共晶灰铸铁石墨化过程

如果能够对石墨化过程进行很好的控制，即可获得不同的铸铁组织，具体见表 14.1。

表 14.1　铸铁石墨化过程进行程度及铸铁组织

石墨化进行程度		铸铁组织
第一阶段石墨化	第二阶段石墨化	
充分进行	充分进行	灰口组织
未充分进行	未充分进行	麻口组织
完全被抑制	完全被抑制	白口组织

此外，铸铁基体组织在共析温度以下奥氏体会发生共析反应，析出相应的基体组织和共析石墨。同样，如果在这一过程充分进行，则为 F + G 组织，如果不充分进行，则为 P + G、F + P + G 等基体。

3）影响石墨化的因素

通常，铸铁中石墨化的程度决定了其最后的组织，所以合适的控制石墨化过程有利于获得所需组织。目前，影响石墨化过程的主要为化学成分及冷却速度两个因素。

（1）化学成分。

化学元素对石墨化有较大影响，但是各种元素对石墨化影响也存在差异。这里列出了促进石墨化的元素强弱顺序为：Al→C→Si→Ti→Cu→P；同样，阻碍石墨化的元素强弱顺序为：Mg→V→Cr→S→Mo→Mn→W。其中，C 与 Si 都为强烈促进石墨化的元素。所以，在现实中，首要控制好这两者元素的含量是控制好铸铁组织最基本的措施之一。考虑到 C 和 Si 的影响，引入碳当量 C_{eq} 和共晶度 S_e。

$$C_{eq} = w_C + (w_{Si} + w_P)/3 \tag{14.1}$$

$$S_e = w_C / [4.26\% - (w_P + w_{Si})]/3 \tag{14.2}$$

式中　w_C, w_{Si}, w_P——铸铁中，C、Si、P 的质量分数。

其中，石墨化的能力随着 C_{eq} 和 S_e 的增大而增强，则铸铁中的碳更趋向于石墨状态存在。P 能促进石墨化，但是其作用不及 C 强烈。此外，S 和 Mn 虽为阻碍石墨化元素，但当 Mn 和 S 结合成 MnS 时，削弱了 S 的危害，间接地促进了石墨化。

（2）冷却速度。

冷却速度是一个综合的因素，与铸件壁厚，铸型材料的导热能力以及浇注温度等因素都有关系。通常，当冷却速度较慢时，铸件按照铁碳稳定系统相图进行石墨化；相反，则按照铁碳渗碳体亚稳定系统相图进行。若冷却速度过快，则将妨碍原子的扩散，不利于石墨化进行，这个现象在共析阶段特别明显。因此，一般情况下，在共析阶段石墨化都难以充分进行。

14.1.2　常用铸铁

目前，常用的铸铁大致分为灰铸铁、蠕墨铸铁、可锻铸铁、球墨铸铁等。

1. 灰铸铁

1）组织与性能

灰铸铁组织由金属基体 + 片状石墨构成，其化学成分见表 14.2。其金属根据在共析阶段的石墨化进行程度的不同可分为铁素体、珠光体以及铁素体 + 珠光体三种基体。相应的三种组织如图 14.4 所示。

表 14.2　灰铸铁化学成分

化学成分	C	Si	Mn	S	P
含量(质量分数)/%	2.5～4.0	1.0～3.0	0.25～1.0	0.02～0.2	0.05～0.5

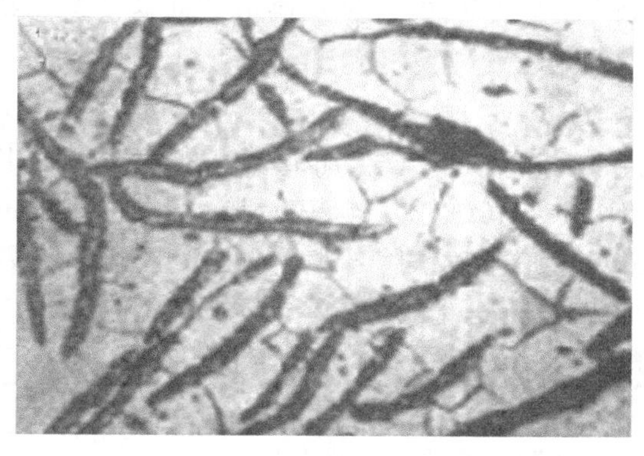

（a）铁素体灰铸铁

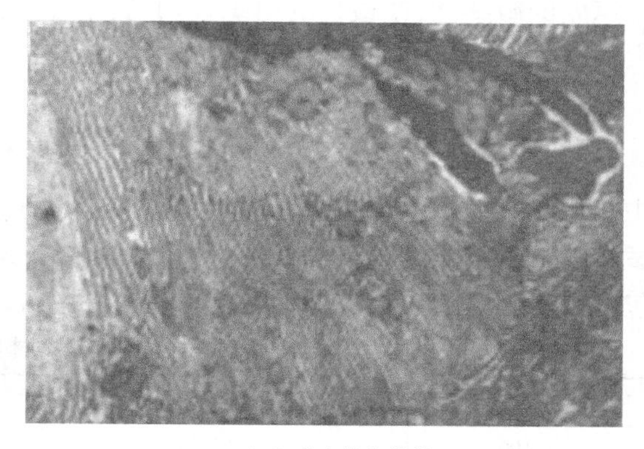

（b）珠光体灰铸铁

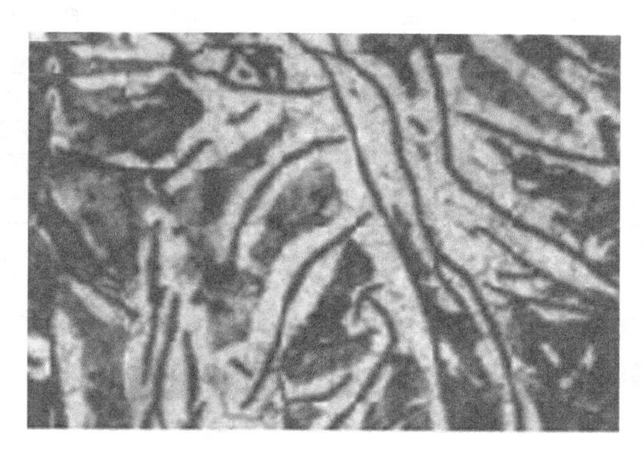

（c）铁素体+珠光体灰铸铁

图 14.4　灰铸铁组织

由于石墨塑性、韧性以及强度极低，其片状结构容易在尖端应力集中，破坏基体的连续性，类似于灰铸铁钢基体上的裂纹，造成其力学性能较差，抗拉强度极低，而塑性几乎为零，具体力学性能见表 14.3。然而灰铸铁在受压时，片状石墨对基体的破坏大大减弱，其抗压强度优于抗拉强度 3 倍左右。故此灰铸铁广泛用于底座等耐压构件。而且灰铸铁存在较好的耐磨性、减振性、铸造性。

表 14.3　灰铸铁力学性能

种类	铸件壁厚/mm	最小抗拉强度/Pa
铁素体灰铸铁	2.5～50	80～130
珠光体灰铸铁	2.5～50	160～270
铁素体+珠光体灰铸铁	2.5～50	120～175
孕育处理灰铸铁	10～50	230～340

此外，为了提升灰铸铁力学性能，目前生产上常采用孕育处理，即在浇注前在铁液中放入孕育剂，目的在于细化石墨、细化基体组织。常用的孕育剂是硅铁，目前使用量占比 70%～80%。而含硅量为 75% 的硅铁在铸造中比较常用。生产中常用包内冲入法加入孕育剂，其

方法在于先将孕育剂放入包内,最后冲入铁液中。此法操作简单,但是容易致使孕育剂氧化、烧损严重。一般铸铁经过孕育处理后强度、韧性、塑性都有所改善,特别在孕育剂加入量为铁水质量的0.25%~0.6%时,其强度、韧性、塑性提高较明显。同时,孕育剂的加入降低了对冷却速度的敏感性,使最终的组织较均匀,增强了铸铁的力学性能,可满足制造截面尺寸变化较大的零件,如机床、曲轴等。

2)灰铸铁牌号及用途

我国灰铸铁牌号用“灰铁”表示,采用二字第一个大写字母“HT”加上3位数字来表示,其中3位数字表示最小抗拉强度值σ_b(MN/m^2)。比如:灰铸铁HT200,表示该铸铁浇注30mm试棒的最低抗拉强度为200MN/m^2。根据GB 5612—2008《铸铁牌号表示方法》规定,灰铸铁包含6个牌号,其具体的牌号及用途见表14.4。

表14.4　灰铸铁牌号及举例

牌号	种类	应用
HT100	铁素体灰铸铁	多数用在低载荷环境,如手轮、支架等
HT150	铁素体+珠光体灰铸铁	用在承受中等应力的构件,如底座、工作台、端盖等
HT200	珠光体灰铸铁	用在承受较大的应力及较重要的零件,如气缸体、飞轮、缸套、刹车轮、齿轮箱等
HT250		
HT300	孕育处理灰铸铁	主要用于制造承受弯曲以及拉应力构件,如车床卡盘、高压油压缸等
HT350		

3)灰铸铁热处理

目前,通过热处理技术可以使灰铸铁基体组织发生变化,但是并不能对石墨的分布及形状进行改变。因此主要通过热处理来消除内应力,改善切削加工性能,使硬度、耐磨性等都有所增加。常用的热处理工艺如下。

(1)正火。

正火是指将钢加热至A_{c3}或A_{cm}以上30~50℃,保温后从炉中取出,空冷至室温的热处理工艺。一般灰铸铁正火工艺:加热铸件至850~950℃,保温1~4h,保证原始组织转变为奥氏体,随后出炉空冷。最后获得珠光体和石墨组织。通常,正火后的组织还与铸铁的化学成分、原始组织以及基体组织有关。

(2)消除内应力退火。

铸件在凝固和组织转变时,不可避免地在铸件内部产生内应力,而且后面的机加工过程也会带有加工应力,使内部应力重新分布。内应力的存在容易使铸件发生变形甚至裂纹,所以消除铸件内部应力意义重大。而消除内应力退火是指将铸件在室温或低温下放入炉中,并以60~120℃/h的速度缓慢加热至500~550℃,保温4h左右或更长时间(这需要根据具体的铸件大小而定),然后以大概40℃/h的冷却速度冷至低于200℃,最后直接空冷。

目前,加热温度低于550℃,则可消除内部应力80%以上,而加热温度超过550℃时,由于渗碳体发生分解及球化,最终使铸铁强度和硬度有所下降。

(3)表面淬火。

对灰铸铁进行表面淬火,可以提高其硬度和腐蚀性。表面淬火要求基体组织包含较多的珠光体(>65%),足够的珠光体可保证淬火后的硬度足够,得到较好的表面淬火效果。目前,淬火方法有:火焰加热表面淬火、电接触加热直冷表面淬火、感应加热表面淬火等方法。

(4)石墨化退火。

为降低硬度,改善加工性能,采用石墨化退火。根据获得不同基体组织,分为低温和高温两种石墨化退火,具体见表 14.5。

表 14.5　石墨化退火两种工艺

	目的	工艺方法	最终组织
低温石墨化退火	将共析渗碳体球化和分解析出石墨,降低灰铸铁硬度	将铸件加热至稍低于 A_{c1} 临界点的下限温度,保温 1 ~ 4h。随后随炉冷却	珠光体 + 铁素体 + 石墨
高温石墨化退火	将自由渗碳体在高温下分解成奥氏体和石墨,降低硬度,便于切削加工	将铸件在低温下(< 300℃)装入炉中,以 70 ~ 100℃/h 速度加热至 A_{c1} 以上温度,保温 1 ~ 4h,最后以一定方法冷却	在600℃以下空冷获得:铁素体 + 石墨;在高温下直接空冷获得:珠光体 + 石墨

2. 蠕墨铸铁

1)组织与性能

蠕墨铸铁是一种发展迅速的新型铸铁材料。其化学成分见表 14.6。蠕墨铸铁中的石墨介于片状石墨和球状石墨之间,形状也类似于片状,但其形状短而厚,头部较圆,类似于蠕虫,具体组织如图 14.5 所示。

表 14.6　蠕墨铸铁的化学成分

化学成分	C	Si	Mn	S	P
含量(质量分数)/%	3.5 ~ 3.9	2.1 ~ 2.8	0.4 ~ 0.8	≤0.06	≤0.07

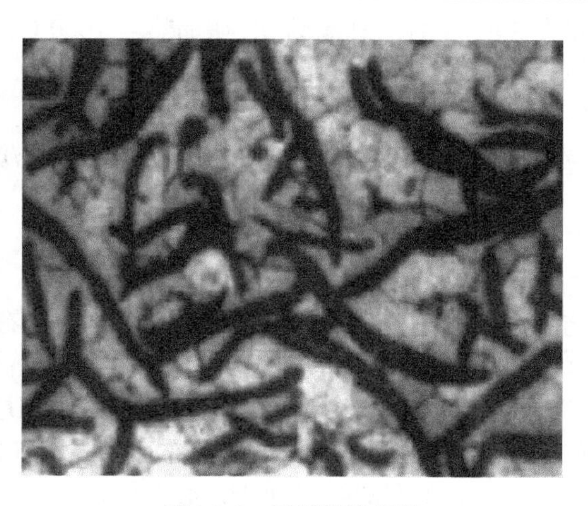

图 14.5　蠕墨铸铁组织

蠕墨铸铁力学性能一般在灰铸铁和球墨铸铁之间,而且其强度和韧性均高于灰铸铁,然而其塑性和韧性低于球墨铸铁,强度相差不大。此外,蠕墨铸铁具有较优的抗热疲劳性能、工艺性能和减振性能,其具体的力学性能见表 14.7。

表 14.7 蠕墨铸铁力学性能

种类	HBS	最低抗拉强度/MPa
珠光体蠕墨铸铁	193～280	380～420
铁素体蠕墨铸铁	121～197	260
铁素体＋珠光体蠕墨铸铁	140～249	300～340

2）蠕墨铸铁牌号及用途

蠕墨铸铁的牌号用“RuT（蠕铁）”加上后面的数字来表示，其中后面的数字表示最低抗拉强度（MPa）。比如RuT280表示抗拉强度不低于280MPa的蠕墨铸铁。具体牌号及用途见表14.8。

表 14.8 蠕墨铸铁牌号及用途

牌号	种类	用途
RuT260	铁素体蠕墨铸铁	汽车底盘、增压器零件等
RuT380	珠光体蠕墨铸铁	制动盘、泵体等
RuT420		
RuT300	铁素体＋珠光体蠕墨铸铁	汽缸盖、飞轮等
RuT340		

3）蠕墨铸铁热处理

通常蠕墨铸铁热处理主要用来改善基体组织以及力学性能，使结果获得所需要的性能要求。

（1）正火。

由于在铸态时，蠕墨铸铁基体内含有大量的铁素体，因此通过正火处理可以增加珠光体的数量，增加强度和耐磨性。其正火工艺是：将蠕墨铸铁加热至880～900℃，保温2～4h，随后风冷。一般获得珠光体含量在80%左右的蠕墨铸铁，在加热至1000℃，保温超过2.5h，随后风冷，最后珠光体的含量可达90%以上。

（2）退火。

对于蠕墨铸铁退火，主要用于获得85%以上的铁素体、以及消除薄壁处的游离态渗碳体。

3. 球墨铸铁

1）组织与性能

球墨铸铁化学成分与灰铸铁相比，其C、Si的含量提高而含锰量有所降低，同时也含有了一些稀土元素，具体的化学成分见表14.9。其组织由钢基体＋球状石墨组成。一般球墨铸铁铸态下的组织：铁素体＋珠光体＋渗碳体（少量），而其中的石墨通常是独立分布在基体中的，其力学性能随着石墨较好的圆度、较小的直径以均匀分布而增强。基体中的不同化学成分以及在凝固时不同的冷却速度而存在不同的组织，如图14.6所示。

表 14.9 球墨铸铁化学成分

化学成分	C	Si	Mn	S	P	Mg	Re
含量（质量分数）/%	3.6～4.0	2.0～3.2	0.6～0.9	<0.07	<0.03	0.03～0.05	0.02～0.04

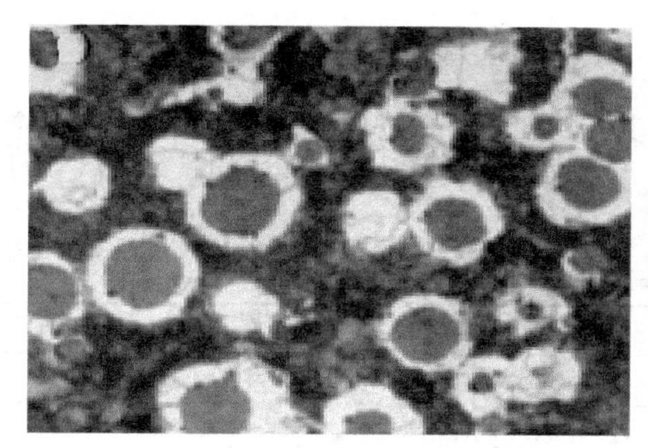

（a）铁素体+珠光体球墨铸铁

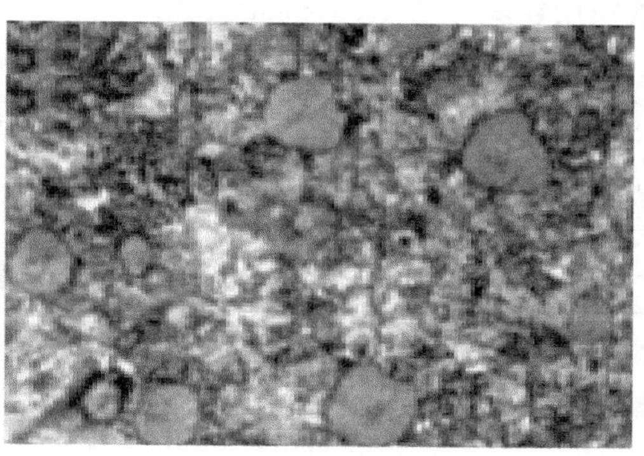

（b）珠光体球墨铸铁

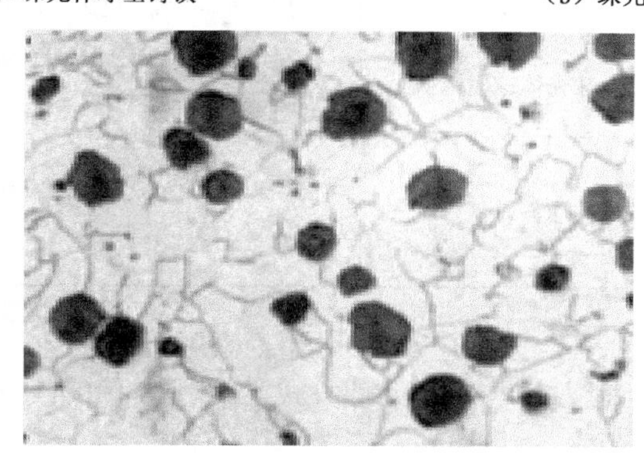

（c）铁素体球墨铸铁

图 14.6　球墨铸铁组织

球墨铸铁中，石墨呈现球状分布，减弱了石墨对基体的切割作用，使应力集中减少到最小，其基体强度利用率达到 70% ~90%。因此球墨铸铁在塑性、韧性、抗拉强度等性能方面强于灰铸铁，接近于碳钢。通常球墨铸铁的性能与其石墨形状、大小和分布有关，若石墨球越圆整，直径越小，分布越均匀，相应的性能更优异。相较于灰铸铁，球墨铸铁石墨引起的应力集中较小，最终性能取决于基体组织。一般珠光体基球墨铸铁的强度、硬度高于铁素体球墨铸铁，但是其塑性、韧性低于后者。具体的力学性能见表 14.10。

表 14.10　球墨铸铁力学性能

种类	R_m/MPa	$R_{0.2}$/MPa	A/%	硬度 HBS
铁素体球墨铸铁	400 ~450	250 ~310	10 ~18	130 ~210
铁素体 + 珠光体球墨铸铁	500 ~600	320 ~370	3 ~7	170 ~270
珠光体球墨铸铁	700	420	2	220 ~305
珠光体或回火组织球墨铸铁	800	480	2	245 ~335
贝氏体或回火马氏体球墨铸铁	900	600	2	280 ~360

目前，对于制备球墨铸铁，不可缺少球化处理和孕育处理这两个关键环节，将直接影响到球墨铸铁的最终组织和性能。球化处理是指铁液在浇注前加入一定球化剂，促进石墨在结晶过程中生长为球状的工艺过程，现目前主要运用镁系球化剂和稀土镁合金球化剂。另一个孕育处理是指生产过程中，促使石墨生成球径小、圆度好、数量较多且分布均匀的球状石墨，最后获得优异性能的球墨铸铁。孕育处理所使用的孕育剂包含具有强烈促进石墨化元素的物质，

目前使用较多的是含75%硅的硅铁。

2)球墨铸铁牌号及用途

球墨铸铁牌号由QT及后面两组数字构成,其中“QT”是“球铁”二字汉语拼音的第一个大写字母,而前面一组数字表示最低抗拉强度(R_m),后面一组数字表示最低伸长率(A)。具体牌号及主要用途见表14.11。

表14.11 球墨铸铁牌号及用途

牌号	种类	主要用途
QT900 - 2	贝氏体或回火马氏体球墨铸铁	主要用于高强度的齿轮,如大减速器齿轮、凸轮轴等
QT800 - 2	珠光体或回火组织球墨铸铁	主要用于部分磨床、铣床等
QT700 - 2	珠光体球墨铸铁	主要用于车床主轴、机床蜗杆等
QT600 - 3	铁素体+珠光体球墨铸铁	主要用于载荷大,受力较复杂的零件,如连杆、气缸套、蜗轮、机械座架、飞轮、大齿轮等
QT500 - 7		
QT400 - 18	铁素体球墨铸铁	主要用于承受冲击、振动的零件,如汽车、驱动桥壳、拨叉、中低压阀门等
QT400 - 15		
QT450 - 10		

3)球墨铸铁热处理

对于球墨铸铁,其热处理方法与钢热处理方式类似,其常用热处理方法如下。

(1)正火。

球墨铸铁正火将有助于增加基体组织珠光体量,提高铸件强度、硬度以及耐磨性。依据不同的加热温度,分为高温正火和低温正火,见表14.12。

表14.12 球墨铸铁正火两种工艺

	工艺方法
高温正火	将工件加热至880~920℃,保温2h左右,最后空冷
低温正火	将工件加热至840~860℃,保温一定时间,保证一部分转变为奥氏体,另一部分为铁素体,最后空冷获得珠光体+少量的铁素体基体

(2)退火。

球墨铸铁退火处理分为消除应力退火、高温石墨化退火、低温石墨化退火,见表14.13。

表14.13 球墨铸铁退火三种工艺

	目的	工艺	组织
消除应力退火	球墨铸铁铸成后会产生内应力且形状复杂、壁厚较大的构件残余应力越大,因此需进行消除应力退火	将铸件在室温放入炉中,然后以50~100℃/h速度加热至退火温度,保温2~8h,最后冷至180℃左右再空冷	退火温度达600~650℃,组织:铁素体;退火温度达500~600℃,组织:珠光体
高温石墨化退火	由于生产过程中,在基体组织常常出现一定数量的自由渗碳体,造成铸件加工困难,所以采用此工艺将自由渗碳体在高温下分解为奥氏体和石墨,改善切削加工性	将铸件加热达920~960℃,保温1~4h,随炉冷至720~760℃等温2~8h,将奥氏体分解为铁素体+石墨。然后随炉冷至600~650℃,最后空冷	铁素体+石墨

续表

	目的	工艺	组织
低温石墨化退火	提高铁素体球体韧性	将铸件加热至720～760℃，保温2～6h，随炉冷至600℃出炉空冷	铁素体+石墨

(3)等温淬火。

球墨铸铁等温淬火是指将工件加热至840～900℃(奥氏体区)，保温一定时间，300℃左右等温盐浴中冷却保温，使其在此温度下转变为贝氏体。等温淬火后可获得较高的强度以及较好的塑性和韧性。

(4)淬火、回火。

球墨铸铁在淬火过程中与钢基体转变相似，即将铸件加热至 A_{c1} 以上温度，保温一定时间，在基体转变为奥氏体组织，之后在水、油或熔盐冷却，即可得到马氏体组织，而回火是将淬火后的铸件重新加热至 A_{c1} 以下温度，保温一定时间后空冷到室温的过程。其中淬火与淬火温度、保温时间、淬火介质有关。而回火分为高温回火(550～600℃)，获得回火索氏体和球状石墨，具有较好的力学性能；中温回火(350～550℃)，获得回火托氏体，具有较好的弹性、韧性和耐磨性；低温回火(140～250℃)，获得回火马氏体和残余奥氏体组织，其硬度和耐磨性较好。

4. 可锻铸铁

1)组织与性能

可锻铸铁一般由白口铸铁通过石墨退火后获得的高强度铸铁，其中团絮状石墨分布在基体上，增加了其强度、韧性。可锻铸铁化学成分见表14.14。

表14.14 可锻铸铁化学成分

化学成分	C	Si	Mn	P	S
含量(质量分数)/%	2.5～3.0	0.6～1.2	0.4～0.5	0.1～0.25	0.05～0.9

根据不同热处理条件，可锻铸铁分为铁素体基体+团絮状石墨可锻铸铁、珠光体基体或珠光体+少量铁素体基体+团絮状石墨可锻铸铁；其中前者称为黑心可锻铸铁，由白口毛坯采用高温石墨化退火，断口呈现黑灰色，是一种强度、塑性均较高的铸铁；后者称为白心可锻铸铁，由白口毛坯采用氧化脱碳，断口呈现白色。可锻铸铁组织如图14.7所示，相应力学性能见表14.15。

表14.15 可锻铸铁力学性能

种类	试样直径/mm	σ_b/MPa	$\sigma_{0.2}$/MPa	δ/%	HBS
白心可锻铸铁	12或15	≥450	≥270	≥2	150～290
黑心可锻铸铁	12或15	≥300	≥200	≥6	≤150

2)可锻铸铁牌号及用途

可锻铸铁牌号由三字母组成，而白心可锻铸铁由“KTZ”表示，黑心可锻铸铁由“KTH”表示。字母后面两组数字表示最低抗拉强度和最低伸长率。两者牌号及用途见表14.16。

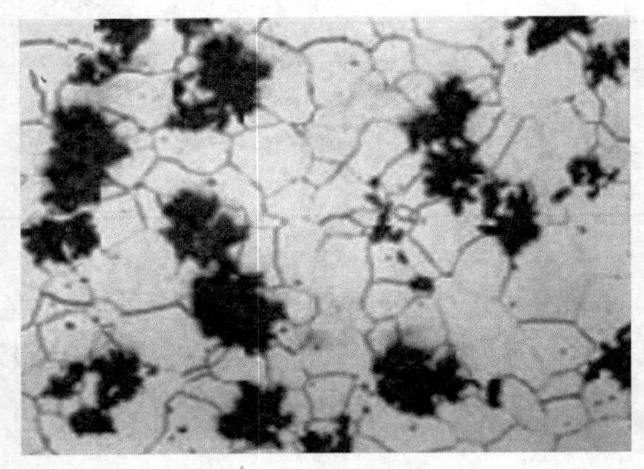

（a）黑心可锻铸铁　　　　（b）白心可锻铸铁

图 14.7　可锻铸铁组织

表 14.16　可锻铸铁牌号及用途

牌号	种类	用途
KTZ700－02	白心可锻铸铁	主要用于弯头、犁刀、汽车、减速器壳等
KTZ650－02		
KTZ550－04		
KTZ450－06		
KTH370－12	黑心可锻铸铁	主要用于耐磨损、承载较高载荷零件，比如曲轴、连杆、轴套等
KTH350－10		
KTH330－08		
KTH300－06		

3）可锻铸铁热处理

可锻铸铁热处理一般是把白口铸铁转变为不同基体的可锻铸铁。

退火生产工艺首先浇注成白口铸铁，然后在高温长时间石墨化退火后，渗碳体分解出团絮状石墨，最后获得可锻铸铁。具体工艺：将预制好的白口毛坯加热至 900～1000℃，保温 60～80h，保证渗碳体分解为奥氏体与团絮状石墨，之后炉冷达 650～770℃，如果采取长时间保温，可获得黑心可锻铸铁，相反，如果不采取保温，直接炉冷，则可获得白心可锻铸铁。

14.1.3　特殊性能铸铁

随着工业发展，对铸铁性能的要求也在不断提高，需要一些特殊性能的铸铁才能满足使用需求。一般在熔炼时加入一些合金元素，制成的铸铁称为特殊性能铸铁。目前常用的特殊性能铸铁有耐热铸铁、耐蚀铸铁和耐磨铸铁。

1. 耐热铸铁

在高温下服役的铸件，例如换热器、坩埚等，需要良好的耐热性。在高温下铸铁的抗氧化以及抗生长的能力称为耐热性。耐热铸铁在制造过程中，一般在铸铁中加入 Si、Al 等合金元素，促使表面形成一层致密 Al_2O_3、Cr_2O_3、SiO_2 等化合物，确保铸铁内部不被氧化；另一方面，这些元素提高了铸铁临界点，防止铸铁在使用中发生相变，保证基体组织为单相铁素体。

目前常用耐热铸铁包含高铬耐热铸铁($w_{Cr}=32\% \sim 36\%$)、高铝球墨铸铁($w_{Al}=21\% \sim 24\%$)、铝硅球墨铸铁($w_{Al}=4\% \sim 5\%$、$w_{Si}=4.4\% \sim 5.4\%$)、硅球墨铸铁($w_{Si}=5\% \sim 6\%$)等。

2. 耐蚀铸铁

通常在酸、碱、盐、海水等腐蚀环境中服役的铸铁,称为耐蚀铸铁,其具有较高的耐腐蚀能力。为提高腐蚀能力,一方面加入 Cr、Si、Mo、Ni 等元素改变基体增强腐蚀能力,另一方面加入 Si、Al、Cr 等元素,使其在铸铁表面生成坚固而致密的保护膜。

目前常用的耐腐蚀铸铁包含高硅、高铝、高铬等耐蚀铸铁。

3. 耐磨铸铁

长期在摩擦磨损环境下服役,对铸铁使用寿命提出了更高的要求,不仅需要满足力学性能,而且还要有较好的耐磨性能。一般耐磨铸铁存在均匀的高硬度组织,其相应的耐磨性较好,因此,白口铸铁耐磨性优于石墨铸铁耐磨性。

根据工作条件不同,耐磨铸铁可分为减磨铸铁和抗磨铸铁,减磨铸铁包含磷铸铁、硼铸铁、钒钛铸铁以及铬钼铜铸铁,多数用于在润滑条件下工作的零件,如机床、导轨等。抗磨铸铁包含珠光体白口铸铁、马氏体白口铸铁及中锰球墨铸铁,主要用于在摩擦环境下工作零件,如球磨机磨球等。

14.2 有 色 金 属

有色金属又称为非铁金属,分为轻金属(Al、Mg、Ti 等)、重金属(Cu、Pb、Zn、Sn 等)、稀有金属及稀土金属(Li、Be、Ta 等)、贵金属(Au、Ag、Pt 等)五类。而目前普遍使用 Al、Mg、Cu、Zn、Pb、Sn、Ti 及其合金。它们具有比强度高、耐热、耐蚀、密度小及良好的导电性等优异的性能,成为现代工业不可缺少的材料。

14.2.1 铝及铝合金

1. 纯铝的性能特点

通常纯铝密度为 2.7g/cm³,只有铁的 1/3,表现出密度小、比强度高的特点。如果进行强化,则其强度将比一般高强度钢要高,接近低合金强度钢水平。铝具有仅次于银、铜、金的良好导电性,表现出其优良的物理、化学性能。室温下,铝的导电率大约为铜的 64%,其抗腐蚀能力也相当优异,此外,其磁化率低,接近非铁磁性材料。铝塑性好,便于冷塑性成型,其不高的硬度表现出良好的切削加工性。

由于铝的资源丰富、成本较低廉,并且通过后期的热处理及加入其他元素强化铝,使其形成合金更广泛地用于航空航天、机械和轻工业。

2. 铝合金热处理

纯铝的强度、硬度都较低,不足以使用在工程结构材料中。如果在铝中加入一定的铜、镁、锌、锰、硅等元素,形成铝合金,将提高其强度,再经过后期的冷加工或热处理、其抗拉强度将达到 500MPa 以上,可制造出一些承受一定载荷的构件。

根据图 14.8 所示，为铝合金相图，一般铝合金热处理都据于此相图。通常将成分位于图中 D－F 之间加热到 α 相区，保温后获得单相 α 固溶体，之后迅速水冷，获得室温下过饱和 α 固溶体。由于通过此法获得组织不稳定，倾向于转变到稳定状态，因此后面还需进行时效处理。时效是指将过饱和固溶体放置在室温或一定温度下保持一定时间，其强度、硬度将会明显提高的现象，其中常温下时效称为自然时效，在加热一定温度下时效称为人工时效。所以一般铝合金时效条件是：加热至高温形成均匀的固溶体，然后固溶体中溶质的溶解度随着温度降低而降低。

铝合金在使用前还需进行热处理，以便获得优良的综合力学性能。目前铝合金热处理方法包含退火、固溶处理、时效。一般变形加工产品和铸件采用退火处理，而时效及固溶处理用于铝合金强化处理。

3. 铝合金分类

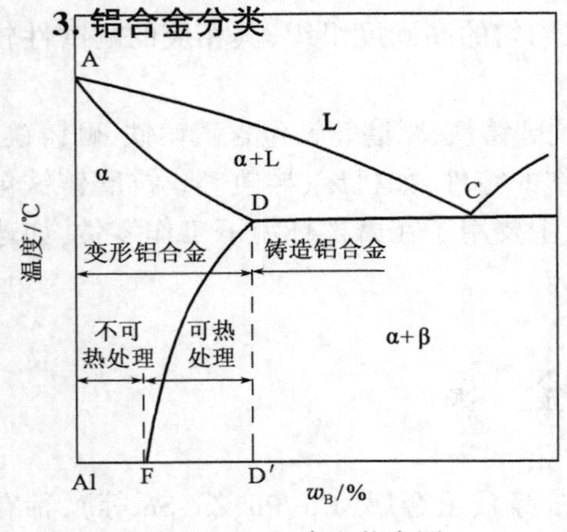

图 14.8 铝合金状态图

根据图 14.8 可知，铝合金分为两大类，以图上最大饱和度 D 点处为两类合金的分界线。

位于 D 点左的合金一般是在室温或高温下获得的铝基固溶体单相区，其具有较好的塑性，便于承受各种压力加工，经轧制、挤压成型的板材、管材等都可选择此范围，称为形变铝合金。其中形变铝合金又分为两类，一类成分在点 F 左侧合金，其固溶体成分不随温度变化而变化，即不能进行时效处理，称为不能热处理强化的铝合金；另一类成分在 FD 间的合金，其能进行时效强化，称为能热处理强化铝合金。

成分在 D 点右侧部分的合金，存在共晶组织，具有较好的流动性，较高的高温强度，可以阻止热裂现象，便于铸造，称为铸造铝合金。

4. 变形铝合金

变形铝合金主要包含硬铝合金、锻铝合金、防锈铝合金等，其具体的牌号、化学成分、力学性能及相关应用见表 14.17。

表 14.17 变形铝合金牌号、化学成分、力学性能及应用

种类	牌号	化学成分/%					力学性能			应用
		w_{Mn}	w_{Cu}	w_{Zn}	w_{Mg}	$w_{其他}$	R_m MPa	A %	HBS	
硬铝合金	LC6	0.2～0.5	2.2～2.8	7.6～8.6	2.5～3.2	Cr:0.1～0.25	680	7	190	主要用于受力构件，如飞机大梁等
	LC4	0.2～0.6	1.4～2.0	5.0～7.0	1.4～2.8	Cr:0.1～0.25	600	12	150	
	LY12	0.3～0.9	3.8～4.9		1.2～1.8		470	17	105	主要用于制造 150℃ 以下的高强度结构件
	LY11	0.4～0.8	3.8～4.8		0.4～0.8		420	18	100	用于制造中等强度结构件，如骨架

续表

种类	牌号	化学成分/%					力学性能			应用
		w_{Mn}	w_{Cu}	w_{Zn}	w_{Mg}	$w_{其他}$	R_m MPa	A %	HBS	
硬铝合金	LY1		2.2~3.0		0.2~0.5		300	24	70	用于制造100℃以下工作的中等强度结构件，比如铆钉等
锻铝合金	LD10	0.4~1.0	3.9~4.8		0.4~0.8	Si:0.5~1.2	480	19	135	用于制造承受重载荷的锻件
	LD7		1.9~2.5		1.4~1.8	Ti:1.0~1.5、Fe:1.0~1.5	415	13	120	用于制造高温下复杂的锻件
	LD5	0.4~0.8	1.8~2.6		0.4~0.8	Si:0.7~1.2	420	13	105	用于制造形状复杂、中等强度的锻件
防锈铝合金	LF21	1.0~1.6					130	20	30	用于制造油管铆钉、轻载零件等
	LF5	0.3~0.6			4.0~5.5		280	20	70	用于制造油管、焊条、铆钉等

1)硬铝合金

Al-Cu-Mg系合金是目前使用最早、最广、最具代表性的一种铝合金，并且该种铝合金强度、硬度均较高，故称为硬铝。其硬铝牌号采用“硬铝”二字第一个大写字母加顺序号来表示，例如LY1、LY11等。它们能进行时效强化，属于可热处理强化类，其热处理方式常采用淬火+时效。其中合金中的Cu、Mg易形成强化相θ及s相；Mn主要提高其抗腐蚀性，起固溶强化作用；较少的Ti或B能细化晶粒，提高合金的强度。

硬铝具有较高的强度和硬度，一般经时效后强度可达380~500MPa，比原来强度290~300MPa提高了将近28%左右，硬度也明显从原来的70~85HB提高到120HB。同时仍具有较好的塑性，具体常用的硬铝合金分类见表14.18。

表14.18 硬铝合金分类

类别	牌号	特点	应用
低合金硬铝	LY1、LY10等	其Mg、Cu元素的含量较低，具有较好的塑性、较低的强度；通常采用固溶处理和自然时效提高其强度、硬度	主要用于制造铆钉、蒙皮、承力结构件等
标准硬铝	LY11等	其合金元素含量中等，具有中等水平的强度和塑性；通常退火后成型加工性能、切削加工型能均较好	主要用于制造锻材、冲压件、螺旋桨等重要的零件
高强度硬铝	LY6、LY12等	其合金元素含量较多，具有较高的强度和硬度，较差的塑性变形	主要用于锻件、销、轴等零件

2)超硬铝合金

一般Al-Zn-Mg-Cu系合金属于变形铝合金中强度最高的一种铝合金，其强度高达588~686MPa，已经超过了硬铝合金，因此称为超硬铝合金，牌号为LC4、LC6等。一般Zn、Cu、Mg与Al形成固溶体和多种复杂的第二相(如$MgZn_2$、AlMgZnCu等)，这些合金一般采用淬火+人工时效的热处理方式，结果可获得较高的强度和硬度，然而其抗腐蚀性能较差，在高温时迅速软化，所以现在一般采用包铝法来提高其抗腐蚀性。目前超硬铝合金多数用于飞机结构中重要的受力构件，比如飞机大梁、起落架等。

3）锻铝合金

锻铝合金主要包括 Al－Si－Mg－Cu 合金和 Al－Cu－Ni－Fe 合金，常用的锻铝合金牌号包含 LD2、LD5、LD10 等。这类合金元素种类较多但用量较少，具有较好的热塑性、铸造性能、机械性能、锻造性能。目前此种合金采用淬火＋人工时效，获得锻件常用于承受载荷的模锻件及一些复杂的构件。

4）防锈铝合金

防锈铝合金是指在大气、水和油等介质中具有较好的抗腐蚀性能的变形铝合金，其铝合金主要包含 Al－Mg 和 Al－Mn 系，编号采用“铝防”二字汉语拼音第一大写字母“LF”加顺序表示，比如 LF5、LF21。其中 Mn 主要提高合金的抗腐蚀能力，起到固溶强化作用；Mg 亦具有固溶强化作用，降低密度。防锈铝合金常采用退火热处理方式，结果获得单相固溶体，具有较好的塑性、较高的抗腐蚀性。然而这类合金属于不可热处理强化的铝合金，所以不能采用时效强化方式强化合金，但可进行冷变形，采用加工硬化方式提高其强度。此外，其还具有良好的焊接性，所以防锈铝合金一般用于制造焊接管道、容器等。

5. 铸造铝合金

通常，许多重要的零件都是通过铸造的方法完成的，一方面在于这些零件形状较复杂，其他方法不易制造，另一方面工件体积较大，此法生产较经济。具体的铸造铝合金牌号、成分、力学性能及相应应用见表 14.19。

表 14.19　铸造铝合金牌号、成分、力学性能及应用

种类	牌号	化学成分/%						铸造方法	力学性能			应用
		w_{Ti}	w_{Mn}	w_{Mg}	w_{Cu}	w_{Si}	$w_{其他}$		A %	R_m MPa	HBS	
铝铜合金	ZL202（ZAlCu10）				9.00～11.00			砂型	—	170	100	用于高温不受冲击的零件
								金属型	—	170	100	
	ZL201（ZAlCu5Mn）	0.15～0.35	0.60～1		4.5～5.3			砂型	8	300	70	用于制造内燃机气缸头、活塞等
铝锌合金	ZL402（ZAZn6Mg）	0.15～0.25		0.5～0.6			Zn：5.0～6.5、Cr：0.4～0.6	金属型	4	240	70	用于制造结构形状复杂的汽车、飞机的零件
	ZL401（Za1Zn11Si7）			0.1～0.3		6.0～8.0	Zn：9.0～13.0	金属型	1.5	250	90	
铝硅合金	ZL105（ZAlSi12Cr1Mg1Ni1）			0.8～1.3	0.5～1.5	11.0～13.0	Ni：0.8～1.5	金属型	0.5	200	90	用于制造活塞及高温下的工作零件

续表

种类	牌号	化学成分/%						铸造方法	力学性能			应用
		w_{Ti}	w_{Mn}	w_{Mg}	w_{Cu}	w_{Si}	$w_{其他}$		A %	R_m MPa	HBS	
铝硅合金	ZL104 (Za1Si5Cu1Mg)			0.4 ~ 0.6	1.0 ~ 1.5	4.5 ~ 5.5		金属型	1	180	65	用于制造发动机气缸头
	ZL103 (ZAlSi9Mg)		0.2 ~ 0.5	0.17 ~ 0.3		8.0 ~ 10.5		金属型	2	240	70	用于制造电动机壳体、气缸体等
	ZL102 (ZAlSi9Mg)					10.0 ~ 13		砂型变质	4	143	50	用于制造仪表抽水机壳体等复杂件
								金属型	2	153	50	
	ZL101 (ZAlSi7Mg)	0.08 ~ 0.2		0.25 ~ 0.45		6.5 ~ 7.5		金属型	4	190	50	用于制造飞机、仪器等零件
								砂型变质	1	230	70	
铝镁合金	ZL303 (Za1Mg5Si1)		0.1 ~ 0.4	4.5 ~ 5.5		0.8 ~ 1.3		砂型	1	150	55	用于制造氨用泵体
								金属型	1	150	55	
	ZL301 (Za1Mg10)		9.5 ~ 11.0					砂型	9	280	60	用于制造舰船配件

1)铝铜合金

铝铜合金具有较高的强度、较好的耐热性,然而其铸造性及耐腐蚀性较差。其典型铝铜合金 ZL201 铸造方式为砂型,采用两种热处理方式:一种采用淬火 + 自然时效;另一种采用淬火 + 不完全时效;前者抗拉强度可达 300MPa,后者达 340MPa。而 ZL202 合金铸造方法分为砂型和金属型两类,其中砂型采用淬火 + 人工时效,金属型采用淬火 + 人工时效,两者抗拉强度均达到 170MPa。目前其常用在 300℃以下承受重载的零件。

2)铝锌合金

铝锌铸造合金价格便宜,具有较好的铸造性能。其典型的铝锌铸造合金 ZL401,铸造方法为金属型,采用人工时效的热处理方式,结果抗拉强度达 250MPa,而 ZL402 铸造方法也为金属型,经人工时效后,抗拉强度达 240MPa。两者均用在汽车、医疗器械等行业。

3)铝硅合金

铝硅合金相图,如图 14.9 所示。铝硅铸造合金又名硅铝明,见表 14.19。此合金具有较好的铸造性能,铸造之后为共晶组织,然而一般情况下,比如就 ZL102 而言,其共晶体由针状硅晶体和 α 固溶体组成,强度、塑性均较差,如图 14.10(a)所示。故此,生产上常采

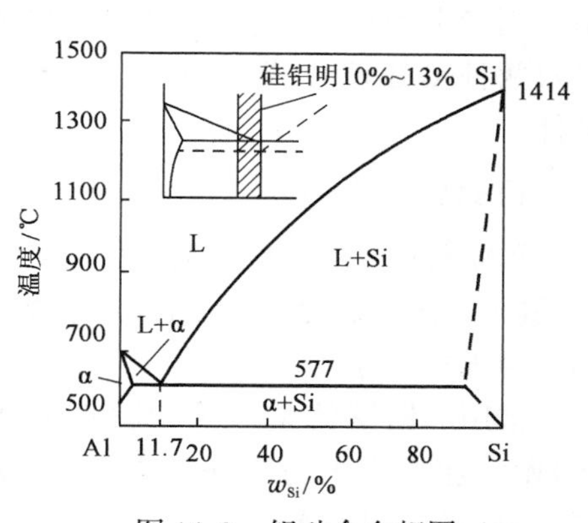

图 14.9 铝硅合金相图

用变质处理，即在浇注前向合金溶液中加入一些钠盐变质剂，以此来细化晶粒，提高其强度及塑性。经变质处理后的组织见图 14.10(b)所示，由细小均匀的共晶体和初生 α 固溶体组成。

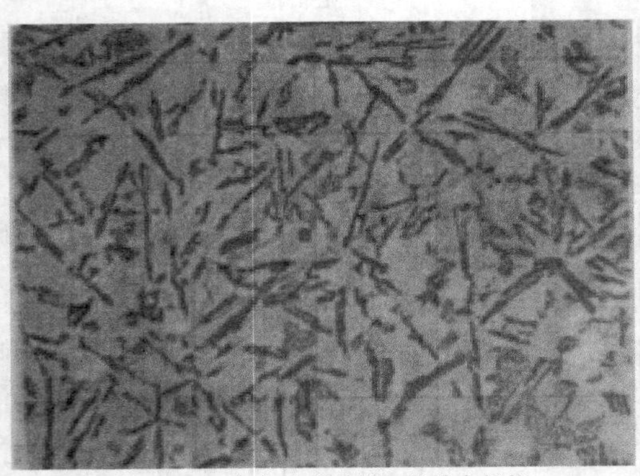

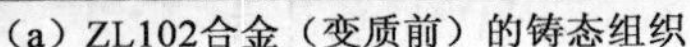

（a）ZL102合金（变质前）的铸态组织

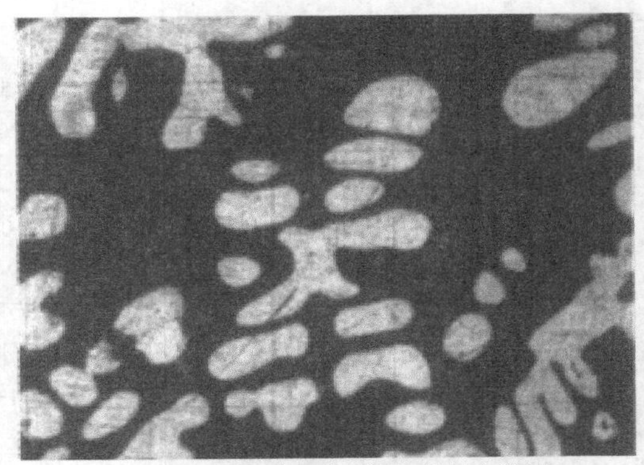

（b）ZL102合金（变质后）的铸态组织

图 14.10　硅铝铸造合金组织

ZL102 铸造铝硅合金具有较好的铸造性能及焊接性能，也具有相当优异的耐腐蚀性和耐热性，由于其不能进行时效强化，具有较低的强度，采用变质处理后的抗拉强度可达 180MPa。一般将其用于制造形状复杂、强度不高的铸件。为提高铝硅合金强度，一般在合金中加入 Cu、Mg 等元素，以便形成 $CuAl_2$、MgSi、Al_2CuMg 等强化相，以便于其能进行时效强化。比如 ZL104，其铸造方法为金属型，热处理工艺为：加热至 530 ~ 540℃，保温 5h，在热水中淬火，最后在 170 ~ 180℃时效 6 ~ 7h。最后合金强度可达 200 ~ 300MPa，可用于制造强度较低、形状复杂的铸件，如电动机壳体、气缸体等。

ZL107 铝硅合金含有少量的铜，易形成 $CuAl_2$ 强化相，可进行时效强化、强度达 250 ~ 280MPa，便于制造强度、硬度要求较高的零件。ZL105、ZL108、ZL109、ZL110 等合金含有 Mg、Cu，故易形成 $CuAl_2$、Mg_2Si、Al_2CuMg 等强化相，在淬火时效后获得较高的强度和硬度，便于制造形状复杂、性能要求高的工作零件。此外，铝硅其他典型合金 ZL101 铸造方法分为金属型和砂型变质，其中前者采用淬火 + 自然时效，抗拉强度达 190MPa，后者采用淬火 + 人工时效，强度达 230MPa，常用于制造飞机、仪器零件；ZL103 铸造方法为金属型，存在两种热处理方法，一是人工时效，二是淬火 + 人工时效，前者抗拉强度达 200MPa，后者达 240MPa，主要用于制造电动机壳体、气缸体等；ZL105 铸造方法为金属型，也分为人工时效和淬火 + 人工时效两种热处理方式，抗拉强度分别达 200MPa 和 250MPa，常用于制造活塞及高温工作零件。

4）铝镁合金

铝镁铸造合金强度较高、密度较小具有较好的耐腐蚀性，而铸造性较差，易氧化、产生裂纹，属于可进行热处理强化合金，主要用于制造冲击载荷、耐海水腐蚀、外形不复杂的结构件，如发动机机匣等。

常用的铝镁铸造合金 ZL303 铸造方法包含砂型和金属型，结果两者抗拉强度都为 150MPa，主要用于制造氨用泵体；ZL301 铸造方法为砂型，采用淬火 + 自然时效，结果抗拉强度达 280MPa，用于制造舰船配件。

14.2.2 铜及铜合金

1. 纯铜的性能特点

纯铜呈紫红色，又称作为紫铜，是人类目前使用最早的金属之一。广泛用在制造电线、铜管、铜棒及配置合金原料。铜密度为 8.9g/cm^3，熔点达 1083℃，具有较优的导电、导热性。此外，铜还具有以下优良特性：

(1)铜具有面心立方晶格，无同素异构转变，也有较好的塑性，容易进行冷、热加工成型，所以具有良好的加工性能；

(2)外形色泽美观；

(3)由于铜对大气、水有较好的抗腐蚀、抗磁性能力，故此具有优异的物理、化学性能；

(4)铜还具有某些特殊的机械性能，比如一些铜具有优异的减磨性和耐磨性，较高的弹性极限和疲劳极限。

纯铜在大气、淡水或非氧化性酸液中，具有较高的化学稳定性，然而其抗海水腐蚀性较差，易被氧化性酸、盐腐蚀。此外，纯铜强度极低，退火态 σ_b 达 250 ~ 170MPa，δ 达 35% ~ 45%；热加工后，σ_b 达 392 ~ 441MPa，而 δ 却下降达 1% ~ 3%。工业纯铜按氧含量及生产方法的不同分为如下三种：

(1)脱氧铜。脱氧铜通过磷或锰脱氧获得，又称为磷脱氧铜或锰脱氧铜，分别用 TUP 和 TUMn 表示，前者主要用在焊接结构方向，后者用于真空器件方向。

(2)无氧铜。无氧铜通过在碳或还原性气体保护下熔炼和铸造获得，含氧量低(≤0.003%)。现目前牌号包括 TU1、TU2，其中“U”表示无氧，1 和 2 号无氧铜常用于电真空器件。

(3)韧铜。韧铜是含氧量在 0.02% ~ 0.1% 的纯铜，常用符号“T”加数字表示，包含 T1、T2、T3、T4 等，随着顺序的增加，其纯度在降低。韧铜常用于导电材料、熔制高纯度铜合金等。

2. 铜的合金化

一般纯铜的强度不高，采用加工硬化方法可提高铜的强度，然而其塑性却大大下降，因此常采用另一种合金化的方法来强化铜。通常加入合金元素可使铜强度增加，目前主要有以下方式：

(1)热处理强化。由于铍、硅等元素在铜中的溶解度随着温度降低而减小，所以当合金加入铜后，增强了铜合金，使合金具有时效强化的性能。

(2)固溶强化。与固溶强化元素(Zn、Si、Al 等)形成置换固溶体。

(3)过剩相强化。当合金元素在铜中，超过其溶解度时，容易出现过剩相，其过剩相为硬而脆金属间化合物。一般数量少，可增强强度，降低了塑性，然而当数量过多时强度、塑性均降低。

3. 铜合金的分类

当铜中加入一些合金元素后，其强度将会得到较大的提高，而且还将会保持纯铜的一些优良性能。目前铜合金按其色泽的差异可分为青铜、黄铜及白铜三类。

4. 青铜

青铜通常指的是铜锡合金，目前将含有 Al、Si、Pb、Mn 等元素的铜基合金称为无锡青铜。青铜包括锡青铜、铝青铜、铍青铜等。另外，也可分为压力加工青铜和铸造青铜。青铜牌号表示方法：Q+主加元素符号+主加元素含量+其他元素含量，而"Q"指"青铜"前面一个字的开头拼音字母大写，比如 QSn4-3，表示含 $w_{Sn}=4\%$、$w_{Zn}=3\%$ 的锡青铜，QBe2，表示含 $w_{Be}=2\%$ 的铍青铜，而铸造青铜是指在牌号前面加"铸"开头大写的拼音字母"Z"。

1）锡青铜

锡青铜是指以锡为主加元素的铜基合金，其中 α 相为锡溶于铜中的固溶体，具有面心立方晶格，具有较好的塑性和冷、热变形。而 β 相是电子化合物 Cu_5Sn 为基的固溶体，具有体心立方晶格，在高温下具有较好的塑性和热变形。γ 相是以电子化合物 Cu_3Sn 为基的固溶体，而 δ 相是以电子化合物 $Cu_{31}Sn_8$ 为基的固溶体，且为复杂的立方晶格。通常锡原子在铜中扩散较困难，在一般铸造条件下，只有锡含量低于 5%～6% 时，才能获得 α 单相组织，而锡含量大于 5%～6% 时，出现 α+δ 组织。

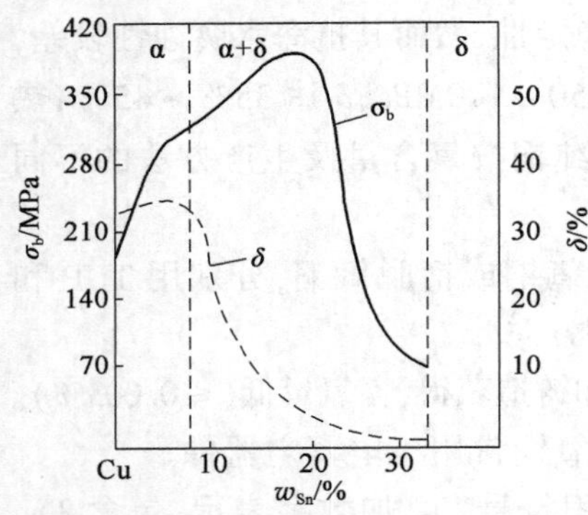

图 14.11 锡含量与铸造锡青铜的机械性能关系

锡对青铜铸态机械性能的影响见图 14.11，随着锡含量的增加其强度、塑性逐渐增加，然而当达到 6%～7% 锡含量时，合金中出现硬脆 δ 相，合金强度在继续增加，然而塑性却在急剧下降，当锡含量达 20% 之后，由于 δ 相大量的存在使强度显著下降，故使合金硬而脆，无经济价值。一般工业上锡青铜多用于热加工，而当其含量大于 10% 时，锡青铜多用于铸造。此外，锡青铜的铸造收缩率较小，易铸造形状复杂的零件，然而铸件易分散、缩孔，使其密度降低，在高压下容易渗漏。通常锡青铜在大气、淡水、海水及高压蒸气环境中的耐腐蚀性比纯铜和黄铜都高，而耐酸性却较差。常用的锡青铜牌号、成分、性能与用途见表 14.20。

表 14.20 锡青铜牌号、成分、力学性能及用途

种类		牌号	化学成分/%							状态	力学性能			用途
			Sn	P	Zn	Pb	Al	Fe	Be		δ %	σ_b MPa	HBS	
无锡青铜	铍青铜	QBe2							1.9～2.2	硬	2～4	1250	330	用于弹簧、齿轮等
										软	35	500	100	
	铝青铜	QAl9-4					8～9	2～4		硬	5	800～1000	160～200	用于齿轮、轴套等
										软	40	500～600	110	

续表

种类		牌号	化学成分/%							状态	力学性能			用途
			Sn	P	Zn	Pb	Al	Fe	Be		δ %	σ_b MPa	HBS	
锡青铜	压力加工青铜	QSn0.5－0.1	6～7			0.1～0.25				硬	8～10	700～800	160～200	用于耐磨材料、弹簧等
										软	60～70	350～450	70～90	
		QSn4－4－4	3～5		3～5	3.5～4.5				硬	2～4	550～650	160～180	用于航空仪表材料
										软	46	310	62	
	铸造青铜	ZQSn6－6－3	5～7		5～7	1～4				J	10	180～250	65～70	用于轴承、齿轮等
										S	8	150～250	60	
		ZQSn10－1	9～11	0.8～1.2						J	7～10	250～350	90～120	
										S	3	200～300	80～100	

2）铍青铜

铍青铜属于 Cu－Be 合金，一般工业用铍青铜的铍含量在 1.7%～2.5%之间，当 Be 溶于 Cu 中时，形成 α 固溶体。同样其溶解度随着温度的下降而下降，在室温时铍溶解度达0.16%。铍青铜具有较高的弹性极限、疲劳极限以及屈服强度，此外，其抗腐蚀性能、导电性、导热性能以及耐磨、焊接性都较好。一般对于铍青铜采用时效强化，经过时效强化后，其抗拉强度可由固溶状态的 450MPa 增加至 1250～1450MPa，硬度增至 350～400HB。通常铍青铜用于弹簧、钟表齿轮、防爆工具以及电焊机电机等。

5. 黄铜

黄铜是指锌与铜组成的合金，根据不同的化学成分，可将其分成普通黄铜和特殊黄铜两类。

1）普通黄铜

根据铜锌合金二元相图（图 14.12），锌溶于铜中形成 α 固溶体，具有面心立方晶格，塑性好，便于进行冷、热加工，具有优异的锻造、焊接及镀锡性能；β 相属于电子化合物 CuZn 为基的固溶体，具有体心立方晶格、较好塑性，便于热加工；γ 相属于电子化合物 $CuZn_3$ 为基的固溶体，具有六方晶格。黄铜具有良好的加工变形性能、优异的铸造性能，而且其耐腐蚀性能也较好，高于铸铁、碳钢及普通合金钢，接近纯铜。由于黄铜内部存在残余应力，在含有腐蚀介质中、特别氨介质中，容易开裂，称为季裂，其随着黄铜中的锌含量增加其季裂倾向性越大，目前生产中常用应力退火来消除应力，减轻季裂倾向性。此外，黄铜退火后的组织包括 α 黄铜和 α＋β 黄铜。

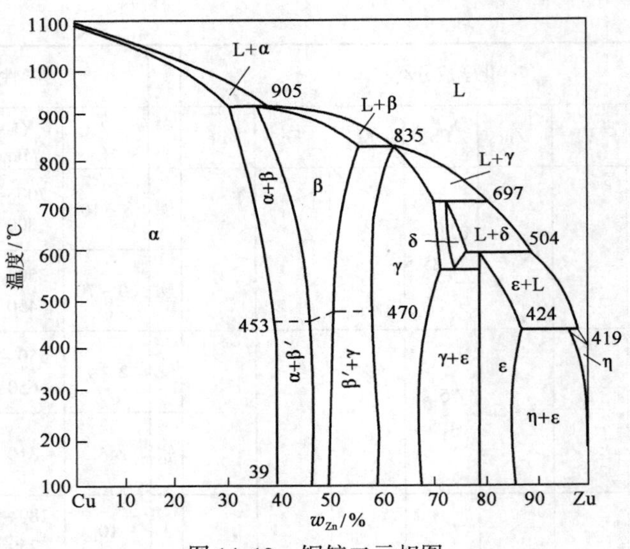

图 14.12 铜锌二元相图

黄铜表示采用“H”,后面的数值表示平均铜含量。比如单相黄铜牌号包括 H70、H68 等。具体常见的黄铜牌号、成分、性能及用途见表 14.21。

表 14.21 黄铜牌号、成分、性能及用途

种类		牌号	化学成分/%							力学性能			用途
			Cu	Zn	Pb	Al	Ni	Mn	Si	δ %	σ_b MPa	HBS	
特殊黄铜	铸造铝黄铜	ZHAl67-2.5	66~68	29~32		2.0~3.0				15	400	90	用于在常温下要求抗腐蚀较高的零件
	铸造硅黄铜	ZHSi80-3-3	79~81	10.5~16.5	2.0~4.0				2.5~4.5	15	300	100	用于减磨性好的结构件
	锰黄铜	HMn58-2	57~60	38~42				1.0~2.0		10	700	160	用于海伦制造业和弱电工业使用的零件
	铝黄铜	HAl59-3-2	57~60	33.5~38.5		2.5~3.5	2.0~3.0			15	650	150	用于制造在常温下要求抗腐蚀较高的零件
	铅黄铜	HPb59-1	57~60	39.1~42.2	0.8~0.9					16	650	140	用于切削加工性较好的零件

续表

种类	牌号	化学成分/%							力学性能			用途
		Cu	Zn	Pb	Al	Ni	Mn	Si	δ %	σ_b MPa	HBS	
普通黄铜	H62	60.5～63.5	37.5～39.5						3	500	164	用于散热器、垫片、螺钉等
	H70	69～72	28～31						3	660	150	用于制造弹壳
	H80	79～81	19～21						3	270	145	用于镀层及装饰品

2)特殊黄铜

在铜锌合金中加入铁、硅、锰、铝等元素后,可提高黄铜的强度、抗腐蚀性以及铸造性能,又称为特殊黄铜,其编号采用:H＋主加元素符号＋铜含量＋主加元素含量,比如 HPb60－1。而铸造黄铜在编号前加上“Z”字即可,例如 ZCuZn16Si4,具体见表 14.21。

6. 白铜

白铜主要以镍为添加元素的铜基合金,外观呈银白色,金属光泽,故名白铜。由于铜镍之间彼此可实现无限固溶,形成连续固溶体,因此不论彼此的比例多少,均为 α－单相合金。如果把镍熔入红铜中,其含量超过 16% 以上时,产生的合金色泽就变得洁白如银,随着镍含量增加,其颜色越白,而白铜中镍的含量一般为 25%。一般铜镍合金为普通白铜,牌号用“B”表示,比如 B5 表示含镍 5%。普通白铜具有高的腐蚀性、较优的冷、热加工性。常用普通白铜有 B5、B19 和 B30 等,多用于制造蒸气、海水的精密仪器。此外在铜镍合金中加入其他合金元素,称为特殊白铜,牌号用“B”加特殊合金元素的化学符号,符号后面的分别表示镍和特殊合金元素的百分含量,比如 BMn3－12 表示含 $w_{Ni}=3\%$ 和 $w_{Mn}=12\%$ 的锰白铜。目前特殊白铜包括锌白铜、锰白铜、铁白铜和铝白铜。

14.2.3 钛及钛合金

1. 纯钛的性能特点

纯钛外观呈现银白色,熔点达 1667℃,密度为 $4.5g/cm^3$。一般钛的化学活性较强,在高温状态下极易与 H、O、N、C 等元素发生作用,使钛的表层被污染。所以钛的熔炼过程最好在真空或惰性气体中进行。此外,钛中一般含有 H、O、N、C 等元素,形成间隙固溶体,一方面提高了钛的强度和硬度,另一方面降低了塑性与韧性。

目前,纯钛的牌号包含 TA1、TA2、TA3,其中 T 为钛的汉语拼音第一个大写字母,随着序号越大其纯度越低,工业上纯钛通常用在制造 350℃以下的工作且强度要求不高的各种零件,比如飞机骨架、阀门等。

2. 钛的合金化

当在钛中加入一些其他元素,则钛的性能将得到改善,加入不同的元素可获得不同性能的新钛合金。目前,主要有两类元素加入在钛合金中。

(1)α 稳定元素。在钛中加入 Al,可扩大 α 相区,提高了 α 到 β 的转变点,增强了 α 相的稳定性,而且 Al 加入还能提高合金的耐热性及强度,然而当加入的 Al 过量时,致使合金出现脆化相降低了合金的力学性能,因此,加入 Al 的量不应超过 7% 为宜。此外,Sn 元素的加入虽不能起到 Al 那样大的作用,但是与 Al 等元素共同加入时,起到补充强化作用。

(2)β 稳定元素。在钛中加入 V、Cr、Mn、Mo 等元素时,降低了 α 到 β 的转变点,增加了 β 相区及 β 相的稳定性。根据钛与其他合金元素的相互作用和使用,人们获得了大量的钛合金,比如目前工业上的钛合金多以 Ti - Al - V、Ti - Al - Mo 及 Ti - Al - Cr 为基的多元合金。

3. 钛合金的分类

目前钛合金是通过退火组织进行分类,分成三类:一类:α 型钛合金,牌号以“TA”加序号表示;二类:β 型钛合金,牌号以“TB”加序号表示;三类:α + β 型钛合金,牌号以“TC”加序号表示。

4. 钛合金

目前常用的钛合金牌号、力学性能及应用见表 14.22。

表 14.22　常用钛合金牌号、力学性能及应用

种类	牌号	状态	力学性能			应用
			δ / %	σ_b / MPa	A_K / $MJ \cdot m^{-2}$	
α + β 型合金	TC10	棒材退火	12	1050	0.35	用于 450℃ 条件下长期工作的零件
	TC9	棒材退火	9	1140	0.3	用于 550℃ 条件下长期工作的零件
	TC4	棒材退火	10	950	0.4	用于在 400℃ 条件下长期工作的零件
α 型合金	TA8	棒材时效	5	1300	0.15	目前还处在试验阶段
		棒材淬火	18	≤1100	0.3	
	TA7	棒材退火	10	1000	0.2 ~ 0.3	用于在 500℃ 条件下长期工作的结构件
		棒材退火	10	800	0.3	用于在 500℃ 条件下长期工作的结构件
β 型合金	TB2	棒材时效	7	1400	0.15	目前处于试验阶段
	TB1	棒材淬火	18	≤1000	0.3	

1)α + β 型钛合金

在钛中加入 α 相及 β 相稳定元素后,即可获得(α + β)组织。此类合金的加工性能及热强度介于 α 相与 β 相之间,经过淬火和时效强化处理后,保持着较好的塑性,获得较优的综合性能,此外其耐海水腐蚀能力也较好。目前此种合金多服役在 400℃ 环境中,如火箭发动机外壳、叶片等。

2)α 型钛合金

当组织全为 α 相时的钛合金称为 α 钛合金,其具有较好的铸造性、高蠕变抗力及好的焊接性、热稳定性;然而其塑性较低,对热处理强化和组织类型不敏感,所以只能采用退火热处理。一般 α 钛合金具有中等强度及高的热强性,长期可服役在 450℃,目前主要用在制造发动机零件及叶片等。

3)β 型钛合金

在钛合金中加入 Cr、V、Mo 等元素后,可获得亚稳组织 β 相,其具有较高的强度、好的压力加工性能及焊接性能。在通过淬火 + 时效处理后,可析出弥散 α 相,致使强度更进一步提高。目前此种合金多用于制造气压机叶片、轴、轮盘等重要载荷结构件。

4)低温用钛合金

随着对低温及超低温条件下工作的结构件要求提高,钛合金也逐渐发展成一些低温使用的钛合金。比如在太空飞行器中的液氧贮箱,工作的温度达 -183℃;而液氧贮箱达到了 -253℃,故此在这些低温条件下,要求材料必须保持良好的力学性能。通常低温下的钛合金材料,比强度高、重量轻,既能随着温度的降低提高强度,又保持了良好的塑性性能,而且低温冷脆敏感性较低;此外,在其物理性能方面,其导热性能低,膨胀系数较小。所以总的来看,便于制造火箭、管道等结构。

14.2.4 镁及镁合金

1. 纯镁的性能特点

纯镁外观呈现白色,熔点达 651℃,具有密排六方晶格结构,密度为 1.74g/cm^3,约为铝的 2/3,属于最轻的工业金属。而且镁是地壳中第三种含量丰富的金属元素,储存量占地壳中的 2.5%,仅次于铁及铝。镁的原子序数为 12,相对原子质量达 24.32。

通常镁的电极电位较低,而化学性质很活泼。镁在潮湿大气、海水、无机盐、甲醇等介质中会产生激烈的腐蚀;相反,镁在干燥的大气、氟化物、氢氧化钠、汽油及润滑油中却相当稳定。此外,在室温下,镁表面与空气中的氧发生反应,形成氧化镁薄膜,然而氧化镁薄膜较脆,不致密,所以对内部金属无明显的保护作用。

纯镁的室温塑性较差,其单晶体的临界切应力只有(48 ~ 49)×10^{5}Pa,相应的强度和硬度也较低,故此不能作为直接结构材料,需要配合其他合金,力学性能见表 14.23。

表 14.23 纯镁的力学性能

加工状态	R_m/MPa	R_{el}/MPa	E/GPa	A/%	Z/%	HBS
变形状态	20.0	9.0	45	11.5	12.5	36
铸态	11.5	2.5	45	8	8	30

2. 镁的合金化及热处理

纯镁的力学性能较低,不能用作于结构材料,所以镁需经过合金化及热处理后,其强度可达 300 ~ 350MPa,成为航空工业上重要的金属材料。通常在镁合金中主要加入 Al、Zn 和 Mn,

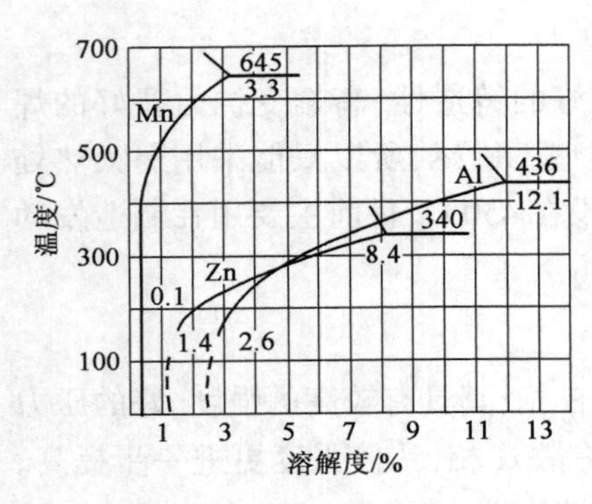

图 14.13　Zn、Al、Mn 在镁中的溶解度与温度关系

这些元素在镁中随着温度变化，其溶解度变化如图 14.13所示，接着通过固溶处理 + 时效强化镁合金。同时加入 Al 和 Zn 在镁中可起到强化作用其中，当含量达 10% ~11% 时形成 $Mg_{17}Al_{12}$，当含量达 4% ~5% 时，形成 MgZn，另外加入一些 Mn 在镁合金中，可改善耐热性和耐腐蚀性。

目前镁合金常用的热处理工艺包含人工时效（T1）、退火（T2）、淬火加人工时效（T6）、淬火不时效（T4）等，然而具体的工艺需要根据合金成分与性能而确定。

3. 镁合金分类

工业中镁合金主要集中在 Mg - Al - Zn、Mg - Zn - Zr、Mg - RE - Zr、Mg - Th - Zr 及 Mg - Ag - Zr 等合金中，根据生产工艺，上述的镁合金可分为变形镁合金和铸造镁合金。

4. 变形镁合金

变形镁合金是指可以锻压成型的镁合金，我国变形镁合金牌号均是以“MB”加数字表示，共存在 8 个牌号，具体的牌号、力学性能及应用见表 14.24。

表 14.24　变形镁合金的牌号、力学性能及应用

牌号	状态	化学成分/%					力学性能				应用
		Mn	Al	Zn	Ce	Zr	A %	$R_{0.2}$ MPa	R_m MPa	HBS	
MB15	棒材时效	0.1		5.0 ~6.0		0.3 ~0.9	6	275	329	736	主要用于室温下承受大载荷的零件，如飞机机翼等
MB8	板材退火	1.5 ~2.5			0.15 ~0.35		18	157	245	539	主要用于制造飞机蒙皮、壁板及内部零件
MB7	棒材时效	0.15 ~0.5	7.8 ~9.2	0.2 ~0.8			15	240	340	628	—
MB6	板材挤压	0.2 ~0.5	5.0 ~7.0	2.0 ~3.0			14	210	320	745	—
MB5	棒材挤压	0.15 ~0.5	5.0 ~7.0	2.0 ~3.0			12	235	294	490	—
MB3	板材退火	0.3 ~0.6	3.5 ~4.5	0.8 ~1.4			18	190	280	—	—
MB2	棒材挤压	0.2 ~0.6	3.0 ~4.0	0.4 ~0.6			10	177	275	441	主要用于形状复杂的锻件及模锻件
MB1	板材退火	1.3 ~2.5					8	118	206	441	主要用于焊接件及模锻件等零件

镁铝锌系存在五个牌号，也就是 MB7、MB6、MB5、MB3 以及 MB2，这些合金都有较高的强度、较好的塑性，其中的 MB3 及 MB2 存在较好的耐腐蚀和热塑性。其余三种合金具有较大的应力腐蚀倾向，较差的塑性，所以其应用上受到了一定限制。

镁锌锆系只存在 MB15 一种合金，而他的抗拉强度及屈服强度明显强于变形镁合金，此种合金可进行热处理强化，一般在热变形之后可进行人工时效，其中时效温度为 160 ~ 170℃，保温 10 ~ 24h。通常 MB15 合金常用于制造承载较大的零构件，使用的温度一般不超过 150℃，此外，由于较差的焊接性能，故此不用做焊接构件。

镁锌合金包含 MB1 和 MB8 两种牌号，此种合金拥有较优的耐腐蚀及焊接性能，便于冲压、挤压等塑性变形。目前主要是在退火状态下使用，常用于制造蒙皮壁板、模锻件等结构件。

具体的合金性能情况详见表 14.24。此外，近年的镁锂合金也有了较大的发展，相较于其他镁合金，其密度降低了 15% ~30%，而其他的弹性模量、比强度及比模量都较高，另外，镁锂合金还具有较好的工艺性，可以进行冷加工及焊接，并能热处理强化，可较好的运用于航天领域。

5. 铸造镁合金

铸造镁合金是指便于铸造成形的镁合金。目前我国铸造镁合金包含八个牌号，其表示方法为“ZM”加数字。具体的铸造镁合金牌号、力学性能及用途见表 14.25。

表 14.25 铸造镁合金牌号、力学性能及用途

牌号	材料产品及状态	力学性能			用途
		$\sigma_{0.2}$/MPa	σ_b/MPa	δ/%	
ZM3	T2	—	100	1.5	主要用在高温下工作及气密性较好的零件，比如飞机进气管等
ZM2	T2	—	190	2.5	主要用于在 200℃以下工作的发动机零件及要求较高的屈服强度零件
ZM1	T6	—	260	6	主要用于要求强度较高的抗冲击零件，比如飞机支架、隔框等
	T1	—	240	5	

目前铸造镁合金包含高强度镁合金及耐热铸造镁合金两类。而高强度铸造镁合金存在 ZM1、ZM2、ZM8 及 ZM7，属于镁铝锌及镁锌锆系；这类合金通常在淬火及淬火 + 时效后使用，拥有较高的强度及较好的塑性，然而其耐热性较差，服役温度不应超过 150℃。常用于制造各类型零件，比如飞机、发动机、卫星等构件。

耐热性铸造镁合金包含 ZM6、ZM4 及 ZM3，属于 Mg - RE - Zr 系合金，该类合金具有较好的铸造工艺性能、较小的热裂倾向及较好的致密性。此外，合金具有较好的常温强度及较低的塑性、较高的耐热性。

14.2.5 轴承合金

1. 轴承合金的性能特点

轴承合金是指用于制造滑动轴承轴瓦及轴套的合金。一般轴承合金工作时，其轴会发生旋转，轴瓦与轴产生强烈摩擦，需承受周期性载荷，要保证这种方式的进行，轴承合金应具有这些性能：较好的工艺性，足够的强度、硬度、塑性及韧性，与轴之间能形成较好的磨合作用，此外，应还具有较好的耐蚀性、导热性以及较小的膨胀系数。

一般高硬度的金属材料不用作轴承材料，避免轴径受到磨损破坏，当然也不易选用较软的金属材料，以防承载的能力过于低。所以轴承合金的组织一般分为两类：一类为软基体上分布着些硬质点；另一类为硬基体上分布着软质点。前者情况的轴承合金在服役时可降低轴与轴瓦之间的摩擦系数，降低轴与轴承之间的磨损，同时，也能使轴与轴瓦之间很好地结合，保证轴径不被擦伤。此外，后者情况的轴承合金也能达到上述同样的性能。

2. 轴承合金的分类

目前常用的轴承合金主要分为铝基、铜基、铅基及锡基等，其中锡基与铅基又称为巴士合金，它的编号方法为：ZCh + 基本元素符号 + 主加元素符号 + 主加元素含量 + 辅加元素含量，而"Z"与"Ch"分别表示"铸造"和"轴承"。比如：ZChSnSb11 - 6 表示含 11% Sb 和 6% Cu 的锡基铸造轴承合金。

3. 铝基轴承合金

铝基轴承合金属于一种减摩材料，具有价格低廉、比重小、导热好、疲劳强度高以及耐腐蚀性好等特点，然而不足之处在于膨胀系数大，运转时容易与轴径咬合。现目前铝基轴承合金主要还是分为两类：铝锑镁轴承合金和高锡铝基轴承合金。

铝锑镁轴承合金化学成分：$w_{Sn} = 3.5\% \sim 4.5\%$，$w_{Mg} = 0.3\% \sim 0.7\%$，剩余均为 Al。其中它的显微组织为 Al + β，Al 为软基体，而 β 相是铝锑化合物，属于硬质点，分布较均匀。当加入镁后便可提高合金的屈服强度。这种合金有高的抗疲劳性和耐磨性，但承载能力较小，适宜制造载荷不超过 $20MN/m^2$、滑动速度不大于 10m/s 的轴承，比如承受中等载荷内燃机上的轴承。

高锡铝基轴承合金化学成分：$w_{Sn} = 20\%$、$w_{Cu} = 1\%$，剩余为 Al。由于在固态时，锡在铝中的溶解度较小，而合金在经轧制及再结晶退火后，显微镜下可观测到铝基体上均匀分布着较软的锡质点组织，当在合金加入铜，则可溶于铝中强化基体。通常此类合金具有较高的疲劳强度，较好的耐热、耐磨及耐腐蚀性，适宜于制造载荷低于 $28MN/m^2$、滑动速度小于 3m/s 的轴承，目前已经在汽车、内燃机上得到了应用。

4. 铜基轴承合金

铜基轴承典型合金为 ZQPb30，其组织上存在硬的铜基体上分布着软的铅质点，因此存在较高的疲劳强度、高的导热及耐热性，可在 350℃ 下工作，此外铅铜基具有较优的减磨性，因此铜基轴承合金常用于高温、高速、重载荷下工作，如采油机、汽轮机。此外 ZQPb30 合金还常常用作钢管或钢板的一层内衬，将钢的强度及铜基轴承合金的耐磨性较好地结合起来。

5. 铅基轴承合金

铅基合金实际上为一种软基体上分布着硬质点的轴承合金。目前铅锑系的铅基轴承合金为其应用最广的合金，典型的牌号为 ZChPbSb16 - 16 - 2，其化学成分：$w_{Sb} = 16\%$、$w_{Cu} = 2\%$，剩余为 Pb。此种牌号的合金组织为：$(\alpha + \beta) + \beta + Cu_6Sn_5$，其中 α 作为锑在铅中的固溶体，而 β 作为铅在锑中的固溶体。

此类合金具有较优的铸造性能及耐磨性能，成本较低，可用于制造中等载荷、高速低载荷的轴承，如汽车、电动机及破碎机轴承等。

6. 锡基轴承合金

锡基轴承合金化学成分：$w_{cu}=1.5\%\sim10\%$、$w_{Sb}=3\%\sim16\%$、$w_{Sn}=80\%\sim90\%$。而其组织为软基体上分布着硬质点，例如ZChSnSb11－6，其显微组织见图14.14。白色方块的化合物SnSb为基的β固溶体，而暗色部分为锑溶于锡中的固溶体，一般β相对密度较小，容易上浮形成偏析，因此加入6%的铜，使其形成Cu_3Sn针状物，先溶于溶液中，阻止了β相的上浮，即起到消除偏析又起到硬质点作用。此外，相较于其他轴承合金，其膨胀系数较低、具有较好的减磨性及嵌藏性，还具有较好的韧性、导热及耐腐蚀性。目前常用于汽车、拖拉机等高速轴承。

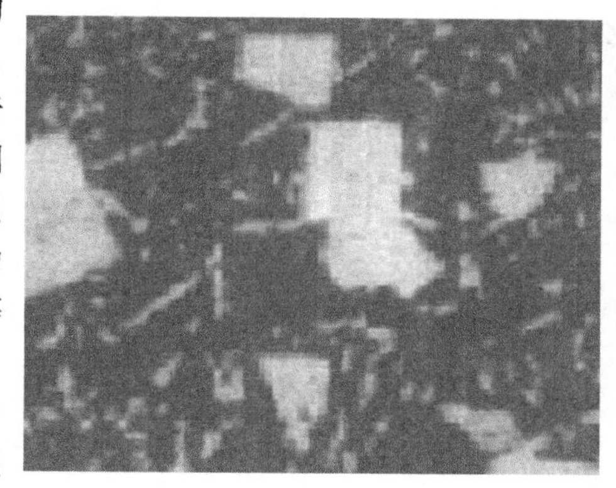

图14.14　ZChSnSb11－6轴承合金显微组织

目前提高锡基轴承合金的疲劳强度、承压能力及使用寿命的工艺称为挂衬，即生产上采用离心浇注法将其镶铸钢制轴瓦上，形成一层较薄且均匀的内衬。

思　考　题

1. 简述灰口铸铁的性能特点。
2. 什么是铸铁的石墨化？影响铸铁石墨化的因素有哪些？
3. 球墨铸铁是如何获得的？常用的球化剂有哪些？与钢相比，球墨铸铁在性能上有何特点？
4. 可锻铸铁是如何获得的？与灰铸铁及球墨铸铁相比，可锻铸铁有何特点？
5. 什么是耐热铸铁？如何提高铸铁的耐热性？耐热铸铁有何用途？
6. 说明下列牌号铸铁的类型、数字的含义、用途：

   HT250、QT600－3、KTH350－10、KTZ550－04、RuT260
7. 试为下列零件选择合适的铸铁：(1)机床床身；(2)汽车发电机曲轴；(3)弯头；(4)钢锭模；(5)机床导轨；(6)球磨机磨球；(7)加热炉底板；(8)化工阀门。
8. 解释下列名词：时效强化(处理)、自然时效、紫铜、黄铜、青铜、巴氏合金
9. 指出下列牌号(或代号)的具体金属或合金的名称，并说明字母和数字的含义：

   1A85、1070A、3A21、5A02、2A11、7A04、6A02、ZL102、ZL201、ZL301、ZL401
10. 形变铝合金可分为哪几类？主要性能特点是什么？
11. 什么是铸造铝硅合金的变质处理？试述经变质处理后其力学性能得到提高的原因。
12. 指出下列牌号(或代号)的具体金属或合金的名称，并说明字母和数字的含义：

    AZ80S、ZK61M、ZMgRE3ZnZr、ZMgAl10Zn
13. 镁合金中常用的添加元素有哪些？各有什么作用？
14. 指出下列牌号(或代号)的具体金属或合金的名称，并说明字母和数字的含义：

    TA1、TA8、TB1、TC1、ZTiAl5Sn2.5

15. 根据合金元素对钛相变温度的影响，说明合金元素的分类。

16. 钛合金淬火后可形成那些亚稳相？简述这些亚稳相时效后的分解形式及产物。

17. 指出下列牌号（或代号）的具体金属或合金的名称，并说明字母和数字的含义：

T1、TUP、H70、HAl60－1－1、QSn6.5－0.1、QBe2、BMn40－1.5、ZCuZn38Mn2Pb2、ZCuAl8Mn13Fe3Ni2

18. 二元黄铜中存在那些相？什么是黄铜的脱锌和季裂？如何防止或避免？

19. 试说明锡含量是怎样影响锡青铜性能的？

20. 滑动轴承合金应具备哪些性能？

第 15 章　新型金属材料

随着时代的进步，科技的发展，我国在各个方面都进入了高科技和新型功能材料的领域。比如在功能材料应用这方面，我国已经引进并且也研发出了许多种新型功能材料。有了这些新型功能材料，使得我们的工业生产和日常生活都得到了实惠，也为我们提供了诸多方便。目前新型材料的定义是指以新制备工艺制成的或正在发展中的材料，其相较于传统材料具有更加优异的特殊性能。

15.1　形状记忆合金

形状记忆合金是一种新型功能材料，是指具有一定初始形状的材料经过变形并固定成另一种形状后，在热、光、电等物理刺激或化学刺激作用后，又可恢复成原来初始状态的材料，也就是无生命材料却存在一定“记忆”功能，这种现象被称作为形状记忆效应，其中具有形状记忆效应的合金称为形状记忆合金。通常形状记忆合金的形状记忆效应并不同于普通金属的热胀冷缩，它主要是由马氏体相变而造成的，比一般的应变变化量大 2 ~ 3 个数量级，广泛用于工业行业。

15.1.1　形状记忆原理

通常形状记忆合金与普通金属变形恢复存在差异，如图 15.1 所示，当普通金属变形发生在弹性范畴内除去加载后可恢复原来形状，并无永久变形，然而当变形超过了弹性范畴后，然后在去掉加载，材料将发生永久变形，如图 15.1(a)所示。相反，形状记忆合金变形超过了弹性范围，就算去除加载也将发生残留的形变，然而这部剩余的形变在其后加热到某一温度时便会消失而回到原来的形状，如图 15.1(b)所示。此外，形状记忆合金又可为一种超弹性合金，同样当变形超过其弹性范围时，去除加载后，它会慢慢地恢复到原来形状，如图 15.1(c)所示，把这种现象称为起弹性或伪弹性。

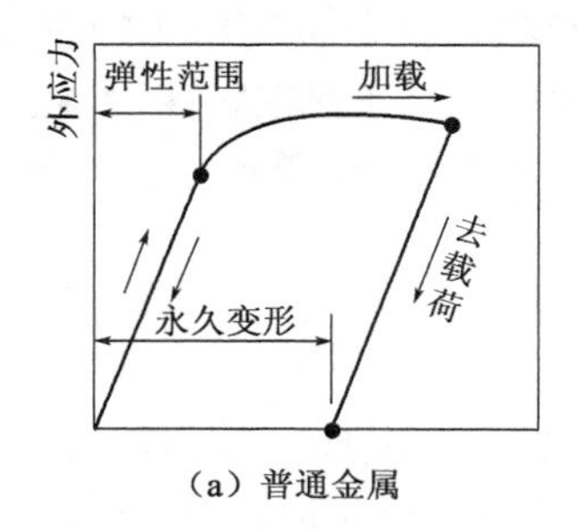

(a) 普通金属

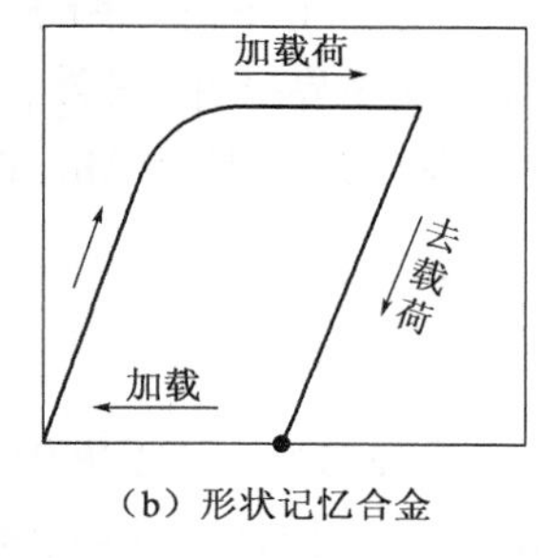

(b) 形状记忆合金

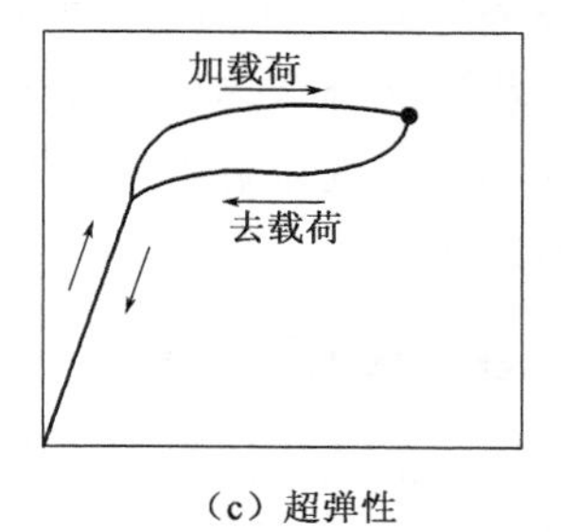

(c) 超弹性

图 15.1　形状记忆合金原理图

通常形状记忆合金的机理可用热弹性马氏体相变来解释，而马氏体相变一般具有可逆性，也就是以较快的速度加热马氏体，可不分解直接转变为高温相，高温相向马氏体转变开始和终

了温度分别用 M_s、M_f表示，相反从马氏体向高温相转变的开始和终了温度用 A_s、A_f表示。如果需要具有马氏体的逆转变，则 M_s与 A_f应相差较小，所以当冷却到 M_s点下时，马氏体随温度的下降而逐渐长大，相反，当温度回升时马氏体又反过来随温度的上升而减小，发生这种变化的马氏体称为热弹性马氏体。另外如果在 M_s以上某温度对合金加载一外力，则也可引起马氏体转变，这种形成的马氏体称为应力诱发马氏体。应力增加时马氏体长大，而应力降低而马氏体减少，应力消除后马氏体将消失，此种马氏体称为应力弹性马氏体，作为应力弹性马氏体，形成时会促使合金产生附加的应变，而当应力去除时，附加的应变也将消失，这种现象称作为超弹性或伪弹性。

一般高温相承受力时生成马氏体，随着形变的发生，也可先淬火获得马氏体，而后再使马氏体发生塑性变形，变形之后的合金受热温度高于 A_s时，马氏体将发生逆转变，恢复到原来的高温相，温度接着升至 A_f时，马氏体将会消失，合金又将恢复到原来的形态。因此，通常的形状记忆合金将具备这些条件：

(1)马氏体点阵的不变，切变为孪生，亚结构为孪晶或层错；

(2)高温相及马氏体均为有序的点阵结构；

(3)马氏体相变是热弹性的。

一般形状记忆效应属于热弹性马氏体相变产生的低温相在加热时向高温相转变的可逆结果，然而具有热弹性的马氏体不一定具有形状记忆效应。目前，形状记忆效应分为两类：在低温下任意变形，而将其加热至高温时，材料获取高温下的形状，然而将其冷却时，材料不能再恢复到低温时的形状，这种现象称为单程记忆效应；若材料在低温下仍能恢复到原来的形状，则就为双程记忆效应。

15.1.2 形状记忆合金的分类

形状记忆合金是因热弹性马氏体相变及其逆转变而拥有的形状记忆效应的合金材料。现目前形状记忆合金主要分为铜系、铁系以及镍钛系等合金。

1. 铜系形状记忆合金

铜系形状记忆合金主要是指铜锌铝及铜镍铝合金。相较于镍钛合金而言，其具有较易的加工性，较低的价格，较好的记忆性能，相交的点可在 -100 ~ 300℃范围内进行调节，故研究此种合金具有较大的实用价值。然而目前铜系形状记忆合金还存在不足的地方，缺乏镍钛系形状记忆合金的成熟，不具有较高的实用化。此外阻碍铜系形状记忆合金实用化的主要因素在于铜系形状记忆合金热稳定性差，易造成晶界破坏，另外，此种合金还存在脆性、晶粒粗大及循环失效等问题。现在解决这问题主要在于通过加入 Mn、Ti、B、V 及 Zr 等稀土微量元素，起到细化晶粒的作用。

2. 铁系形状记忆合金

对于铁系形状记忆合金研究起步较晚，现在主要集中在 Fe - Pt、Fe - Pd、Fe - Ni - Co - Ti 等系列合金，此外目前已有的不锈钢、高锰钢也具有不完全性质的形状记忆合金效应。

由于铁系形状记忆合金还属于初期研究阶段，具有较大的发展空间，目前虽然相较于镍钛系和铜系来说，起步晚，价格低廉，然而仍然有望很快得到商家的青睐，未来将得到更大的发展。

3. 镍钛系形状记忆合金

镍钛系形状记忆合金是目前最有实用化前景的，其室温抗拉强度高达1000MPa以上，密度较小，达$6.45\times10^3kg/m^3$，而在2.5×10^7的循环周次下其疲劳强度也达480MPa，另外，其还有较优的耐腐蚀性能。曾经美国在F－14战机的油路连接系统中采用过此种合金。

对于镍钛形状记忆合金，国际上的研究也在大规模的展开。日本研究出了一种采用添加微量的铁或铬至镍钛形状记忆合金中，使合金的转变温度降至－100℃及以下，并采用此种合金开发出适用于制造低温环境下的工作驱动器等，因此扩大了镍钛形状记忆合金的使用范畴。

15.1.3 形状记忆合金的应用

1. 医学应用

医学上广泛采用了形状记忆合金的形状记忆效应及超弹性，如制造血栓过滤器、棒、牙齿矫形弓丝、人工关节、人工心脏等。

2. 工程应用

对于形状记忆合金，其最早应用在管接头和紧固件上。比如通过形状记忆合金加工成的套管，当温度升至常温时，套管会收缩形成紧固的密封，通过这种紧密连接起来可以防止渗漏、降低装配时间、较优于焊接方式，所以目前多用在航天、航空、核工业及海底输油管道等危险的场合。

3. 智能应用

形状记忆合金也是一种集感知和驱动双重功能为一体的新型材料，广泛应用于各种自动调节、控制装置，故称为智能材料。现在研究员们正在设计采用形状记忆合金研究制造像半导体集成电路那样的集记忆材料、驱动源、控制为一体的机械集成元件。此外，形状记忆薄膜和细丝可成为未来的超微型机械手和机器人的理想材料，原因在于它可除温度外不受其他环境条件的影响，所以广泛用在核反应堆、加速器以及太空实验室等领域。

15.2 非晶态合金

一般情况下，金属及合金从液态凝固成固体时，原子排列总是从无序状态转变成有序，形成晶体材料。然而，如果出现以极高速度使熔融状态合金冷却情况，则原子就会出现来不及整齐排列而被冻结住，一直保持这种无序状态到固体，结果呈现玻璃态，这就是非晶态合金，此种金属与晶态金属相比，成分相同，结构不同，因此二者在性能上存在显著的差异，此外非晶态合金又称为金属玻璃。这种材料在力学、电学、磁学方面都有较优的特性。

15.2.1 非晶态合金的特点

对于非晶态合金结构特点的研究最主要是采用散射来研究其排列状况，也就是通过晶体学方法。通过X射线、电子衍射或者中子衍射等方法进行散射试验，可测得其散射强度的空间分布，计算出径向分布函数等，通过这些参数我们可以获得非晶态合金材料的结构特点。

目前在理论上把非晶态材料中的原子排列情况模型化，其模型可分为连续模型和不连续模型,具体见表 15.1。

表 15.1　非晶态合金理论模型分类

模型种类	模型特点
拓扑无序模型	该模型的原子排列混乱、随机,强调了结构的无序性,把短程有序看作为无序堆积时附带产生的结果
微晶模型	该模型是由“晶粒”非常细小的微晶粒组成,这些“晶粒”尺寸有几十纳米到几百纳米;微晶内的短程有序结构和晶体结构相同,但各个微晶的取向杂乱分布,形成长程无序的结构

15.2.2　非晶态合金的性能

1. 优异的铁磁性

非晶态磁性材料包含较高的磁导率、较高的磁感、较低的铁损以及较低的矫顽力等优异的性能。由于其优异的特性,可代替硅钢、铁镍合金及铁氧体作为变压器铁芯、互感器及传感器等,能够提高变压器的效率、减小体积及质量,也能降低能耗。

2. 优异的耐腐蚀性

非晶态合金具有较好的耐腐蚀性能,主要原因在于其能迅速形成致密、均匀、稳定的高纯度钝化膜,广泛用于腐蚀环境。此外,相较于不锈钢而言,非晶态合金在中性盐溶液以及酸性溶液中的耐腐蚀性要强得多,这主要在于其不存在第二相、组织均匀、不存在晶界位错等缺陷,同上述一样其能形成钝化膜阻止其进一步腐蚀。

3. 较高的强韧性

非晶态合金具有较高的强度和硬度,如 $Fe_{80}B_{20}$ 的抗拉强度高达 3520MPa,$Fe_{30}P_{13}C_7$ 的抗拉强度达 3040MPa,但是一般的超高强度的晶态钢的抗拉强度只有 1800~2000MPa,对比来看非晶态的合金强度远大于晶态合金钢的。此外,非晶态合金钢伸长率虽低但是并不脆,相反还具有很高的韧性,比如许多淬火态的金属玻璃薄带不仅可以反复弯曲,而弯曲到达了 180°也不会出现断裂。

简而言之,非金属合金作为新型材料,其还有许多较优异的性能,比如超导性、较低的居里温度等优异特性,在未来具有广阔的发展前景。

15.3　贮 氢 合 金

氢属于一种无污染、发热值高的二次可替代能源的转化物,目前受到研究者的青睐。通常氢气燃烧后可以放出大量的热能,比如单位质量的氢的热能可达汽油热能的 3 倍,同时,其燃烧后的产物是水,并不污染环境和破坏生态,所以氢是清洁的新能源。所以开发出贮氢合金,就必不可少。根据氢的特点,贮氢合金应是一种能在晶体间隙中大量贮存氢原子的合金材料,能够以一定形式来吸收氢,加热后又能将氢释放出来,这种方法目前是最有效、最安全的方法,现在主要是以金属氢化物形式贮存氢。

15.3.1　概述

通常,我们将金属氢化物按其氢键性质分为金属键、离子键、共价键三类。但是这也并不是绝对意义上的分类，例如，稀土类氢化物虽属于金属键，但是有时却出现了离子键型特征，再如 LiH 被分为离子键类型，然而它实际上显示的是共价键的特征。表 15.2 为各键的特征。

表 15.2　各键的分类及特征

种类	特征
金属型氢化物	此类金属氢化物主要由过渡族金属与氢化物构成，常常显示出金属特性
离子型氢化物	此类氢化物主要由具有较强的正电性的碱金属或碱土金属与金属构成，由于离子键具有较强的静电力的作用，故此，离子型氢化物具有高极性
共价型氢化物	此类氢化物中元素与氢原子之间电荷的极性分配比较平均，没有较大的电荷差别，分子间的结合力也并不强，然而此类氢化物不稳定，随着母相元素的增加其稳定性也在增加，并且大部分都具有剧毒，易燃放热

现在作为贮氢合金的氢化物主要存在两种类型：一是盐型氢化物，例如 LiH、NaH 及 CaH_2 等；二是金属型氢化物。通过实验证实，在金属的表面氢分子一般分解为氢原子然后通过氢化物膜进入金属内部，经过相变形成氢化物，则氢原子便填充在金属晶格的四面体或八面体的间隙位置上。随着氢气的压力增大，则氢原子不断地进入间隙而使含氢量达到饱和，合金全体便成为了氢化物。随着氢原子的进入，排列也就密集，所以纯金属及金属间化合物都可获得氢化物。

根据贮氢的原理，将贮氢方法分为物理法和化学法两类，将金属及氢作用分为两类步骤，第一步吸附，第二步固渗或化学反应。其中，吸附也分为物理吸附和化学吸附，前者可逆，拥有较低的吸附热，吸附量少；后者不可逆，吸附热较高，吸附量大。另外，物理法贮氢包含物理吸附和液化氢气；化学法贮氢包含两步：一步为物理吸附或化学吸附，另一步为贮氢合金与氢气生成氢化物，最后在一定条件下再释放出氢气，以此达到贮氢的目的。

15.3.2　贮氢合金的分类

能与氢作用发生反应生成氢化物的金属不一定能作为贮氢合金，所以根据具体的贮氢合金作为能源领域使用的材料应具备如下条件：(1)吸氢、稀释氢速度快；(2)容易活化；(3)传热性能好；(4)贮存与运输时，性能可靠、安全、无害；(5)化学稳定性好；(6)原料来源广、成本低廉；(7)平衡氢分解压适当；(8)金属氢化物的生成热要适当；(9)氢的吸贮量要大。

贮氢合金可以按其化学式形式分类，如 AB_5 型、AB_2 型、AB_3 型、AB 型、A_2B 型，也可以按照合金主要成分的不同而分类。目前，贮氢合金研究比较深入的主要有以下 5 种。

1. 镁系

镁系贮氢合金作为发展最有前景的金属氢化物贮氢材料，近年来成为贮氢合金领域研究的热点。据统计，国内外研究相关镁系贮氢合金多达 1000 多种，几乎包括了元素周期表中所有稳定金属元素和一些放射性元素与镁组成的贮氢材料。目前，研究的镁系合金从成分上看，主要有镁基贮氢合金、镁基复合贮氢材料。镁基贮氢材料典型的代表是 Mg_2Ni，该系列合金电化学贮氢目前研究得比较多，主要问题在于合金电极的电化学循环稳定性差。国内外学者主要从合金电极的制备工艺、元素合金化和替代、热处理、表面处理、与其他材料复合等方法来解决电化学循环稳定性，已经取得了一定的进展。

镁基复合贮氢材料是近年来镁系贮氢合金一个新的发展方向，复合贮氢材料可发挥各自材料的优点并相互作用，优化合金的电极性能。镁系贮氢合金复合的材料主要有碳质贮氢材料（石墨、碳纳米管、碳纳米纤维等）、金属元素（如 Ni、Pd 等）、化合物（CoB、FeB 等）。纳米晶和非晶 Mg_2Ni 基合金，电极循环衰退较快，与石墨复合后，合金表面的石墨层可有效减少电极衰退率，并能有效提高 Mg_2Ni 型材料的放电容量。通过球磨制取 $MgNi_2CoB$ 和 $MgNi_2FeB$ 复合材料，两种混合物均含有非晶结构，$MgNi_2CoB$ 粒子分布比较均匀，而 Fe 分布在 MgNi 表面，经 50 次电化学充放电循环后，$MgNi_2CoB$ 和 $MgNi_2FeB$ 的放电容量分别比 MgNi 高 29.65% 和 60.99%，CoB 和 FeB 改善了 MgNi 合金的腐蚀行为，同时对合金电极的电化学催化活性也有一定的改善。

2. 稀土系

1969 年荷兰飞利浦公司发现典型的稀土贮氢合金 $LaNi_5$，该合金具有吸氢快、易活化、平衡压力适中等优点，从而引发了人们对稀土系贮氢材料的研究热潮。通过元素合金化、化学处理、非化学计量比、不同的制备及热处理工艺等方法，$LaNi_5$ 型稀土贮氢合金已经作为商用的 Ni_2MH 电池的负极材料，2008 年北京奥运会上混合动力汽车用的就是该系列合金粉，目前该系列贮氢合金正向大容量、高寿命、耐低温、大电流等方向发展。

目前，稀土—镁—镍基贮氢合金已成为国内外稀土系贮氢材料研究的热点，它是在稀土系贮氢合金的基础上加入 Mg 元素的合金体系。该体系合金的贮氢量、电化学放电容量、电化学动力学性能比商用 AB_5 型合金都要高，但是电化学循环稳定性还不够理想。国内外学者对该体系电化学容量衰减机理和如何提高电化学稳定性两方面作了大量的研究工作。对于提高电化学稳定性，主要方法有改善合金制备工艺、退火热处理、磁化处理、制成单型相结构、制成复合相结构合金、重要元素（如 Mg）的成分确定、表面处理、元素合金化等。对于电化学容量衰减机理，一般认为是合金电极在循环过程中粉化和腐蚀造成的。

3. 钛系

TiFe 合金是钛系贮氢合金的代表，理论贮氢密度为 1.86%，室温下平衡氢压为0.3MPa，具有 CsCl 型结构。该合金放氢温度低、价格适中，但是不易活化，易受杂质气体的影响，滞后现象严重。目前该体系合金研究的重点主要是通过元素合金化、表面处理等手段来提高其贮氢性能。

4. 锆系

锆系以 $ZrMn_2$ 为代表。该合金具有吸放氢量大，在碱性电解中可形成致密氧化膜，从而有效阻止电极的进一步氧化，但存在初期活化困难，放电平台不明显等缺点。目前，该系列合金研究的重点主要也是元素合金化，如用 Zr 来替代 Ti，用 Fe、Co、Ni 等代替 Mn。

5. 钒基固溶体贮氢合金

钒与氢反应可生成 VH 及 VH_2 两种类型氢化物，VH_2 的理论贮氢密度为 3.8%，VH 由于平衡压太低(9 ~ 10MPa)，室温时 VH 放氢不能实现，而 VH_2 要向 VH 转化，因此实际室温贮氢密度只有 1.9%，但钒系固溶体的贮氢密度仍高于现有稀土系和钛系贮氢合金。钒系固溶体合金具有贮氢密度较大、平衡压适中等优点，但其氢化物的分解压受合金化元素的影响很大，且合金熔点高、价格昂贵、制备相对比较困难、对环境不太友好，所以不适合大规模应用。

15.3.3 贮氢合金应用

目前贮氢合金主要用于 Ni – H 电池的负极材料。而其他方面的应用也较广泛。

1. 氢气静压机

通过对温度的改变,可调控 pH_2 分解压,实现热能、机械能的转换,用作氢化物压缩机,如 $LaNi_5$,在 160℃和 15℃循环使用,氢压从 0.4MPa 增至 4.5MPa。

2. 分离器收氢

通过对贮氢合金回收分离工业废气中的 H_2,比如采用 $MINi_5 + MI_{4.5}M_{0.5}$二级分离床分离 He,H_2,氢回收率可达 99%;分离合成氨生产中的 H_2。

3. 氢化物电极

$LaNi_5$、TiNi 等存在阴极贮氢能力,能促进氢的阴极氧化,可作为阴极电极材料。具有比能量高,无污染,耐过充过放电,无记忆效应等优点。

4. 贮氢容器

氢贮存于合金中,原子密度缩小至原来的千分之一,制成容器与钢瓶相比,相同贮氢量时重量比1:1.4。无须高压及液氢贮存的极低温设备和绝热措施。

5. 氢能汽车

目前能用于汽车的储氢器件的重量比汽油箱大,但氢的热效率高于汽油,约为 1:3,并且燃烧后无污染。

6. 制取高纯氢气

通过对贮氢合金对氢的选择性吸收,可以制备出高纯度的氢,用于电子、光纤工业生产。

15.4 纳米金属材料

纳米材料的出现对人类具有深远的影响,现在在较多的领域内均存在与纳米材料相关的信息。纳米材料的定义是指其尺寸在 1 ~ 100nm 范围内的纳米粒子、纳米粒子凝聚成的纤维、薄膜、块体以及其他纳米粒子组成的材料。现在经过十几年的研究和发展,对纳米材料的制备方法、结构表征、物理和化学性能、实际的运用等方面已取得了较大的发展,对纳米的研究及其发展也日趋成熟。

15.4.1 纳米金属材料性能

通常当材料尺寸进入到纳米数量级时,其主要表现出以下几个方面的效应,根据这些效应而衍生出许多更加优异的性能。

1. 量子尺寸效应

当材料的尺寸达到纳米级时,费米能级附近的电子能级将由连续态分裂成分立能级。如果存在能级间的间距大于热能、静电能、静磁能、磁能、超导态的凝聚能,则将会出现纳米材料的量子效应,也就会改变其磁、光、声、热等性能的变化,比如,金属纳米材料的粒子其吸收光线的能力极大地增强，如果在 1kg 水中放入千分之一这样的粒子，那么水将变成不透明。

2. 宏观量子隧道效应

隧道效应是指微观的粒子贯穿势垒的能力。最初人们发现电子具有粒子性和波动性，存在隧道效应，后来进一步研究发现微粒也会出现这种特性。一般的纳米粒子磁化的强度也存在隧道效应，这些都是穿过宏观系统的势垒而产生变化，把这些现象一并称作为纳米粒子宏观隧道效应。目前经过不断的发展，人们相信宏观量子隧道效应将会是未来微电子、光电子器件的基础、确立了现存微电子器件进一步微型化的极限，如果当微电子器件进一步微型化时，就需考虑量子隧道效应。

3. 小尺寸效应

通常纳米颗粒的尺寸以光波波长、传导电子的德布罗意波长、投射深度等物理特征尺寸相近或差距不大时，其周期性边界将会被破坏，促使它的声、电、光、磁等性能出现其他奇妙的现象。

1）*磁性性质*

超微颗粒在 10～25nm 的铁磁性金属颗粒矫顽力比相同的宏观材料高达 1000 倍，而如果当颗粒小于 10nm 时，其矫顽力将变为 0，表现出了超强的顺磁性。

2）*光学性能*

大多数的金属在超微颗粒状态都表现为黑色，随着尺寸的减少，颜色将越来越黑，根据这一特性，金属超微颗粒可作为高效率的光热、光电等转化材料，将太阳能转化为热能、电能。

3）*力学性质*

通常纳米晶粒的金属要比传统的粗晶粒金属硬 3～5 倍。

4）*热学性质*

超微颗粒材料的熔点一般较低，特别当其颗粒小于 10nm 时特别明显。所以根据这一特性可将其用在粉末冶金中，降低烧结温度。

此外，根据小尺寸效应，超微颗粒还存在其他效应，比如铜颗粒处在纳米尺寸范围时，它就不再会有导电性能。故此，运用这些性能，我们可以运用红外敏感元件、红外隐身技术等。

4. 表面与界面效应

当纳米晶体颗粒表面的原子数与总原子数相比，出现随着颗粒直径的变小而急剧增加所造成的性质变化，这种现象称作为表面与界面效应。通常球形颗粒的比表面积与直径是成反比，随颗粒的直径减小，它的比表面积将会显著增大，当颗粒尺寸小于 100nm 时，它的比表面积剧增，而且超微颗粒表面具有很高的活性，在空气中金属颗粒会迅速氧化燃烧，根据这一特性金属超微颗粒可作为新一代的高效催化剂和贮气材料以及低熔点材料。还有比如粒子直径当为 10nm 与 5nm 时，比表面积达 $90m^2/g$ 和 $180m^2/g$。这种较高的比表面积会产生较奇特的现象，再如金属纳米粒子在空气中会出现燃烧的现象等。

5. 久保效应

久保效应是日本科学家久保发现并提出的，其认为当尺寸较小时，粒子费米能级附近的电子能级将由准连续变成离散能级，其关系为：$S = Er/3N$，其中 S 为能级间距；Er 为费米能级；N 为总电子数，而当纳米微粒小于 10nm 时，其强烈的趋于电中性，故此称为久保效应。

6. 催化和贮氢性能

纳米晶体材料能提供大量的催化活性的位置，很合适作为催化材料，目前已经存在较多的纳米金属颗粒弥散在惰性物质上的催化剂。另外纳米金属也具有很好的贮氢的效果，比如 FeTi、Mg_2Ni 属于典型的贮氢材料，20～30nm 纳米金属材料贮氢明显要优于多晶材料。

15.4.2 纳米金属材料的制备

目前对于纳米金属材料的制备多种多样，总的来说可以分为如下几类。

1. 纳米金属粒子的制备

1）机械粉碎法

机械粉碎法是指将大块物料放进微粉粉碎机或高能球磨机或气流磨机中，通过介质和物料之间的相互研磨使物料细化，通过控制适当的研磨条件来制备纳米级晶粒的纯元素、合金或复合材料。目前对于此种制备纳米晶粉末的机理还不清楚。一般认为在中低应变速率下，其塑性变形将由滑移及孪生产生；然而在高应变速率下，将会产生剪切带，形成高密度位错网。

机械粉碎法的优点在于工业化较易进行，且工艺简单，制备出的效率高，能够粉碎较高熔点的金属或合金，不足之处在于晶粒尺寸不均匀，易引进杂质，污染颗粒的表面和界面。

2）固相法

固相法是指一种比较传统的粉末制备工艺，常用于粗颗粒的细化。此方法成本较低，生产量较高，制备的工艺简单，可与高能球磨、气流粉碎、分级联合等较新的方法结合起来，而在一些粉体纯度及粒度要求不太高的场合也是合适的，不足在于其方法效率低，能耗大，设备造价昂贵，粉末并不细小，存在杂质等，目前在高端领域很少用这些方法。

3）电爆法

电爆法是指采用高压放电，将金属丝气化，金属蒸气在惰性气体的碰撞下，形成纳米金属离子，此种方法主要用于工业上连续生产的纳米金属粉末。

此方法最初是美国的 Argonide 公司开发的，在 1990 年左右应用此种方法生产纳米铝粉。具体的操作步骤是在惰性气体中，脉冲较大的电流作用在金属丝上，产生 10000～20000℃ 高温，与此同时，形成金属等离子体，在等离子体的弧柱中，金属的蒸气压较高，能够克服电磁场的束缚，进而产生爆炸，使其周围形成含有粒径为纳米级别的金属微粒蒸发区，最后凝固后形成纳米粒子。

4）液相法

当前实验室及工业上广泛采用并合成高纯度的纳米粉体的方法便是液相法，这种方法的操作在于：选一种或几种合适的可溶性的金属盐类，按照制备的材料成分计量的配制成溶液，促使各个元素呈现离子或者分子的状态，接着再加入一种合适的沉淀剂采用蒸发或者升华，再或者水解等方式进行，将金属离子均匀的沉淀或者结晶出来，最后将沉淀或结晶物脱水或者加热分解，最终获得纳米粉。

液相法制得的纳米金属粉体呈现均匀、高存度的姿态，然而缺点在于溶液中形成的粒子在干燥过程中，容易发生团聚，最终导致分散性差，粒子的粒度变大。总体来说，液相法制备出的纳米微粒设备较简单，制备出的颗粒大小可通过控制工艺来调整，例如溶液浓度、反应压力等。

5）金属喷雾燃烧法

喷雾燃烧法是一种将金属溶体直接雾化燃烧以致获得纳米级金属氧化物的新方法。由于金属氧化物的燃烧反应是氧原子与各个金属原子间的化合反应，因此合金溶体经雾化后、燃烧后即可获得复合的金属氧化物粉末，这种工艺在国外已经广泛用于了生产。

喷雾燃烧法显著特点在于反应速度快、生产效率高，而且整个工艺过程除氧外，没有其他的酸、碱、盐及水等物质参与反应，对环境并不构成任何的污染，特别具有吸引力的是能够制备出均匀的混合多相氧化物的纳米粉体。然而此工艺的不足之处在于要求金属溶体过热度较高，所以目前仅仅能制备的是低熔点金属的氧化物粉体。

6）气相法

气相法始于20世纪60年代的初期，其具体的制备方法在于直接利用气体或通过各种手段将原料变成气相，使其在气体状态下发生物理变化或化学反应，最后通过冷却将其凝聚长大成纳米微粒的方法。目前该方法可制备出的纳米粉纯度较高，颗粒的分散性也较好，粒径分布较窄。

2. 块体纳米金属的制备

1）深度塑性变形法

深度塑性变形法是制备纳米金属块体材料最快捷的方法之一，属于20世纪三四十年代用于制备具有超塑性变形能力细晶粒材料而发展起来的一种材料成形技术。它是在相当高的压力下给金属材料以很大的剪切应变，同时产生大量的位错，形成新的内部界面或晶粒边界，使晶粒细化，所以得到微细晶粒组织导致了更高的强度并且附于韧性。该法克服了纳米粉末压实过程中难以避免的孔洞、污染等问题，适于制备不同形状尺寸的金属、合金和金属间化合物。深度塑性变形法制备出的纳米金属结构材料具有很好的低周疲劳性、低的弹性模量和超塑性等优异性能。

2）粉末冶金法

粉末冶金法是采用纳米结构粉末经烧结或压制成形工艺制得纳米块体材料，适用于金属、合金、陶瓷、复合材料等，是最具有工业应用前景的方法。粉末冶金法可通过调整粉末制备工艺改变材料成分、结构和优化粉末成形技术来抑制纳米晶粒长大、稳定晶粒尺寸。

纳米结构粉末的制备调整材料成分和结构、控制晶粒长大是制备块体纳米材料的重要措施之一。比如在铁粉中添加少量活性元素（如 Al），则易使球磨过程中粉末表面形成氧化物和氮化物，有助于抑制压实过程中晶粒的长大。

目前粉末成型工艺大致有球磨粉末、冷动压、爆炸成型、中温热等静压、快速热等静压、中温静压、中温剪切成型、热压和热挤压等。

3）高温高压固相浮火法

高温高压固相浮火法是将真空电弧炉熔炼的样品置入高压腔体内，加压至数吉帕后升温，通过高压抑制原子的长程扩散及晶体的生长速率来实现晶粒的纳米化，然后再从高温下固相淬火以保留高温、高压组织。该法具有制备工艺简便、所获晶体界面清洁的特点，且能直接用于制备大块致密的纳米晶。局限性在于制备过程中需要很高的压力,难以获得大块尺寸。

3. 纳米金属薄膜的制备

纳米金属薄膜的制备方法主要有以下 3 种:(1)溶胶凝胶法——先用金属和无机盐化合物制备溶胶,然后将衬底浸入溶胶,再以一定速度进行提拉,溶胶便附着在衬底上;经加热后,得到纳米级金属薄膜。(2)气相沉积法——采用蒸发、溅射等方法得到纳米粒子,用一定压力的惰性气体作载流体,通过喷嘴在基板上形成膜。(3)真空溅镀法——通过氢离子束将金属表面的原子激发出来并沉积成层状,可制出几百层、几千层的纳米金属薄膜材料。

15.4.3 纳米金属材料的应用

目前纳米金属材料蓬勃发展,主要应用在以下几个方面。

1. 光学性能

基于表面等离子体共振的光学性能,纳米金属粒子广泛应用于光学成像、传输、检测等方面,比如 UV 光谱表征就为基于纳米金属材料光学性能的最常见的应用之一;基于纳米银材料的表面增强拉曼散射光谱测试技术,其机理主要是检测光强度在纳米金属表面受激发作用的影响,因而可应用在表面科学、单分子层分析、痕量分析、传感等领域。

2. 催化性能

纳米金属颗粒具有比表面积大、表面反应活性高、表面活性中心多、催化效率高和吸附能力强的优异特质,在化工催化方面有着重要的应用,如纳米金属粉材(铀黑、Ag、Al_2O_3 和 Fe_2O_3 等)用作高分子聚合物氧化、还原及合成反应的催化剂,可大大提高反应效率;使用纳米 Ni 粉作为反应催化剂的火箭固体燃料,燃烧效率可提高 100 倍。

3. 高硬度、耐磨性和韧性

许多纳米纯金属的室温硬度是相应粗晶的 38 倍。随着晶粒的减小,硬度增加的现象几乎是各种制备纳米金属材料方法的一致表现,比如纳米结构的 WC－C 在硬度、耐磨性和韧性等方面明显优于普通的粗晶材料,已经用作保护涂层和切削工具。

4. 磁化性能

纳米金属材料的饱和磁化曲线形状不同于微米晶体材料。随着晶粒的减小,矫顽力显著增加,例如纳米晶 Fe 的饱和磁化强度比普通 $\alpha-Fe$ 块材约低 40%,软磁性能良好,损耗铁芯低,实用前景十分诱人。

5. 电学性能

当纳米材料的尺寸小于电子平均自由程时发生电子的表面漫散射,使纳米金属材料的导电率随尺寸的减小而下降,但纳米金属材料即使存在晶格缺陷也具有一定的导电性。

6. 热学性能

当纳米金属材料尺寸小到可与电子的德布罗意波长、超导相干波长及激子波尔半径相比拟时,纳米金属粒子的熔点、初始烧结温度和晶化温度均会比常规粉体低很多,这就是纳米金属粒子的热学特性。

15.5 金属间化合物

金属间化合物是指金属与金属或金属与类金属之间所形成的化合物。金属间化合物材料的出现是金属材料领域中带根本性、突破性的发展和变化，它是发展金属材料的又一重要方向。与传统的金属材料相比有许多特点，金属间化合物材料的强度、硬度、抗蚀和高温性能等颇佳，可补充传统金属材料的不足，可用作高温及剧烈腐蚀环境下工作的结构材料。在电、磁、光、信息、储能、半导体、超导、太阳能诸领域扮演着各种出色的功能材料。

目前金属间化合物功能材料已较多地应用于能源、信息、原子能、仪表、传感器、电机和生物工程等各个领域。而在高温结构方面的应用还较少，潜力很大。金属间化合物的应用极大地促进了当代新技术的发展，可提高效率，降低能耗，促进结构与元件的小型化、轻量化、集成化和智能化。

15.5.1 金属间化合物性能

金属间化合物之间有着许多优异的性能特点，具体表现如下。

1. 抗蚀性能

若要进一步提高镍、钴基合金性能，其中铬、钼、钛、铝等元素含量已不可能再增加。例如铬、铝含量尚嫌不够，而金属间化合物将能起到重要作用。将大量含铬、铝、硅、钛等的金属间化合物涂在抗蠕变性能优异的材料表面，如 NiAl 化合物，其抗氧化性特好。

2. 磁性

20 世纪 60 年代末出现了第一代稀土金属间化合物永磁材料；70 年代末有了第二代稀土金属间化合物永磁制造出 FeSiAl 软薄带，并制出各向异性的 MnAlC 化合物永磁材料；80 年代初又出现第三代稀土金属间化合物，已形成稀土金属间化合物永磁合金产业；90 年代末出现第一代稀土氮化物永磁材料，由于有特殊的磁性，因此在功能材料中受到格外重视。

3. 力学性能

通常认为金属间化合物又硬又脆，但在面心立方基、体心立方基或密排六方基等结构比较简单的金属间化合物中，很多也是可以变形的。而在一定温度内，随温度升高，强度反而增加的金属间化合物也存在。镍基高温合金中必不可少的 Ni_3Al 强化相就是这种金属间化合物的一个突出实例。又如 $MoSi_2$，在 1400℃左右时还能保持其强度，利用该特性，可开发出超高温用结构材料。如使坚硬的金属间化合物与普通金属或合金同时并存，它可起到防止金属或合金的变形作用。故利用这一性能，可强化金属或合金，提高其耐磨性，制成超硬合金和高强度复合材料。

4. 超导性

通常 Ni_3Sn 之类的化合物冷却到极低温度后电阻便降为零，呈现出超导状态。可利用超导体在没有电能损耗的情况下，通过大电流，从而有希望用于发电、电能储备、送电，并可在没有电能损耗情况下产生磁场，从而可在磁悬浮列车和核聚变发电等方面加以应用。

15.5.2 金属间化合物分类

通过按金属间化合物晶体结构进行分类，其结果如图 15.2 所示。粗略分为两类，即几何密排相和拓扑密排相。几何密排相是由密排面按不同方式堆垛而成的，根据密排面上 A 原子和 B 原子的有序排列方式和密排面的堆垛方式，几何密排相又分为多种类型，常见的有以面心立方结构为基的长程有序结构、以体心立方结构为基的长程有序结构、以密排六方结构为基的长程有序结构和长周期超点阵。几何密排相有较高的对称性，位错运动滑移面较多，是有利于得到塑性的晶体结构。我们知道，等径原子最紧密堆垛的配位数只能是 12，致密度为 0.74。在这种紧密堆垛结构中存在四面体间隙和八面体间隙。间隙最小为四面体间隙，因此这种堆垛还不是最紧密的。拓扑密排相是通过两种（或以上）大小不同的原子堆垛排列，形成一种配位数高于 12，致密度大于 0.74 的密排结构。拓扑密排相是由不规则的四面体填充空间的密堆结构，特点是晶体中的间隙完全由不规则的四面体间隙组成，没有八面体间隙，原子间距极短，相邻原子间的电子交互作用强烈，对称性较低，滑移系较少，不易获得好的塑性。

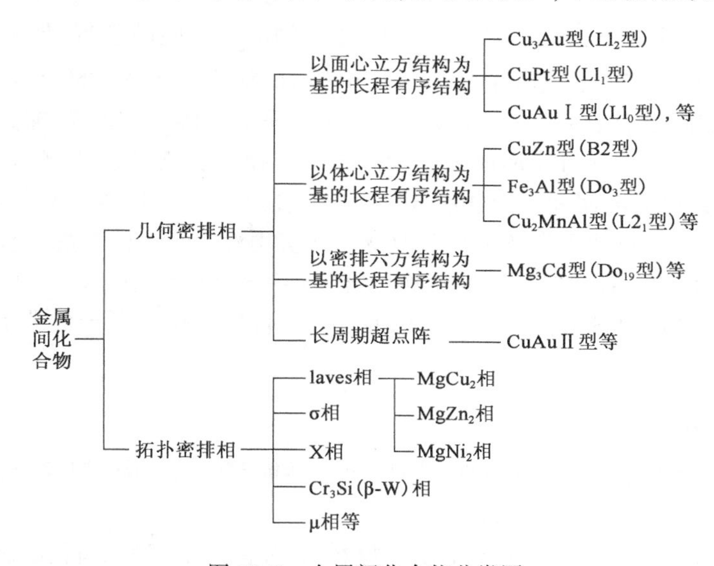

图 15.2 金属间化合物分类图

15.5.3 金属间化合物的应用

金属间化合以其自身的优异特性而广泛应用，具体的应用如下。

1. 金属间化合物高温结构材料

金属间化合物中有一类长程有序结构的化合物，例如 Ni_3Al、NiAl、Fe_3Al、FeAl、（Fe、Co、V、Ti）Al 等在一定范围内具有优良的高温性能。屈服强度随温度的升高而增加，且有抗高温氧化性能好、弹性模量高、刚度大、密度低等良好的综合性能，是一种很有前途的高温材料，其耐热性能介于高温合金与陶瓷材料之间。再如在脆性多晶 Ni_3Al 中，加入 0.02% ~0.05% B 可使材料韧化，室温延伸率由 0 提高至 40% ~50% 。用粉冶法结合合金化，并通过加入 Nb 可使 Ti_3Al、TiAl 等的强度和塑性得到改善；加入 Nb 可使 Ti_3Al 合金的延伸率提高至 3% ~5% ，达到使用要求。

2. 金属间化合物涂层

虽然形成氧化膜及其成长迟缓的材料都具有出色的耐蚀性能，例如 Cr、Al、Ti 等纯金属，但这些金属不能满足在高温下的强度和抗蠕变等力学性能。因此必须分别考虑高温强度和高温抗氧化。高温强度由基体材料承担，抗氧化由涂层材料承担，这就是高温材料需要涂层的根本原因，因此根据金属间化合物的特性可很好的应用在此领域。

3. 牙科材料

牙科医生治疗用的填充汞齐，实际是金属间化合物，主要是 Ag_3Sn 化合物。这种化合物碎片混合汞成膏状物充填到缺损处，可成坚固的金属间化合物复合体硬化，由于反应温度低、价廉，被广泛应用。但因耐蚀性差，易破损，才被改进为高铜汞齐材料，即在 Cu – Sn 二元合金中添加适量铜，渗合汞制成高铜汞齐膏状物。

4. 贮氢金属间化合物

在适当的温度和压力下，使 H_2 渗入金属间化合物的晶格间隙位置，伴随放热之后，氢以金属氢化物状态贮藏在基中。这种金属氢化物中的 H_2 比常压下 H_2 的量高 1000 倍以上，贮氢密度比 130 大气压贮气瓶中的氢高出十几倍。由于采取固体方式贮氢，搬运方便，是一种极为有效的能量贮存手段。可与氢形成氢化物的单质有镁、钒、锆、钛、镧，贮放量大的有 FeTi、LaNi 等，已开发出贮氢的金属间化合物有 MgNi、FeTi、$LaNi_3$ 等。在 FeTi 系化合物中的添加剂 Nb、Zr 等少量第三元素，可使平衡压力显著改变。从实用性和经济性考虑，金属间化合物要轻化、提高吸氢效率，目前正在研究用铈镧置换化合物中一部分元素来达到目的。此外，还在研究新型贮氢化物 ZnMn、TiCrMn、BeZr 系，并用混合稀土代替含单一稀土的非晶态 Pt – Zr、Ti – Cu、Ti – Ni 系合金。

5. 电、磁和光功能材料

通常一些金属间化合物可作为电性、磁性、感光性能等元件，所以属这个范畴的金属间化合物可用作半导体、磁性、超导体等的材料。

此外，金属间化合物还可作为其他的功能材料，比如原子能工程材料、敏感功能材料等，这些都呈现出金属间化合物材料蓬勃发展。

15.6 高 熵 合 金

15.6.1 高熵合金概述

高熵合金自 20 世纪 90 年代由中国台湾学者叶均蔚教授明确发现并开始进行系统试验与理论研究以来，因其与常规金属材料相比，具有更高的硬度、高强度、高韧性、优良的热稳定性、良好的耐腐蚀性等多方面的优异性能而备受人们关注，在过去二十多年里已经被世界上多个机构以及一些学者进行了大量研究，并产生了大量成果。多主元素合金（multi-principal element alloys，MPEAs）和高熵合金（high-entropy alloys，HEAs）的概念最早是在 2004 年首次正式提出，但相关工作却在很早之前就开始了。高熵合金是在井上、Greer、Cantor 等学者和教授探索大块非晶合金的基础上，发现的一类无序合金，主要表现为化学无序。在20世纪70年代后期，MPEAs的概念最初是一篇本科毕业论文中出现，最后在2002年的一次会议上发布。在1996年，发表了一系列有关HEAs内容的论文。最后，“高熵合金”和“多主元素合金”术语统一为MPEAs。

15.6.2 高熵合金的定义

高熵合金的定义包含两个方面，即成分定义和高熵定义。

1. 成分定义

最早的论文将高熵合金定义为“由等摩尔配比的五个或更多元素组成的合金”。等摩尔浓度的要求是“每个元素的浓度在5%～35%之间”。因此，构成高熵合金的每种元素不一定必须是等摩尔的，这就显著增加了高熵合金的种类和数量。高熵合金还可能包含微量元素，以改善其属性、扩展其数量。这种组合物仅规定了元素浓度，对熵的大小没有限制。

2. 高熵定义

“高熵”是基于熵值的大小定义。根据玻耳兹曼（Boltzmann）假设可以知道，n种元素以等摩尔比形成固溶体时，形成的摩尔熵变ΔS_{conf}可以通过以下公式表示：

$$\begin{aligned}\Delta S_{conf} &= -k\ln w = -R\left(\frac{1}{n}\ln\frac{1}{n} + \frac{1}{n}\ln\frac{1}{n} + \cdots + \frac{1}{n}\ln\frac{1}{n}\right) \\ &= -R\ln\frac{1}{n} = R\ln n\end{aligned} \tag{15.1}$$

式中：k为玻耳兹曼常数；w为混乱度；R为摩尔气体常数，取8.3144J/(mol·K)。

据此，可将合金材料分为低熵合金（$\Delta S_{conf} < 1R$，包含一种或两种主要元素的合金）、中熵合金（$1R \leqslant \Delta S_{conf} \leqslant 1.5R$，包含两种到四种主要元素的合金）和高熵合金（$\Delta S_{conf} \geqslant 1.5R$，包含至少五种主要元素的合金）。玻耳兹曼方程给出了一种用理想合金成分，估算合金熵值的简单方法。但是它要求原子占据随机晶格位置，还定义合金具有单一的熵值，实际上合金的熵值会随温度变化，这就与实际情况存在差异。因此，熵值分类的依据还存在一些问题，目前对高熵合金的定义没有严格界定，仅仅从元素个数和含量上界定高熵合金只是一个基本准则。

15.6.3 高熵合金的特性

根据近年来人们对高熵合金进行的大量研究表明，高熵合金在热力学上具有高熵效应、在结构上具有晶格畸变效应、在动力学上具有缓慢扩散效应、在性能上具有“鸡尾酒”效应。

1. 高熵效应

高熵效应是高熵合金最重要的特性。高熵合金的熵值远大于传统合金的熵值，由于高熵合金倾向于形成相结构简单的固溶体，说明高熵合金的高混合熵必然会对相的形成规律产生影响。

由图15.3可知，大量的实验数统计表明，合金所形成的相的数目会随着合金主元数目的增加而缓慢增加，且都远远小于该合金所能形成相数的最大值。图 15.4 为 FeCoNiCrMn 高熵合金显微组织图，根据相律 $P=C+1-F$（C 为主元数、P 为相数、F 为自由度），当 $C=5$ 时，$P=6$，该高熵合金最多有 6 相，但是由图可知，它实际上是单相存在。可以得知，在具有 5 个或更多元素的近等摩尔合金中，其更有利于形成固溶体相而不是金属间化合物。这意味着高的混合熵使得主元间的相容性增大，可以最大程度避免因相分离而生成金属间化合物。

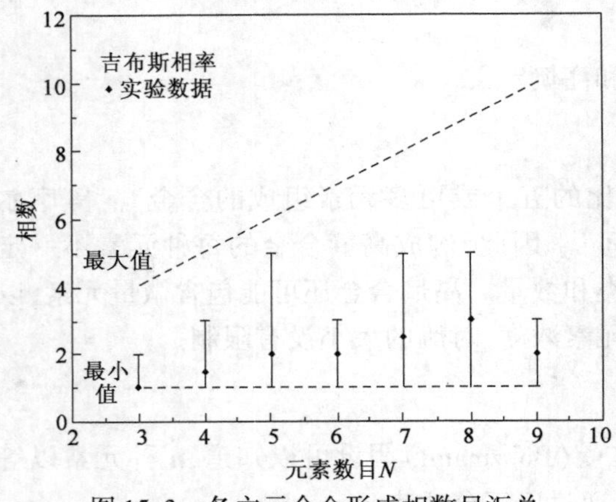

图 15.3　各主元合金形成相数目汇总

图 15.4　FeCoNiCrMn 高熵合金显微组织

2. 晶格畸变效应

高熵合金是具有多种主元的固溶体，一般认为，高熵合金各元素原子等概率随机占据晶格中的点阵位置，即所有原子无溶质原子与溶剂原子之分，因为高熵相中的不同原子尺寸差异而导致严重的晶格畸变，这些畸变比传统合金严重得多。每个晶格位置的位移，取决于占据该位置的原子和局部环境中的原子类型。由于晶格畸变效应，合金的强度和硬度提高，但同时增加了电子和声子的散射，降低了 X 射线衍射峰的强度，降低电导率，降低合金的温度敏感性。

3. 缓慢扩散效应

大量研究表明，原子在高熵合金中扩散速率缓慢，元素在高熵合金中的自扩散系数要低一个数量级。这是由于高熵合金中不同原子之间相互作用及晶格畸变，严重影响了原子的有效扩散效率，而通常相变需要主元之间的协同扩散来达到相分离平衡，因此迟滞扩散效应会影响高熵合金新相的形成。通过对 Cr、Mn、Fe、Co、Ni 几种元素在不同合金基体中的扩散情况研究表明，各元素在高熵合金中的扩散系数最低，扩散最缓慢。高熵合金中的这种缓慢扩散效应正如同生活中十字路口的交通，由于现代交通工具的种类不断增加，路口也更容易造成拥堵，从而使车辆行驶变得更为缓慢。

4. “鸡尾酒”效应

“鸡尾酒”效应是指构成高熵合金的多种具有不同特性的元素，它们之间产生的相互作用，使得高熵合金呈现出复合效应。“鸡尾酒”效应最早由印度学者 S. Ranganathan 教授提出。最初的定义是“一种愉快的混合物”。后来，它意味着一种协同混合物，最终结果是不可预测，且大于各部分的总和。所以高熵合金的不同元素之间产生的复合效应会对合金的宏观性能带来很大的影响。正是由于高熵合金呈现的复杂的“鸡尾酒”效应，使得高熵合金一般具有高强度、高硬度、高耐腐蚀性、高热稳定性等优异的综合性能。

1）高强度

通过对比高熵合金、大块非晶玻璃以及传统合金的密度及强度的关系发现，高熵合金的密度和传统金属材料的密度接近，但是比传统金属材料具有更高的强度。周云军等研究了 $Ti_xCoCrFeNiAl$ 高熵合金系的室温压缩性能时发现，合金系中所有的合金均具有高屈服强度、高断裂强度、大塑性变形量和高的加工硬化能力；J. Y. He 等研究了 Al 元素的添加对 FeCoNiCrMn 高熵合金性能的影响，Al 的添加导致了 BCC 固溶体的析出，因此合金强度升高，塑性降低；J. W. Qiao等研究了 AlCoCrFeNi 高熵合金在室温（298K）及低温（77K）条件下的力学性能，发现其在低温下的屈服强度和断裂强度比室温条件下分别提高了 29.7% 和 19.9%，而塑性却变化不大。说明高熵合金在低温领域具有广阔的应用前景。

2）高硬度

Y. Zhang 等将一些已报道的高熵合金与 316L 不锈钢、哈氏合金等金属的硬度进行了对比，如图 15.5 所示，结果显示高熵合金具有较宽的硬度范围，可达到 800HV 以上。

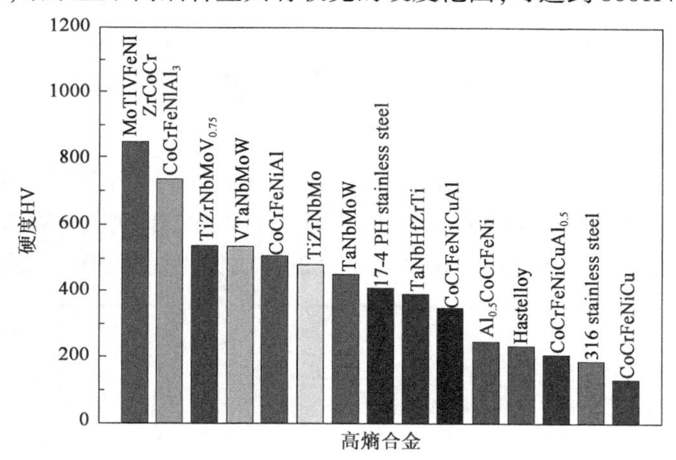

图 15.5　不同成分高熵合金的硬度对比

3）抗疲劳性能

M. A. Hemphill 等对 $Al_{0.5}CoCrCuFeNi$ 高熵合金的抗疲劳性能进行了研究，结果表明，该合金的抗疲劳极限范围为 540～945MPa，与拉伸断裂强度的比值为 0.402～0.703，具有较好的抗疲劳性能，其在较高的应力状态下都具有较长的疲劳寿命。由此表明高熵合金在结构材料领域具有较好的应用前景。

4）热稳定性

高熵合金独特的设计理念使得高熵合金具有很高的热稳定性。如图 15.6 所示，美国伯克利劳伦斯国家实验室和橡树岭国家实验室合作在 *Science* 上发的论文表明，CoCrFeNiMn 高熵合金的强度和室温拉伸塑性随温度的降低呈现升高的趋势。

Senkov 等对一些体系的高熵合金进行 1400℃ 退火 14h 的实验，通过中子衍射分析，研究发现该类合金具有非常好的热稳定性，退火前后，衍射峰的位置和强度几乎没有任何改变。同时，Senkov 等测试了 $V_{20}Nb_{20}Mo_{20}Ta_{20}W_{20}$ 合金在室温及不同高温下的压缩应力—应变曲线。结果表示该合金在 1200℃ 高温下仍具有很高的屈服强度，表现出了优异的高温力学性能。这是由于高温下合金内体系的混乱度加大，高熵效应更加明显，因此表现出优异的耐高温性。

$V_{20}Nb_{20}Mo_{20}Ta_{20}W_{20}$合金高温力学性能与镍基高温合金进行比较，高熵合金表现出了优异的高温屈服强度，特别是在温度高于1000℃的环境下，与镍基高温合金相比，具有非常明显的优势。

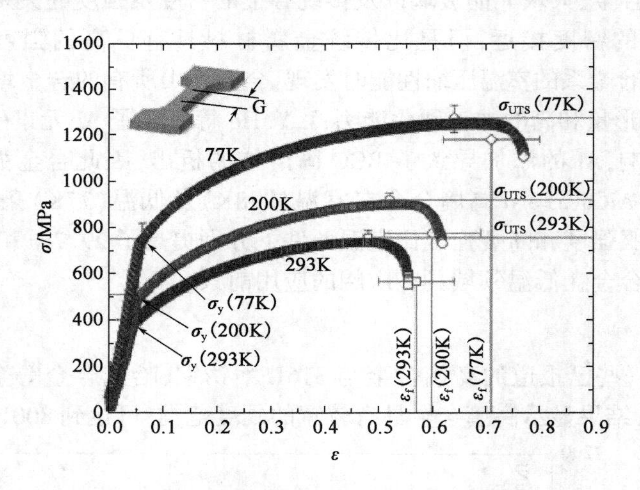

图 15.6　CoCrFeNiMn 在不同温度下的应力应变曲线

5）耐腐蚀性

Lee 等报道了 $Al_{0.5}CoCrCuFeNi$ 高熵合金的耐蚀性。如图 15.7 所示该合金的腐蚀电位 -0.080 VSHE 明显高于 304 不锈钢的腐蚀电位 -0.151 VSHE，其腐蚀电流密度为 3.19μA/cm^2，也低于 304 不锈钢的 33.18μA/cm^2。该高熵合金的耐腐蚀性优于 304 不锈钢。

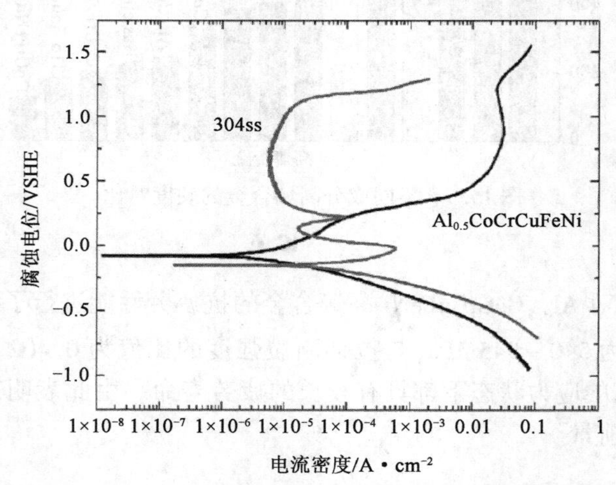

图 15.7　$Al_{0.5}CoCrCuFeNi$ 合金与 304 不锈钢在除氧 H_2SO_4 溶液中的阳极极化曲线比较

15.6.4　高熵合金的应用

高熵合金作为近年来金属材料领域内发展的一种新型材料，其特殊的相近含量多基元无序固溶体相结构（分不出溶质和溶剂），导致其具有晶格畸变大、构型熵高的特征，并常常具有特殊的性能，在一些极限条件下甚至可能突破目前已有的材料性能极限。目前，已可通过传统熔炼、锻造、粉末冶金等方法制备高熵合金块体、涂层和薄膜。高熵合金拥有高强度、高硬度、耐高温、耐腐蚀、高的塑性和韧性等优异的综合性能，并且还具有优良的磁学、电学性能以及抗辐照性能等，另外，难熔高熵合金具有优异的耐高温性能、轻质高熵合金具有很高的比强度及其他优异性能。

高熵合金成分易调控，因此种类繁多，根据不同种类的高熵合金自身的优异性能可应用于现代工业的各个领域。在航空航天领域，高熵合金可用于制造飞行器发动机的涡轮叶片，轻质高熵合金可用于飞行器重要零部件的制造；在电子、通信等行业，高熵合金可用作高频变压器、磁头、磁光碟、喇叭等；难熔高熵合金除了熔点高、耐高温以外，还具有其他高熵合金所具有的高强度、耐腐蚀、易成形等良好的综合性能，可广泛应用于核工业、机械、电子、化工、航空航天等各个领域；高熵合金还可作为基体材料用于制备性能更加优良的高熵合金基复合材料。

总之，根据近年来世界上很多研究机构及学者对高熵合金进行的大量研究，表明高熵合金的综合性能显著优于常规金属材料，在耐高温合金、耐磨和金、耐腐蚀合金、耐辐照合金、耐低温合金、太阳能热能利用器件等方面都有重要的应用前景。目前人们对高熵合金的研究还处于初始阶段，作为一个材料研究的新兴领域，高熵合金有着很高的研究价值与广阔的应用前景。

思　考　题

1. 名词解释：纳米材料、形状记忆效应、马氏体相变、金属间化合物、贮氢合金、非晶态合金。

2. 简述纳米材料的特殊效应。

3. 为什么人们要大力研究储氢合金？

4. 形状记忆现象、形状记忆合金应该具备的条件，以及形状记忆的本质及其应用。

5. 简述非晶态合金性能。

6. 简述金属间化合物的应用。

7. 什么是高熵合金？简述其特性。

第16章　其他工程材料

16.1　高分子材料

16.1.1　高分子材料概述

高分子材料也被称为聚合物材料，它以聚合物为主要组分，再通过添加多种助剂和添加剂来改善其各项性能。高分子材料与我们的生活息息相关，自然界中就存在许多天然的高分子材料，在古代就被人们发现并利用。常见的有棉、麻、竹、木、丝、皮、毛、蛋白质、淀粉以及植物体内的油脂等，可见，高分子材料广泛存在于各种动植物体内且常为人们所用。在20世纪之前，人们所使用的高分子材料主要是自然界中所存在的天然的高分子材料，直到20世纪初期，开始出现了合成高分子材料，这便拉开了高分子材料大发展的序幕，进入21世纪，高分子技术的发展硕果累累，高分子学科已经成为当今最活跃的学科之一，在纳米材料、功能材料等热门领域中，高分子材料都占有重要的地位。

16.1.2　高分子材料的分类、性能特点及应用

高分子材料通常是指以高分子化合物（高聚物）为主要组分的材料，通常将分子量大于5000的化合物称为高分子化合物，他们一般都是由一种或者几种简单的低分子化合物（分子量小于5000）通过聚合反应重复连接而成的。例如，常见的聚乙烯、聚丙烯等，就是分别由低分子乙烯、丙烯聚合反应而成。因此，高分子化合物又被称为聚合物，而聚合反应之前的低分子化合物称为单体。高聚物就是由单体通过聚合反应而得到。高分子材料种类繁多，分类的方法也有多种，常见的分类方法按高分子来源分、按化学结构分、按性能及用途分。

按高分子来源可分为天然高分子、改性高分子、合成高分子。天然高分子指自然界中原本就存在的高分子材料，如前所述的棉、麻、竹、木、丝、皮、毛、蛋白质、淀粉以及植物体内的油脂等都是天然高分子材料；改性高分子又被称为“半天然高分子”，是指将天然高分子经化学处理后制成的高分子材料，如硝酸纤维素；合成高分子是指由小分子化合物通过聚合反应而得到的大分子材料，如聚乙烯塑料、聚氯乙烯塑料等都是合成高分子材料。

按化学结构可将高分子分为碳链高分子、杂链高分子、元素有机高分子、无机高分子。碳链高分子是指高分子主链由碳原子构成，如大多数烯烃类和二烯烃类高分子材料都是碳链高分子材料；杂链高分子是指大分子主链中不只是有碳原子，除了碳原子以后还有硫、氧、氮等其他类型的原子，如聚酯、聚酰胺、聚硫橡胶等都是杂链高分子材料；元素有机高分子是指大分子主链由硫、氧、氮、磷、硅、铝、硼等原子组成，而没有碳原子，但是侧基且包含碳原子，如有机硅橡胶就是典型的元素有机高分子材料；无机高分子是指主链和侧基均不含碳原子的高分子材料。

按性能和用途来分，根据传统的习惯，可将高分子分材料为塑料、橡胶、纤维、胶黏剂、涂料等几大类。下面主要对按这种分类方法得到的几种类型的高分子材料进行重点介绍。

1. 塑料

塑料是指以天然树脂或合成树脂为主要成分，再加入填充剂、增塑剂、稳定剂、润滑剂、颜料等其他添加剂，在一定温度和压力下流动成形的材料。塑料制品的原材料丰富易得、加工容易且加工成本低、性能优越、具有多种多样的功能，在各类高分子材料中具有独特的优势，因此被广泛应用于工业、农业、医疗、制药等行业，并且随着塑料的性能不断被开发，目前塑料正在逐步替代其他的一些材料而被使用，可以说从我们的衣食住行到工业生产都能随处可见塑料制品，因此，塑料制品相对于其他高分子材料需求巨大，其产量占了高分子材料的70% ~80%。

1）塑料的构成

（1）树脂：是塑料的主要成分，占塑料总重量的40%以上，甚至接近于100%，塑料的性能主要由树脂决定。树脂又根据来源的不同分为天然树脂和合成树脂，随着工业化的发展，合成树脂现在已经是塑料生产的主力军。在树脂的基础之上添加填料及各种添加剂就形成了塑料，甚至有的塑料不含添加剂而直接由合成树脂组成。

（2）填充剂：又称填料，是在塑料生产过程中加入以改善各项性能并降低生产成本的固体物料。

（3）增塑剂：是塑料的一种重要添加剂，它的加入可以使塑料变得更柔软而具有更好的可塑性，增加生产效率，降低生产成本。

（4）稳定剂：它的主要作用是减慢塑料在加工和使用过程中受到周围环境的影响而发生的反应，防止塑料的光、热分解或氧化分解等作用，防止塑料老化，延长使用寿命。

（5）润滑剂：是用于降低塑料制品在生产过程中与模型之间的摩擦阻力，起到润滑作用的物质。它可以提高塑料在生产过程的流动性和脱模性，有利于塑料的成形和提高生产效率。

（6）颜料：它的主要作用是根据塑料产品的需要而添加各种颜色。

2）塑料的分类

塑料品种繁多，性能各不相同，分类方法也多种多样，目前工业上主要按其理化性能和使用范围来进行分类。

（1）按理化性能可将塑料分成热塑性塑料和热固性塑料两大类。热塑性塑料是指在特定温度范围内能反复加热软化和冷却硬化的塑料。常用的热塑性塑料有聚乙烯、聚氯乙烯、聚丙烯、聚苯乙烯、尼龙、ABS等；常见的热固性塑料有酚醛塑料、环氧塑料等。

（2）按使用范围可分为通用塑料、工程塑料和特种塑料三类。通用塑料在所有塑料中产量最大，应用最广的有六大品种，包括：聚乙烯、聚氯乙烯、聚苯乙烯、聚丙烯、酚醛塑料以及氨基塑料；工程塑料常见的品种有聚酰胺、ABS、尼龙、聚甲醛等；特种塑料主要品种有有机硅塑料、有氟塑料、聚酰亚胺等。

3）塑料的性能特点

一般情况下，塑料的强度和硬度低于金属材料，但是其密度低，所以比强度较高，化学稳定性好，电绝缘性好，绝热性好，还具有减振、耐磨、良好的自润滑性等特性，比金属材料具有更低的生产加工成本。

4）典型塑料的应用

聚乙烯是世界上产量最大、应用最广的一种塑料，约占世界塑料总产量的三分之一。聚乙烯密度低，无毒，电绝缘性和耐腐蚀性能优良，并且具有优良的力学性能，良好的柔韧性和弹性，但是容易被光、热氧化，臭氧分解。所以聚乙烯可用于食品包装、商业包装、垃圾袋、购物袋、农用薄膜、日用容器、化学品储罐、工业零部件、各种管材、机械零件、绝缘材料等。

聚丙烯是常用的通用塑料之一，其原料来源丰富、价格低廉、性能优良，具有密度低、高温下流动性好、薄膜强度高、电绝缘性优良等优点，但是其在加工和使用过程中在外界环境条件下容易发生降解和老化，且耐冲击性能不佳，需要通过改性来提高其强度。聚丙烯用途比较广泛，在日常生活中可用作餐具、厨具、生活日用品、玩具等；在工业生产中可用于制作汽车零部件、仪表盘等；在医疗行业可用做手术用服装、一次性注射器等；在电器行业可用于制作电视机、洗衣机的外壳等零件；另外还可以用于制作各种包装袋等。

另外，聚氯乙烯很多情况下可用于替代金属和木材，用于制作门窗、楼梯扶手、下水管材、装饰材料等；作为软塑料，主要用于雨衣、桌布、农用薄膜、电线电缆外皮等；聚苯乙烯常用于制作光学仪器、装饰品、玩具、圆珠笔杆、化工储酸槽、电工绝缘材料等；ABS具有非常优异的综合性能，在汽车工业、家电行业、机械行业都得到广泛应用，比如汽车仪表及车用零件、家用电器外壳、冷冻设备内胆、齿轮、轴承、泵叶等；聚酰胺（俗称尼龙）可用于制作齿轮、轴承、风扇叶片、泵叶轮、密封圈、电绝缘零件等；聚甲基丙烯酸甲酯（俗称有机玻璃）常用于制作各种透明容器、包装盒、通信光缆等，还可用来制作航空玻璃和防弹玻璃。

2. 橡胶

橡胶是一种重要的高分子材料，因其在室温上下宽阔的温度范围内（-50～150℃）具有很好的弹性，又被称为弹性体。橡胶除了高弹性之外，还有很多优异的性能，如耐磨、耐腐蚀、耐疲劳、良好的电绝缘性、防水等，因此它在工业生产、医药卫生、日常生活等各领域都得到了广泛的应用，在现代材料领域具有不可或缺的地位。

1）橡胶的构成

橡胶是在胶料的基础之上加入硫化剂、硫化促进剂、增塑剂、防老剂、软化剂、填充剂等配合剂而制成的高分子材料。

（1）胶料：分为生胶和再生胶，生胶按原料来源又可分为天然橡胶和合成橡胶。天然橡胶主要是从橡胶树中取得，而合成橡胶是人们通过化学方法制得。再生胶是橡胶废物再利用的产物，由废橡胶经过一系列处理以后得到的材料。胶料是制作各类橡胶的基础，其品质直接决定了橡胶产品的品质。

（2）硫化剂：它的主要作用是使橡胶硫化，让橡胶分子链间相互连接形成立体网状结构，从而使橡胶的力学性能和物理性能得到明显改善。

（3）硫化促进剂：是促进橡胶硫化作用的物质。可以降低硫化温度、缩短硫化时间、提高硫化效率。硫化促进剂分为有机促进剂和无机促进剂。

（4）防老剂：是指能延缓橡胶老化的物质。由于橡胶容易被臭氧氧化，同时也会被光氧化和热氧化，因此加入各种防老剂能抑制氧化作用以及热或光的作用，从而延缓橡胶的老化，延长橡胶制品的使用寿命。防老剂一般分为天然防老剂、物理防老剂、化学防老剂几种类型。

（5）软化剂：又称为柔软剂，是用于增加橡胶柔软性的物质，柔软的橡胶更易于加工，减少劳动成本。

（6）填充剂：也被称为填料，加入橡胶中可以提高橡胶的强度，改善橡胶的性能，大大降低橡胶的生产成本。填充剂的种类很多，橡胶常用的填充剂是炭黑。

2）橡胶的分类

橡胶的种类很多，已超过上百种，分类方法也很多，现在用得比较多的分类方法是按来源分，可分为天然橡胶与合成橡胶。

（1）天然橡胶：是指将橡胶树上采集的天然胶乳，经过加工以后形成的橡胶。人们最早使用的橡胶就是天然橡胶，它直接来源于自然界。但是目前天然橡胶的产量已经完全不能满足人们的需求，人们开发了合成橡胶，现在天然橡胶的消耗量约占1/3。

（2）合成橡胶：是指通过化学方法人工合成的橡胶，区别于直接来源自自然界的天然橡胶。合成橡胶自诞生以来，得到了很好的发展，特别是近年来，合成橡胶的发展态势良好，生产规模不断扩大，已经完全能够代替天然橡胶为人们所用，人们可以根据产品的需要来生产出满足特殊性能要求的合成橡胶，目前合成橡胶的消耗量已经远远超过了天然橡胶，约占橡胶总消耗量的2/3。

除了按来源分类之外，橡胶还有其他多种分类方法，比如：按性能用途可分为通用橡胶和特种橡胶；按化学结构可分为饱和橡胶和不饱和橡胶；按外观特征可分为固态橡胶（干胶）、乳状橡胶（胶乳）、液体橡胶和粉末橡胶；按橡胶的软硬程度可分为一般橡胶、硬橡胶、半硬质橡胶、硬质胶、微孔胶、海绵胶、泡沫橡胶等。

3）典型橡胶的性能特点及应用

由于世界工业的迅猛发展，完全靠自然界提供的有限的天然橡胶已经远不能满足人们的需求，人们从第一次世界大战期间开始对合成橡胶进行了研究，发展到今天，合成橡胶已经完全可以替代天然橡胶，而且具备了许多天然橡胶不具备的功能。现在，合成橡胶的总产量已经大大超过了天然橡胶。下面对合成橡胶的一些常见品种进行介绍：

（1）丁苯橡胶：是由丁二烯与苯乙烯共聚而成的橡胶。它是最早工业化的合成橡胶，德国于1937年首先投入工业生产。目前，丁苯橡胶的产量占合成橡胶一半以上（约55%），超过了天然橡胶，是第一大橡胶品种。按照合成方法的不同，丁苯橡胶又可分为乳液丁苯橡胶和溶聚丁苯橡胶。乳液丁苯橡胶是通过自由基聚合而成，具有良好的综合力学性能，与天然橡胶相近，可用来制作轮胎、胶鞋、绝缘材料等。溶聚丁苯橡胶是通过阴离子型催化剂的催化作用，使丁二烯与苯乙烯溶液聚合而成，根据聚合条件的差异又可分为无规型、嵌段型和并存型三类，溶聚丁苯橡胶耐磨性好，适合轮胎的制造。

（2）异戊橡胶：由异戊二烯单体定向、溶液聚合而成，其结构与天然橡胶相似，被称为“合成天然橡胶”。随着石油工业的发展，大量的异戊二烯被生产出来，由此促进了异戊橡胶的发展，目前异戊橡胶已发展成为四大通用合成橡胶之一。由于其结构与类似于天然橡胶，所以综合性能良好，如高的弹性、耐磨性、耐热性、电绝缘性等，其耐老化性能甚至超过天然橡胶。异戊橡胶可以用于制作轮胎、日用橡胶制品、医疗用具、运动器材等。

（3）乙丙橡胶：是由乙烯与大约15%的丙烯进行配位聚合而成的橡胶，可分为乙丙二元胶（EPR）和三元乙丙胶（EPDM）两种。乙丙橡胶原料丰富、价格便宜，且性能优良，是一种很有发展前景的橡胶品种。乙丙橡胶制作的产品抗老化性、抗腐蚀性、耐热性、绝缘性等性能都十分优良，目前其主要用途是用以制造工业橡胶制品，可以作为提升聚合物性能的改性剂使用。

（4）氯丁橡胶：又称氯丁二烯橡胶，是由氯丁二烯为单体通过氧化还原体系进行乳液聚合的方法而制成的橡胶，最早是由美国杜邦公司生产的橡胶制品。氯丁橡胶的结构同天然橡胶的结构十分相似，所以它有良好的物理机械性能，具有较高的拉伸强度、伸长率，另外它还具有耐油、耐热、耐光、耐臭氧、耐化学腐蚀等性能。但其缺点是耐寒性和贮存稳定性较差，密度较大。氯丁橡胶属于特种橡胶,可用于制作防毒面具、海底电缆线护套、运输带、耐油胶管、胶黏剂等。

(5)顺丁橡胶:是以丁二烯为单体,在催化剂的作用下聚合而成的结构规整的橡胶。它是仅次于丁苯橡胶的第二大合成橡胶,根据催化剂的不同可分成镍系、钴系、钛系和钕系顺丁橡胶。顺丁橡胶的综合性能良好,最大的优点是具有很好的弹性,其低温性能也很好,优于天然橡胶,另外它还具有优异的耐磨性和耐老化性能,但是加工性能较差。顺丁橡胶的主要用途是用于制作汽车轮胎和各种耐寒制品。

(6)丁腈橡胶:是由丙烯腈与丁二烯单体共聚而成的橡胶,其中丙烯腈是其主要组成部分,约占75%。丁腈橡胶首先由德国开始工业生产,其最大的特点是耐油性好,仅次于氟橡胶,因此它主要用于制作各种耐油制品,如油箱衬里,油箱密封圈、输油胶管等。另外它的耐热性也比较好,可用以制作工作温度较高(可达140℃)传送带。其主要缺点是弹性较差。

(7)丁基橡胶:是由异丁烯和少量异戊二烯共聚而成的橡胶,由美国埃索化学公司首先实现了工业化生产。丁基橡胶最突出优点的是气密性和水密性非常好,而且具有良好的热稳定性和化学稳定性。主要用来制作各种轮胎的内胎以及密封性垫圈等橡胶制品。另外由于其电绝缘性也好,也常用作电缆、电器的绝缘材料。

(8)氟橡胶:是一种典型的特种橡胶,它是指主链或侧链上含有氟原子的合成橡胶。在氟原子的作用下,其拥有优异的耐热性、抗氧化性、耐辐射性、耐油性以及耐腐蚀性,因此适宜在各种条件恶劣的环境中使用。氟橡胶具有的优良特性使得它在航空航天、石油、化学等领域得到了广泛应用,同时它也是国防工业中的关键材料。

(9)硅橡胶:是指主链由硅和氧原子交替构成,硅原子上通常连有两个有机基团的橡胶。它是目前最好的兼有耐温和耐寒的橡胶,最低使用温度为-100℃,最高使用温度超过300℃。此外,硅橡胶还具有优良的电绝缘性以及无毒无味等性能,因此它可用于制作各种耐寒耐热器件、电气绝缘材料、食品医疗用制品等。

3. 纤维

纤维是指其本身长度与直径之比大于1000:1的均匀纤细高分子材料,是一维线性材料。纤维的形状决定了它具有良好的可编织、可纺织性,使得它应用广泛。

1)纤维的分类

纤维的种类很多,到目前为止,仍然没有统一的分类方法,最常见的可将其分为天然纤维和化学纤维。

(1)天然纤维:是指自然界本身存在的或经人工培植的植物上、人工饲养的动物上直接取得的具有纺织价值的纤维,是纺织工业的重要材料来源。天然纤维根据来源又可分为植物纤维、动物纤维和矿物纤维,常见的有棉、麻等植物纤维;蚕丝、羊毛等动物纤维;石棉等矿物纤维。天然纤维的产量很大,并且在不断增加,是纺织工业的重要材料来源,在纺织纤维年总产量中仍约占50%。

(2)化学纤维:是用天然高分子化合物或人工合成的高分子化合物为原料,经过制备纺丝原液、纺丝和后处理等工序制得的具有纺织性能的纤维。化学纤维又分为人造纤维和合成纤维两大类。人造纤维是指天然纤维经过化学处理后加工得到的,如粘胶纤维、铜铵纤维等。合成纤维是通过小分子聚合反应合成的聚合物加工而得到的,如聚酯纤维、聚酰胺纤维(尼龙丝)。

2)典型纤维的性能特点及应用

(1)聚氨酯纤维(尼龙纤维):是以含有酰胺键的高分子化合物为原料,经过熔融纺丝及后加工而制得的纤维。它是世界上第一个合成高分子聚合物商业化的合成纤维制品，由美国杜邦公司研究发明，其至今仍是聚酰胺纤维的代表。聚酰胺纤维最大的特点是耐磨性非常好，优于其他所有的天然纤维和化学纤维,因此其适合用于制造袜子。聚酰胺纤维的强度也很高，可用于制作运动服、休闲服等服装的材料,还可用于制作降落伞、渔网等。

(2)聚酯纤维:是由二元酸和二元醇经过缩聚反应以后,再经过熔融纺丝和后处理而制得的一种合成纤维,俗称“涤纶”“的确良”,是发展最快、产量最大的合成纤维。聚酯纤维具有强度高、耐磨耐腐蚀、耐疲劳;吸水性好、易洗快干、抗皱等特点,可用于制造渔网、缆绳、衣服布料等。

(3)聚丙烯腈纤维:是以丙烯腈为主要单元的聚合物经过纺丝加工而制成的纤维。俗称“腈纶”。聚丙烯腈纤维具有较好的弹性且十分柔软,被誉为人造羊毛,适合制备毛衣等保暖衣物。除此之位,聚丙烯腈纤维具有优良的耐晒性,仅次于聚四氟乙烯纤维,因此适合制备帐篷、窗帘等易受阳光照射的用品。

(4)聚丙烯纤维:是以丙烯定向聚合得到的等规聚丙烯为原料,通过熔融纺丝而制成的合成纤维,俗称“丙纶”。其原料来源丰富、生产工艺简单,所以价格相对低廉,是近年来发展比较快的一种合成纤维。聚丙烯纤维具有密度小、强度高、耐磨耐腐蚀、良好的电绝缘性和保暖性等优点,常用于制作地毯、装饰布等,也是制作衣服、床上用品等的原料。

(5)聚氨酯纤维:是以聚氨基甲酸酯为主要成分共聚而成的合成纤维,俗称“氨纶”,分为聚醚型和聚酯型两类。聚氨酯纤维具有类似橡胶的高伸长性和高弹性、强度高、耐海水、耐试剂,它一般不单独使用,而是将其少量掺入织物中,使得编织物具有理想的弹性,是制作游泳衣、弹力布、滑雪衣、紧身衣裤等的理想原料。

(6)碳纤维:是指含碳量在90%以上的高强度高模量纤维。碳纤维强度高、耐热性好、密度低,其强度高于一般的金属丝,能耐2000℃以上的高温。因此由其增强的复合材料在航空航天等高精尖领域具有重要的地位。除此之外,碳纤维还拥有抗疲劳性好、无毒等优良性能,所以它在建筑、医用材料、体育器械制备等方面具有广泛应用。

4. 胶黏剂

胶黏剂又称黏合剂,是指能将同种或两种或两种以上同质或异质的材料连接在一起的物质,习惯上也简称为胶。胶黏剂是典型的高分子化合物,利用胶黏剂将各种物件连接起来的技术称为黏接技术,它能利用胶黏剂将非金属与金属、金属与金属、非金属与非金属等各种同种或异种的材料进行连接,并具有可靠的强度。黏接技术与焊接、机械连接并称为现代三大连接技术。

1)胶黏剂的组成

胶黏剂的成分一般比较复杂,它是在一定基料的基础之上添加固化剂、填料、增韧剂等添加剂以保证其良好的黏接性能。

(1)基料:又称黏料或主料,是胶黏剂的主要组成部分,它主要起到黏结的作用。基料通常是由一种或多种天然或合成的高分子化合物或无机物组成。天然的基料包括淀粉、蛋白质等,合成的基料包括各种合成橡胶与合成树脂。

(2)固化剂:又称硬化剂,它能使线性分子交联形成网状结构,使胶黏剂固化成型。

（3）填料：它具有两方面的作用，一方面是改善胶黏剂的机械性能及其他性能，如弹性模量、线胀系数、热导率、冲击韧度、耐磨性等；另一方面，由于填料的加入相应地降低了胶黏剂的成本。

（4）增韧剂：主要作用是增加胶黏剂的韧性、降低脆性，而且还可以提高胶黏剂的流动性、耐寒性及抗震性。

2）胶黏剂的分类

胶黏剂的种类繁多，组成和用途都各不相同，通常按照胶黏剂的基料类型可分为天然胶黏剂和合成胶黏剂两大类，按胶接强度分为结构型、次结构型和非结构型三类。这里主要介绍第一种分类方法：

（1）天然胶黏剂：天然胶黏剂的基料直接来源于自然界，常见的如骨胶、皮胶、虫胶等动物胶以及淀粉、松香等植物胶。

（2）合成胶黏剂：合成胶黏剂是由人工合成，以树脂、橡胶等各种高聚物为基础，加入固化剂、填料、增塑剂、溶剂等各种配合剂混合而成。合成胶黏剂根据基料的不同又可分为树脂型、橡胶型和混合型三种类型。

3）常用胶黏剂的性能特点及应用

（1）环氧树脂胶黏剂：是指以环氧树脂作为基料的一类胶黏剂的统称，简称环氧胶。环氧树脂胶黏剂具有很强的黏合能力，对大部分材料，如金属、玻璃、陶瓷、木材、橡胶、纤维、皮革、塑料等都有良好的黏合力，因此它又被人们称为“万能胶”。该胶黏剂胶接强度高，尺寸稳定，使用温度广，毒性低，是当前应用最广泛的胶黏剂之一。还通过对环氧树脂进行改性，得到改性环氧树脂胶黏剂，主要品种包括酚醛树脂改性环氧胶黏剂、聚硫橡胶改性环氧胶黏剂、尼龙改性环氧胶黏剂、丁腈橡胶改性环氧胶黏剂。

（2）酚醛树脂胶黏剂：黏接强度高、耐热性好、耐老化性能优良、具有很好的电绝缘性，而且价格便宜、使用方便，是使用广泛的胶种之一，特别是在木材加工领域具有重要的作用。其主要的品种包括酚醛－聚氯乙醇缩醛胶黏剂和酚醛－丁腈胶黏剂两种。

（3）丙烯酸酯类胶黏剂：是以各种丙烯酸酯作为基料而合成的胶黏剂，其特点是固化迅速、黏接强度高、使用方便，适用于多种材料的黏接，是一种理想的胶黏剂。丙烯酸酯类胶黏剂的主要品种包括 α－氰基丙烯酸酯胶黏剂和厌氧性胶黏剂等。其中 α－氰基丙烯酸酯胶黏剂可用于电气、仪表、机械、光学仪器、医疗等多个领域；厌氧性胶黏剂可用于工业管道的密封防漏、机械零件的装配固定、铸件及焊件的砂眼和气孔等缺陷的填塞处理。

（4）其他类型的胶黏剂：除了以上几种常见的胶黏剂以外，还有聚醋酸乙烯胶黏剂、橡胶类胶黏剂、聚氨酯胶黏剂等品种。其中聚醋酸乙烯胶黏剂主要用于木材、皮革、混凝土、瓷砖等的胶接；橡胶类胶黏剂黏接强度较低但弹性好，适用于柔软材料及热膨胀系数差异明显的异种材料之间的黏接；聚氨酯胶黏剂具有高度的极性和反应活性，适用于多种材料的黏接，如金属、陶瓷、玻璃、木材等。

5. 涂料

涂料是指涂覆在物体表面能够干结成膜，从而对表面起到保护、装饰、改性等作用的一类有机高分子胶体的混合溶液，俗称“油漆”。涂料最早来源于自然界，由植物油、漆树等自然资源获得。随着石油化工和有机合成技术的发展，各种合成树脂为涂料提供了丰富的原料来源。涂料的作用主要包括保护作用、装饰作用、标志作用以及在特殊条件下发挥的特殊作用等。

1)涂料的组成

涂料一般由成膜物质、填料和颜料、溶剂、助剂组成。

(1)成膜物质:是指帮助涂料牢固附于物体表面而形成连续薄膜的物质,是涂料的主要成分,决定了涂料的性能。

(2)填料和颜料:填料的主要作用增大涂层厚度、提高涂层的硬度和寿命、降低涂层的收缩率等,最重要的是降低涂料的成本。颜料的主要作用是使涂层具有特定的色彩,更好的发挥装饰作用,是涂料的主要组成部分。

(3)溶剂:主要作用是用于溶解成膜物质和调节涂料的黏度和固体含量,涂料在物体表面涂覆形成涂层以后,溶剂将逐渐挥发。

(4)助剂:是指添加到涂料中的各种辅助材料,包括催干剂、流平剂、防沉剂、固化剂、增塑剂、抗老化剂等,它们对涂层的形成及涂层的性能及寿命起到重要的作用,是涂料的重要组成部分。

2)涂料的分类

涂料的品种很多,有上千种,分类的方法也很多,可以从成膜物质、溶剂、颜色、用途、性能、性状等不同的角度进行分类,如按成膜物质可分为油脂漆、天然树脂漆、酚醛树脂漆、沥青漆、环氧树脂漆等十多种;按溶剂可分为有溶剂涂料和无溶剂涂料,有溶剂涂料又可分为水性涂料和有机溶剂涂料;按颜色可分为青漆和色漆;按用途可分为建筑涂料、飞机涂料、汽车涂料、船舶涂料、钢结构涂料、塑料涂料等;按性能可分为普通涂料和特种涂料,特种涂料又包括防火涂料、防水涂料、防霉涂料等;按性状可分为液态涂料、粉末涂料、高固体分涂料等。除以上分类方法之外,还可按涂料的施工方法、使用部位、装饰效果等进行分类。

16.2 陶瓷材料

16.2.1 陶瓷材料概述

人类使用陶瓷材料具有悠久的历史,陶瓷是人类最早使用的材料之一。传统的陶瓷材料是以黏土为主要原料,再与其他矿物原料经过粉末处理、成形、烧结等工艺制成各种制品。由于其主要成分都是天然硅酸盐类矿物,所以它是一种典型的硅酸盐材料。随着近几十年来科学技术的飞速发展,陶瓷材料也出现了许多新的品种,如金属陶瓷、压电陶瓷、纳米陶瓷、玻璃陶瓷等,它们的生产原料早已超出了硅酸盐材料的范畴,所以现今意义上的陶瓷材料应该属于无机非金属材料。陶瓷材料具有很好的化学稳定性,熔点高,硬度高,所以它具有耐腐蚀、耐高温、耐磨等特点,同时具有很好的电绝缘性,所以它被广泛应用于机械、电工、化工、航天等各个部门,在日常生活中也随处可见陶瓷制品。特别是随着近年来材料科学的发展,许多具有特殊功能的陶瓷材料被开发出来,使得陶瓷材料的应用领域更加广阔,它已经成为仅次于金属材料和高分子材料的第三大类为人们大量使用的固体材料,在材料领域具有重要地位。

16.2.2 陶瓷材料的分类、性能特点及应用

陶瓷材料及产品种类繁多,根据陶瓷的化学成分和结构可分为普通陶瓷和特种陶瓷,普通陶瓷可分为普通日用陶瓷和普通工业陶瓷,特种陶瓷又包括了结构陶瓷、功能陶瓷、智能陶瓷、纳米陶瓷等,它们根据各自的成分和用途,还可以进行进一步细分。

陶瓷材料的结合键是以共价键和离子键为主,这就使其具有了高硬度、高强度、耐磨、耐腐蚀、耐高温等一系列优良的性能,但同时它又存在脆性大这样一个显著的致命缺点。因此,如何提高陶瓷材料的韧性、降低陶瓷材料脆性,促进它的性能发挥和应用范围,已成为陶瓷材料研究领域的热门课题。下面对一些常用陶瓷的性能特点及其应用进行介绍。

1. 普通陶瓷

普通陶瓷也称传统陶瓷,主要是采用黏土($Al_2O_3 \cdot 2SiO_2 \cdot 2H_2O$)、长石($K_2O \cdot Al_2O_3 \cdot 6SiO_2$、$Na_2O \cdot Al_2O_3 \cdot 6SiO_2$)和石英($SiO_2$)为原料通过粉碎、配料、成形、烧结等工序制作而成。陶瓷的配方不同,性能上会有所差别,但是它们一般都硬而脆,具有很好的耐腐蚀性和电绝缘性。由于普通陶瓷制造工艺简单,易于加工成形,成本低廉,所以是用量最大的陶瓷材料。

普通陶瓷根据其主要应用领域可以分为普通日用陶瓷和普通工业陶瓷两大类。

(1)普通日用陶瓷:主要用于茶具、餐具、酒局、咖啡具等日用器皿和瓷器的制作,一般具有良好的热稳定性、化学稳定性、光泽度,美观且经久耐用,长期以来受到人们的喜爱。根据瓷质的不同,普通日用陶瓷又可分为长石质瓷、绢云母质瓷、骨质瓷和滑石瓷。

(2)普通工业陶瓷:主要用于绝缘用的电工瓷、耐酸碱的化学瓷以及日常生活中装饰瓷。电工瓷主要是用于电器绝缘,其力学性能好,介电性能和热稳定性优良,又被称为高压陶瓷。化学瓷主要用于化工、制药等工业管道与耐蚀设备以及实验室用的各种器皿等,能够耐各种化学介质的腐蚀。装饰瓷主要用于建筑装修的行业,具有良好的热稳定性和较高的强度,外形美观大方,常用于装饰板、卫生洁具等。

2. 特种陶瓷

特种陶瓷,又称精细陶瓷、现代陶瓷或高性能陶瓷,是指具有特殊力学、物理或化学性能的陶瓷。由于特种陶瓷制备所用的原料和生产工艺与普通陶瓷大有不同,所以赋予了它拥有比普通陶瓷更加优越的各种性能,如高强度、高硬度、高韧性、耐腐蚀、耐磨损、抗辐射、绝缘、磁性、透光、半导体以及压电、光电等。所以它被机械、电子、化工、冶炼、能源、医学、激光、核反应、宇航等各个领域和尖端科学技术广泛使用。按照显微结构和基本性能,特种陶瓷可分为结构陶瓷、功能陶瓷、智能陶瓷、纳米陶瓷以及陶瓷基复合材料。

(1)结构陶瓷:是指可用于制作具有耐磨、耐高温、耐腐蚀等特殊性能结构件的先进陶瓷。结构陶瓷具有很好的强度和硬度,拥有优越的耐磨、耐高温、耐氧化、耐腐蚀等性能,可以在非常严苛的环境条件下使用。随着工业的迅猛发展,对材料的各项性能提出了更高的要求,因此拥有各种优越性能的结构陶瓷越来越受到人们的重视。结构陶瓷的种类很多,典型的结构陶瓷有氧化物结构陶瓷、碳化物结构陶瓷、氮化物结构陶瓷以及硼化物结构陶瓷。结构陶瓷在冶金、航空、化工、陶瓷、电子、机械及半导体等行业具有广泛的应用。

(2)功能陶瓷:是指具有一种或多种功能(如光、电、磁、热、化学、生物等性能)的陶瓷材料。为了使得陶瓷获得特定的功能,必须精选原料,通过精密调配的化学组成和严格控制的工艺来进行陶瓷合成。因此,把经过这些精细过程而制备的陶瓷又称为精细陶瓷。随着材料科学的迅速发展,功能陶瓷材料的各种新性能、新应用不断被人们所认识,并积极加以开发,功能陶瓷的种类不断增加。目前,常用的功能陶瓷可以分为电功能陶瓷、磁功能陶瓷、光功能陶瓷、生物功能陶瓷四大类。

(3)智能陶瓷:是指同时具有感知、驱动和信息处理功能,能够接受和响应外部环境信息而自动改变自身状态的一种新型陶瓷材料。智能陶瓷大多是由多种陶瓷传感元件和陶瓷驱动件组合成的系统,能感知外界环境和内部状态的变化,并相应地做出响应。它们本身能够感受电磁信号或热学信号等,并随之发生内部结构变化或形状变化。智能陶瓷主要有压电智能陶瓷、形状记忆智能陶瓷、电流变性智能陶瓷、复合智能陶瓷等几类。压电智能陶瓷在智能结构中是当前理想的驱动原件;形状记忆智能陶瓷可与形状记忆合金复合成形状记忆复合材料,具有对损伤的自预警和自修复功能,可用于制作导弹鳍翼;电流变性智能陶瓷预期可在汽车、大坝的减震装置、组合机械人的肌肉和液压机的传动液等方面得到广泛应用;复合智能陶瓷是指压电复合陶瓷,在航天器、建筑等方面都有很重要的作用。

(4)纳米陶瓷:是指由纳米级尺寸(1 ~ 100nm)的颗粒或晶粒组成的陶瓷。主要包括纳米微粒、纳米纤维和晶须、纳米薄膜、纳米块体等几类。纳米陶瓷具有优良的综合力学性能,在常温和高温下都表现出很高的强度和硬度,且断裂韧度很高,并具有延展性,在室温下也能允许较大的弹性变形。纳米陶瓷应用非常广泛,在力学、光学、电学、磁学和医学等方面都具有重要的用途。在力学方面,可用作高温、高强度、高韧性、耐磨、耐腐蚀的结构材料;在光学方面,某些纳米陶瓷可作发光材料和用作光纤材料;在电学方面,纳米陶瓷材料作为导电材料、超导材料、电介质材料、电容器材料、压电材料等使用;在磁学方面,可用作软磁材料、硬磁材料等;在医学方面,有些纳米材料可作人体硬组织材料为主的生物材料。

16.3 复 合 材 料

16.3.1 复合材料概述

材料是人类文明进步的重要标志。人们远古的石器时代就开始有意识地使用材料,发展到今天,人类对各种材料的开发和使用达到了前所未有的高度。人们对材料的使用,最关注的就是材料的性能。而金属材料、高分子材料和陶瓷材料作为现代工程材料的三大支柱,在性能上各有其优点和不足,它们各自有自己的使用范围。随着科学技术的发展,人们对材料的性能提出了越来越高的要求,特别是在某些特定的使用条件下,单一的材料已经很难满足使用要求,因此,同时具有更多性能的复合材料应运而生。

复合材料,是指由物理或化学性质不同的有机高分子、金属及无机非金属等两种或以上材料经过一定的复合工艺制造出来的一种新型材料。复合材料是多相材料,具有“复合效应”。所谓“复合效应”,是指由不同的单一材料制成复合材料以后,它既保持了原有单一材料的特点,又具有比原材料更好的性能。复合材料早已大量为人们所用,古代就出现了原始的复合材料,如用草茎和泥土作建筑材料;现代建筑行业具有重要地位的钢筋混凝土就是钢筋和水泥、砂石等构成的复合材料。复合材料的性能由原材料的性能、原材料的配比、复合工艺等因素决定,所以可以根据人们的要求通过改变原材料种类、配比和工艺等手段来改善其使用性能,集各种材料的长处为人们所使用。因此,现在复合材料越来越受到人们的重视,人们对新型复合材料的开发和应用也越来越多。随着新型复合材料的不断涌现,它已经大量运用在航空、航天、汽车、船舶、建筑、电子、医疗、机械、军事等各个领域。

16.3.2 复合材料的组成、分类、性能特点及应用

1. 复合材料的组成

复合材料主要由基体材料和增强体材料构成。

(1)基体材料:是为增强体提供支撑,并起到赋予复合材料一定形状、起到传递应力、保护增强体免受外界环境侵蚀作用的连续相,可分为金属和非金属两大类,常用的基体材料包括高分子材料、金属材料、陶瓷材料、无机胶凝材料等。

(2)增强体:是指添加到复合材料中以承担使用中的各种载荷的材料,可分为有机增强体和无机增强体两大类,常见的增强体材料有玻璃纤维、芳纶纤维、碳纤维等。

2. 复合材料的分类、性能特点及应用

1)复合材料的分类

复合材料的种类非常多,特别是近年来,随着复合材料的大发展,各种功能各异、用途不同的复合材料大量涌现并被人们所使用。复合材料的分类方法也比较多,常见的分类方法有:按照基体相的种类可分为聚合物基复合材料、金属基复合材料、陶瓷基复合材料、水泥基复合材料等;按照用途可分为结构复合材料、功能复合材料、智能复合材料;按照增强相的种类可分为颗粒增强复合材料、晶须增强复合材料、纤维增强复合材料;按照增强相的形状可分为零维(颗粒状)复合材料、一维(纤维状)复合材料;二维(片状或平面织物)复合材料;三维(三向编织体)复合材料。本书只介绍按照基体相的种类进行分类的几种常见复合材料。

2)常见复合材料的性能特点及应用

(1)聚合物基复合材料:是以有机聚合物为基体,连续纤维为增强体复合而成的材料,它是目前发展最早、研究最多、应用最广、规模最大的一类结构复合材料。由于聚合物基体和纤维之间进行良好的复合,发挥了它们各自的优点,使得复合材料具有了许多优良的性能,因此,聚合物基复合材料在航空、航天、军事、化工、建筑、船舶、车辆、电子等各个领域都被广泛应用。常见的聚合物基复合材料有玻璃纤维增强热固性塑料(GFRP)、玻璃纤维增强热塑性塑料(GF-TP)、高强高模量纤维增强塑料以及其他纤维增强塑料。

(2)金属基复合材料:是以金属及其合金为基体,与一种或几种金属或非金属增强相人工结合成的复合材料。其增强材料大多为陶瓷、碳、石墨、硼等无机非金属材料,也可以用金属丝。与传统的金属材料相比,它有较高的比强度与比刚度;而与树脂基复合材料相比,具有优良的导电性与耐热性;与陶瓷材料相比,具有高韧性和高冲击性能。总之,它除了有优良的力学性能以外,还具有导热、导电、耐磨、热膨胀系数小、阻尼性好、不吸湿、不老化和无污染等优点。因此,金属基复合材料在航空、航天、汽车、军事以及一些高精尖技术行业具有重要的作用。金属基复合材料品种较多,有多种分类方式。按基体类型分类主要包括铝基、镁基、钛基、镍基、锌基、铜基、铁基、金属间化合物基等复合材料,目前以铝基、镁基、镍基、钛基复合材料发展较为成熟;按增强体类型可分为颗粒增强复合材料、层状复合材料、纤维增强复合材料等几类;按用途可分为结构复合材料和功能复合材料。

(3)陶瓷基复合材料:是在陶瓷基体中引入第二相材料,使之增强、增韧的多相材料,又称为多相复合陶瓷或复相陶瓷。陶瓷材料具有硬度高、耐高温、抗氧化、耐磨损、耐腐蚀及相对密度轻等许多优良的性能,这些是金属材料无法比拟的。但是,它具有一个致命缺点—脆性大,这使得它在工业上的应用受到很大限制。因此,陶瓷材料的强韧化问题便成为研究的一个重点问题。对陶瓷基体进行增强增韧的主要途径有:纤维(晶须)强化和颗粒弥散强化,由于第二相的加入,能有效地组织裂纹的扩展,提高其韧性。因此,陶瓷基复合材料可以分为纤维(晶须)增强陶瓷基复合材料和异相颗粒弥散强化陶瓷基复合材料两类。陶瓷基复合材料具有陶瓷材料的所有优点同时又通过强化相的引入克服了脆性大的缺点,因此,它具有优良的综合性能。已在高速切削工具和内燃机部件上得到应用,而更大的潜在应用前景则是作为高温结构材料和耐磨耐蚀材料,如航空燃气涡轮发动机的热端部件、大功率内燃机的增压涡轮、固体发动机燃烧室与喷管部件以及完全代替金属制成车辆用发动机、石油化工领域的加工设备和废物焚烧处理设备等。陶瓷基复合材料已成为高技术新材料的一个重要分支。

(4)水泥基复合材料:是由水硬性凝胶材料与水发生水化、硬化后形成的硬化水泥浆体作为基材,与各种无机、金属、有机材料组合而得到的具有新性能的材料。水泥基复合材料按增强体的种类可分为混凝土、纤维增强水泥基复合材料、聚合物混凝土复合材料等,主要应用于建筑行业,如墙体材料、模板、耐火隔热材料、隔音材料、地面和道路、保护涂层等,主要用于受力要求和耐腐蚀要求较高的地方。

思 考 题

1. 什么是高分子材料?主要类型有哪些?
2. 塑料由哪几部分构成?各有什么作用?
3. 按其理化性能和使用范围,塑料可分为哪些类型?各有什么特点?
4. 简述橡胶的分类,举例说明典型橡胶的性能特点及应用。
5. 什么是陶瓷材料?简述其分类及特点。
6. 什么是复合材料?主要有哪些类型?
7. 简述聚合物基复合材料的性能特点及其应用。
8. 什么是金属基复合材料?常用的金属基复合材料有哪些?
9. 简述水泥基复合材料的性能特点及其应用。

第 17 章 油气田常用金属材料及其热处理

我国是油气产出大国,目前,石油天然气的开采及运输设备的主要使用材料还是钢材。而随着油气工业的不断发展,各种复杂油气田相继出现,使得油气开采条件日益苛刻和严峻。油气田工程要求材料在具有极高的强度的同时,还兼具较高的韧性和硬度,这就对钢材的成分和制造工艺有一定的要求。本章将根据常见的油气开采流程,对勘探、开发、运输等三个主要环节所使用的主流钢材进行介绍,讨论不同服役环境对材料性能的需求,并在此基础上探讨热处理对材料性能的影响,以期为油气田常用钢材提供具体的热处理工艺制定思路。

17.1 油气田常用金属材料

17.1.1 钻杆用钢

钻杆广泛应用于各油田、煤田勘探、水文地质、非开挖穿越等领域。为了准确了解地面以下的复杂构造,获得我们需要的资源或信息,常根据工况需要各种强度等级、规格系列的钻杆完成地层钻探。钻杆在石油勘探过程中属于钻柱工具。钻井时其上部承受拉应力,下部承受压应力。同时还承受弯曲、扭转、冲击等载荷,受力状态十分复杂。钻柱的内壁需要承受高压泥浆冲刷,外壁承受岩屑及井壁摩擦。在起下钻柱的过程中,承受的巨大冲击载荷容易引起瞬时超载。此外,随着酸性油气田的大量出现,H^+ 和 S^{2-} 带来的腐蚀问题严重影响着钻杆的使用寿命。据统计,钻杆失效 70% 左右是腐蚀疲劳引起,这就对钢材的综合性能提出了要求。

表 17.1 API 5D 规范对钢管拉伸性能的要求

组别	钢级	屈服强度				抗拉强度		最小伸长率 2in(50.80mm)
		最小		最大		最小		
		psi	MPa	psi	MPa	psi	MPa	%
1	E75	75000	517	105000	724	100000	689	15.0
3	X95	95000	655	125000	862	105000	724	15.0
	G105	105000	724	135000	931	115000	793	13.0
	S135	135000	931	165000	1138	145000	1000	11.0

注:2in(50.80mm)范围内的最小伸长率应由下式确定:

$$e = 62500A^{0.2}U^{0.9}\text{(英制)}, e = 1943.7A^{0.2}U^{0.9}\text{(米制)}$$

式中 e——标距为 2in(50.80mm)时最小伸长率,精确到最近似的 0.5%。

A——拉伸试样的横截面积(单位为 in^2)是以规定以外径或试样名义壁厚计算的,数值到最近似的 $0.01in^2$($0.25mm^2$)。A 值取计算值与 $0.75in^2$($484mm^2$)的较小者。

U——规定的抗拉强度,psi(MPa)。

API(美国石油学会)5D 规范对钻杆的化学成分没有特别的规定,只要求 P、S 含量必须小于0.03%(质量分数)。为了达到相关标准和补充技术规定对低温横向冲击韧性的要求,除考虑钻杆及其接头用钢的力学性能要求外,还应考虑与管体摩擦对焊时的焊接性能。就综合力学性能而言,所用钢种应具有较高的淬透性,但从可焊性考虑,钢中的碳和主要合金元素含量尤其是碳含量不宜过高。目前常用的钻杆主要分为 G105 级、S135 级和 V150 级,其中 G105 和 S135 钻杆是 API 划分的高强度钻杆,其屈服强度分别可达到 724 ~ 931MPa 和 931 ~ 1138MPa(表 17.1)。V150 是一种由厂家自主研发的新型超高强度钻杆钢,其机械强度相较 S135 钢级管材有明显的提升,在抗环境腐蚀开裂性能方面不低于 S135 钢级管材。

17.1.2 套管和油管用钢

石油套管是油井管的一种,是石油钻探行业用的主要器材之一,它与油管、钻杆不同,不可以重复使用,属于一次性消耗材料,其消耗量占全部油井管的 70% 以上。石油套管在钻井后插入井孔里,用水泥固定,防止井眼隔开岩层和井眼坍塌,并保证钻井液循环流动,以便于钻探开采,起到固定石油和天然气油井壁或井孔的作用,保证钻井过程的进行和完井后整个油井的正常运行,是维持油井运行的生命线。在石油开采过程中主要使用三种类型的套管,即表层石油套管、技术石油套管、油层石油套管。油管是在油井正常生产时下入油井套管中的管子,机采井中,油管、抽油杆、深井泵(即“三抽”设备)组合,把石油抽到地面,进入集输流程。由于地质条件不同,井下受力状态复杂,拉、压、弯、扭应力综合作用于管体,这对套管本身的质量提出了较高的要求。一旦套管本身由于某种原因而损坏,可能导致整口井的减产,甚至报废。因此,石油套管和油管可适当降低强度,提高韧性。

目前油井管(油管、套管等)使用的是同一套标准《API SPEC 5CT 套管和油管规范》。除日本钢厂(如新日铁、住友、川崎等)有自己的标准外,其他国家都是执行美国石油协会标准,我国的油井管标准基本都是按照 API 标准转化而来,各大油田具体执行的还是 API 的标准。按照其标准分类,套管和油管使用的材料主要有 J55、K55、N80、L80、C90、T95、P110、Q125、V150 等钢级。国内具备批量生产条件的钢级有 H40、J55、K55、N80 等几种,其他钢级的石油套管尚处于研究开发阶段。与钻杆钢相同,API 标准中,除 P、S($w_P \leq 0.030\%$,$w_S \leq 0.030\%$)外,对其他元素无规定要求,但在产品分析报告中应报出。采用何种钢级材质的石油套管,主要取决于油气井状况和油气井的开采深度,在腐蚀环境下要求石油套管本身必须具有良好抗腐蚀性能,在地质条件复杂的地方要求石油套管必须具有优良的抗挤毁性能。目前最常用的钢种为 J55、N80 和 P110。

17.1.3 抽油杆管用钢

有杆泵抽油系统是目前最常用的油气开发方式,其工作原理如图 17.1 所示。抽油装置用油管把深井泵泵筒下入到井内液面以下,在泵筒下部装有只能向上打开的吸入阀。用抽油杆把柱塞下入泵筒,柱塞上装有只能向上打开的排出阀。通过抽油杆把抽油机驴头悬点产生的上下往复直线运动传递给抽油泵向上抽油。有杆抽油井的年产量占我国石油开采总量的 75%,抽油设备的质量直接关系到油田的产量和经济效益。

抽油杆作为抽油系统的传动装置,其服役的稳定性与安全性对抽油系统的正常运作起着至关重要的作用。根据相关研究,抽油杆服役条件是抽油杆承受不对称循环载荷的作用,受到 CO_2、H_2S 和 Cl^- 等腐蚀介质的侵蚀,相当多的抽油井中抽油杆和油管发生偏磨。抽油杆主要失效形式是疲劳断裂或腐蚀疲劳断裂,且磨损会加剧疲劳断裂。

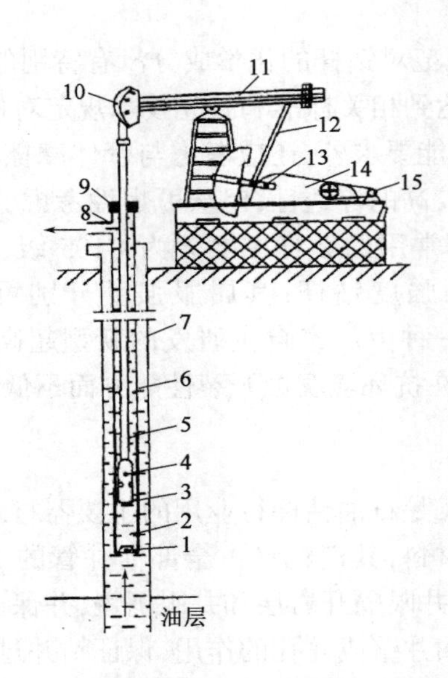

图 17.1　有杆泵抽油系统

1—吸入阀;2—泵筒;3—柱塞;4—排出阀;5—抽油杆;6—油管;7—套管;8—三通;
9—密封盒;10—驴头;11—游梁;12—连杆;13—曲柄;14—减速箱;15—动力机

抽油杆材料应具备良好的综合力学性能(强度、塑性和韧性),并同时拥有一定的耐腐蚀性能。在 API 标准中,只对抽油杆分了三个等级,即 K、C、D 三种抽油杆。但随着石油开采环境的更加恶劣,常规的抽油杆带来的失效问题造成了严重的经济损失,已不能满足油井正常运作的需要。因此国内外研发出了更高强度和硬度的抽油杆,并纳入了各自的标准,表 17.2 为我国石油行业的推荐标准。目前最常用的是 H 级抽油杆,其采用优质合金钢制备,拥有超高的许用应力,特别适合深井、稠油井和大泵强采井等工作环境。

表 17.2　空心抽油杆的材料及力学性能(SY/T 5550—2012)

等级		材料	下屈服强度 R_{el} MPa	抗拉强度 R_m MPa	断后伸长率 A %	断面收缩率 Z %	表面硬度 HRC	基体硬度 HB
C		优质碳素钢或合金钢	≥415	620 ~ 795	≥13	≥50	—	—
D			≥590	795 ~ 965	≥10	≥48	—	—
H	HL	合金钢	≥795	965 ~ 1195	≥10	≥45	—	—
	HY	合金钢	—	965 ~ 1195	—	—	≥42	≥224

注:拉伸试样可采用 GB/T 228.1—2010 的比例试样。

17.1.4　管线钢

我国石油资源分布不均匀,加上各地区对石油需求量的不同,需对石油进行长距离运输。较公路、铁路、航空等运输方式而言,管道输送石油具有输送能力大、成本低、方便快捷、稳定安全等优点,且管道运输受地形限制小,稳定性好,易于管理。用于大容量输送石油天然气等能源物质所使用的中厚板材称为管线钢,具有较高的耐压强度和低温韧性以及良好的焊接性能。随着管道运行时间的增加,加上过度开采导致原油出现高含水、高含硫的现象,输油管道会发生由缺陷、腐蚀、磨损等不可避免的因素所导致的断裂及泄漏事故。因此,管线钢应同时具有强度高、韧性好、耐蚀性好的特点。X 在 API Spec 5L 标准中代表管线钢,其后接的数字表示强度级别,其单位是 kpsi。例如,X80 表示最小屈服强度为 80kpsi 的管线钢,转换成公制单位约等于 552MPa。目前主要使用的钢种是 X60 ~ X80 级管线钢,性能更好的钢种如 X100 和 X120 已被开发出来并在试用过程中。管线钢的组织结构是决定其使用性能和安全服役的根据。目前,根据显微组织可将管线钢分为以下 4 类。

1. 铁素体—珠光体管线钢

铁素体—珠光体管线钢是 20 世纪 60 年代以前开发的管线钢所具有的基本组织形态,X52 以及低于这种强度级别的管线钢均属于铁素体—珠光体,其基本成分是碳和锰,通常碳含量(质量分数)为 0.10% ~0.20%,锰含量(质量分数)为 1.30% ~1.70%,一般采用热轧或正火热处理工艺生产。当要求较高强度时,可取碳含量上限,或在锰系的基础上添加微量铌和钒。通常认为,铁素体—珠光体管线钢具有晶粒尺寸约为 7μm 的多边形铁素体和体积分数约 30% 的珠光体。常见的铁素体—珠光体管线钢有 5LB、X42、X52、X60 和 X70。

2. 针状铁素体管线钢

针状铁素体管线钢的研究始于 20 世纪 60 年代末,并于 70 年代初投入工业生产。当时,在锰—铌系基础上发展起来的低碳钢锰—钼—铌系微合金管线钢,通过钼的加入,降低相变温度以抑制多边形铁素体的形成,促进针状铁素体转变,并提高碳、氮化铌的沉淀强化效果,因而在提高钢强度的同时,降低了韧脆转变温度。这种钼合金化技术已有近 40 年的生产实践。近年来,另一种获取针状铁素体的高温工艺技术正在兴起,它通过应用高铌合金化技术,可在较高的轧制温度条件下获取针状铁素体。常见的针状铁素体管线钢有 X70、X80。

3. 贝氏体—马氏体管线钢

随着高压、大流量天然气管线钢的发展和对降低管线建设成本的追求,针状铁素体组织已不能满足要求。20 世纪后期,一种超高强度管线钢应运而生。其典型钢种为 X100 和 X120。1988 年日本 SMI 公司首先报道了 X100 的研究成果。经过多年的研究和开发,X100 钢管于 2002 年首次投入工程试验段的敷设。美国 ExxonMobil 公司于 1993 年着手 X120 管线钢的研究,并于 1996 年与日本 SMI 公司和 NSC 公司合作,共同推进 X120 的研究进程,2004 年 X120 钢首次投入工程试验段的敷设。

贝氏体—马氏体管线钢在成分设计上,选择了碳—锰—铜—镍—钼—铌—钒—钛—硼的最佳配合。这种合金设计思想充分利用了硼在相变动力学上的重要特征。加入微量的硼(w_B = 0.0005% ~0.003%),可明显抑制铁素体在奥氏体晶界上形核,使铁素体曲线明显右移。同时使贝氏体转变曲线变得扁平,即使在超低碳(w_C = 0.003%)情况下,通过在 TMCP 中降低终冷温度(<300℃)和提高冷却速度(>20℃/s),也能获得下贝氏体和板条马氏体组织。常见的贝氏体—马氏体(B - M)管线钢有 X100、X120。

4. 回火索氏体管线钢

随着社会的发展,需要管线钢具有更高的强韧性,如果控轧控冷技术满足不了这种要求,可以采用淬火 + 回火的热处理工艺,通过形成回火索氏体组织来满足厚壁、高强度、足够韧性的综合要求。在管线钢中,这种回火索氏体也称为回火马氏体,是超高强度管线钢 X120 的一种组织形态。

17.2 钻井用钢的热处理

根据《API SPEC 5D 钻杆规范》和《API SPEC 5CT 套管和油管规范》中的规定，工厂供货的钻杆应按无缝管制造方法制造，按标准供货的套管和油管，则应采用无缝或电焊工艺制造。然而，热轧或焊接后的钢材晶粒粗大，强度和韧性均很差，且焊接后的钢管由于受热不均匀，会产生残余应力，严重影响材料的正常使用。目前不少钢铁企业采用控制轧制，且在终轧后采取强制冷却措施，使得钢的晶粒有所细化。但由于钻井用钢独特的工作环境，要求钢材同时兼顾强度与韧性，且具备一定的抗腐蚀性能。为了提高石油开采的经济效益，必须对钢材进行一定手段的热处理，通过不同的热处理工艺以提高材料的强度、硬度、韧性、耐磨性、耐蚀性、尺寸稳定性和精度以及抗疲劳性能等。

17.2.1 钻杆用钢的热处理

淬火的目的就是使过冷奥氏体进行马氏体或贝氏体转变，得到马氏体或贝氏体组织，然后配合以不同温度的回火，以大幅提高钢的强度、硬度、耐磨性、疲劳强度以及韧性等，从而满足各种机械零件和工具的不同使用要求。淬火能使钢强化的根本原因是发生了相变，即奥氏体组织通过相变而成为马氏体组织（或贝氏体组织）。这是因为钢在加热到临界温度以上时，原有在室温下的组织将全部或大部转变为奥氏体。随后将钢浸入水或油中快速冷却，奥氏体即转变为马氏体。而高的强度和硬度是钢中马氏体的主要特征之一，所以与钢中其他组织相比，马氏体硬度最高。钢淬火的目的就是使它的组织全部或大部转变为马氏体，获得高硬度，然后在适当温度下回火，使工件具有预期的性能。回火是将淬火钢加热到低于临界点的某一温度，保温一定时间，使淬火组织转变为稳定的回火组织，并消除淬火残余应力，然后以适当的方式冷却到室温的一种热处理工艺。目的是稳定组织，减小淬火应力，提高钢的塑性和韧性，获得强度、硬度和塑性、韧性的适当配合，以满足不同工件的性能要求。

这里分别以 G105、S135、V150 三种钢级的材料为例，介绍不同淬火和回火热处理工艺参数对材料性能的影响。

1. G105 级钢（26CrMoNbTiB）

26CrMoNbTiB 钢的化学成分（质量分数）为：$W_C = 0.24\%$，$W_{Si} = 0.15\%$，$W_{Mn} = 0.40\%$，$W_P \leqslant 0.015\%$，$W_S \leqslant 0.015\%$，$W_{Cr} = 0.95\%$，$W_{Mo} = 0.40\%$，$W_{Nb} = 0.020\%$，$W_{Ti} = 0.010\%$，$W_B = 0.0005\%$，$W_{Ni} \leqslant 0.20\%$，其余为 Fe。钻杆由热轧成型，并进行了管端内外加厚工艺处理，设定相同的淬火温度 900℃，淬火保温时间 30min，回火保温 60min，选用不同的回火温度 T。

拉伸试验和冲击试验见表 17.3，随着回火温度的升高，材料的屈服强度、抗拉强度和硬度值显著降低，回火温度从 530℃ 升至 710℃ 时，屈服强度从 1099MPa 降至 604MPa，抗拉强度从 1214MPa 降至 659MPa，硬度从 395HB 降至 224HB，延伸率和冲击功显著升高，延伸率从 12.3% 升至 28.7%，冲击功从 66J 升至 131J。从材料的力学性能指标来看，回火温度为 650℃ 时，符合 G105 级钻杆要求。

表 17.3　不同回火温度热处理后材料的力学性能(平均值)

回火温度/℃	R_m/MPa	R_t/MPa	A/%	A_{kV}/J	HB	显微组织
530	1214	1099	12.3	66	385	回火索氏体
560	1177	1092	16.7	74	352	回火索氏体
590	1105	1039	20.4	82	335	回火索氏体
620	983	927	22.5	95	302	回火索氏体
650	825	759	24.0	111	286	回火索氏体
680	744	688	26.1	118	259	回火索氏体
710	659	604	26.7	117	234	回火索氏体
G105 级(API 标准)	≥793	724~931	≥13	≥54		

淬火钢在不同温度回火时,力学性能会有较大变化,随着回火温度升高,材料的强度、硬度指标下降,韧性指标上升。而这些性能的变化是与回火过程中的微观组织变化密切相关的,一方面,碳原子的固溶强化作用消失,塑性和韧性得到改善;另一方面合金碳化物逐渐聚集并长大,对位错运动的阻碍作用减弱,从而使强度、硬度降低,这两方面综合作用的结果,使材料的强度指标随着回火温度的升高,强度下降,而韧性提高。钢的回火过程实质上就是过饱和的固溶体的脱溶过程,而这个过程还要受到 α 相中 Cr、Mo、Ti、Nb 等合金元素的扩散控制。材料进行高温回火时,虽然过饱和碳原子已从固溶体中全部析出,碳原子的固溶强化作用消失,但此时由于碳化物形成元素、合金碳化物的弥散析出,钉扎位错运动,起弥散强化的作用。对于材料的韧性指标而言,随着回火温度的升高,组织中原来板片状的渗碳体开始聚集和球化,破坏了晶界上的连续膜,而成为分离的球化质点,渗碳体以球化存在比片状要有较高的韧性和塑性,从而钢的韧性指标逐渐升高。材料淬火后组织为大量条状马氏体和少量片状马氏体(图 17.2)。在 530℃回火时[图 17.2(a)],从基体中析出了较为细小的针状碳化物,在晶内、晶界及原马氏体板条边界还存在着棒状和条状的碳化物;当回火温度提高到 590℃[图 17.2(b)]时,原来细小的针状碳化物已经长大,并且晶内、晶界以及原马氏体板条边界上的棒状和条状碳化物开始长大,数量也慢慢增加;当回火温度提高到 650℃[图 17.2(c)]时,晶内、晶界及原马氏体板条边界上的棒状和条状碳化物明显粗化和长大,数量也显著增加;当回火温度提高到 710℃时,碳化物不仅数量多,而且发生了球化,这就造成了材料的力学性能发生变化。根据综合力学性能变化规律,G105 钻杆回火温度定为 650℃。

2. S135 级钢(27CrMo44)

S135 钻杆材料常用的钢种是 27CrMo44,其化学成分(质量分数)为:$W_C=0.25\%$,$W_{Si}=0.30\%$,$W_{Mn}=0.80\%$,$W_P\leqslant0.020\%$,$W_S\leqslant0.008\%$,$W_{Al}=0.020\%$,$W_{Ni}\leqslant0.25\%$,$W_{Cr}=1.00\%$,$W_{Cu}\leqslant0.20\%$,$W_{Mo}=0.45\%$,其余为 Fe。对材料进行相同条件的淬火、不同温度的回火热处理,并进行标准冲击试验和拉伸试验。在520~620℃回火后,试验钢的组织均为回火索氏体,随着回火温度升高,组织晶粒逐渐变得粗大,这是因为淬火后得到的板条马氏体在高温回火后发生分解,在过饱和的 α 铁素体即马氏体基体上逐渐析出细小的碳化物,粗大的板条马氏体变成细小的回火索氏体组织。随着回火温度升高,析出相逐渐增多,且先析出的碳化物逐渐长大,因而组织逐渐变得粗大。组织的变化必然导致性能的变化,其强度、伸长率和冲击功的变化曲线分别如图 17.3 和图 17.4 所示。

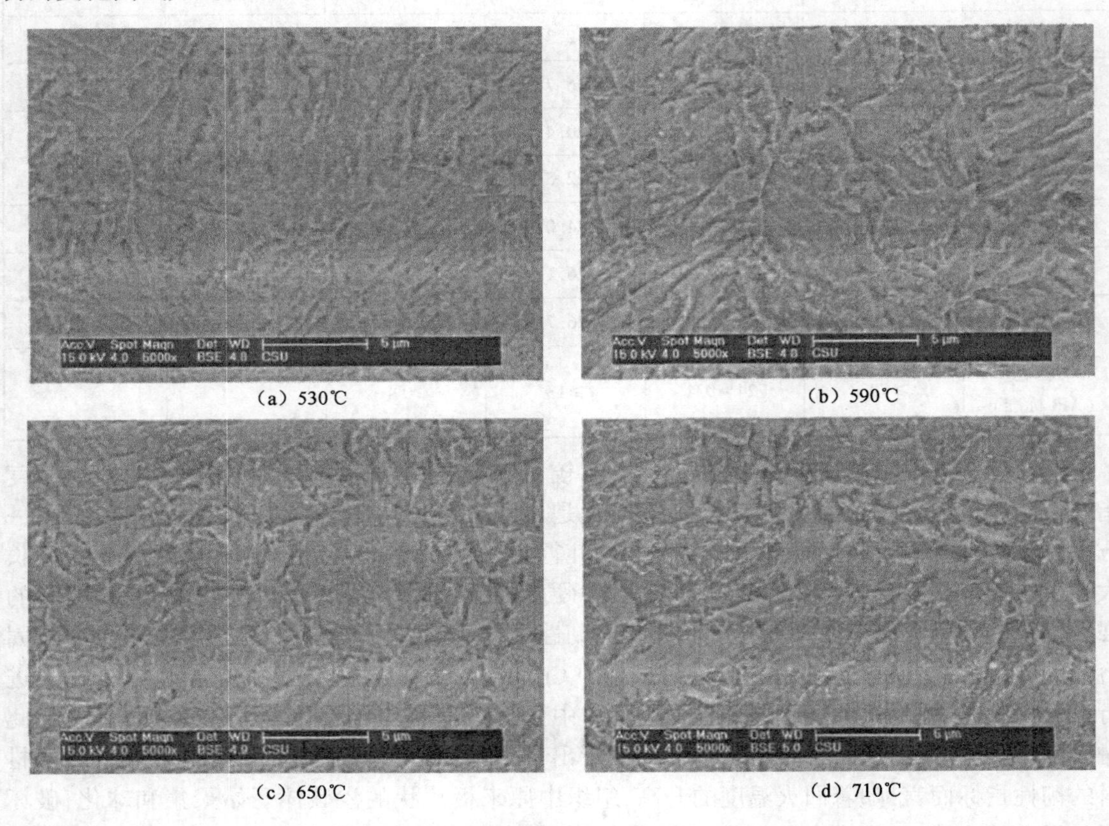

(a) 530℃　　(b) 590℃

(c) 650℃　　(d) 710℃

图 17.2　不同回火温度时的金相组织(×5000)

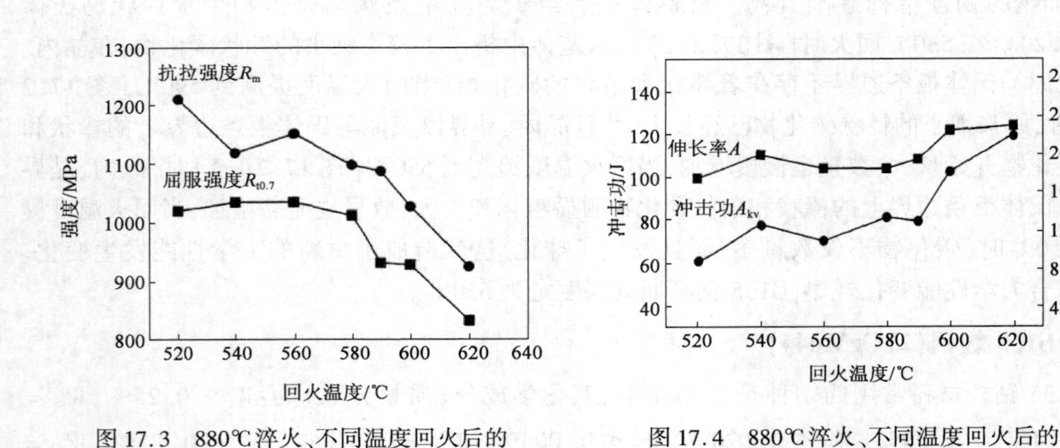

图 17.3　880℃淬火、不同温度回火后的强度变化曲线

图 17.4　880℃淬火、不同温度回火后的伸长率和冲击功变化曲线

随着回火温度升高,屈服强度和抗拉强度均呈下降趋势,而断后伸长率和冲击吸收功缓慢升高。这些性能的变化与回火过程中的微观组织变化密切相关。一方面,回火后过饱和的 α 铁素体上析出碳化物,碳原子的固溶强化作用消失,改善材料的塑性和韧性;另一方面,回火过

程中析出的合金碳化物逐渐聚集并长大，对位错运动的阻碍作用减弱，从而降低了强度和硬度。随回火温度的升高，材料强度下降、韧性升高。API Spec 5DP—2009 标准要求 S135 钻杆性能的抗拉强度高于 1000MPa，屈服强度为 931 ~ 1138MPa，冲击功应大于 43J，伸长率应大于 11%。综合考虑各项性能指标，热轧态原材料的最佳热处理制度为：880℃淬火，保温 30min，540 ~ 580℃回火，保温时间 60min，能获得综合力学性能较好的组织。

3. V150 级钢（24CrMo48V）

24CrMo48V 是近年由某钻具生产公司生产的 V150 钢级钻杆，其化学成分（质量分数）为：$W_C = 0.24\%$，$W_{Si} = 0.22\%$，$W_{Mn} = 0.59\%$，$W_P = 0.0064\%$，$W_S = 0.0013\%$，$W_{Cr} = 0.97\%$，$W_{Al} = 0.014\%$，$W_{Mo} = 0.81\%$，$W_{Ni} = 0.58\%$，$W_V = 0.15\%$，$W_{Ti} = 0.003\%$，$W_{Cu} = 0.052\%$，$W_H = 0.0001\%$，其余为 Fe。对材料采用淬火 + 回火热处理，得到的组织均为回火索氏体，如图 17.5 和图 17.6 所示。在淬火温度一定的情况下，显微组织随回火温度升高，逐渐变粗大。抗拉强度、屈服强度随回火温度升高逐渐降低，组织越均匀细小，强度越高。冲击功随回火温度升高而逐渐升高，韧性逐渐升高，如图 17.7 所示。综合拉伸性能和冲击性能，最佳热处理制度为：900℃保温 90min 后淬火，735℃回火 120min，可以获得较好的综合性能。

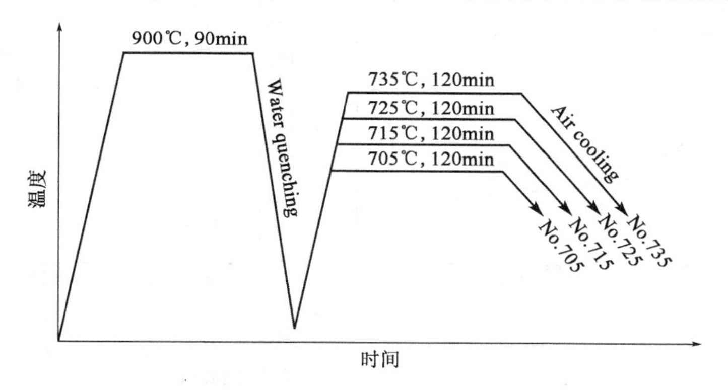

图 17.5　不同热处理工艺曲线

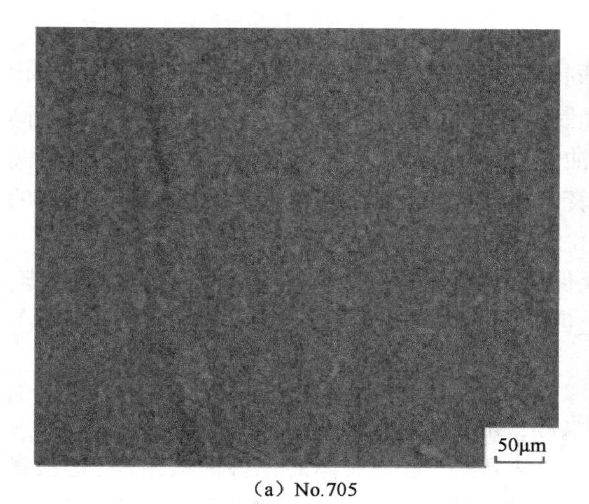

（a）No.705

（b）No.715

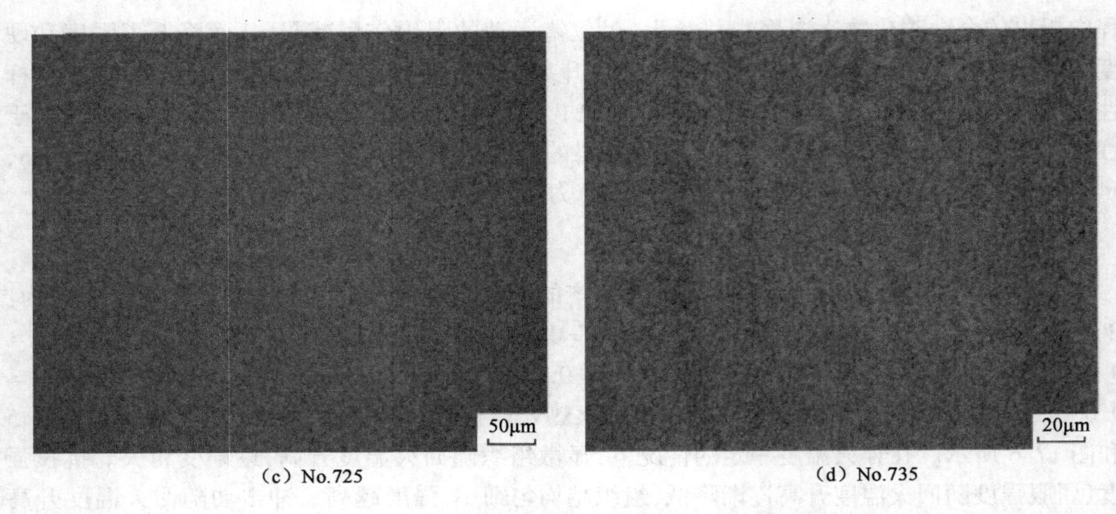

(c) No.725　　(d) No.735

图 17.6　不同热处理后 V150 钢级钻杆的显微组织

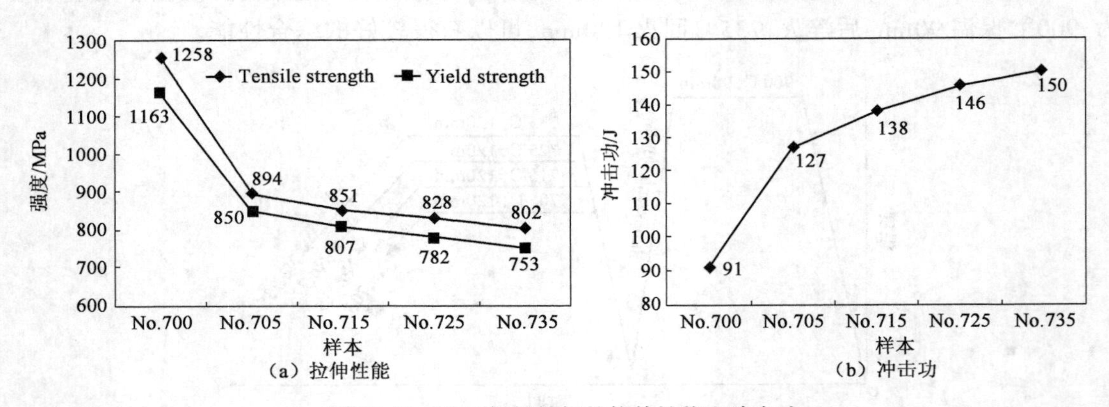

(a) 拉伸性能　　(b) 冲击功

图 17.7　V150 钢级钻杆的拉伸性能和冲击功

17.2.2　套管用钢的热处理

由于石油套管复杂的工作环境，要求钢材同时具备较高的强度和良好的韧性。通过细化晶粒的方法可有效改善强度与韧性这两个相互制约的性能，对于一些受力不高、性能要求不高的套管，退火可以作为最终热处理。但由于石油开采环境的不断恶劣，对套管性能提出了更高的要求，因此淬火 + 回火的热处理工艺依然是套管用钢的主要选择，这里主要介绍套管用钢的回火热处理方法。

淬火温度、淬火保温时间、回火温度及回火保温时间均会影响材料热处理后的力学性能，这里以某 P110 级无缝钢管为例，介绍确定以上四个参数的具体流程。

1. 回火温度的确定

设定淬火温度为 880℃、保温 40min 进行水淬，回火保温 50min 空冷保持恒定，以 500 ~ 650℃的回火温度进行热处理。此时的组织为回火索氏体，是马氏体的一种回火组织，是铁素体与粒状碳化物的混合物。此时铁素体已基本无碳的过饱和度，碳化物也为稳定型碳化物，常温下是一种平衡组织。随着回火温度的升高，淬火马氏体分解形成渗碳体并长大的速度增大。在回火温度较低时，渗碳体形成速度慢，而且不容易长大；在回火温度较高时，渗碳体形成、长大速度都很快,但长大速度大于形成速度,使得晶粒变大。因此,要选择合适的回火温度进行回火。如表17.4所示,随着回火温度的升高,屈服强度、抗拉强度和硬度均显著降低,而延伸率和冲击功显著升高。力学性能达到预期目标的回火温度为500~550℃,回火温度暂定在540℃综合性能为最佳。

表17.4 回火温度对P110级钢材性能的影响

回火温度 ℃	抗拉强度 R_m/MPa	屈服强度 $R_{t0.6}$/MPa	伸长率 A/%	冲击率 A_{kV}(0℃)/J	HRC
500	1015	966	19.5	79.0	26.1
550	890	782	21.5	81.0	25.8
580	862	737	24.5	97.0	25.3
600	850	680	23.5	100.0	24.4
620	822	665	26.0	103.0	22.1
650	790	640	24.7	114.0	21.3
预期目标	≥862	758-965	≥15.0	≥40(全尺寸)	—

注:表中所列冲击试样按照API5CT标准,尺寸7.5×10×55mm的试样要求值应为:40J×0.8=32J。

2. 回火保温时间的确定

回火保温时间是影响回火效率的重要因素,一是可以消除淬火内应力,二是完成组织转变所需,即完成淬火马氏体向回火索氏体的转变。不同保温时间,内应力消除、组织转变的程度不一样。设定淬火温度880℃,淬火保温时间40min;回火温度540℃,空冷保持恒定,选不同回火保温时间进行热处理。

随着回火保温时间的延长,淬火后的板条状马氏体逐渐减少、消失,渗碳体组织晶粒越来越多、越来越大。这是因为保温时间越长,给试样组织中马氏体的分解、残余奥氏体分解、渗碳体的形成及渗碳体聚集长大提供了时间保证。但当保温时间太长时,组织转变已完成,只剩下渗碳体的长大,这将影响组织性能。

随着回火保温时间的延长(表17.5),抗拉强度、屈服强度和硬度值均振荡走低;而延伸率和冲击功却在振荡走高力学性能达到预期目标的回火保温时间为30~70min,回火保温时间定在50min综合性能为最佳。

表17.5 回火保温时间对P110级钢材性能的影响

回火保温时间 min	抗拉强度 R_m/MPa	屈服强度 $R_{t0.6}$ MPa	伸长率 A/%	冲击功 A_{kV}(0℃)/J	HRC
30	981	879	22.1	92.3	23.8
40	1012	904	24.2	95.8	23.9
50	993	883	24.5	94.7	22.1
60	995	890	25.4	95.3	22.8
70	961	849	25.6	104.0	21.2
80	931	825	27.8	105.0	20.9
预期目标(P110)	≥862	758~965	≥15.0	≥40	—

3. 淬火温度的确定

设定淬火保温时间40min,回火温度540℃、保温50min进行空冷恒定不变,选不同淬火温度进行热处理。热处理后的组织大部都是回火索氏体，这些回火索氏体是马氏体于回火时形成的，在蔡司金相显微镜下放大500～600倍以上才能分辨出来，其为铁素体基体内分布着碳化物(包括渗碳体)球粒的复合组织。此时的铁素体已基本无碳的过饱和度，碳化物也为稳定型碳化物，常温下是一种平衡组织。其中，880℃淬火取得的组织最为细小，说明在这时奥氏体化完全，淬火后出现的马氏体多而细小，回火后的回火索氏体也一样；880℃以下淬火温度较低，使奥氏体化程度不完全；900℃以上淬火的，由于温度较高使得奥氏体晶粒太大，使得淬火马氏体也很大，而影响了组织性能。随着淬火温度的升高，屈服强度、抗拉强度、硬度、冲击功以及延伸率都在逐渐升高。力学性能达到预期目标的淬火温度为850～930℃，淬火温度定在880℃综合性能为最佳。随着淬火温度的提高，调质处理后的钢管硬度逐渐提高。这是因为淬火温度越高，奥氏体晶粒中的碳越多，组织越稳定。硬度是材料局部抵抗硬物压入其表面的能力，是衡量金属材料软硬程度的一项重要的性能指标，它既可理解为是材料抵抗弹性变形、塑性变形或破坏的能力，也可表述为材料抵抗残余变形和反破坏的能力。硬度不是一个简单的物理概念，而是材料弹性、塑性、强度和韧性等力学性能的综合指标。

表17.6　淬火温度对P110级钢材性能的影响

淬火温度 ℃	抗拉强度 R_m/MPa	屈服强度 $R_{t0.6}$ MPa	伸长率 A/%	冲击功 A_{KV}(0℃)/J	HRC
850	870	780	21.0	80.0	22.9
870	880	790	21.3	81.0	23.1
880	890	809	21.7	80.5	23.8
900	900	825	21.9	82.0	24.1
910	920	840	22.1	82.5	24.3
930	890	838	22.8	83.0	24.9
预期目标	≥862	758～965	≥15.0	≥40(全尺寸)	—

4. 淬火保温时间的确定

在淬火时，工件由于表层和心部的加热速度不一致，形成温差，就会导致体积膨胀和收缩不均而产生应力，即热应力。在热应力的作用下，由于表层加热温度高于心部，组织转变也先在表层开始，随着加热时间的延长，表层奥氏体形核、长大的速度也快于心部。因而淬火保温时间的确定，一方面要使试件心部和表层都尽可能多的产生奥氏体晶粒，另一方面又不能使表层奥氏体晶粒太大，而影响淬火组织性能。设定淬火温度880℃；回火温度540℃、保温50min进行空冷恒定不变，选不同的淬火保温时间进行热处理。

表17.7　淬火保温时间对P110级钢材性能的影响

淬火保温时间 min	抗拉强度 R_m/MPa	屈服强度 $R_{t0.6}$ MPa	伸长率 A/%	冲击功 A_{KV}(0℃)/J	HRC
10	885	812	21.5	81.0	24.2
20	890	820	21.2	82.0	24.8
30	900	815	21.3	83.1	24.1
40	895	810	21.8	82.1	24.4
50	880	795	22.0	81.5	24.2
预期目标	≥862	758－965	≥15.0	≥40(全尺寸)	—

在淬火温度880℃、回火温度540℃、回火保温时间50min条件下，随着淬火保温时间的延长，组织中奥氏体晶粒的个数不断增加，奥氏体晶粒也不断持续的长大，使得淬火后马氏体晶粒更多、更大，导致回火后出现的回火索氏体晶粒也更多、更大；当淬火保温时间长到一定时间时，奥氏体晶粒长大的速度将大于形核速度，这时奥氏体晶粒的长大将阻碍奥氏体形核，表现为单位体积内的奥氏体晶粒少而大。这说明保温时间越长，组织越稳定。随着淬火保温时间的延长，屈服强度、抗拉强度和硬度都在振荡下降，而延伸率和冲击功刚好相反，但幅度均不明显。力学性能达到预期目标的淬火保温时间在20～50min，淬火保温时间定在40min综合性能为最佳。

17.3 管线钢的热处理

现代管线钢属于低碳或超低碳的微合金化钢，目前管线工程的发展趋势是大管径、高压富气输送，因此管线钢应具有很高的强度和冲击韧性。API SPEC 5L－2013版管线钢规范中，明确规定高强度的管线钢（X80、X90、X100、X120）产品必须进行淬火＋回火的热处理，其工艺参数将显著影响产品的组织和性能。这里重点介绍X120级高强度管线钢的生产工艺。

17.3.1 在线热处理（HOP）工艺

JFE在西日本钢铁厂的Fukuyama厚板厂安装了在线热处理工艺装置，这是一种螺线管型感应加热设备，在生产线上临近热矫机，位于加速冷却装置之后，与Super－OLAC（超级在线加速冷却工艺）相结合［图17.8（a）］。采用传统TMCP工艺时，钢板经过控轧、加速冷却、然后空冷而采用技术时，钢板快速冷却后立即通过感应线圈进行快速加热处理。结果，通过控制相变获得了多种性能，碳化物和第二相同时析出，这是传统工艺达不到的。

在线热处理工艺（HOP）由3个阶段组成［图17.8（a）］：①ACC停止与等温过程；②HOP热处理过程；③空冷。在贝氏体完全转变温度以上停止加速冷却（ACC），此时保留了未转变的奥氏体相，等温一段时间以控制贝氏体的量。在该阶段，显微组织由贝氏体和未转变的奥氏体组成。ACC后立即利用在线加热（感应加热）设备进行热处理。在加热过程中，贝氏体中的碳向奥氏体中扩散，得到了回火贝氏体。由于部分碳扩散到了奥氏体，加热后，使得奥氏体含有更高的碳含量，可在空冷时形成MA组元。HOP工艺得到的MA岛比传统TMCP工艺要多，通过控制MA岛的体积分数，可以得到合适的屈强比。

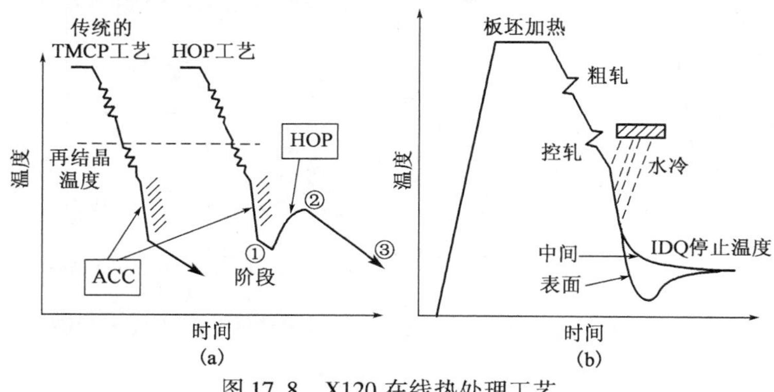

图17.8　X120在线热处理工艺

17.3.2 IDQ 工艺

新日铁公司开发的 X120 管线钢选用了以下贝氏体(LB)为主的显微组织,通过采用间断直接淬火(IDQ)工艺[图 17.8(b)]获得。钢板经再结晶区和未再结晶区轧制后直接淬火,控制终冷温度在贝氏体转变区,终冷开始时表面温度低于中心,随后由于温度差,热量从中心向表面传递,最终表面和中心温度趋于一致,其实质相当于自回火过程。在此工艺中,板坯加热温度、未再结晶区变形量以及终冷温度都是很重要的技术参数。板坯加热温度决定轧制前的原奥氏体晶粒未再结晶区变形量决定原奥氏体晶粒的扁平化(pancake)程度,随着扁平化程度增加,韧脆转变温度降低。

在较高温度终冷得到蜕化上贝氏体组织,而终冷温度较低时得到下贝氏体,由于下贝氏体较蜕化上贝氏体组织具有更好的强度和韧性,故采用较低温度终冷。

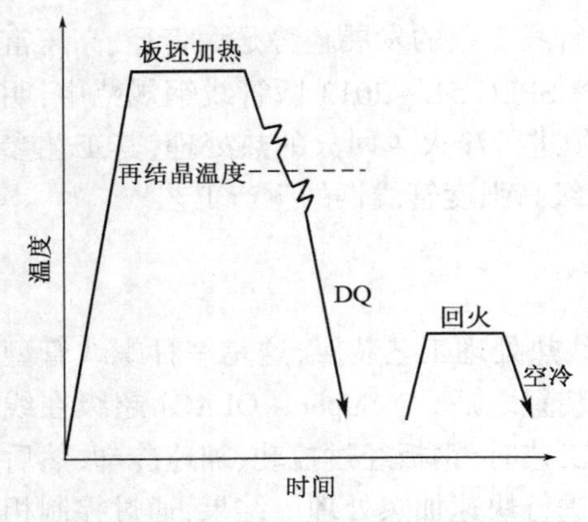

图 17.9 DQ - T 工艺示意图

17.3.3 DQ - T 工艺

DQ - T 工艺采用再结晶区与未再结晶区两阶段控轧,轧后直接淬火,450℃回火得到了最佳的力学性能,如图 17.9 所示。

研发的 X120 级管线钢组织为下贝氏体与回火马氏体,与 HOP、IDQ 相比,提高了相变强化的程度,同时在回火过程中,有 ε - Cu 的时效析出。在此工艺中,主要影响因素为板坯加热温度、轧制工艺、直接淬火过程中的板形控制与回火温度。采用两阶段轧制,应注意避免在部分再结晶区变形,防止出现混晶直接淬火过程,要求钢板上下表面冷速相同,以免发生钢板翘曲,对设备有较高的要求。

17.3.4 Q&P 工艺

Q&P(Quenching and Partitioning)工艺机理是基于碳在马氏体/奥氏体混合组织中的扩散。其工艺原理如图 17.10(a)所示:C_i、C_γ、C_m分别为合金初始碳含量、奥氏体和马氏体中碳含量。

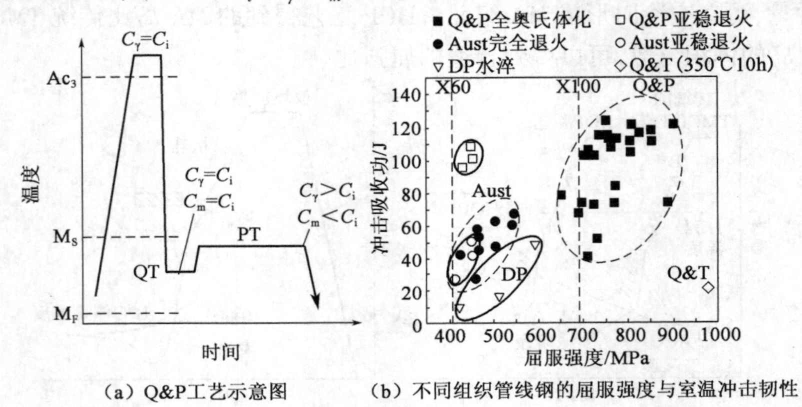

(a) Q&P工艺示意图 (b) 不同组织管线钢的屈服强度与室温冲击韧性

图 17.10 Q&P 工艺机理

Q&P 工艺分为一步法和两步法,QT 与 PT 是同一温度为一步法,QT 与 PT 不同则为两步法。

首先,基体在奥氏体区或临界区温度保温一段时间后快速冷却到 M_s 和 M_f 之间的淬火温度(QT)并短时等温,产生适量的马氏体,随后升温到配分温度(PT)并处理一段时间,确保残余奥氏体富碳过程的完成。尽管在 Q&P 工艺与传统 Q&T(Quenching and Tempering)工艺下,马氏体形成热力学机制相同,但两者微观组织的演变机理及最终构成完全不同。在 Q&T 工艺中,回火马氏体形成时,渗碳体的形成消耗了部分碳,而且残余奥氏体分解。而 Q&P 工艺却有意地抑制了 Fe－C 化物的析出,并使残余奥氏体稳定而不被分解,从而保持了良好的韧性。

利用 Q&P 工艺得到符合 X120 级管线钢的性能(图 17.10b),与其它传统工艺相比,Q&P 工艺显著改善了钢的强韧性。

17.4　抽油杆用钢的热处理

抽油杆在工作时受到不对称的循环载荷作用,且高含水原油中 CO_2 和 H_2S 等酸性腐蚀介质会加剧抽油杆断裂,其失效形式往往表现为疲劳断裂或腐蚀疲劳断裂。因此,抽油杆用钢需具备较高的强度、冲击韧性以及耐腐蚀性能。同时,抽油杆在工作过程中易与油管发生偏磨,而偏磨会加剧抽油杆的失效,所以在保证材料疲劳强度的同时,还应加强材料表面的硬度。从热处理的角度来看,为达到这一目的,一种简单的思路就是对杆体进行淬火＋回火处理以得到兼具强度和韧性的组织,同时利用特殊的热处理技术对抽油杆进行表面淬火处理,得到硬度较高、耐磨损性能更好的表面。

17.4.1　杆体用钢的淬火＋回火热处理

以某 H 级抽油杆用钢 20CrMo 为例,淬火温度和回火温度对钢材的组织和性能产生明显影响。对 20CrMo 钢进行 840～930℃保温 8h 的淬火处理,不同的淬火加热温度可以使得材料的晶粒大小发生改变。

20Cr Mo 钢原始组织为回火索氏体,铁素体已基本无碳的过饱和度,碳化物也为稳定型碳化物。常温下是一种平衡组织。具有良好的韧性和塑性,同时具有较高的强度,经淬火处理后,组织中出现大量的马氏体,使得试验钢的强度大大提高。如图 17.11 所示,在扫描电镜下,可以清晰的观察到马氏体板条群(灰色区域),由于此时奥氏体晶粒细小,残余奥氏体多在奥氏体晶界存在(白色区域)。随着加热温度的升高,马氏体板条的宽度和长度均增宽增长,马氏体板条束的尺寸也随之增加。伴随着马氏体板条的增宽,残余奥氏体也出现在板条之间。淬火加热温度越高,组织中的奥氏体晶粒越粗大。温度升高到 930℃时,奥氏体晶粒尺寸最大,840℃时奥氏体晶粒尺寸最小。

钢材组织大小的变化势必导致其力学性能的变化,经过不同奥氏体化温度加热后,20CrMo 验钢的抗拉强度(R_m)、屈服强度($R_{p0.2}$)随加热温度的升高总体呈现上升趋势(图 17.12)。钢材的硬度值随加热温度的升高而升高,表现出与强度一致的变化规律。同时,钢材的断后伸长率(A)和断面收缩率(Z)随加热温度的升高整体呈逐渐递减趋势。经不同温度奥氏体化淬火后的试样冲击功均低于供货态试样的冲击功,冲击功越大,材料表现出的抗断裂能力相对也就越高,这表明淬火工艺并未显著降低材料的韧性。在加热温度为 870℃时冲击韧性达到最大值。综合考虑,在制造高强度抽油杆时,可优先采用900℃作为淬火加热温度。

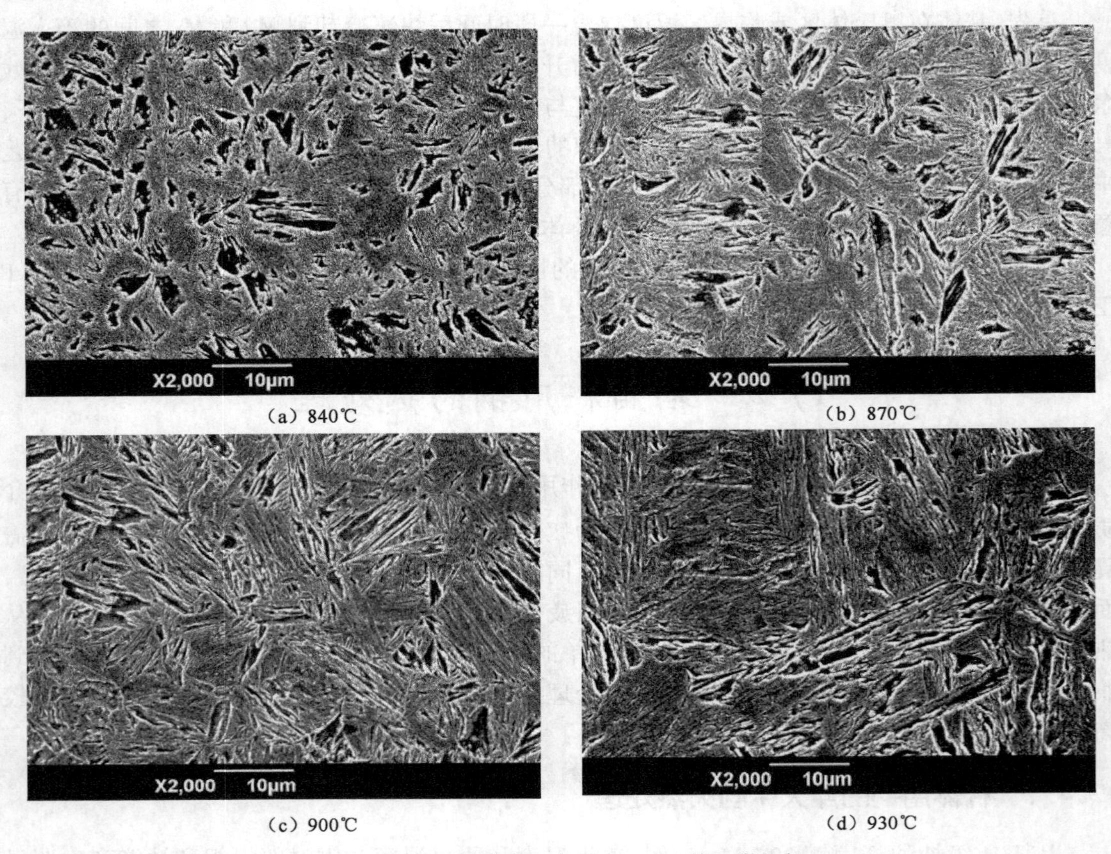

(a) 840℃ (b) 870℃

(c) 900℃ (d) 930℃

图 17.11 不同淬火温度下 20CrMo 的显微组织

采用淬火工艺,可以得到具有一定强韧性配合的板条马氏体加残余奥氏体组织,但在室温下这两种组织都处于亚稳状态,并有向铁素体加碳化物的稳定状态转变的趋势,并且在淬火过程中,由于存在着较大的淬火应力,因而也不利于抽油杆的安全服役。为了使抽油杆的使用性能更加优良,必须对其进行回火处理,一方面可以加速亚稳态向稳定状态转变,获得我们需要的稳定组织和性能,另一方面也可以消除、减少淬火带来的内应力。

表 17.8 20CrMo 钢在不同回火温度下的力学性能

回火温度/℃	$R_{p0.2}$/MPa	R_m/MPa	A/%	Z/%	HV10	夏比冲击功 α_K/J
0	1226	1374	9	54	366	32.4
650	748	812	16	76	212	69
600	847	918	15	73	220	59
550	965	1002	12	70	249	51
500	1016	1079	11	66	254	44
H 级标准	790	860	10	52.3		

如表 17.8 所示,20Cr Mo 在经过不同回火温度处理后的各项力学性能发生了不同程度的变化。二次淬火后的钢材经过回火处理后,其屈服强度、抗拉强度等强度指标随着回火温度的

升高，呈现下降趋势，但均高于供货态材料的强度；断后伸长率和断面收缩率随回火温度的升高，呈现上升的规律，较原材料和未回火态均有一定程度的提高。在此工艺下，20CrMo 钢可达到 H 级抽油杆的标准。

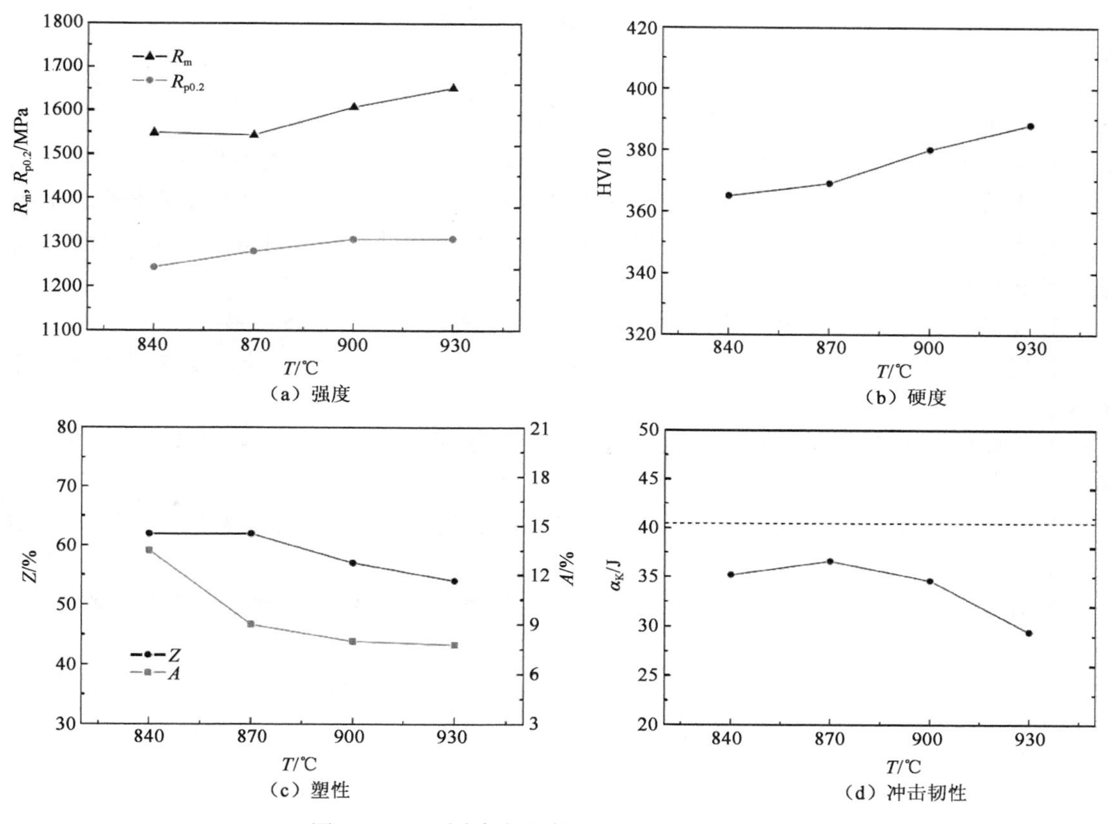

图 17.12　不同淬火温度下 20CrMo 的力学性能

17.4.2　表面淬火处理

前面介绍了抽油杆杆体淬火 + 回火的热处理工艺，采用适当的热处理制度可得到良好的强度与韧性结合的组织。为了解决抽油杆表面偏磨带来的失效问题，最简单有效的方法就是对杆体进行表面淬火热处理。

1. 火焰加热

火焰淬火是利用可燃烧气体（如乙炔、丙烷等）与助燃气体（氧气）混合燃烧的火焰所产生的高温，对抽油杆表面实施快速加热到 A_{c1} 温度，并采用适当冷却方式快速冷却，使工件表面得到硬化的一种热处理方法。这种方法的优点是成本低，适合复杂结构的工件表面淬火；缺点是能量消耗大，生产效率低，不适合大型工件。

2. 感应加热

感应加热淬火运用电磁感应、集肤效应和热传导的基本原理，对抽油杆进行表面感应加热和冷却，利用表面加热淬火实现表面硬化，心部仍保持原来的显微组织和性能，从而提高抽油杆的疲劳强度。影响淬火深度的因素主要有两个：一是电源的震荡频率，频率越大，集肤效应越明显，加热的深度越浅；二是加热时间，由于热传导作用，表面产生的热量会迅速往心部扩散。因此，选择合理的频率以及加热时间，是感应淬火工艺的关键。

思 考 题

1. 管线钢按组织分类有哪几种？请简述其组织与力学性能的特点。

2. 油气田所用合金钢往往含有 Cr、Mo、Mn、Si 等元素，请说明各元素的作用。

3. 在 API 标准中，为什么通常要求油气田用钢的 P、S 含量必须小于 0.03%（质量分数）？

4. 为了提高钻杆用钢的综合性能，通常采用什么方式的热处理？其各个参数对材料的性能有什么影响？

5. 以套管钢为例，结合已学内容，试述退火与回火处理对材料性能的影响。

6. 同一种钢材是否只能用于一种钢结构？试从材料的成分和热处理工艺的角度进行解释。

7. 比较回火索氏体和回火屈氏体的组织及性能，说明为什么油气田用钢需要的到回火索氏体。

8. 分别简述 IDQ 工艺与 D&P 工艺生产 X120 管线钢中，各个阶段材料的组织分别是什么。

9. 为了提高抽油杆表面的硬度，除了表面淬火处理，还有哪些热处理方法可以满足？

参 考 文 献

[1] 余永宁. 金属学原理[M]. 北京:冶金工业出版社,2013.

[2] 邓永瑞. 固态相变[M]. 北京:冶金工业出版社,1996.

[3] 崔忠圻,刘北兴. 金属学与热处理原理[M]. 哈尔滨:哈尔滨工业大学出版社,2004.

[4] 徐恒钧. 材料科学基础[M]. 北京:北京工业大学出版社,2013.

[5] 邓彩萍. 镁合金薄板激光焊气孔及裂纹形成机理研究[D]. 重庆:重庆大学,2010.

[6] 陆春海. ParyleneN 的性质预测[J]. 中国工程物理研究院科技年报,2006(1):490 -491.

[7] 朱兴元,刘忆. 金属学与热处理[M]. 北京:中国林业出版社,北京大学出版社,2006.

[8] 热处理手册编委会. 热处理手册:第四分册[M]. 北京:机械工业出版社,1978.

[9] 桂立丰. 机械工程材料测试手册:物理金相卷[M]. 沈阳:辽宁科学技术出版社,2001.

[10] 黄原定,杨玉月. 形变条件下过冷奥氏体组织转变特征[J]. 金属热处理学报,2006,21(4):29 -34.

[11] 宁保群,刘永长,乔志霞,等. T91 铁素体耐热钢过冷奥氏体转变过程中临界冷却速度的研究[J]. 材料工程,2007(9):9 -13.

[12] 李顺杰,杨弋涛,彭坤,等. Cr5 钢过冷奥氏体转变研究[J]. 上海金属,2010(4):1 -4.

[13] 赵乃勤. 热处理原理与工艺[M]. 北京:机械工业出版社,2011.

[14] 安运铮. 热处理工艺学[M]. 北京:机械工业出版社,1988.

[15] 夏立芳. 金属热处理工艺学[M]. 哈尔滨:哈尔滨工业大学出版社,1986.

[16] 詹武. 工程材料[M]. 北京:机械工业出版社,1997.

[17] 吕利太. 淬火介质[M]. 北京:中国农业机械出版社,1982.

[18] 杨瑞成. 机械工程材料[M]. 重庆:重庆大学出版社,2009.

[19] 王万智,唐弄娣. 钢的渗碳[M]. 北京:机械工业出版社,1985.

[20] 齐宝森. 化学热处理技术[M]. 北京:化学工业出版社,2006.

[21] 马永杰. 热处理工艺方法[M]. 北京:化学工业出版社,2008.

[22] 王书田. 热处理设备[M]. 长沙:中南大学出版社,2011.

[23] 王桂生. 钛的应用技术[M]. 长沙:中南大学出版社,2007.

[24] 胡光立,谢希文. 钢的热处理[M]. 西安:西北工业大学出版社,2012.

[25] 郦振声,杨明安. 现代表面工程技术[M]. 北京:机械工业出版社,2007.

[26] 黄本生. 工程材料及成型工艺基础[M]. 北京:石油工业出版社,2013.

[27] 张盛强,汪建义,王大辉,等. 纳米金属材料的研究进展[J]. 材料导报,2011,25(S1):5 -9,20.

[28] 陈自强. 金属间化合物及其应用[J]. 上海有色金属,2005(4):191 -196.

[29] Pettifor D G. Structure Maps for Pseudo-Binary and Ternary Phases [J]. Materials Science and Technology,1988,4 :675 -691.

[30] Lu Z W,Wen S H,Alex Zunger. First-principles statistical mechanics of structural stability of intermetallic compounds [J]. Physical review B,1991,44(2):512 -544.

[31] Stein F,Palm M,Sauthoff G. Structure and stability of Laves phases Part Ⅰ Critical assessment of factors controlling Laves phase stability [J]. Intermetallics,2004,12:713 -720.

[32] Hong T,Watson-Yang T J,Guo X Q. Crystal structure,phase stability and electronic structure of Ti-Al intermetallics: Ti_3Al [J]. Physical review B,1991,43(3):1940 -1947.

[33] 霍夫曼 R. 固体与表面[M]. 北京:化学工业出版社,1996.

[34] Savrasov S Y. Linear-response theory and lattice dynamics: A muffin-tin-orbital approach[J]. Physical review B,1996,54(23):16470 - 16486.
[35] 余瑞璜. 固体与分子经验电子理论[J]. 科学通报,1978,23(4):217 - 224.
[36] 张瑞林. 固体与分子经验电子理论[M]. 长春:吉林科学技术出版社,1993.
[37] 李世春. 晶体价键理论和电子密度理论的沟通[J]. 自然科学进展,1999,9 (3): 229 - 235.
[38] 李世春,张磊. TFDC 模型和元素晶体结合能[J]. 自然科学进展,2004,14 (6): 705 - 708.
[39] 崔忠圻,覃耀春. 金属学与热处理[M]. 3 版. 北京:机械工业出版社,2007.
[40] 王希琳. 金属材料及热处理[M]. 北京:水利电力出版社,1992.
[41] 马鹏飞,李美兰. 热处理技术[M]. 北京:化学工业出版社,2008.
[42] 叶宏. 金属材料与热处理[M]. 北京:化学工业出版社,2009.
[43] 李鹤林,李平全,冯耀荣. 石油钻柱失效分析与预防[M]. 北京:石油工业出版社,1999.
[44] 李文研. 石油套管用热轧宽钢带 J55 开发[D]. 沈阳:东北大学,2014.
[45] 李博文. 超高强度镦锻式空心抽油杆[D]. 西安:西安石油大学,2016.
[46] 姜玲. 抽油杆失效原因分析及预防措施[J]. 石油工业技术监督,2003,19(10):17 - 18.
[47] 张正贵,朱建平. 实用机械工程材料及选用[M]. 北京:机械工业出版社,2014.
[48] 曹建军. 26CrMoNbTiB 钢钻杆管研制[D]. 长沙:中南大学,2006.
[49] 刘玉荣,米永峰,马越,等. S135 钻杆管体热处理工艺研究[J]. 钢管,2017,46(1):15 - 18.
[50] 刘阁,黄本生,彭程,等. 不同热处理对 V150 钻杆材料组织及性能的影响[J]. 材料热处理学报,2016,37(7):149 - 155.
[51] 许占海. 30MnCr22/P110 无缝钢管热处理特性的研究[D]. 包头:内蒙古科技大学,2010.
[52] 赵英利,等. X120 级超高强度管线钢生产工艺研究现状[J]. 特殊钢,2009,30(5):25 - 27.
[53] 戈晓岚,洪琢. 机械工程材料[M]. 北京:北京大学出版社,2006.
[54] 韩喆,陈淑花,叶东南. 金属材料与热处理 [M]. 北京:冶金工业出版社,2013.
[55] Murty B S ,Yeh J W ,Ranganathan S . High Entropy Alloys[J]. High Entropy Alloys, 2014: 171 - 190.
[56] Zhang Y ,Yang X ,Liaw P K . Alloy Design and Properties Optimization of High-Entropy Alloys[J]. JOM, 2012, 64(7):830 - 838.
[57] Zhang Y ,Zhou Y , Lin J, et al. Solid-Solution Phase Formation Rules for Multi-component Alloys[J]. Advanced Engineering Materials, 2008, 10(6):534 - 538.
[58] 张勇. 非晶和高熵合金[M]. 北京:科学出版社, 2010.
[59] 周云军, 张勇, 王艳丽,等. 多组元 Al_xTiVCrMnFeCoNiCu 高熵合金的室温力学性能[J]. 工程科学学报, 2008, 30(7):765 - 769.
[60] 刘源, 李言祥, 陈祥,等. 多主元高熵合金研究进展[J]. 材料导报, 2006, 20(4).
[61] Yeh Jien-Wei. Alloy Design Strategies and Future Trends in High-Entropy Alloys[J]. JOM, 2013, 65(12):1759 - 1771.
[62] Miracle D B ,Senkov O N . A critical review of high entropy alloys (HEAs) and related concepts[J]. Acta Materialia, 2017, 122:448 - 511.
[63] Tsai K Y ,Tsai M H ,Yeh J W . Sluggish diffusion in Co - Cr - Fe - Mn - Ni high-entropy alloys[J]. Acta Materialia, 2013, 61(13):4887 - 4897.
[64] Gludovatz B ,Hohenwarter A ,Catoor D , et al. A fracture-resistant high-entropy alloy for

cryogenic applications[J]. Science, 2014, 345(6201):1153 -1158.
[65] Li D Y ,Zhang Y . The ultrahigh charpy impact toughness of forged AlxCoCrFeNi high entropy alloys at room and cryogenic temperatures[J]. Intermetallics, 2016, 70:24 -28.
[66] Zhou Y J ,Zhang Y ,Wang Y L , et al. Solid solution alloys of AlCoCrFeNiTix with excellent room-temperature mechanical properties[J]. Applied Physics Letters, 2007, 90(18):181 -904.
[67] He J Y ,Liu W H ,Wang H , et al. Effects of Al addition on structural evolution and tensile properties of the FeCoNiCrMn high-entropy alloy system[J]. Acta Materialia, 2014, 62(1):105 -113.
[68] Zhou Y J ,Zhang Y ,Wang F J , et al. Effect of Cu addition on the microstructure and mechanical properties of AlCoCrFeNiTi0.5 solid-solution alloy[J]. Journal of Alloys and Compounds, 2008, 466(1-2):1 -204.
[69] Qiao J W ,Ma S G ,Huang E W , et al. Microstructural Characteristics and Mechanical Behaviors of AlCoCrFeNi High-Entropy Alloys at Ambient and Cryogenic Temperatures[J]. Materials Science Forum, 2011, 688:7.
[70] Hemphill M A ,Yuan T ,Wang G Y , et al. Fatigue behavior of Al0.5CoCrCuFeNi high entropy alloys[J]. Acta Materialia, 2012, 60(16):5723 -5734.
[71] Zhang Y ,Zuo T T ,Tang Z , et al. Microstructures and properties of high-entropy alloys[J]. Progress in Materials Science, 2014, 61:1 -93.
[72] 张勇,陈明彪,杨潇. 先进高熵合金技术[M]. 北京:化学工业出版社, 2018.
[73] 杨柳涛,关蒙恩. 高分子材料[M]. 成都:电子科技大学出版社,2016.
[74] 贾红兵,朱绪飞. 高分子材料[M]. 南京:南京大学出版社,2009.
[75] 程晓敏,史初例. 高分子材料导论[M]. 合肥:安徽大学出版社,2006.
[76] 冯孝中. 高分子材料[M]. 哈尔滨:哈尔滨工业大学出版社,2007.
[77] 关长斌,郭英奎,赵玉成. 陶瓷材料导论[M]. 哈尔滨:哈尔滨工程大学出版社,2005.
[78] 王高潮. 材料科学与工程导论[M]. 北京:电子工业出版社,2006.
[79] 陈照峰. 无机非金属材料学[M]. 2 版. 西安:西北工业大学出版社,2016.
[80] 樊新民. 工程陶瓷及其应用[M]. 北京:机械工业出版社, 2006.
[81] 汪济奎,郭卫红,李秋影. 新型功能材料导论[M]. 上海:华东理工大学出版社,2014.
[82] 冯端. 固体物理学大辞典[M]. 北京:高等教育出版社,1995.
[83] 郑子樵. 新材料概论[M]. 2 版. 长沙:中南大学出版社, 2013.11.
[84] 汪济奎,郭卫红,李秋影. 新型功能材料导论[M]. 上海:华东理工大学出版社,2014.
[85] 刘万辉. 复合材料[M]. 哈尔滨:哈尔滨工业大学出版社,2011.
[86] 吴人洁. 复合材料[M]. 天津:天津大学出版社,2000.
[87] 尹洪峰,魏剑. 复合材料[M]. 北京:冶金工业出版社,2010.
[88] 陈光 . 新材料概论[M]. 北京:科学出版社 ,2003.
[89] 冯小明,张崇才. 复合材料[M]. 重庆:重庆大学出版社,2007.
[90] 周继烈,倪益华,徐志农. 工程材料[M]. 杭州:浙江大学出版社,2007.
[91] 徐自立,陈慧敏,吴修德. 工程材料[M]. 武汉:华中科技大学出版社,2007.
[92] 朱张校. 工程材料[M]. 北京:高等教育出版社,2007.
[93] 齐俊杰,黄运华,张跃. 微合金化钢[M]. 北京:冶金工业出版社,2006.
[94] 王忠. 机械工程材料[M]. 北京:清华大学出版社,2005.